EUL VERLAG

EINZELSCHRIFTEN

Timo Diegmüller

Kundenbindung in der Luftfahrtindustrie – Zentrale Einflussgrößen und wettbewerbsökonomische Bewertung

Lohmar – Köln 2008 • 252 S. • € 64,- (D) • ISBN 978-3-89936-710-2

Roland Engelhart

Immobilienbewertung – Gutachten zur Ermittlung des Verkehrswerts und des Beleihungswerts eines Mehrfamilienhauses

Lohmar – Köln 2008 • 112 S. • € 36,- (D) • ISBN 978-3-89936-711-9

BearingPoint (Hrsg.)

Management globaler Wertschöpfungsketten

Synchronized Value Chain

Lohmar – Köln 2008 • 280 S. • € 58,- (D) • ISBN 978-3-89936-714-0

Toni Thielen

Konversionsflächen – Entwicklung, Vermarktung, Prozesse

Lohmar – Köln 2008 • 292 S. + Online-Anhang • € 59,- (D) • ISBN 978-3-89936-715-7

Michael Steichele

Datenanalytische Auswertung von Stilllegungsdaten – Am Beispiel von Gundremmingen Block A

Lohmar – Köln 2008 • 280 S. + Online-Anhang • € 58,- (D) • ISBN 978-3-89936-716-4

Nils Schlag

Validierung der Conjoint-Analyse zur Prognose von Preisreaktionen mithilfe realer Zahlungsbereitschaften

Lohmar – Köln 2008 • 292 S. • € 59,- (D) • ISBN 978-3-89936-721-8

Carsten Schmidt-Jochmann

Strategische Erfolgsfaktoren von Versicherungsvermittlern – Eine empirische Untersuchung mit PLS-Strukturgleichungsmodellen

Lohmar – Köln 2008 • 234 S. • € 56,- (D) • ISBN 978-3-89936-724-9

Ulrich Kalk

Fair Value Accounting von Finanzinstrumenten in der internationalen Rechnungslegung – Bilanztheoretische Zielsetzung und deren Umsetzung in der regulatorischen Praxis nach IAS/IFRS

Lohmar – Köln 2008 • 328 S. • € 52,- (D) • ISBN 978-3-89936-730-0

JOSEF EUL VERLAG

Dr. Ulrich Kalk

Fair Value Accounting von Finanzinstrumenten in der internationalen Rechnungslegung

Bilanztheoretische Zielsetzung und deren Umsetzung in der regulatorischen Praxis nach IAS/IFRS

Mit einem Geleitwort von Prof. Dr. Peter Wollmert,
European Business School, Oestrich-Winkel

EUL VERLAG

Bibliographische Information der Deutschen Bibliothek

Die Deutsche Bibliothek verzeichnet diese Publikation in der Deutschen Nationalbibliothek; detaillierte bibliographische Daten sind im Internet über <http://dnb.ddb.de> abrufbar.

Dissertation, European Business School (EBS), Oestrich-Winkel, 2007

D 1540

ISBN 978-3-89936-730-0
1. Auflage September 2008

Printed in Germany
Druck: RSP, Troisdorf

JOSEF EUL VERLAG GmbH
Brandsberg 6
D-53797 Lohmar
Tel.: +49 (0) 22 05 / 90 10 6-6
Fax: +49 (0) 22 05 / 90 10 6-88
http://www.eul-verlag.de
info@eul-verlag.de

Bei der Herstellung unserer Bücher möchten wir die Umwelt schonen. Dieses Buch ist daher auf säurefreiem, 100% chlorfrei gebleichtem, alterungsbeständigem Papier nach DIN 6738 gedruckt.

Geleitwort

Die zunehmende Globalisierung der Kapitalmärkte stellt die externe Rechnungslegung von Unternehmen vor neue Herausforderungen im Wettbewerb um Kapital. Einerseits verstärkt sich die Forderung nach international vergleichbaren Rechnungslegungsnormen. Andererseits intensiviert sich der Bedarf nach der Vermittlung hochwertiger Informationen durch die externe Rechnungslegung. Als Resultat dieser Bedürfnisse erlangen internationale Rechnungslegungsnormen zunehmende Bedeutung. In Deutschland betrifft dies insbesondere die International Financial Reporting Standards, die IFRS. Im Vergleich mit handelsrechtlichen Rechnungslegungsgrundsätzen kommt dem Prinzip der Zeitwertbilanzierung, dem Fair Value Accounting, in den IFRS eine deutlich größere Bedeutung zu. Die Anwendung des Fair Value Acccounting ist bei Finanzinstrumenten am weitesten fortgeschritten. Insofern ist festzustellen, ob die Zeitwertbilanzierung, hier am speziellen Beispiel der Finanzinstrumente, den Adressaten der externen Rechnungslegung zweckentsprechende Informationen vermittelt.

Dieser Fragestellung widmet sich die vorliegende Dissertation. Am Beispiel der Finanzinstrumente wird die Zweckmäßigkeit der Zeitwertbilanzierung im gegenwärtigen Regelungsrahmen der IFRS untersucht. Hierbei gelten die Relevanz und die Verlässlichkeit der vermittelten Informationen als definierte Zwecke der Rechnungslegung und Maßstab für die Beurteilung. Die Analyse beleuchtet in diesem Zusammenhang auch die bisherigen Anpassungen des IAS 39.

Herr Ulrich Kalk stellt die Problemstellungen, die sich bei der Anwendung der Zeitwertbilanzierung von Finanzinstrumenten ergeben, zunächst deskriptiv dar und arbeitet die normativen Lücken des IFRS-Regelungsrahmens heraus. Mit der Ableitung konkreter normativer Anpassungen zur Zeitwertbilanzierung von Finanzinstrumenten leistet die Arbeit einen Beitrag zur theoretischen wie praktischen Fortentwicklung der Bilanzierungsgrundsätze zu Finanzinstrumenten nach IFRS

Stuttgart, im Juli 2008 Prof. Dr. Peter Wollmert

Vorwort

Die internationalen Rechnungslegungsstandards IFRS halten Einzug in die deutsche Konzernberichterstattung und, in Teilen, auch in die Einzelberichterstattung. Darüber hinaus nimmt die handelsrechtliche Rechnungslegung Komponenten internationaler Rechnungslegungsnormen auf. Mit dieser Entwicklung geht eine Ausweitung des Einflusses der Zeitwertbilanzierung, des Fair Value Accounting, einher. Finanzinstrumente nehmen in dieser Entwicklung eine Vorreiterrolle ein. Hier ist die Anwendung der Zeitwertbilanzierung am weitesten fortgeschritten. Vor diesem Hintergrund stellt sich die Frage, ob die Zeitwertbilanzierung für die Adressaten der Rechnungslegung eine adäquate Informationsbasis bereitstellt.

Aus diesen Überlegungen entstand das Forschungsprojekt „Fair Value Accounting von Finanzinstrumenten in der internationalen Rechnungslegung – Bilanztheoretische Zielsetzung und deren Umsetzung in der regulatorischen Praxis nach IAS/IFRS“, das im Dezember 2007 and der EUROPEAN BUSINESS SCHOOL (ebs), Schloß Reichartshausen in Oestrich-Winkel, als Dissertation angenommen wurde.

Großer Dank gilt an dieser Stelle meinem Doktorvater, Herrn Prof. Dr. Peter Wollmert, für seine fachliche und persönliche Unterstützung bei der Erstellung meiner Dissertation. Herrn Prof. Dr. Michael Henke danke ich herzlich für die Übernahme des Korreferats.

Die Ernst & Young AG hat mir die Gelegenheit eröffnet, die Dissertation parallel zu meiner beruflichen Tätigkeit anzufertigen. Für die Möglichkeit danke ich den Verantwortlichen meiner Abteilung, der International Audit and Advisory Business Services am Standort Stuttgart, Michael Marbler und Stephan Gier.

Meinen Kollegen Dr. Katrin Müller und Dr. Thomas Wagner möchte ich für Ihre Ratschläge und Ihren Einsatz bei der Umsetzung meiner Arbeit danken. Auch meiner Mentorin Karen Somes danke ich herzlich, da sie es auf liebenswerte Weise immer wieder geschafft hat, mich aufzurichten und zu motivieren die Beendigung der Arbeit voranzutreiben.

Großer Dank gebührt auch meinen Freunden, die für mich da waren wenn ich sie gebraucht habe, und die immer Verständnis für die zeitliche Einspannung während der Dissertation hatten.

Mein größter Dank gilt meinen Eltern, Dres. Angela und Hanfried Kalk, die mir durch ihre Liebe, ihren uneingeschränkten Glauben an ihren Sohn und ihre Unterstützung den Rückhalt und die Zuversicht gaben, dieser Arbeit zu Ende zu bringen. Ihnen ist diese Arbeit gewidmet.

Stuttgart, im April 2008 Dr. Ulrich Kalk

Inhaltsübersicht

Inhaltsverzeichnis

Abbildungsverzeichnis

Anhangverzeichnis

Abkürzungsverzeichnis

Abb.	=	Abbildung
Abs.	=	Absatz
AFS-Rücklage	=	Available-for-Sale-Rücklage
AG	=	Application Guidance; Aktiengesellschaft; Die Aktiengesellschaft (Zeitschrift)
App.	=	Appendix
APV	=	Adjusted Present Value
ARB	=	Accounting Research Bulletin
BB	=	Betriebsberater (Zeitschrift)
BC	=	Basis for Conclusion
BFuP	=	Betriebswirtschaftliche Forschung und Praxis (Zeitschrift)
BGBl.	=	Bundesgesetzblatt
BilReG	=	Bilanzrechtsreformgesetz vom 4. Dezember 2004
BMJ	=	Bundesministerium der Justiz
Bsp.	=	Beispiel
bzw.	=	beziehungsweise
CAP	=	Committee on Accounting Procedure
CAPM	=	Capital Asset Pricing Model
CML	=	Capital Market Line
DB	=	Der Betrieb (Zeitschrift)
DBW	=	Die Betriebswirtschaft (Zeitschrift)
DAX	=	Deutscher Aktienindex
DCF	=	Discounted Cash Flow
d. h.	=	das heißt
DRSC	=	Deutsches Rechnungslegungs Standards Committee e. V.
ED	=	Exposure Draft
EG	=	Europäische Gemeinschaft
EPS	=	Entwurf IDW Prüfungsstandard
EU	=	Europäische Union
FAS	=	Financial Accounting Standard
FASB	=	Financial Accounting Standards Board

FB	=	Finanzbetrieb (Zeitschrift)
FCF	=	Free Cash Flow
GmbH	=	Gesellschaft mit beschränkter Haftung
HGB	=	Handelsgesetzbuch
Hrsg.	=	Herausgeber
IAPS	=	International Auditing Practice Statement
IAS	=	International Accounting Standards
IASB	=	International Accounting Standards Board
IASC	=	International Accounting Standards Committee
IASCF	=	International Accounting Standards Committee Foundation
i. d. R.	=	in der Regel
IDW	=	Institut der Wirtschaftsprüfer in Deutschland e. V.
IFAC	=	International Federation of Accountants
IFRS	=	International Financial Reporting Standards
IGQ&A	=	Implementation Guidance Questions and Answers
ISA	=	International Standard on Auditing
i. V. m.	=	in Verbindung mit
JWG	=	Joint Working Group of Standard Setters
KapAEG	=	Kapitalaufnahmeerleichterungsgesetz vom 20. April 1998
KonTraG	=	Gesetz zur Kontrolle und Transparenz im Unternehmensbereich vom 27. April 1998
KoR	=	Kapitalmarktorientierte Rechnungslegung (Zeitschrift)
LIFO	=	last in, first out
m. E.	=	meines Erachtens
No.	=	Number
Nr.	=	Nummer
NYSE	=	New York Stock Exchange
OTC-Instrumente	=	Over-the-Counter-Instrumente (Wertpapiere des Freiverkehrs)
Para.	=	Paragraph
S.	=	Seite
SFAS	=	Statements on Financial Accounting Standards
SIC	=	Standing Interpretations Committee
SML	=	Security Market Line

sog.	=	sogenannt (-e/-er/-en)
Sp.	=	Spalte
StuB	=	Steuern und Bilanzen (Zeitschrift)
Tab.	=	Tabelle
TransPuG	=	Transparenz- und Publizitätsgesetz vom 19. Juli 2002
Tz.	=	Textziffer
USA	=	United States of America
US GAAP	=	United States Generally Accepted Accounting Principles
Vgl.	=	vergleiche
WACC	=	Weighted Average Cost of Capital
WPg	=	Die Wirtschaftsprüfung (Zeitschrift)
zfbf	=	Zeitschrift für betriebswirtschaftliche Forschung (Zeitschrift)
z. B.	=	zum Beispiel

1 Problemstellung: Der beizulegende Zeitwert als Maßstab für eine angemessene Bewertung von Finanzinstrumenten im Rahmen der informationsorientierten IAS/IFRS-Rechnungslegung[1]

1.1 Globalisierung der Güter- und Kapitalmärkte und Informationsbedürfnisse von Investoren auf globalisierten Kapitalmärkten

In den vergangenen Jahrzehnten haben inbesondere die großen Unternehmen der Industrienationen ihre internationalen Aktivitäten deutlich verstärkt:[2] Waren und Dienstleistungen werden grenzüberschreitend angeboten, um größere Kundenkreise zu erschließen. Gleichzeitig wird die Beschaffungslogistik branchenabhängig zunehmend international ausgerichtet, um weitergehende Marktpotenziale auszuschöpfen. Daneben werden ganze Prozesse, z. B. Produktionsprozesse, ausgelagert oder zur Optimierung der Wertschöpfungskette zerlegt.

Diese Globalisierung der Gütermärkte findet ihre Parallele auf den Kapitalmärkten:[3] Gesellschaften investieren verfügbares Kapital auf den internationalen Kapitalmärkten oder bieten Eigen- oder Fremdkapitaltitel auf den internationalen Kapitalmärkten an. Die Gründe für die Hinwendung zu internationalen Kapitalmärkten sind vielschichtig:[4] Das Unternehmen dokumentiert ein langfristiges Interesse an dem jeweiligen Absatzmarkt. Die Präsenz an internationalen Kapitalmärkten erhöht die Aufmerksamkeit internationaler Investoren, Analysten und der Finanzpresse. Der Bekanntheitsgrad des Unternehmens wird gesteigert. Dies fördert den Absatz der Produkte des Unternehmens und den Zugang zu qualifiziertem Personal. Das

---

1 Unter Rechnungslegung ist das externe Rechnungswesen (synonym auch: externe Unternehmensrechnung) zu verstehen.

2 Vgl. Bay, W./ Bruns, H.-J. (2000), S. 713 f.; Bruns, H.-G. (1998), S. 382 f.; Born, K. (2007), S. 27.

3 Vgl. Born, K. (2007), S. 27 f.; Bay, W./ Bruns, H.-J. (2000), S. 714; Haller, A./ Walton, P. (2000), S. 5.

4 Die Darstellung umfasst einige wesentliche Gründe für das Engagement an internationalen Kapitalmärkten. Für eine umfangreiche Auflistung vgl. Bay, W./ Bruns, H.-J. (2000), S. 714 f. Vgl. auch Hoffjan, A./ Nevries, P. (2006); Wagenhofer, A. (2005), S. 9-13; Pellens, B./ Fülbier, R. U./ Gassen, J. (2006), S. 42-44; Kahle, H. (2000), S. 494; Bruns, H.-G. (1998), hier im Speziellen S. 384-386. Für eine empirische Untersuchung der Notierung deutscher Aktiengesellschaften an ausländischen Börsen sei auf Schiereck, D. (1993) verwiesen.

Unternehmen erhält die Möglichkeit, Eigen- oder Fremdkapital einem breiteren Publikum anzubieten und günstigere Konditionen zu realisieren. Der Zugang zum internationalen Kapitalmarkt ist insbesondere dann von Bedeutung, wenn die Liquidität des heimischen Kapitalmarktes nicht ausreicht, um entsprechende Beträge aufnehmen zu können. Als Resultat der verstärkten Hinwendung zu internationalen Kapitalmärkten hat sich beispielsweise die Zahl der an der NYSE gelisteten ausländischen Unternehmen von vierzig im Jahr 1980 in den darauf folgenden zwanzig Jahren auf über 400 erhöht.[5] Die Nutzung internationaler Kapitalmärkte kann auch ohne ein eigenes Listing an einem ausländischen Kapitalmarkt erfolgen. Der Nutzen für das Unternehmen setzt bereits ein, sofern ausländische Investoren an den nationalen Kapitalmärkten auftreten.[6]

Die Rechnungslegung der Unternehmen, die den Schritt an internationale Gütermärkte und an internationale Kapitalmärkte gehen, ist durch ihr Herkunftsland historisch geprägt.[7] Nationale Rechnungslegungsnormen[8] weisen durchaus deutliche Unterschiede auf.[9] Dieser Sachverhalt hat seinen Ursprung darin, dass jedes Land eine eigene Geschichte und unterschiedliche soziale und kulturelle Hintergründe besitzt.[10] Diese Unterschiede schlagen sich in den rechtlichen und wirtschaftlichen Rahmenbedingungen nieder. Insbesondere die kontinentaleuropäischen Rechnungslegungsnormen weisen im Vergleich zu den angelsächsischen Rechnungslegungsnormen deutliche Unterschiede auf.[11] Die kontinentaleuropäische Rechnungslegung hat sich vor dem Hintergrund eines weniger stark ausgebildeten

---

5 Vgl. Pellens, B./ Fülbier, R. U./ Gassen, J. (2006), S. 887. Vgl. auch die Zusammenstellung aus Fülbier/ Gassen/ Pellens zur Internationalität, Größe und Bedeutung wesentlicher internationaler Eigenkapitalmärkte zum 31.12.2004 (Pellens, B./ Fülbier, R. U./ Gassen, J. (2006), S. 44, Tabelle 2.2).

6 So auch Pellens, B./ Fülbier, R. U./ Gassen, J. (2006), S. 43.

7 Vgl. Wagenhofer, A. (2005), S. 16; Bay, W./ Bruns, H.-J. (2000), S. 712; Pellens, B./ Fülbier, R. U./ Gassen, J. (2006), S. 34; Haller, A./ Walton, P. (2000), S. 5.

8 Rechnungslegungsnormen sind als diejenigen Regelungen zu definieren, die Art und Umfang der Rechnungslegung determinieren. Die Rechnungslegungsnormen geben insofern die Rechnungslegungspraxis vor. Vgl. hierzu Ruhnke, K. (2005), S. 24.

9 Vgl. Born, K. (2007), S. 3-26; Haller, A./ Walton, P. (2000), S. 17. Für eine Diskussion der unterschiedlichen nationalen Rechnungslegungsnormen sei auf Haller, A./ Raffournier, B./ Walton, P. (Hrsg.) (2000) verwiesen. Dort ist auch eine Zusammenfassung der Rechnungslegungsnormen für die Länder USA, Großbritannien, Frankreich, Italien, Spanien, Belgien, Niederlande, Schweiz, Skandinavien, Japan und für Australien sowie eine Zusammenfassung für osteuropäische Länder enthalten.

10 Vgl. Bay, W./ Bruns, H.-J. (2000), S. 712. Vgl. hierzu auch das Vorwort zum Rahmenkonzept (Framework) der IAS/IFRS.

11 Für eine detaillierte Gegenüberstellung sei auf d'Arcy, A. (1999) verwiesen. Für eine überblicksweise tabellarische Gegenüberstellung sei auf Küting, K. (1993), S. 374-379, insbesondere S. 374, verwiesen.

Kapitalmarktes entwickelt.[12] Insofern erfolgte eine stärkere Ausrichtung an den Banken als Kapitalgebern.[13] Als Resultat dessen entwickelte sich die vom Gläubigerschutz geprägte Rechnungslegung.[14] Die Vermittlung einer möglichst zutreffenden Nettovermögensposition ist von geringerer Bedeutung als die Vorsichtigkeit der Bilanzierung.[15] Die Vorsichtigkeit der Bilanzierung ist auch mit einer asymmetrischen Bewertung von Aktiva und Passiva vereinbar.[16] Die Ausrichtung der angelsächsischen Rechnungslegung an den Interessen des Kapitalmarktes für Eigen- und Fremdkapital führt zu einer Betonung des Informationsnutzens der Rechnungslegung.[17]

An den internationalen Kapitalmärkten treffen die nationalen Unterschiede aufeinander. Rechnungslegungsinformationen anderer Länder sind somit nicht zwangsläufig verständlich und untereinander vergleichbar.[18] Zur Vermeidung dieser Informationsbarrieren und der mit ihrer Beseitigung verbundenen Kosten erscheint aus Sicht aller Marktteilnehmer eine internationale Standardisierung oder Harmonisierung der Rechnungslegung notwendig.[19] International agierende Investoren sind besonders auf vergleichbare Informationen angewiesen, da sie nur so die Investitionsalternativen gegeneinander abwägen und im Hinblick auf die Rendite-Risiko-Relation beurteilen können.[20] Als Reaktion auf diese Bedürfnisse ist es für Unternehmen notwendig, vergleichbare und im Umfang angemessene Informationen bereitzustellen. Hierzu richten Unternehmen ihre Rechnungslegung international aus oder wählen sogar den

---

12 Heintges stellte fest, dass in den USA 55 bis 60 % des gesamten Eigen- und Fremdkapitals über den öffentlichen Kapitalmarkt finanziert werden, während in Deutschland der Anteil bei etwa 30 % liegt (Heintges, S. (2005), S. 69). Vgl. auch Pellens, B./ Fülbier, R. U./ Gassen, J. (2006), S. 38; Küting, K. (1993), S. 374.

13 Vgl. Wagenhofer, A. (2005), S. 22; Haller, A./ Walton, P. (2000), S. 12; Biener, H. (1993), S. 351.

14 Vgl. Haller, A./ Walton, P. (2000), S. 12; Schildbach, T. (2003), S. 1073.

15 Vgl. Bay, W./ Bruns, H.-J. (2000), S. 752; Pellens, B./ Fülbier, R. U./ Gassen, J. (2006), S. 37; Wollmert, P./ Achleitner, A.-K. (1997b), S. 246; Haller, A./ Walton, P. (2000), S. 12; Born, K. (2007), S. 10.

16 Vgl. Bay, W./ Bruns, H.-J. (2000), S. 751; Haller, A./ Walton, P. (2000), S. 5.

17 Vgl. Pellens, B./ Fülbier, R. U./ Gassen, J. (2006), S. 38; Haller, A./ Walton, P. (2000), S. 12 f.; Walton, P. (2000), S. 208f; Küting, K. (1993), S. 374. Zu der Gegenüberstellung von Gläubigerschutz und Vorsichtsprinzip einerseits und dem Informationsnutzen der Rechnungslegung andererseits vgl. Kley, K.-L. (2001), S. 2257; Pape, J. (2001a), S. 211; Kirsch, H.-J. (2005), S. 135 f.; Crampton, A./ Köhler, A. G./ Marten, K.-U./ Schlereth, D. (2002), S. 2008; Kahle, H. (2002), S. 95; Buchhart, A./ Burger, A. (2000), S. 2197; Ballwieser, W./ Küting, K./ Schildbach, T. (2004), S. 529; Lorson, P. (2005), S. 7; Günther, T./ Schiemann, F. (2005), S. 612; vgl. Küting, K./ Reuter, M. (2005), S. 706.

18 Vgl. Bay, W./ Bruns, H.-J. (2000), S. 712; Pellens, B./ Fülbier, R. U./ Gassen, J. (2006), S. 35; Haller, A./ Walton, P. (2000), S. 6 f.

19 Vgl. hierzu ausführlich Rost, P. (1990), S. 19-35. Vgl. auch Bay, W./ Bruns, H.-J. (2000), S. 712; Haller, A./ Walton, P. (2000), S. 5; Wagenhofer, A. (2005), S. 14 f.

20 Vgl. Bay, W./ Bruns, H.-J. (2000), S. 716 f.

weiteren Schritt der Notierung an ausländischen Kapitalmärkten. Der US-amerikanische Kapitalmarkt ist der mit Abstand größte Kapitalmarkt der Welt.[21] Dadurch kommt ihm im Rahmen der Internationalisierung und der Globalisierung eine besondere Bedeutung zu. In diesem Zusammenhang erhalten die US GAAP ebenfalls eine internationale Bedeutung. Weiterhin sind in der jüngeren Vergangenheit die IAS/IFRS hinzugekommen, die aufgrund ihres länderübergreifenden Charakters ebenfalls eine internationale Bedeutung anstreben.[22]

Zusammenfassend ist festzuhalten, dass die internationale Ausrichtung sowohl für das Unternehmen Vorteile beinhaltet als auch eine zentrale Anforderung der Kapitalmarktteilnehmer ist.

1.2 Veränderung der regulatorischen Rahmenbedingungen als Reaktion auf die Anforderungen von Investoren auf globalisierten Kapitalmärkten

Die auch in Deutschland fortschreitende Internationalisierung an den Kapitalmärkten wurde 1993 mit dem Gang der DaimlerChrysler AG an die NYSE deutlich.[23] In der zweiten Hälfte der 1990er-Jahre folgte eine Reihe weiterer Gesellschaften.[24] Der Schritt an den amerikanischen Kapitalmarkt erfolgte zunächst im Rahmen einer Überleitungsrechnung und dann auch durch die Erstellung paralleler Konzernabschlüsse nach HGB und US GAAP.[25] Andere Gesellschaften, wie die Heidelberger Zement AG[26], reagierten anders auf die Anforderungen der internationalen Kapitalanleger:[27] Sie

---

21 Vgl. die Zusammenstellung aus Fülbier et al. zur Internationalität, Größe und Bedeutung wesentlicher internationaler Eigenkapitalmärkte zum 31.12.2004 (Pellens, B./ Fülbier, R. U./ Gassen, J. (2006), S. 44, Tabelle 2.2). Vgl. auch Bay, W./ Bruns, H.-J. (2000), S. 718.

22 Der Anspruch wird durch das formulierte Ziel des IASB verdeutlicht. Hier insbesondere: „to develop […] global accounting standards […] to help […] make economic decisions"; (vgl. IASB (Hrsg.) (2007), Preface to IFRSs, Para. 6a). Vgl. auch Haller, A./ Walton, P. (2000), S. 27 f.

23 Vgl. Küting, K. (1993), S. 369-372; Pellens, B./ Fülbier, R. U./ Gassen, J. (2006), S. 46; Schildbach, T. (2003), S. 1074; Wagenhofer, A. (2005), S. V und S. 1 f. Für eine Übersicht über die nach internationalen Rechnungslegungsnormen bilanzierenden DAX-30-Unternehmen vgl. Lachnit, L./ Müller, S. (2005), S. 1642, Tab. 4 (Stand: Abschlüsse bis Geschäftsjahr 2004).

24 Hier seien beispielhaft für 1996 die Deutsche Telekom AG, die Fresenius Medical Care AG, die Pfeiffer Vacuum AG und die SGL Carbon AG genannt. Vgl. Pellens, B./ Fülbier, R. U./ Gassen, J. (2006), S. 46.

25 Vgl. Pellens, B./ Fülbier, R. U./ Gassen, J. (2006), S. 46 f.; Haller, A./ Walton, P. (2000), S. 23 f.

26 Weitere Gesellschaften waren die Schering AG, die Bayer AG und andere. Vgl. hierzu auch Pellens, B./ Fülbier, R. U./ Gassen, J. (2006), S. 47; Haller, A./ Walton, P. (2000), S. 25, Abb. 1.3; Wagenhofer, A. (2005), S. 2.

27 Vgl. Pellens, B./ Fülbier, R. U./ Gassen, J. (2006), S. 47; Wagenhofer, A. (2005), S. 2.

veröffentlichten einen Konzernabschluss nach International Accounting Standards (IAS). Diese Abschlüsse waren mehrheitlich als duale Abschlüsse angelegt, die durch eine symmetrische Ausnutzung von Wahlrechten sowohl den handelsrechtlichen Anforderungen als auch den Anforderungen nach IAS genügten.[28]

Als Reaktion auf die fortschreitende Internationalisierung und die Problematik der dualen und parallelen Abschlüsse wurde 1998 das Kapitalaufnahmeerleichterungsgesetz[29] (KapAEG) verabschiedet.[30] Hierdurch wurde für börsennotierte Unternehmen über § 292a HGB die Möglichkeit etabliert, den Konzernabschluss und -lagebericht entweder nach deutschem Handelsrecht oder nach international anerkannten Rechnungslegungsvorschriften aufzustellen.[31] 1998 folgte das Gesetz zur Kontrolle und Transparenz im Unternehmensbereich[32] (KonTraG) und 2002 das Transparenz- und Publizitätsgesetz[33] (TransPuG). Als Resultat beider Gesetze entsprach der Umfang des Konzernabschlusses nach HGB dem der Konzernabschlüsse nach IAS oder US GAAP.[34]

Seitens der Europäischen Gemeinschaft wurde bereits am 27. September 2001 die EG-Richtlinie[35] 2001/65/EG[36], die sog. „Fair-Value-Richtlinie", im Amtsblatt der Europäischen Gemeinschaften veröffentlicht. Entsprechend dieser Richtlinie wurden die Mitgliedstaaten verpflichtet, die beschriebenen Änderungen bis zum 1. Januar 2004 durch eigene Vorschriften umzusetzen. Die inhaltlich wesentlichste Änderung betrifft

---

28 Vgl. Pellens, B./ Fülbier, R. U./ Gassen, J. (2006), S. 47; Haller, A./ Walton, P. (2000), S. 24 f.

29 Vgl. BGBl. I 1998, S. 707-709. Für den Abdruck des Gesetzeswortlautes und eine detaillierte Auseinandersetzung mit den einzelnen Änderungen und ihren Begründungen sei auf Ernst, C./ Seibert, U./ Stuckert, F. (1998), S. 125-164 verwiesen.

30 Vgl. Ernst, C./ Seibert, U./ Stuckert, F. (1998), S. 6-8; Pellens, B./ Fülbier, R. U./ Gassen, J. (2006), S. 48; Haller, A./ Walton, P. (2000), S. 15; Schildbach, T. (2003), S. 1074.

31 Vgl. Wollmert, P./ Oser, P. (2000), S. 729; Haller, A./ Walton, P. (2000), S. 26.

32 Vgl. BGBl. I 1998, S. 786-794.

33 Vgl. BGBl. I 2002, S. 2681-2687.

34 Als Resultat des KonTraG war der Konzernanhang gemäß § 297 Abs. 1 HGB um eine Kapitalflussrechnung und eine Segmentberichterstattung zu erweitern. Als Resultat des TranPuG wurde § 297 Abs. 1 HGB dahingehend angepasst, dass der Konzernabschluss eines Mutterunternehmens, das einen organisierten Markt im Sinne des § 2 Abs. 5 des Wertpapierhandelsgesetzes in Anspruch nimmt die zusätzlichen Komponenten Kapitalflussrechnung, Segmentberichterstattung und Eigenkapitalspiegel enthält. Die genannten Komponenten werden somit nicht länger als Teile des Anhangs betrachtet. Der Umfang des HGB-Konzernabschlusses umfasst damit die Bilanz, die Gewinn- und Verlustrechnung, den Anhang, die Segmentberichterstattung, die Kapitalflussrechnung und den Eigenkapitalspiegel. Vgl. Pellens, B./ Fülbier, R. U./ Gassen, J. (2006), S. 48.

35 Zur Wirkung von Richtlinien als Rechtsmittel der EU vgl. Ruffert, M. (2002), Tz. 43-115.

36 EG (2001), Amtsblatt der Europäischen Gemeinschaften L283 vom 27.10.2001.

das Einräumen der Möglichkeit, Finanzinstrumente und derivative Finanzinstrumente mit dem beizulegenden Zeitwert zu bewerten.[37] Dies widerspricht der deutschen Bilanzierungspraxis, für die (fortgeführte) Anschaffungskosten der maßgebende Wertmaßstab sind.[38] Durch die Fair-Value-Richtlinie wird die Bedeutung von Finanzinstrumenten im Allgemeinen und der Zeitwertbewertung von Finanzinstrumenten im Speziellen für die internationale Harmonisierung des deutschen Rechtsrahmens deutlich. Auf Basis der Richtlinie wurde ein Vorschlag zur Umsetzung in deutsches Recht durch das Deutsche Rechnungslegungs Standards Committee e. V.[39] erarbeitet. Eine Umsetzung der Regelungen der Fair-Value-Richtlinie zu Finanzinstrumenten erfolgte bisher nicht:[40] Sie ist für das kommende Bilanzrechtsmodernisierungsgesetz angekündigt.

Am 11. September 2002 folgte die Veröffentlichung der Verordnung (EG) Nr. 1606/2002[41] (sog. „IAS-Verordnung") zur Anwendung internationaler Rechnungslegungsstandards. Erklärtes Ziel und Inhalt war die Einführung internationaler Rechnungslegungsstandards, namentlich der IAS/IFRS. Die Verordnung entfaltet eine unmittelbare Rechtswirkung für die Mitgliedstaaten.[42] Sie enthält die Verpflichtung, konsolidierte Abschlüsse von kapitalmarktorientierten[43] Unternehmen nach internationalen Rechnungslegungsstandards aufzustellen. Dies gilt für Geschäftsjahre, die am oder nach dem 1. Januar 2005 beginnen. Für Unternehmen, die nach anderen international anerkannten Rechnungslegungsgrundsätzen, z. B. US GAAP, Abschlüsse erstellen, tritt diese Verpflichtung erst zwei Jahre später ein.[44] Weiterhin enthält die Verordnung für die Mitgliedstaaten das Wahlrecht, die IAS/IFRS

---

37 Vgl. Dohrn, M./ Kirsch, H.-J. (2005), S. 133.

38 In Anwendung des § 253 HGB werden Finanzinstrumente im deutschen Handelsrecht zu (fortgeführten) Anschaffungskosten bewertet.

39 Vgl. DRSC e.V. (2001).

40 Vgl. hierzu die Gesetzesbegründung in BT-Drucksache 15/3419, S. 21.

41 Vgl. EG (2002), Amtsblatt der Europäischen Gemeinschaften L243 vom 11.09.2002.

42 Zur Wirkung von Verordnungen als Rechtsmittel der EU vgl. Ruffert, M. (2002), Tz. 38-42.

43 Als kapitalmarktorientiert gilt ein Unternehmen, wenn Wertpapiere des Unternehmens in einem Mitgliedstaat zum geregelten Markt zugelassen sind. Vgl. hierzu EG (2002), Amtsblatt der Europäischen Gemeinschaften L243 vom 11.09.2002, Artikel 4 mit Verweis auf Art. 1, Abs. 13 der Richtlinie 92/22/EWG des Rates vom 10.05.1993 (ABl. 141 vom 11.06.1993, S. 27).

44 Vgl. Brücks, M. (2002), S. 166. Die Fristverlängerung ist neben der Verwendung internationaler Rechnungslegungsstandards noch an die Notwendigkeit geknüpft, dass eine Notierung an einem geregelten Markt eines Nichtmitgliedsstaates erfolgt. Unternehmen, die nach § 292a HGB einen Konzernabschluss nach US GAAP erstellen, ohne z. B. in den USA gelistet zu sein, fallen nicht unter die Fristverlängerung. Vgl. hierzu Kahle, H. (2003), S. 262.

auch für den Konzernabschluss und, was von besonderer Tragweite ist, für den Einzelabschluss zu erlauben, vorzuschreiben oder zu verbieten.[45] Von der Verpflichtung zur Aufstellung von IAS/IFRS-Abschlüssen waren in Deutschland etwa 700 bis 800 Unternehmen betroffen.[46] Die Anzahl der betroffenen Unternehmen ist jedoch wesentlich höher anzusetzen, wenn die Ausstrahlungswirkung auf die konsolidierten Tochtergesellschaften einbezogen wird. Eine bedeutend größere Tragweite entfaltet das Mitgliedstaatenwahlrecht zur Einführung der IAS/IFRS für den Konzernabschluss nicht kapitalmarktorientierter Gesellschaften und für den Einzelabschluss. Hier waren etwa 600.000 GmbHs und 100.000 Firmen der Rechtsform GmbH & Co. betroffen.[47]

Am 15. Dezember 2002 hat das Bundesministerium der Justiz den Entwurf des Bilanzrechtsreformgesetzes[48] (BilReG) vorgestellt, und am 4. Dezember 2004 wurde das Gesetz verabschiedet. Es enthält die für Deutschland gültige Ausgestaltung der Wahlrechte aus der Verordnung (EG) Nr. 1606/2002 zur Anwendung internationaler Rechnungslegungsstandards:[49] Für die Konzernabschlüsse nicht kapitalmarktorientierter Unternehmen und für Einzelabschlüsse wird das Recht eingeräumt, anstelle der handelsrechtlichen Regelungen die IAS/IFRS anzuwenden. Das Bundesministerium der Justiz betont in der den Entwurf begleitenden Presseerklärung[50], dass für die Zwecke der Besteuerung und der Gewinnausschüttung der handelsrechtliche Abschluss maßgebend bleibt. Als Begründung wird angegeben, dass ein nach IAS/IFRS aufgestellter Abschluss der Zwecksetzung des Einzelabschlusses

---

45 Für den Wortlaut der Verordnung vgl. EG (2002), Amtsblatt der Europäischen Gemeinschaften L243 vom 11.09.2002; für einen Überblick vgl. Grünberger, D./ Grünberger, H. (2002a); Hüttemann, R. (2004), S. 203-205.

46 Vgl. die empirische Untersuchung von Burger, A./ Ulrich, P. (2004), S. 243. Eine ähnliche Größenordnung ermittelte zu einem früheren Zeitpunkt bereits Wiechers, K. (2002), S. 1137.

47 Vgl. Ernst, C. (2001a), S. 1444.

48 Vgl. BGBl. I 2004, S. 3166-3182 für das verabschiedete Gesetz. Für eine detaillierte Auseinandersetzung mit den einzelnen Änderungen und ihren Begründungen sei auf IDW (Hrsg.) (2005c), S. 1-207 verwiesen.

49 Für eine überblicksweise Darstellung der Umsetzung vgl. Knorr, L./ Wendland, K. (2005), S. 53. Für den gegenwärtigen Stand der IAS/IFRS Einführung für kleine und mittlere Unternehmen sei auf Beiersdorf, K./ Davids, A. (2006) verwiesen. Für die Diskussion der Einführung für solche Unternehmen sei auf Kußmaul, H./ Henkes, J. (2006) und Niehus, R. J. (2006) verwiesen. Für eine empirische Untersuchung zu der Einführung der IAS/IFRS für solche Unternehmen sei auf Oehler, R. (2006) verwiesen.

50 Vgl. Presseerklärung des Bundesministeriums der Justiz zum Entwurf des Bilanzrechtsreformgesetzes vom 15. Dezember 2002. Verfügbar unter http://www.bmj.bund.de/enid/9d923ff9cd3c3bd31d08a1ed1fd40348,0/jd.html (Download vom 15.04.2004); für eine Diskussion des unterschiedlichen Zwecks der Rechnungslegung nach IFRS und des handelsrechtlichen Einzelabschlusses vgl. Böcking, H.-J. (2001); Rammert, S. (2004).

nicht gerecht wird. Ein solcher Abschluss ist im Hinblick auf den Informationszweck aufgestellt und betont daher sehr stark das Zeitwertprinzip. Dies führt zur Erfassung von Erträgen, die nach handelsrechtlichem Verständnis nicht ausschüttungsfähig wären, weil sie z. B. nur Wertschwankungen durch Veränderungen von Zinssätzen oder Aktienkursen repräsentieren.

Am 31.12.2004 erfolgte die Veröffentlichung der Transparenzrichtlinie[51] (2004/109/EG). Durch diese Richtlinie konnten Unternehmen, die die europäischen Finanzmärkte für den Handel ihrer Wertpapiere nutzen, ab 2007 für die Konzernpublizität zur Bilanzierung nach IAS/IFRS verpflichtet werden.[52] Diese Richtlinie wurde im Sinne einer Verpflichtung zur Konzernpublizität nach IAS/IFRS für solche Unternehmen im Rahmen des Transparenzrichtlinie-Umsetzungsgesetzes[53] (TUG) in geltendes Recht übernommen.

In einem bisher letzten Schritt erfolgte am 16.08.2006 die Veröffentlichung der EU-Richtlinie 2006/46/EG[54]. Danach können die Mitgliedstaaten es allen Kapitalgesellschaften unabhängig von ihrer Kapitalmarktorientierung erlauben, für die Bewertung von Finanzinstrumenten auf die einschlägigen IAS/IFRS zurückzugreifen.[55]

Diese Entwicklung zeigt deutlich, dass als Folge der Internationalisierung die IAS/IFRS in Deutschland an Bedeutung gewonnen haben. Bei dieser Entwicklung kommt den Finanzinstrumenten im Allgemeinen und dem Fair Value Accounting von Finanzinstrumenten im Speziellen eine besondere Bedeutung zu: Eigen- und Fremdkapitalinstrumente der Unternehmen sowie die darauf basierenden derivativen Instrumente repräsentieren die Finanzinstrumente, die infolge dieser Entwicklung zunehmend international gehandelt werden. Darüber hinaus zeigt die im Rahmen der Harmonisierung entstandene Fair-Value-Richtlinie die Bedeutung des Fair Value

---

51 Richtlinie 2004/109/EG des Europäischen Parlaments und des Rates vom 15.12.2004 zur Harmonisierung der Tranzparenzanforderungen in Bezug auf Informationen über Emittenten, deren Wertpapiere zum Handel auf einem geregelten Markt zugelassen sind, und zur Änderung der Richtlinie 2001/34/EG. Vgl. EG (2004b), Amtsblatt der Europäischen Gemeinschaften L390 vom 31.12.2004.

52 Vgl. Burger, A./ Fröhlich, J./ Ulbrich, P. R. (2006), S. 113.

53 Vgl. BGBl. I 2007, S. 10-32 für das verabschiedete Gesetz.

54 Vgl. EG (2006), Amtsblatt der Europäischen Gemeinschaften L224 vom 16.08.2006. Vgl. hierzu auch Lanfermann, G./ Maul, S. (2006).

55 Vgl. EG (2006), Art. 1, Tz. 5. Vgl. hierzu auch Lanfermann, G./ Maul, S. (2006), S. 2013.

Accounting von Finanzinstrumenten für die internationale Öffnung des deutschen gesetzlichen Rahmens. Schließlich ist festzuhalten, dass, basierend auf der historischen Entwicklung der handelsrechtlichen Bilanzierungsgrundsätze, Finanzinstrumente zu (fortgeführten) Anschaffungskosten bilanziert werden.[56] Im Rahmen der internationalen Rechnungslegung nach IAS/IFRS werden Finanzinstrumente mit dem beizulegenden Zeitwert oder zu (fortgeführten) Anschaffungskosten bewertet.[57] Insofern hält die Zeitwertbewertung über die Bewertung der Finanzinstrumente Einzug in die in Deutschland praktizierte Rechnungslegung. In diesem Zusammenhang argumentieren sowohl das FASB[58] als auch das IASB[59], dass die internationalen Rechnungslegungsstandards US GAAP und IAS/IFRS besser geeignet sind, um die wirtschaftliche Realität von Finanzinstrumenten abzubilden. Hierauf basierend stellt sich die Frage, ob die Zeitwertbewertung ein angemessenes Maß für die Bewertung von Finanzinstrumenten ist. Wird die hiermit verbundene bilanztheoretische Zielsetzung in der Praxis der Umsetzung in die internationalen Rechnungslegungsnormen erfüllt?

1.3 Zielsetzung und Gang der Untersuchung

Es wurde festgestellt, dass die internationale Rechnungslegung in Deutschland an Bedeutung gewinnt. Den Finanzinstrumenten im Allgemeinen und dem Fair Value Accounting von Finanzinstrumenten im Speziellen kommt in dieser Entwicklung eine besondere Bedeutung zu. Darüber hinaus wird für die Zukunft davon ausgegangen, dass die Finanzinstrumente hinsichtlich der Anwendung des beizulegenden Zeitwerts in den IAS/IFRS eine „Lokomotivfunktion“[60] einnehmen. In dieser Funktion wird der Erfolg oder der Misserfolg direkte Rückwirkungen auf die Anwendung der Zeitwertbewertung in anderen Bereichen der IAS/IFRS haben.

Ziel dieser Arbeit ist die Analyse das Fair Value Accounting von Finanzinstrumenten in der internationalen Rechnungslegung. Es ist zu untersuchen, ob die praktische

---

56 In Anwendung des § 253 HGB werden Finanzinstrumente im deutschen Handelsrecht zu (fortgeführten) Anschaffungskosten bewertet.

57 Vgl. IAS 39.43 für die Zugangsbewertung sowie IAS 39.46 für die Folgebewertung.

58 Vgl. FASB (1999), Tz. 4, mit Verweis auf FASB Statement No. 133, Tz. 334, für Finanzinstrumente; vgl. FASB (2007), FAS 107, App. C, Relevance of Fair Value Information.

59 Vgl. IASC (Hrsg.) (1997), Para. 1.6; Kirsch, H.-J. (2003), S. 276.

60 Aus dem Geleitwort des Herausgebers Prof. Dr. Dr. h.c. Jörg Baetge zu Niemayer, K. (2003).

Umsetzung des Fair Value Accounting von Finanzinstrumenten der bilanztheoretischen Zielsetzung entspricht.

Die Analyse wird auf die IAS/IFRS beschränkt. Von einer parallelen Darstellung der Anwendung des Fair Value Accounting von Finanzinstrumenten nach US GAAP wird aufgrund der Ähnlichkeit der Regelungen kein wesentlicher Erkenntnisgewinn erwartet.[61] Die Analyse des Fair Value Accounting von Finanzinstrumenten betrifft somit im Wesentlichen die Umsetzung des IAS 39. Es wird jedoch nicht der Anspruch verfolgt, alle Regelungen innerhalb des IAS 39 vollumfänglich darzustellen. Im Gegenzug werden auch Regelungen anderer Standards, insbesondere des IAS 32 und des IFRS 7, einbezogen, sofern sie für die Argumentation von Bedeutung sind.

In einem ersten Schritt (Kapitel 2) werden die Zwecke der Rechnungslegung im Allgemeinen und innerhalb der IAS/IFRS im Speziellen einander gegenübergestellt. Aus der Gegenüberstellung werden die Zwecke der Rechnungslegung im Rahmen dieser Arbeit abgeleitet. Hierzu sind auch die Definitionen einzelner Begriffe einzubeziehen bzw. zu präzisieren.

In einem zweiten Schritt (Kapitel 3) werden die zu beurteilenden Regelungen dargestellt, und anschließend wird diskutiert, inwieweit sie den definierten Zwecken der Rechnungslegung folgen. Die Darstellung und Beurteilung in diesem Kapitel erfolgen zunächst auf der Ebene der Kategorien finanzieller Vermögenswerte und finanzieller Verbindlichkeiten des IAS 39.

In Kapitel 4 werden Themenkomplexe betrachtet, die über die in Kapitel 3 erläuterten Detailregelungen hinausgehen. Ziel dieser Darstellung ist sowohl die detaillierte als auch die umfängliche Betrachtung des beizulegenden Zeitwerts in seiner Anwendung auf Finanzinstrumente. Die abgeleiteten Ergebnisse und Empfehlungen berücksichtigen damit sowohl die Umsetzung im Einzelnen als auch Zusammenhänge und Interdependenzen.

---

[61] In diesem Zusammenhang sei auf die aktuell verstärkten Konvergenzbemühungen hingewiesen, die in einem „Memorandum of Understanding“ vom 27.02.2006 festgehalten wurden (vgl. IASB (Hrsg.) (2006c)).

In einem weiteren Schritt (Kapitel 5) werden die Zwischenergebnisse der Kapitel 3 und 4 im Hinblick auf die Auswirkungen der Bilanzierung von finanziellen Vermögenswerten und finanziellen Verbindlichkeiten analysiert.

In einem letzten Schritt (Kapitel 6) werden in einer thesenartigen Zusammenfassung Vorschläge für die Anpassung der IAS/IFRS unterbreitet.

Der Gang der Untersuchung kann schematisch folgendermaßen dargestellt werden:

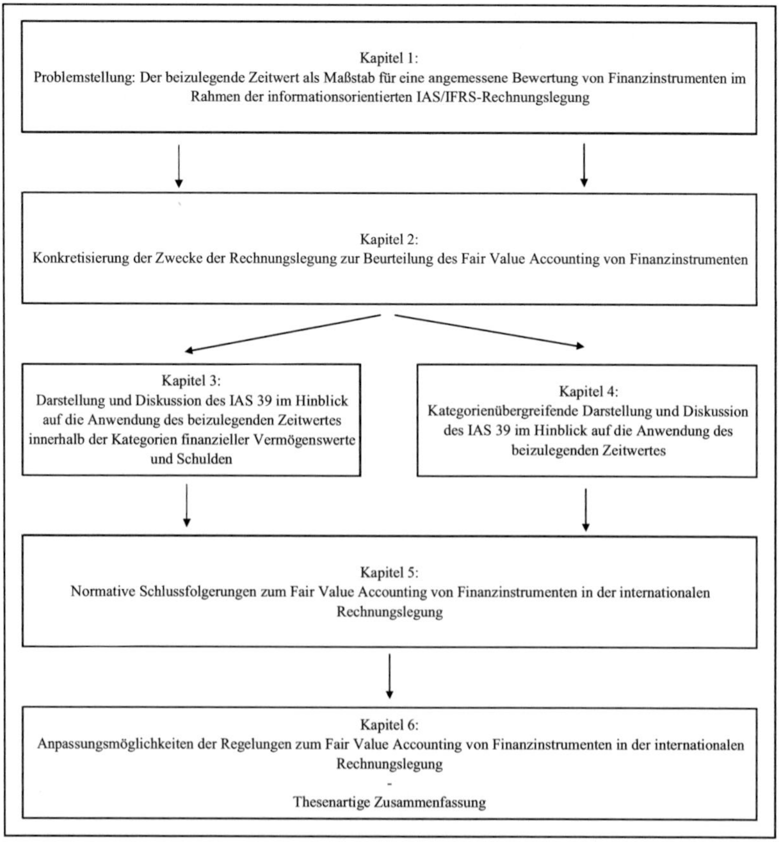

Abb. 1: Schematische Darstellung zum Gang der Untersuchung

2 Konkretisierung der Zwecke der Rechnungslegung zur Beurteilung des Fair Value Accounting von Finanzinstrumenten

2.1 Allgemeine Herleitung der Zwecke der Rechnungslegung

„Gütemaßstab eines Rechnungslegungssystems kann nicht sein, ob man es als altmodisch empfindet oder ob es gerade im modischen Trend liegt, sondern ob es zweckmäßig oder unzweckmäßig ist.“[62]

Die Zweckmäßigkeit einer Rechnungslegung ist abhängig von dem Adressatenkreis der Rechnungslegung.[63] Der Adressatenkreis der Rechnungslegung eines Unternehmens besitzt ein Interesse an dem Unternehmen und ist auf die Informationsversorgung durch besser informierte Kreise, die Abschlussersteller, angewiesen.[64] Es besteht eine Informationsasymmetrie zwischen dem Abschlussersteller und dem Abschlussadressaten.[65] Bei einem von dem Eigentümer geführten Unternehmen tritt diese Informationsasymmetrie nicht auf, da der Ersteller und der Adressat identisch sind.[66] Beauftragt der Eigentümer ein Management mit der Unternehmensführung, entsteht eine Informationsasymmetrie im Sinne der Prinzipal-Agent-Theorie.[67] Der Eigentümer wird zum Prinzipal[68] und das Management zum Agenten[69]. Der Agent

---

62 Streim, H. (2000), S. 111.

63 Vgl. Gassen, J. (2001), S. 396. So wohl auch Witt, P. (2001), S. 85-87.

64 Vgl. Pratt, J. W./ Zeckhauser, R. J. (1984), S. 2 in Verbindung mit S. 4 f., für das Vorliegen eines Abhängigkeitsverhältnisses als Voraussetzung für die Notwendigkeit der Informationsbeschaffung und der Überwachung. Vgl. hierzu auch Arrow, K. J. (1984), S. 37.

65 Vgl. Meyer, M. (2004), S. 81-87, zur Informationsasymmetrie im Allgemeinen. Vgl. Wagenhofer, A. (2001), S. 441-445, zur Informationsasymmetrie zwischen dem Abschlussersteller (Management) und dem Abschlussadressaten (Anteilseigner) im Speziellen. Die Abgrenzung der Gruppe der Abschlussadressaten wird an späterer Stelle diskutiert.

66 Vgl. Siekmann, T. (1999), S. 4-24.

67 Für eine detaillierte Darstellung der Prinzipal-Agent-Theorie sei auf Meyer, M. (2004) sowie Meinövel (1999) verwiesen. Zur Einordnung der Prinzipal-Agent-Theorie in die Theorien der Wirtschaftswissenschaften sei auf Bindseil, U./ Richter, R. (1995) verwiesen. Definition einer Prinzipal-Agent-Beziehung: Eine Prinzipal-Agent-Beziehung liegt vor, sofern eine Partei für eine andere Partei in einem Auftragsverhältnis tätig wird. Vgl. hierzu Meyer, M. (2004), S. 64 f.; Krapp, M. (2000), S. 4 f. Sinngemäß auch Meinövel, H (1999), S. 7. Für Beispiele von Prinzipal-Agent-Beziehungen vgl. Arrow, K. J. (1984), S. 38 f.

68 Der Prinzipal ist als die Partei definiert, die den Agenten beauftragt und deren Wohlstand von den Handlungen des Agenten beeinflusst wird. Vgl. Meyer, M. (2004), S. 64 in Verbindung mit Pratt, J. W./ Zeckhauser, R. J. (1984), S. 2.

69 Der Agent ist als die Partei definiert, die im Auftrag des Prinzipals tätig wird und deren Handlungen den Wohlstand des Prinzipals beeinflussen. Vgl. Meyer, M. (2004), S. 64 in Verbindung mit Pratt, J. W./ Zeckhauser, R. J. (1984), S. 2.

besitzt gegenüber dem Prinzipal einen zeitlichen, quantitativen und qualitativen Informationsvorsprung.[70] Für den Prinzipal wird es notwendig, den Agenten zu überwachen.[71] Diese Notwendigkeit wird durch die Verpflichtung zur Rechnungslegung adressiert.[72] Durch die Rechnungslegung sind Informationen zu vermitteln, die geeignet sind, die Informationsasymmetrie so weit zu reduzieren, dass der Prinzipal in die Lage versetzt wird, den Agenten effektiv zu überwachen.[73]

Durch die Anforderung an die zu vermittelnde Information besitzt die Rechnungslegung eine informationsökonomische[74] Basis.[75] Danach liegt ein Informationswert vor, wenn der Nutzen der Information[76] die Kosten ihrer Beschaffung übersteigt: Ein Nutzen einer Information besteht also nur insoweit, als sie einen positiven Nettowert besitzt.[77] Insofern ist die Informationsökonomie direkt mit der Transaktionskostentheorie[78] verknüpft.

Transaktionen sind hierbei als Austausch von Gütern zwischen Akteuren zu verstehen.[79] Transaktionskosten repräsentieren den Wert der Eingabegrößen in die Organisation von

---

70 Der Informationsvorsprung bezieht sich sowohl auf die Informationen über die Situation des Unternehmens (verborgene Information, „hidden information", auch: „adverse selection") als auch über die Vertretungsqualität des Managements (verborgene Handlung, „hidden action", auch: „moral hazard"). Vgl. hierzu Meinövel (1999), S. 13 mit Verweis auf Arrow, K. J. (1984), S. 38-42.

71 Vgl. Meinövel (1999), S. 16-20; Wolf, J. B. (1999), S. 14.

72 Vgl. hierzu ausführlich Wagenhofer, A. (2001), insbesondere S. 441-445. Vgl. auch Gassen, J. (2001), S. 395-397; Ewert, R. (1990), S. 1 f.

73 Hier wird auf die Reduktion der Informationsasymmetrie abgestellt und nicht eine Beseitigung der Asymmetrie gefordert. Eine Beseitigung der Informationsasymmetrie ist in der Prinzipal-Agent-Theorie ausgeschlossen, da die tatsächliche Information nur dem Agenten zugänglich ist. Vgl. hierzu Meinövel (1999), S. 20. Vgl. auch Stremitzer, A. (2005), S. 1-3.

74 Für einen Überblick über die Informationsökonomie im Kontext der Rechnungslegung sei auf Ballwieser, W. (1985) verwiesen. Vgl. auch Ballwieser, W. (1982).

75 So wohl auch Meinövel (1999), S. 18.

76 Information ist als zweckorientiertes Wissen definiert. Vgl. Wittmann, W. (1959), S.14. Der (Brutto-) Nutzen von Informationen liegt nach Ballwieser immer dann vor, „wenn sie Erwartungen ändern und die Wahl von vorteilhaften Entscheidungsalternativen bewirken, die ohne Ausnutzun des Informationssystems nicht ergriffen worden wären". Ballwieser, W. (1985), S. 780.

77 Für eine detaillierte Auseinandersetzung mit der Kosten-Nutzen-Abwägung von Informationen sei auf Dohrn, M. (2004), S. 45-54, verwiesen.

78 Es ist das Ziel der Transaktionskostentheorie, die Gestaltung von Austauschbeziehungen zwischen Akteuren anhand der durch die Austauschbeziehung verursachten Kosten zu erklären. Vgl. hierzu Erlei, M./ Jost P.-J. (2001), S. 35. Für eine Übersicht über die Transaktionskostentheorie sei auf Williamson, O. E. (1996) verwiesen. Für eine Darstellung der historischen Entwicklung und Einordnung der Transaktionskostentheorie sei auf Pies, I. (2000) sowie Schramm, M. (2005), S. 46-66, verwiesen.

79 Vgl. Rao, P. K. (2002), S. XVI; Jost P.-J. (2001), S. 10.

Transaktionen.[80] Sie sind wesentliche Komponenten des wirtschaftlichen Handelns:[81] In entwickelten Volkswirtschaften repräsentieren Transaktionskosten mehr als 50% des Bruttosozialproduktes. Insofern ist die Reduktion der Transaktionskosten erstrebenswert.[82] Dies kann grundsätzlich auf zwei Arten erfolgen: durch den Markt oder durch die Vorgabe einer Hierarchie.[83] Auf dem Markt werden nicht standardisierte Bedingungen einzelvertraglich ausgehandelt, während durch die Vorgabe einer Hierarchie standardisierte Bedingungen geschaffen werden. Beide Komponenten verursachen bei den Marktteilnehmern Transaktionskosten. Die Höhe der Transaktionskosten hängt von der Unsicherheit der Umweltbedingungen, der Komplexität, der Spezifität und der Häufigkeit der Transaktionen ab.[84] Abhängig von der Ausgestaltung dieser Eigenschaften sind die Transaktionskosten der Koordinationsmechanismen Markt und Hierarchie höher oder geringer. Insofern ergibt sich, in Abhängigkeit der Eigenschaften einer Transaktion, ein ideales Verhältnis der Koordinationsmechanismen, bei dem die Transaktionskosten minimiert werden.[85] Regelungsrahmen für die Rechnungslegung repräsentieren somit die Vorgabe einer Hierarchie zur Reduktion der Transaktionskosten.

Über die Eigenkapitalgeber hinaus existieren andere potenzielle Adressaten der Rechnungslegung, die ebenfalls ein berechtigtes Interesse an Informationen über das Unternehmen haben. Solche Anspruchsgruppen sind insbesondere andere Kapitalgeber, staatliche Institutionen und Arbeitnehmer. Auch für diese Interessensgruppen besteht der allgemeine Zweck der Rechnungslegung in der Vermittlung nützlicher und werthaltiger Informationen.[86] Spezielle Informationen besitzen jedoch eine unterschiedliche Nützlichkeit für unterschiedliche Adressaten.[87]

---

80 Vgl. Pethig, R. (1975); S. 80-83; Rao, P. K. (2002), S. XVI.

81 Vgl. Bindseil, U./ Richter, R. (1995), S. 325.

82 Zur Herleitung der Notwendigkeit, Transaktionskosten zu minimieren, vgl. Jost P.-J. (2001), S. 18-22.

83 Vgl. Jost P.-J. (2001), S. 24 f.

84 Vgl. hierzu Williamson, O. E. (1996), S. 13-16; Jost P.-J. (2001), S. 11-16. Die Komponenten werden teilweise unterschiedlich zusammengefasst.

85 Zur detaillierten Herleitung des Zusammenhangs zwischen den einzelnen Eigenschaften der Transaktionskosten und dem Koordinationsmechanismus vgl. Erlei, M./ Jost P.-J. (2001), S. 46-59.

86 Vgl. Gassen, J. (2001), S. 395 f.

87 Vgl. Witt, P. (2001), S. 85-87; Gassen, J. (2001), S. 396.

Zusammenfassend ist festzustellen, dass der allgemeine Zweck der Rechnungslegung für die Adressaten in der Vermittlung von Informationen liegt, die der Reduktion der Informationsasymmetrie dienen.[88] Für verschiedene Adressatenkreise mag eine Abwägung des Zwecks der Rechnungslegung notwendig werden.

Für die Beurteilung des Fair Value Accounting von Finanzinstrumenten innerhalb einer einzelnen Rechnungslegungskonzeption, der IAS/IFRS, können die dort definierten Zwecke dieser Rechnungslegungskonzeption selbst als Maßstab für den Vergleich von Anspruch und Wirklichkeit übernommen werden. Voraussetzung hierfür ist die grundsätzliche Übereinstimmung der Zwecke der Rechnungslegung der IAS/IFRS mit dem hergeleiteten allgemeinen Zweck der Rechnungslegung. Die Zwecke der Rechnungslegung nach IAS/IFRS sind dahingehend zu betrachten.

2.2 Zwecke der Rechnungslegung nach IAS/IFRS[89]

2.2.1 Zwecke der Rechnungslegung nach IAS/IFRS – ein Überblick

Folgende Übersicht gibt einen Überblick über das allgemeine Ziel, die Generalnorm, die Adressaten und die Bilanzierungsgrundsätze der Rechnungslegung nach IAS/IFRS:

---

88 So auch Gassen, J. (2001), S. 396 sowie S. 409 f.

89 Durch die Überarbeitung des IAS 1 von 1997 wurden Teile des Rahmenkonzepts (Framework) übernommen. Hieraus ergibt sich eine Inkonsistenz zwischen Rahmenkonzept (Framework) und IAS 1. Für einen Überblick über die in den IAS/IFRS identifizierten Inkonsistenzen sei auf Hettich, S. (2007) verwiesen. Aufgrund dieser Inkonsistenzen sind gegenwärtig Bestrebungen im Gange das Rahmenkonzept (Framework) zu überarbeiten. Diese Bestrebungen sind auch Teil der Konvergenzbemühungen zwischen IASB und FASB. Zum gegenwärtigen Stand der Überarbeitung des Rahmenkonzepts sei auf Kampmann, H./ Schwedler, K. (2006) verwiesen.
Die Diskussion innerhalb dieser Arbeit basiert im Wesentlichen auf den Kriterien der Relevanz und der Verlässlichkeit. Diese Kriterien wurden sowohl in das Rahmenkonzept (Framework) als auch in IAS 1 aufgenommen. Durch die Präzisierung der Rechnungslegungszwecke in Kapitel 2.5 kommt diese Inkonsistenz im Rahmen dieser Arbeit deshalb nicht zum Tragen. Für die Herleitung der Rechnungslegungszwecke im Rahmen dieser Arbeit erscheint es angemessen, auf den Definitionen des Rahmenkonzeptes (Framework) aufzubauen.

Kapitel 2.2.2: Allgemeine Zweckdefinition der Rechnungslegung nach IAS/IFRS

Ziel der Rechnungslegung	Information über die Vermögens-, Finanz- und Ertragslage sowie deren Veränderung
Zentrales Merkmal	Vermittlung entscheidungsrelevanter Informationen *(Decision Usefulness)*

Kapitel 2.2.3: Generalnorm der Rechnungslegung nach IAS/IFRS

Generalnorm	True and Fair View

Kapitel 2.2.4: Adressaten der Rechnungslegung nach IAS/IFRS

Adressaten	Aktuelle und zukünftige Investoren, Arbeitnehmer, Kreditgeber, Lieferanten und andere Gläubiger, Kunden, staatliche Institutionen und die Öffentlichkeit

Kapitel 2.2.5: Bilanzierungsgrundsätze der Rechnungslegung nach IAS/IFRS

Grundannahmen	Periodenabgrenzung *(Accrual Basis)*	
	Unternehmensfortführung *(Going Concern)*	
Qualitative Merkmale	Verständlichkeit *(Understandability)*	
	Relevanz *(Relevance)*	
		Wesentlichkeit *(Materiality)*
	Verlässlichkeit *(Reliability)*	
		glaubwürdige Darstellung *(Faithful Representation)*
		Vorsicht *(Prudence)*
		wirtschaftliche Betrachtungsweise *(Substance over Form)*
		Neutralität *(Neutrality)*
		Vollständigkeit *(Completeness)*
	Vergleichbarkeit *(Comparability)*	
Einschränkungen	Zeitnähe *(Timeliness)*	
	Kosten-Nutzen-Verhältnis *(Balance between Benefit and Cost)*	
	Ausgewogenheit der qualitativen Merkmale *(Balance between Qualitative Characteristics)*	

Abb. 2: Übersicht über den allgemeinen Zweck, die Generalnorm, die Adressaten und die Bilanzierungsgrundsätze nach IAS/IFRS[90]

---

[90] In Anlehnung an Fahrion, H.-J./ Winterhoff, H. W. (2002), Sp. 741, und Adler, H./ Düring, W./ Schmaltz, K. (2003), Abschnitt 1, Tz. 59.

2.2.2 Allgemeine Zweckdefinition der Rechnungslegung nach IAS/IFRS

Nach IAS/IFRS besteht der allgemeine Zweck der Rechnungslegung darin, Informationen über die Vermögens-, Finanz- und Ertragslage sowie deren Veränderung zu liefern, die für eine große Anzahl von Adressaten nützlich sind, um ökonomische Entscheidungen zu treffen.[91] Weiterhin sollen Jahresabschlüsse die Ergebnisse des Handelns des Managements und die Verantwortlichkeit für das anvertraute Vermögen aufzeigen.[92] Hieraus lässt sich ableiten, dass die Rechnungslegung insgesamt fünf Kernzwecke verfolgt. Die Rechnungslegung stellt Informationen bereit, die für die Beurteilung

- der finanziellen Lage (vorrangig Bilanz),
- der erbrachten Leistung (vorrangig Gewinn- und Verlustrechnung),
- der Veränderung der finanziellen Lage (vorrangig Flussrechnungen),
- der Entscheidungen des Managements und
- der Verantwortlichkeit des Managements für die ihm anvertrauten Güter

nützlich sind.[93]

Weiterhin präzisiert das Rahmenkonzept (Framework) für Adressaten nützliche Informationen (Decision Usefulness):[94] Zum Treffen ökonomischer Entscheidungen benötigen die Adressaten Informationen, die ihnen helfen, die Fähigkeit des Unternehmens, Einzahlungsüberschüsse zu erwirtschaften, zu beurteilen, sowie die Höhe, den zeitlichen Anfall und die Sicherheit der Zahlungsströme abzuschätzen. Der formulierte Zweck der Rechnungslegung entspricht einer Informations-[95] und einer Rechenschaftsfunktion. Eine Zahlungsbemessungsfunktion bzw. Ausschüttungsbemessungsfunktion ist nicht abzuleiten.[96]

---

91 Vgl. IAS F.12.

92 Vgl. IAS F.14 bzw. IAS 1.7.

93 Nach Tanski, J. S. (2005), S. 35 f. Diese Aufzählung lässt sich aus dem englischen Originaltext von F.12, F.14 und IAS 1.7 direkt ableiten.

94 Vgl. IAS F.15.

95 Für einen Überblick über aktuelle Studien zur Informationswirkung externer Unternehmensberichterstattung sei auf Mölls, S. H./ Strauß, M. (2007) verwiesen.

96 Vgl. Hossfeld, C. (2005), S. 160; Adler, H./ Düring, W./ Schmaltz, K. (2003), Abschnitt 1, Tz. 42.

2.2.3 Generalnorm der Rechnungslegung nach IAS/IFRS

Es ist Aufgabe eines Abschlusses nach IAS/IFRS, ein den tatsächlichen Verhältnissen entsprechendes Bild von der Vermögens-, Finanz- und Ertragslage eines Unternehmens, sowie von deren Veränderung zu vermitteln.[97] Diese Generalnorm wird als True and Fair View bezeichnet.[98]

Mit der Generalnorm wird der Anspruch an die Rechnungslegung umfassend formuliert. Es stellt sich die Frage, inwieweit es zu Konflikten zwischen der Generalnorm und anderen Regelungen innerhalb der IAS/IFRS kommen kann und wie in einem solchen Fall zu verfahren wäre. Der Standardsetter sieht wohl die Möglichkeit für Konflikte. Dies lässt sich aus den einschränkenden Formulierungen von IAS F.46 und IAS 1.IN6 ableiten. Dort wird festgestellt, dass die Anwendung der IAS/IFRS in nahezu allen Fällen zu der Erfüllung des True and Fair View führen wird. Es stellt sich die Frage, ob die Generalnorm für den Fall eines Widerspruchs als sog. Overriding Principle zu verstehen ist, also zu einem (pflichtgemäßen) Verstoß gegen Regelungen der IAS/IFRS führt. Diese Frage ist mit folgenden Argumenten zu bejahen, obwohl darauf hinzuweisen ist, dass es nur in sehr seltenen Fällen dazu kommen dürfte.[99] Die Eigenschaft der Generalnorm als Overriding Principle lässt sich nicht aus dem Framework ableiten. Dies ist dadurch begründet, dass das Framework Interpretations- und Orientierungshilfe ist, aber kein verbindlicher Standard.[100] Erst durch die Aufnahme des Sachverhalts in IAS 1 ergibt sich das Verständnis im Sinne eines Overriding Principle.[101] Eine solche Interpretation ist weder nach deutschem Handelsrecht[102] noch nach US GAAP[103] zulässig.

---

97 Vgl. IAS F.46 sowie IAS 1.10.

98 Vgl. Fahrion, H.-J./ Winterhoff, H. W. (2002), Sp. 739.

99 Vgl. Hayn, S. (2007a), Tz. 81 f.; Fahrion, H.-J./ Winterhoff, H. W. (2002), Sp. 742.

100 Vgl. Achleitner, A.-K./ Behr, G. (2003), S. 96; Tanski, J. S. (2005), S. 18 und 33; Wollmert, P./ Achleitner, A.-K. (1997a), S. 210.

101 Siehe IAS 1.IN6 f.; IAS 1.17-22; vgl. auch Achleitner, A.-K./ Behr, G. (2003), S. 101 f.

102 Die entsprechende Generalnorm wird im deutschen Handelsrecht in § 264 Abs. 2 HGB erwähnt. Dort wird in Satz zwei festgelegt, dass zusätzliche Anhangangaben zu machen sind, sofern die Beachtung der Grundsätze ordnungsmäßiger Buchführung nicht zu der Vermittlung eines den tatsächlichen Verhältnissen entsprechenden Bildes der Vermögens-, Finanz- und Ertragslage führt. Der potenzielle Konflikt wird also durch weitere Anhangangaben aufgelöst und nicht durch die Definition der Generalnorm als Overriding Principle. Vgl. hierzu auch Hayn, S. (2007a), Tz. 154.

103 Vgl. Meek, G. K. (2000), S. 165 f.; Hayn, S. (2007a), Tz. 83.

Abschließend sei erwähnt, dass der Generalnorm in der Rechnungslegung besondere Bedeutung im Zusammenhang mit der Abschlussprüfung zukommt. Der Abschlussprüfer muss im Rahmen seines Bestätigungsvermerks erklären, dass der Abschluss ein den tatsächlichen Verhältnissen entsprechendes Bild von der Lage des Unternehmens bietet.[104] Die Einhaltung der Generalnorm ist damit explizit zu bejahen.[105]

2.2.4 Adressaten der Rechnungslegung nach IAS/IFRS

Informationen müssen für die Adressaten der Rechnungslegung nützlich sein. Der Grad der Zweckerreichung kann nur in Bezug auf einen definierten Adressatenkreis greifbar gemacht werden.[106] Adressaten der IAS/IFRS-Rechnungslegung sind aktuelle und zukünftige Investoren, Arbeitnehmer, Kreditgeber, Lieferanten und andere Gläubiger, Kunden, staatliche Institutionen und die Öffentlichkeit.[107] Durch den weit gefassten Adressatenkreis ergibt sich die Problematik divergierender Interessen.[108] Zu demselben Schluss kommt auch Ballwieser[109]. Er spricht sich dagegen aus, den Adressatenkreis durch einfache Auflistung zu bestimmen. Nur ein klar abgegrenzter Adressatenkreis sei der Beurteilung der Qualität der Rechenschaftslegung zugänglich. Insofern ist auch die Aufnahme von Adressaten wie Finanzanalysten und Kunden ohne rechtlich verankerten Informationsanspruch überdenkenswert. Faktisch werden von ihm nur Informationsinteressen der Besitzer finanzieller Interessen an dem betrachteten Unternehmen anerkannt. Das IASB[110] ist sich dieser Problematik wohl bewusst, denn im Rahmenkonzept (Framework) wird davon ausgegangen, dass die

---

104 Vgl. § 322 Abs. 3 HGB
105 Vgl. Fahrion, H.-J./ Winterhoff, H. (2002), Sp. 735.
106 Vgl. Baetge, J./ Kirsch, H.-J./ Thiele, S. (2005), S. 143 f.
107 Vgl. IAS F.9.
108 Vgl. z. B. Duhr, A./ Wüstemann, J. (2005), S. 117.
109 Vgl. Ballwieser, W. (2002), S. 115 f. sowie S. 120.
110 Vgl. IAS F.10.

Informationsbedürfnisse der Investoren denen der meisten anderen Interessengruppen entsprechen dürften. Durch diese Feststellung wird der unpräzise abgegrenzte Adressatenkreis auf die Kapitalgeber verengt und präzisiert.[111]

Im Sinne der Vollständigkeit ist auf die geringen, aber vorhandenen Unterschiede zwischen den Informationsbedürfnissen der Eigen- und der Fremdkapitalgeber einzugehen. Die Eigenkapitalgeber erhalten den nach Befriedigung aller Ansprüche anderer Interessengruppen verbleibenden Überschuss. Sie sind daher gleichermaßen an den Informationen über die Chancen wie an denen über die Risiken für das Unternehmen interessiert. Das Informationsinteresse ist symmetrisch[112]. Die Fremdkapitalgeber sind an der Verzinsung und Rückzahlung des von ihnen eingesetzten Kapitals interessiert. Solange die Fähigkeit dazu vorliegt, besteht kein weiteres Informationsinteresse. Dem folgend sind die Informationsbedürfnisse eher auf die Risken als auf die Chancen ausgerichtet. Das Informationsinteresse ist asymmetrisch. Obwohl der Zweck, den die Rechnungslegung für diese beiden Interessengruppen erfüllen soll, sehr homogen ist, ist es wichtig, sich diesen Unterschied in den Bedürfnissen zu vergegenwärtigen. Insbesondere im Hinblick darauf, welche Informationen für die Adressaten relevant sind, kann dies zu einer unterschiedlichen Auslegung führen.[113]

---

[111] Vgl. Ballwieser, W. (2002), S. 120; Lorson, P. (2005), S. 10 f. So wohl auch Fahrion, H.-J./ Winterhoff, H. W. (2002), Sp. 740; Adler, H./ Düring, W./ Schmaltz, K. (2003), Abschnitt 1, Tz. 39; Baetge, J./ Kirsch, H.-J./ Thiele, S. (2005), S. 144 f. Die Adressaten werden insofern unabhängig von der Unternehmensgröße als die Kapitalgeber identifiziert. Im Zusammenhang mit der Einführung der IAS/IFRS für kleine und mittlere Unternehmen mag hier zukünftig eine differenziertere Betrachtung notwendig werden. Für die Besonderheiten des Adressatenkreises dieser Unternehmen sei auf Kirsch, H.-J./ Meth, D. (2007) verwiesen.

[112] Die Symmetrie oder Asymmetrie des Informationsinteresses bezieht sich an dieser Stelle auf die entweder symmetrische Berücksichtigung von Informationen zu Chancen und Risiken oder asymmetrische Berücksichtigung der Risiken ohne Berücksichtigung der Chancen. Hierin besteht keine inhaltliche Überschneidung mit der Informationssymmetrie oder der Informationsasymmetrie zwischen Kapitalgebern und Management eines Unternehmens.

[113] Zur Verdeutlichung der Unterschiede in den Informationsinteressen der Eigen- und der Fremdkapitalgeber sei auf Pellens, B./ Fülbier, R. U./ Gassen, J. (2006), Beispiel 1.2, S. 19 f., verwiesen. Die abweichenden Informationsinteressen zwischen Eigen- und Fremdkapitalgebern verdeutlichen auch den Unterschied zwischen der gläubigerorientierten handelsrechtlichen Sichtweise und der investororientierten Sichtweise der IAS/IFRS. Vgl. hierzu Buchhart, A./ Burger, A. (2000), S. 2199.

2.2.5 Bilanzierungsgrundsätze der Rechnungslegung nach IAS/IFRS

2.2.5.1 Grundannahmen (Underlying Assumptions)

In dem Rahmenkonzept (Framework) der IAS/IFRS werden zwei Grundannahmen formuliert, nach denen Abschlüsse aufgestellt werden. Es handelt sich dabei um die Periodenabgrenzung und die Annahme der Unternehmensfortführung.[114]

a) Periodenabgrenzung (Accrual Basis)

Geschäftsvorfälle sind in Anwendung der Periodenabgrenzung (Accrual Basis) zu bilanzieren.[115] Die Periodenabgrenzung wird dahingehend präzisiert, dass Geschäftsvorfälle zu bilanzieren sind, wenn sie die Kriterien für die Bilanzierung von Vermögenswerten, Verbindlichkeiten, Eigenkapital, Erträgen oder Aufwendungen erfüllen.[116] Hierbei ist es ausschlaggebend, wann der Geschäftsvorfall oder das Ereignis eingetreten ist, unabhängig davon, wann Zahlungsmittel oder deren Äquivalente geflossen sind.[117]

Im Zusammenhang mit der Periodenabgrenzung ist das Realisationsprinzip (Realization Principle) von Bedeutung.[118] Dies wird deutlich, wenn bei der Bilanzierung zu entscheiden ist, welcher Periode die Realisation des Geschäftsvorfalls zuzuordnen ist. Generell legt dieses Prinzip fest, dass Erträge erst dann ausgewiesen werden dürfen, wenn der Umsatzakt erfolgt ist, d. h. alle Pflichten des Verkäufers erfüllt sind.[119] In den IAS/IFRS wird das Realisationsprinzip weder explizit genannt noch definiert. Es wird nur darauf hingewiesen, dass Erträge auch unrealisierte Vermögensmehrungen sein können.[120] In einzelnen Standards finden sich Regelungen, die dem Realisationsprinzip

---

[114] Vgl. IAS F.22 und F.23; vgl. auch Lorson, P. (2005), S. 11.
[115] Vgl. IAS 1.25.
[116] Vgl. IAS 1.26.
[117] Vgl. IAS F.22.
[118] Im Rahmen des Revenue-Recognition-Projekts des IASB und des FASB ist gegenwärtig von einer Anpassung der Bedeutung des Realisationsprinzips auszugehen. Für weitergehende Informationen zu der Entwicklung und dem aktuellen Stand des Revenue-Recognition-Projekts sei in der angegebenen Reihenfolge auf die Beiträge von Wüstemann, J./ Kierzek, S. (2005a), Kühne. M. (2006) und Wüstemann, J./ Kierzek, S. (2005b) verwiesen.
[119] Vgl. Adler, H./ Düring, W./ Schmaltz, K. (2003), Abschnitt 1, Tz. 48; Streim (2000), S. 117; Buchholz, R. (2007), S. 37 f.
[120] Vgl. IAS F.76.

entsprechen.[121] Diese sind insbesondere IAS 18 grundsätzlich zu Erträgen, IAS 11 zu Fertigungsaufträgen und IAS 39 zur Ertragsrealisation bei Finanzinstrumenten.[122]

In IAS 1.26 in der Fassung von 1997 wurde noch auf das Prinzip der Aufwandszurechnung (Matching Principle) Bezug genommen, das mit dem Realisationsprinzip in einem engen inhaltlichen Zusammenhang steht. Nach dem Prinzip der Aufwandszurechnung sind Aufwendungen in der Periode zu erfassen, in der die zugehörigen Erträge gebucht werden. Das Realisationsprinzip bezieht sich damit auf Erträge und die Aufwandszurechnung auf Aufwendungen.[123] Die Aufwandsverrechnung erfolgt in der Periode, in der die damit in Zusammenhang stehenden Erträge realisiert werden.[124] In IAS 1 in der Fassung von 2005 wird kein Bezug auf das Prinzip der Aufwandszurechnung hergestellt, jedoch enthalten einzelne Standards Anwendungen dieses Prinzips. Als Beispiel hierfür sind eigene Entwicklungskosten zu nennen:[125] Das Prinzip der Aufwandszurechnung führt dazu, dass Entwicklungskosten aktiviert werden, sofern ihnen mit ausreichender Wahrscheinlichkeit ein Nutzenzufluss folgen wird. In dem Maße, in dem der Nutzenzufluss eintritt, werden die aktivierten Entwicklungskosten dem Aufwand zugeführt. Obwohl also der Mittelabfluss der Entwicklung vor dem Nutzenzufluss aus der fertigen Entwicklung liegt, werden Aufwendungen und Erträge entsprechend ihrem inhaltlichen Zusammenhang zusammengeführt. Das Beispiel zeigt, dass die Aufwandszurechnung dazu führt, dass für eine zukünftige Aufwandsverrechnung Aktivposten angesetzt werden, die reine Verrechnungsposten sind. Ungeachtet dessen sind Ansatzkriterien für Vermögenswerte oder Verbindlichkeiten als zusätzliche Ansatzrestriktion zu berücksichtigen.[126] Nach deutschem Handelsrecht besteht ein Aktivierungsverbot für eigene Entwicklungskosten.[127] Somit wird mit diesem Vergleich deutlich, dass nach IAS/IFRS dem Prinzip der Aufwandszurechnung eine größere bzw. der Vorsichtigkeit des

---

121 Vgl. Adler, H./ Düring, W./ Schmaltz, K. (2003), Abschnitt 1, Tz. 47.

122 Vgl. Heuser, P. J./ Theile, C. (2007), Tz. 262.

123 Vgl. Adler, H./ Düring, W./ Schmaltz, K. (2003), Abschnitt 1, Tz. 48; Streim (2000), S. 117; Buchholz, R. (2007), S. 37.

124 Vgl. Heuser, P. J./ Theile, C. (2007), Tz. 263; Achleitner, A.-K./ Behr, G. (2003), S. 98; Adler, H./ Düring, W./ Schmaltz, K. (2003), Abschnitt 1, Tz. 46.

125 Vgl. Heuser, P. J./ Theile, C. (2007), Tz. 263.

126 Vgl. Streim (2000), S. 117; Adler, H./ Düring, W./ Schmaltz, K. (2003), Abschnitt 1, Tz. 48

127 In Anwendung des § 248 Abs. 2 HGB besteht ein Aktivierungsverbot für nicht entgeltlich erworbene immaterielle Vermögensgegenstände des Anlagevermögens.

Vermögensansatzes eine geringere Bedeutung beigemessen wird.[128] Eine weitere Komponente der Periodenabgrenzung ist nach deutschem Handelsrecht das Imparitätsprinzip.[129] Hierauf wird im Zusammenhang mit dem Vorsichtsprinzips eingegangen.

b) Unternehmensfortführung (Going Concern)

Abschlüsse nach IAS/IFRS werden generell unter der Annahme der Unternehmensfortführung aufgestellt.[130] Somit wird in den Einzelregelungen unterstellt, dass die Unternehmensleitung nicht beabsichtigt oder gezwungen werden kann, kurzfristig das Geschäft einzustellen oder wesentlich einzuschränken.[131]

Die Annahme der Unternehmensfortführung wird entsprechend dieser Definition daran gemessen, ob rechtliche oder tatsächliche Gründe gegen eine Unternehmensfortführung sprechen. Ein rechtlicher Grund gegen die Fortführung ist z. B. im Falle einer Insolvenz gegeben. Hier liegt ein gesetzlicher Zwang vor, die Tätigkeit einzustellen. Bei den tatsächlichen Gründen besteht ein solcher Zwang nicht. Hier ist die Fortführung der Unternehmenstätigkeit von der freien Entscheidung von Interessengruppen abhängig. Die freie Entscheidung zur Einstellung des Betriebes wird von den Eigenkapitalgebern getroffen, sofern keine andere Möglichkeit vorliegt, sich aus dem Besitzverhältnis zurückzuziehen, oder eine bestehende Möglichkeit nicht genutzt wird.[132] Die Annahme der Unternehmensfortführung muss für einen Zeitraum von mindestens zwölf Monaten ab dem Bilanzstichtag getroffen werden.[133] Ausschlaggebend für die Fortbestehensprognose sind die Verhältnisse am Bilanzstichtag, wobei wertaufhellende Informationen zu berücksichtigen sind.[134] Adler et al.[135] weisen in Abgrenzung dazu auf die Berücksichtigung von Verhältnissen hin, die nach dem Stichtag eintreten. Eine sich nach dem Stichtag dramatisch verschlechternde Vermögens-, Finanz- und/oder Ertragslage, die zu dem Urteil führt, dass die Fortführung nicht mehr gegeben ist, muss

---

[128] Vgl. Heuser, P. J./ Theile, C. (2007), Tz. 261.
[129] Vgl. Buchholz, R. (2007), S. 35.
[130] Vgl. IAS F.23 sowie IAS 1.23.
[131] Vgl. IAS 1.23. Für die entsprechende handelsrechtliche Regelung sei auf § 252 Abs. 1 Nr. 2 HGB verwiesen. Vgl. auch IDW PS 270, Tz. 7 in IDW (Hrsg.) (2003).
[132] Vgl. Buchholz, R. (2007), S. 35 f.; Adler, H./ Düring, W./ Schmaltz, K. (2003), Abschnitt 1, Tz. 50 f.
[133] Vgl. 1.24.
[134] Vgl. Buchholz, R. (2007), S. 36.
[135] Siehe hierzu Adler, H./ Düring, W./ Schmaltz, K. (2003), Abschnitt 1, Tz. 51.

demnach noch im Abschluss berücksichtigt werden. Sollte die Fortbestehensprognose verneint werden, muss der Abschluss auf der Basis anderer Bewertungsmethoden, z. B. durch die Annahme von Liquidationswerten, aufgestellt werden.[136] Im Einzelfall können aber auch andere Wertmaßstäbe zum Ansatz kommen.[137] Als Ergebnis gilt: Es ist im Jahresabschluss anzugeben, wenn der Abschluss nicht unter der Annahme der Unternehmensfortführung aufgestellt worden ist. Unsichere Unternehmensfortführungsaussichten sind ebenso anzugeben.[138]

2.2.5.2 Qualitative Merkmale/Anforderungen (Qualitative Characteristics)

Die vier qualitativen Anforderungen legen fest, welche Eigenschaften ein Abschluss aufweisen muss, um für die Adressaten nützlich zu sein.[139] Die Erwähnung der Nützlichkeit stellt in diesem Zusammenhang den Bezug und die Präzisierung der Entscheidungsnützlichkeit (Decision Usefulness) dar. Hierzu heißt es in Paragraph 15 des Rahmenkonzeptes (Framework): „Zum Treffen ökonomischer Entscheidungen benötigen die Adressaten Informationen, die ihnen helfen, die Fähigkeit des Unternehmens, Einzahlungsüberschüsse zu erwirtschaften, zu beurteilen, sowie die Höhe, den zeitlichen Anfall und die Sicherheit der Zahlungsströme abzuschätzen."

a) Verständlichkeit (Understandability)

Die in einem Abschluss enthaltenen Informationen müssen für den Adressaten verständlich sein. An dieser Stelle wird unterstellt, dass ein über die wirtschaftliche Tätigkeit des Unternehmens informierter und mit Rechnungslegung vertrauter Adressat gewillt ist, diese Informationen sorgfältig abzuwägen.[140] Das Rahmenkonzept (Framework) weist explizit darauf hin, dass relevante Informationen nicht weggelassen werden dürfen, weil sie schwer verständlich sind.[141] Durch diesen Hinweis wird verdeutlicht, dass die Verständlichkeit keine Zulassungshürde für Informationen darstellt. Relevante Informationen sind unabhängig von ihrer Komplexität darzustellen.

---

[136] Vgl. Achleitner, A.-K./ Behr, G. (2003), S. 98; Tanski, J. S. (2005), S. 37; Adler, H./ Düring, W./ Schmaltz, K. (2003), Abschnitt 1, Tz. 50.

[137] Zu der Rechtfertigung anderer Wertansätze vgl. Adler, H./ Düring, W./ Schmaltz, K. (2003), Abschnitt 1, Tz. 52.

[138] Vgl. Adler, H./ Düring, W./ Schmaltz, K. (2003), Abschnitt 1, Tz. 53.

[139] Vgl. IAS F.24.

[140] Vgl. IAS F.25.

[141] Vgl. IAS F.25; siehe auch Heuser, P. J./ Theile, C. (2007), Tz. 266; Adler, H./ Düring, W./ Schmaltz, K. (2003), Abschnitt 1, Tz. 60; Achleitner, A.-K./ Behr, G. (2003), S. 99.

b) Relevanz (Relevance)

Informationen müssen für die wirtschaftlichen Entscheidungen der Adressaten relevant sein.[142] Informationen gelten in diesem Zusammenhang als relevant, wenn sie bei der Beurteilung von Ereignissen helfen oder vergangene Beurteilungen stützen oder richtigstellen.[143] Pape[144] präzisiert die Relevanz dahingehend, dass relevante Informationen eine zutreffende Prognose des Volumens, der zeitlichen Verteilung und der Eintrittswahrscheinlichkeiten der zukünftigen Cash Flows bei gleichzeitiger Vergleichbarkeit der inner- und zwischenbetrieblichen Wertansätze ermöglichen.

Die Relevanz einer Information wird durch zwei Komponenten bestimmt: ihre **Art** und ihre **Wesentlichkeit**.[145] Eine ihrer Art nach relevante Information ist aufzunehmen, auch wenn die Wesentlichkeit nicht oder noch nicht gegeben ist. Es gibt Fälle, in denen allein die Art der Information die Relevanz begründet, und es gibt Fälle, in denen Art und Wesentlichkeit zusammentreffen müssen, um die Relevanz zu begründen.[146] In IAS F.29 wird z. B. explizit auf ein unwesentliches neues Segment hingewiesen. Dieser Sachverhalt ist allein aufgrund der Art relevant, da er hilft, Chancen und Risiken, die mit dem neuen Segment verbunden sind, abzuschätzen, auch wenn deren quantitative Ausprägung im Augenblick noch unwesentlich ist. Als Beispiel für Posten, die ihrer Art nach nicht zwangsläufig relevant sind, sondern erst im Zusammenhang mit ihrer Wesentlichkeit relevant werden, wäre Sachanlagevermögen zu nennen. Kauft ein Unternehmen mit einer Bilanzsumme von 2.000.000 EUR beispielsweise einen Schreibtisch für 500 EUR, ist dieser in jedem Falle unwesentlich und kann nach IAS/IFRS problemlos sofort aufwandswirksam verrechnet werden. Anders wird die Betrachtung aussehen, wenn zehn oder eher hundert Schreibtische gekauft werden. Hier ist eine sofortige Zuführung zum Aufwand nicht mehr sachgerecht, da wesentliche Informationen zur Sachanlageausstattung untergehen würden.[147] Allgemein gelten Informationen dann als wesentlich, wenn ihr Weglassen oder eine falsche Darstellung

---

[142] Vgl. Lindemann, J. (2006) für einen Überblick über Studien zur Untersuchung der Relevanz von Rechnungslegungsinformationen für die Teilnehmer am Kapitialmarkt.

[143] Vgl. IAS F.26.

[144] Vgl. Pape, J. (2001a), S. 211.

[145] Vgl. IAS F.29. Vgl. auch Buchholz, R. (2007), S. 40 f.; Löcke, J. (1999), S. 307; Adler, H./ Düring, W./ Schmaltz, K. (2003), Abschnitt 1, Tz. 62.

[146] Vgl. Adler, H./ Düring, W./ Schmaltz, K. (2003), Abschnitt 1, Tz. 62.

[147] Beispiel in Anlehnung an Buchholz, R. (2007), S. 41.

den Adressaten bei seiner Entscheidungsfindung beeinflussen würde.[148] Aus Sicht des Effekts sind Informationen dann relevant, wenn eine auf ihrer Basis getroffene Entscheidung anders ausfällt als ohne sie.[149]

Eine generelle quantitative Wesentlichkeitsgrenze wird in den IAS/IFRS nicht genannt.[150] Im Rahmen der Segmentberichterstattung in IAS 14.35 wird eine Grenze von 10 % der Umsatzerlöse genannt. In IAS 14.38 wird explizit darauf hingewiesen, dass es sich nicht um einen allgemeinen Grenzwert für die Bestimmung der Wesentlichkeit der Finanzberichterstattung handelt.[151] In der Praxis gelten Informationen als wesentlich, wenn sie bei ca. 5 - 10 % des Jahresüberschusses ober bei ca. 0,5 % der Bilanzsumme liegen.[152] Das Festlegen einer Wesentlichkeitsgrenze ist von dem jeweils vorliegenden Unternehmen und den Umständen des Einzelfalls abhängig. In diesem Zusammenhang ist auch das Fehlen einer allgemeinen Wesentlichkeitsgrenze in den IAS/IFRS zu sehen. Insofern kann eine allgemeingültige Wesentlichkeitsgrenze weder hinsichtlich des Prozentsatzes noch hinsichtlich der Bemessungsgrundlage (Bilanzsumme, Jahresergebnis, Eigenkapital, Umsatzerlöse) festgelegt werden. Diese Ableitung wäre willkürlich.[153]

Aus der obigen Argumentation kann nicht allein abgeleitet werden, dass die Wesentlichkeit nur ein Abgrenzungskriterium dafür ist, ab wann eine Information in den Abschluss aufgenommen werden muss, sondern auch dafür, ab wann eine Information nicht aufgenommen werden darf. Nicht wesentliche und insofern nicht relevante Informationen können den Adressaten verwirren und verschlechtern faktisch seine Informationsversorgung. Die Wesentlichkeit begrenzt damit den Grundsatz der Vollständigkeit.[154] Tendenziell wird unter Wesentlichkeitsüberlegungen eine Information eher aufgenommen als weggelassen. Der Schaden aus dem Weglassen einer relevanten Information ist insoweit höher einzustufen als der Schaden aus der

---

148 Vgl. IAS F.29 f.

149 Vgl. Ballwieser, W. (2002), S. 117; Buchholz, R. (2007), S. 40; Achleitner, A.-K./ Behr, G. (2003), S. 100; Adler, H./ Düring, W./ Schmaltz, K. (2003), Abschnitt 1, Tz. 63; Kahle, H. (2002), S. 97.

150 Vgl. Löcke, J. (1999), S. 311; Adler, H./ Düring, W./ Schmaltz, K. (2003), Abschnitt 1, Tz. 64.

151 Vgl. Löcke, J. (1999), S. 307 f.; Adler, H./ Düring, W./ Schmaltz, K. (2003), Abschnitt 1, Tz. 64.

152 Vgl. Ballwieser, W. (2002), S. 118; Löcke, J. (1999), S. 312; Buchholz, R. (2007), S. 41.

153 So auch Löcke, J. (1999), S. 311; zur detaillierten Auseinandersetzung mit der Ableitung quantitativer Wesentlichkeitsgrenzen vgl. Würtele, G. (1989).

154 Vgl. Würtele, G. (1989), S. 2; Löcke, J. (1999), S. 308; Adler, H./ Düring, W./ Schmaltz, K. (2003), Abschnitt 1, Tz. 63.

Veröffentlichung einer unwesentlichen Information. Dies wird durch die zusätzliche Existenz des Vollständigkeitsgebotes bekräftigt.[155] Grundsätzlich sei darauf hingewiesen, dass ein Abschluss keine falschen Informationen enthalten darf, bloß weil diese unwesentlich sind. Dies würde dem Grundsatz der Verlässlichkeit widersprechen.[156]

Abschließend sei auf die Argumentation von Ballwieser[157] hingewiesen, der die Notwendigkeit des Kriteriums Wesentlichkeit grundsätzlich verneint: Nur eine wesentliche Information sei in der Lage, Entscheidungen zu beeinflussen. Die Wesentlichkeit sei insofern schon in der Relevanz enthalten, und ein zusätzlicher Grundsatz der Wesentlichkeit sei damit nicht nötig.

c) Verlässlichkeit (Reliability)

Über die Rechnungslegung vermittelte Informationen sind verlässlich, wenn sie fehlerfrei und frei von verzerrenden Einflüssen sind und das beinhalten, was sie vorgeben zu beinhalten.[158] Im Kontext dieser Arbeit nimmt die Verlässlichkeit einen besonderen Stellenwert ein. Die Verlässlichkeit von vergangenheitsbezogenen Informationen, wie z. B. schon angefallene Anschaffungskosten und die Verlässlichkeit von Prognosen, wie z. B. zur Bestimmung beizulegender Zeitwerte, sind grundsätzlich unterschiedlich zu beurteilen.[159] Zur Präzisierung der qualitativen Anforderung der Verlässlichkeit werden folgende Anforderungen formuliert: glaubwürdige Darstellung, Vorsicht, wirtschaftliche Betrachtungsweise, Neutralität und Vollständigkeit.

Informationen vermitteln eine **glaubwürdige Darstellung**, wenn sie das beinhalten, was sie vorgeben zu beinhalten oder was von ihnen an Informationsvermittlung erwartet werden kann.[160] Eine mögliche Einschränkung der Glaubwürdigkeit von Informationen im Jahresabschluss besteht in ihrer Unsicherheit. Aufgrund des ihnen innewohnenden Risikos können sie eine weniger glaubwürdige Darstellung repräsentieren als sie vorgeben. Das heißt, die in der Rechnungslegung dargestellte Information selbst ist

---

155 Vgl. Tanski, J. S. (2005), S. 39 f.
156 Vgl. Adler, H./ Düring, W./ Schmaltz, K. (2003), Abschnitt 1, Tz. 68.
157 Vgl. Ballwieser, W. (2002), S. 117 f.
158 Vgl. IAS F.31.
159 Vgl. auch Ballwieser, W. (2002), S. 118.
160 Vgl IAS F.33.

glaubwürdiger als die Basis, auf der die aggregierte Information zustande gekommen ist.[161] Eine solche Unsicherheit ist kein Grund, um auf die Veröffentlichung von Informationen zu verzichten. Der Ungewissheit ist dadurch zu begegnen, dass vorsichtige Schätzungen getroffen werden. Entsprechend ist die glaubwürdige Darstellung in direktem Zusammenhang mit dem Vorsichtsprinzip zu sehen. Eine vorsichtige Schätzung von unsicheren Werten behindert nicht deren Glaubwürdigkeit.[162] Die glaubwürdige Darstellung fordert allerdings die Abwesenheit von bilanzpolitischen Maßnahmen.[163] Diese Forderung steht in direktem Zusammenhang mit dem Grundsatz der Neutralität.

Dem **Vorsichtsprinzip** kommt in den IAS/IFRS und im deutschen Handelsrecht[164] eine unterschiedliche Bedeutung zu. Dies wird schon aus der Zuordnung als Unterkriterium der Verlässlichkeit ersichtlich. Das Vorsichtsprinzip ist in den IAS/IFRS als Sorgfaltsprinzip bei der Ausübung von Ermessensspielräumen zu verstehen.[165] Das Vorsichtsprinzip betrifft die Ausübung von Ermessensspielräumen im Allgemeinen. Damit ist es nicht auf Bewertungsfragen begrenzt. Auch wenn es im Rahmen der Ansatzkriterien um die Abwägung von Kriterien geht, z. B. die Wahrscheinlichkeit eines Nutzenzuflusses, findet das Vorsichtsprinzip Anwendung.[166] Das Vorsichtsprinzip ist nicht wie im Handelsrecht im Sinne einer imparitätischen Behandlung zu verstehen. Das Legen von stillen Reserven oder eine Überbewertung von Verbindlichkeiten ist in den IAS/IFRS nicht zulässig. Es würde der Willkürfreiheit der Abschlussinformation widersprechen.[167] Zur Verdeutlichung des Vorsichtsprinzips nach IAS/IFRS und der Abgrenzung zum deutschen Handelrecht sei auf die folgende Abbildung verwiesen.

---

161 F.34; vgl. auch Tanski, J. S. (2005), S. 41; Heuser, P. J./ Theile, C. (2007), Tz. 270 f.

162 Vgl. Adler, H./ Düring, W./ Schmaltz, K. (2003), Abschnitt 1, Tz. 73.

163 Vgl. Tanski, J. S. (2005), S. 41.

164 Das handelsrechtliche Vorsichtsprinzip ergibt sich aus § 252 Abs. 1 Nr. 4 HGB.

165 Vgl. Buchholz, R. (2007), S. 46 f.; Achleitner, A.-K./ Behr, G. (2003), S. 100; Ballwieser, W. (2002), S. 121.

166 Vgl. Adler, H./ Düring, W./ Schmaltz, K. (2003), Abschnitt 1, Tz. 78.

167 Vgl. Heuser, P. J./ Theile, C. (2007), Tz. 271-274; Buchhart, A./ Burger, A. (2000), S. 2197 f.; Adler, H./ Düring, W./ Schmaltz, K. (2003), Abschnitt 1, Tz. 77.

	Vorsichtsprinzip			
	Bilanz		**Gewinn- und Verlustrechnung**	
	Aktiva	**Passiva**	**Erträge**	**Aufwendungen**
HGB	Ansatzwert eher niedrig (Niederstwertprinzip)	Ansatzwert eher hoch (Höchstwertprinzip)	Ansatzzeitpunkt eher spät (Realisationsprinzip)	Ansatzzeitpunkt eher früh (Folge aus dem Imparitätsprinzip)
IAS	unbeeinflusste Schätzung des Erwartungswertes		unbeeinflusste Schätzung des Eintrittszeitpunktes	

Abb. 3: Das Vorsichtsprinzip nach IAS/IFRS und HGB im Vergleich[168]

Die Anforderung der **wirtschaftlichen Betrachtungsweise** beinhaltet, dass Geschäftsvorfälle entsprechend ihrer wirtschaftlichen Ausprägung zu bilanzieren sind. Sollten insofern wirtschaftliche und rechtliche Ausprägung auseinanderfallen, ist das wirtschaftliche Ergebnis von Bedeutung. Hiermit werden insbesondere gezielte Sachverhaltsgestaltungen unterbunden.[169] Beispiele, bei denen die rechtliche und die wirtschaftliche Betrachtung zu unterschiedlichen Ergebnissen kommen können, sind:[170]

- die Zurechnung des wirtschaftlichen Eigentums bei Leasingverhältnissen,
- die Lieferung unter Eigentumsvorbehalt,
- die Sicherungsübereignung,
- das Factoring.

Die wirtschaftliche Betrachtung umfasst darüber hinaus auch Fälle geringerer Komplexität, wie etwa die Überlegung zum wirtschaftlichen Gehalt einer rechtlich einwandfreien Forderung gegenüber einem insolventen Schuldner.[171] Der Grundsatz der wirtschaftlichen Betrachtungsweise beeinflusst damit sowohl, ob etwas bilanziert wird, als auch, wann es bilanziert wird.[172]

Für Abschlüsse nach IAS/IFRS wird **Neutralität** gefordert. Eine Information ist nicht neutral, wenn die Art ihrer Darstellung Einfluss auf die Entscheidung der Adressaten nimmt.[173] Rechnungslegung unterliegt der subjektiven Einschätzung des Bilanzierenden

---

168 In Anlehnung an Buchholz, R. (2007), S. 47, Abb. 31. Für weitergehende Informationen zur Anwendung imparitätischer Regelungen innerhalb der IAS sei auf Lüdenbach, N./ Hoffmann, W.-D. (2007), Tz. 19-23, verwiesen.

169 Vgl. IAS F.35. Vgl. auch Heuser, P. J./ Theile, C. (2007), Tz. 272; Achleitner, A.-K./ Behr, G. (2003), S. 100; Adler, H./ Düring, W./ Schmaltz, K. (2003), Abschnitt 1, Tz. 74.

170 Vgl. hierzu Buchholz, R. (2007), S. 44; Adler, H./ Düring, W./ Schmaltz, K. (2003), Abschnitt 1, Tz. 74 f.; Heuser, P. J./ Theile, C. (2007), Tz. 272.

171 Vgl. Tanski, J. S. (2005), S. 41.

172 Vgl. Buchholz, R. (2007), S. 44 f.; Achleitner, A.-K./ Behr, G. (2003), S. 100.

173 Vgl. IAS F.36.

(z. B. bei der Festlegung von Nutzungsdauern). Der Grundsatz der Neutralität fordert, dass der Bilanzierende die Möglichkeiten der subjektiven Einschätzung nicht systematisch zu seinen Gunsten ausnutzen darf.[174] Neutralität setzt auch voraus, dass die Information nicht darauf ausgerichtet sein darf, bestimmte Reaktionen zu erzeugen. Insofern ist die Abschlussinformation auch in Abgrenzung zu den freiwilligen Kapitalmarktinformationen zu sehen, die mit dieser Absicht veröffentlicht werden.[175] Der Grundsatz der Neutralität in den IAS/IFRS steht auch der Bildung von stillen Reserven entgegen, da dies eine Manipulation der realistischen Darstellung ist.

In der Rechnungslegung veröffentlichte Informationen müssen die Anforderung der **Vollständigkeit** erfüllen.[176] Sofern die Wesentlichkeit und die Kosten-Nutzen-Relation gegeben sind, darf eine Information nicht weggelassen werden. Es bestünde das Risiko, dass Informationen falsch oder irreführend dargestellt werden.[177] IAS F.38 fordert das vollständige Erfassen von Informationen. Diese Forderung geht über die vollständige Darstellung von Vermögenswerten und Verbindlichkeiten hinaus. Das Gebot der Vollständigkeit umfasst sowohl die Ansatz- als auch die Bewertungsvollständigkeit.[178] Sofern die Vollständigkeit den Ansatz von Vermögenswerten und Verbindlichkeiten betrifft, sind die Kriterien eines Vermögenswerts oder einer Verbindlichkeit zu erfüllen.[179]

d) Vergleichbarkeit (Comparability)

Abschlüsse eines Unternehmens müssen im Zeitverlauf vergleichbar sein. Zusätzlich müssen auch Abschlüsse von zwei Unternehmen untereinander vergleichbar sein.[180] Adressaten leiten aus der Rechnungslegung eine Einschätzung über die Veränderung der Vermögens-, Finanz- und Ertragslage eines Unternehmens im Zeitverlauf ab und treffen darauf basierend interessenwahrende Entscheidungen.[181] Ebenso müssen die

---

174 Vgl. Achleitner, A.-K./ Behr, G. (2003), S. 100; Buchholz, R. (2007), S. 43; Adler, H./ Düring, W./ Schmaltz, K. (2003), Abschnitt 1, Tz. 71.

175 Vgl. Ballwieser, W. (2002), S. 117.

176 Vgl. IAS F.38.

177 Vgl. IAS F.38.

178 Vgl. Heuser, P. J./ Theile, C. (2007), Tz. 273; Adler, H./ Düring, W./ Schmaltz, K. (2003), Abschnitt 1, Tz. 81.

179 Vgl. Buchholz, R. (2007), S. 47; Adler, H./ Düring, W./ Schmaltz, K. (2003), Abschnitt 1, Tz. 81; für die Ansatzkriterien von Vermögenswerten und Schulden vgl. F.53-64.

180 Vgl. IAS F.39.

181 Vgl. IAS F.15.

Aussagen über die Vermögens-, Finanz- und Ertragslage zweier Unternehmen verglichen werden können, um Investitionsentscheidungen abzuleiten.[182]

Aus der Vergleichbarkeit leitet sich die Forderung ab anzugeben, welche Rechnungslegungsmethoden angewendet werden.[183] Bilanzielle Wahlrechte sind ebenfalls im Kontext mit der geforderten Vergleichbarkeit zu sehen. Sie schränken die Vergleichbarkeit ein. Dies gilt sowohl für die Vergleichbarkeit zwischen zwei Unternehmen als auch im Falle eines Methodenwechsels für ein Unternehmen im Zeitverlauf.[184]

Mit der Vergleichbarkeit in direktem Zusammenhang steht die Stetigkeit.[185] Hierbei wird zwischen der formellen und der materiellen Stetigkeit unterschieden:[186]

- Die formelle Stetigkeit bezieht sich auf die Beibehaltung der Formalien, wie Gliederung, Postenbezeichnung und Postenabgrenzung.
- Die materielle Stetigkeit bezieht sich auf Inhalte, z. B. die Beibehaltung von Ansatz- und Bewertungsmethoden.

Der Stetigkeitsgrundsatz nach IAS/IFRS entspricht der materiellen Bilanzkontinuität im Sinne von § 252 Abs. 1 Nr. 6 HGB.[187] Es sei allerdings darauf hingewiesen, dass der Grundsatz der Stetigkeit im Sinne der internationalen Rechnungslegung nicht explizit erwähnt wird; jedoch findet er sich an verschiedenen Stellen innerhalb des IAS/IFRS-Regelwerkes wieder.[188]

---

182 Vgl. Heuser, P. J./ Theile, C. (2007), Tz. 275 f.; Baetge, J./ Kirsch, H.-J./ Thiele, S. (2005), S. 146 f.; Achleitner, A.-K./ Behr, G. (2003), S. 100; Adler, H./ Düring, W./ Schmaltz, K. (2003), Abschnitt 1, Tz. 83.

183 Zur Pflicht der Angabe, dass ein Abschluss unter Anwendung der IAS/IFRS aufgestellt wurde, vgl. IAS 1.14. Zur Pflicht der Angabe der maßgeblichen Bilanzierungs- und Bewertungsmethoden vgl. IAS 1.108. Adler, H./ Düring, W./ Schmaltz, K. (2003), Abschnitt 1, Tz. 83, sehen in der Forderung nach solchen Angaben die Anwendung der Vergleichbarkeit.

184 Vgl. Heuser, P. J./ Theile, C. (2007), Tz. 275; Ballwieser, W. (2002), S. 117.

185 Vgl. Adler, H./ Düring, W./ Schmaltz, K. (2003), Abschnitt 1, Tz. 84; Heuser, P. J./ Theile, C. (2007), Tz. 275.

186 Vgl. Buchholz, R. (2007), S. 49.

187 Vgl. Heuser, P. J./ Theile, C. (2003), S. 43.

188 Die Stellen sind IAS 1.27 (Darstellungsstetigkeit), IAS 8.15 (Beibehaltung der Bilanzierungs- und Bewertungsmethoden in einer Periode), IAS 27.28 (einheitliche Bilanzierungs- und Bewertungsmethoden für Konzernabschlüsse) und IAS 34.28 (gleiche Bilanzierungs- und Bewertungsmethoden sowohl in den Jahresabschlüssen als auch in den Zwischenberichten). Siehe hierzu Tanski, J. S. (2005), S. 43; Adler, H./ Düring, W./ Schmaltz, K. (2003), Abschnitt 1, Tz. 85.

2.2.5.3 Einschränkungen

Die Einschränkungen sind für die hier vorzunehmende Analyse von besonderer Bedeutung, da sie in direktem Zusammenhang mit den qualitativen Anforderungen Relevanz und Verlässlichkeit stehen.[189]

a) Zeitnähe (Timeliness)

Abschlussinformationen, die zeitnah nach dem Bilanzstichtag veröffentlicht werden, sind tendenziell weniger zuverlässig als später veröffentlichte Informationen.[190] Hieraus ergibt sich ein Zielkonflikt zwischen Zeitnähe der Veröffentlichung und Zuverlässigkeit der veröffentlichten Information.[191] Dieser Zielkonflikt ergibt sich aus der Verpflichtung, den Abschluss betreffende Informationen, die erst nach dem Stichtag bekannt werden, wertaufhellend[192] zu berücksichtigen.[193] Letztlich bleibt es der subjektiven Einschätzung durch den Abschlussersteller überlassen, welche Ausprägung auf dem Kontinuum zwischen Zuverlässigkeit und Zeitnähe dem True and Fair View am besten entspricht.[194] Da die Entscheidungsrelevanz von Informationen im Zeitverlauf abnimmt, repräsentiert das Spannungsverhältnis zwischen Zeitnähe und Verlässlichkeit auch ein Spannungsverhältnis zwischen Relevanz und Verlässlichkeit.[195]

---

189 Siehe auch Baetge, J./ Kirsch, H.-J./ Thiele, S. (2005), S. 147; Lorson, P. (2005), S. 12.

190 Dieser Zusammenhang gilt für Abschlussinformationen, die von zukünftigen Ereignissen beeinflusst werden. Als Beispiel ist die Werthaltigkeit einer Forderung zu nennen. Wird der Abschluss vor dem Begleichen der Forderung veröffentlicht, ist die Werthaltigkeit zum Zeitpunkt der Veröffentlichung der Information unsicher. Wird die Forderung vor der Veröffentlichung des Abschlusses beglichen, ist die Werthaltigkeit zum Zeitpunkt der Veröffentlichung der Information unzweifelhaft.

191 Vgl. IAS F.43. Vgl auch Heuser, P. J./ Theile, C. (2007), Tz. 277; Baetge, J./ Kirsch, H.-J./ Thiele, S. (2005), S. 147; Buchholz, R. (2007), S. 51 f.; Tanski, J. S. (2005), S. 44; Adler, H./ Düring, W./ Schmaltz, K. (2003), Abschnitt 1, Tz. 90.

192 Zur zeitlichen und inhaltlichen Definition des Wertaufhellungszeitraums vgl. IAS 10.3. Für weiterführende Informationen vgl. Adler, H./ Düring, W./ Schmaltz, K. (2003), Abschnitt 2, Tz. 19-61.

193 Vgl. IAS 10.8.

194 Vgl. Adler, H./ Düring, W./ Schmaltz, K. (2003), Abschnitt 1, Tz. 91; Heuser, P. J./ Theile, C. (2007), Tz. 277; Tanski, J. S. (2005), S. 44.

195 Fülbier/ Gassen/ Pellens stellen ebenfalls die abnehmende Entscheidungsrelevanz im Zeitverlauf fest und begründen damit die Zeitnähe kapitalmarktrechtlicher Publizitätspflichten. Vgl. hierzu Pellens, B./ Fülbier, R. U./ Gassen, J. (2006), S. 845.

b) Kosten-Nutzen-Verhältnis (Balance between Benefit and Cost)

Grundlage dieser Einschränkung ist auch hier ein Zielkonflikt:[196] Aus Sicht der Kapitalgeber bedeutet ein Mehr an Informationen, soweit relevant, eine bessere Entscheidungsgrundlage. Aus Sicht des Unternehmens bedeutet ein Mehr an Informationen ein Mehr an Kosten zu ihrer Beschaffung und Bereitstellung. Entsprechend sind die Kosten der Informationsversorgung ihrem späteren Nutzen gegenüberzustellen. In der Realität kann es schwierig sein, den Nutzen und die Kosten zu beziffern. Außerdem tragen nicht notwendigerweise dieselben Adressaten, die von dem Nutzen profitieren, auch die Kosten. Die Kosten der Bereitstellung tragen die Eigenkapitalgeber, aber der Nutzen kann auch in besserer Information der Fremdkapitalgeber liegen. Dies kann in der Folge dazu führen, dass die Fremdkapitalkosten für das Unternehmen geringer werden, wovon die Eigenkapitalgeber ebenfalls profitieren. Aus diesen Überlegungen wird deutlich, dass es hier generell nicht um eine strikte Regelung oder etwa einen Kosten-Nutzen-Test gehen kann. Wichtig ist das Bewusstsein des Sachzwanges.[197]

Die Existenz der Kosten-Nutzen-Relation bedingt folgende Klarstellung. Die IAS/IFRS gehen davon aus, dass die in den Standards geforderten Informationen einen größeren Nutzen stiften, als sie Kosten verursachen.[198] Somit kann die Nichtanwendung von Standards nicht mit dem Wirtschaftlichkeitsargument begründet werden. Es bestehen in Abgrenzung dazu einzelne Bestimmungen, bei denen diese Möglichkeit explizit eingeräumt wird.[199]

c) Ausgewogenheit der qualitativen Merkmale (Balance between Qualitative Characteristics)

Abschlussinformationen sollen eine Ausgewogenheit der qualitativen Anforderungen beinhalten.[200] Es ist möglich, dass Zielkonflikte hinsichtlich der qualitativen

---

[196] Vgl. F.44. Zur Gegenüberstellung von Kosten und Nutzen der Informationsversorgung in diesem Fall vgl. Buchholz, R. (2007), S. 52. Vgl. auch Tanski, J. S. (2005), S. 44.

[197] Vgl. F.44. Vgl. auch Heuser, P. J./ Theile, C. (2007), Tz. 278; Baetge, J./ Kirsch, H.-J./ Thiele, S. (2005), S. 147.

[198] Vgl. Adler, H./ Düring, W./ Schmaltz, K. (2003), Abschnitt 1, Tz. 92 mit Verweis auf KPMG (Hrsg.) (1999), S. 25.

[199] Die beschriebene Möglichkeit wird z. B. in IAS 8.34 und 8.38 sowie in IAS 14.76 eingeräumt. Vgl. hierzu auch Adler, H./ Düring, W./ Schmaltz, K. (2003), Abschnitt 1, Tz. 92.

[200] Vgl. IAS F.45.

Abschlussinformationen bestehen. Konfliktpotenzial ist insbesondere bei den Kriterien der Relevanz und der Verlässlichkeit, der Vollständigkeit und der Wesentlichkeit und bei den Kriterien der Neutralität und der Vorsicht gegeben. Das Kriterium der Ausgewogenheit dient dazu, das Ziel der sachgerechten Darstellung der Vermögens-, Finanz- und Ertragslage zu verfolgen, indem eine vernünftige und unvoreingenommene Beurteilung angewendet wird.[201] Sofern Konflikte auftreten, ist es dem Abschlussersteller überlassen, die Ausgewogenheit der qualitativen Anforderungen zu erreichen. Die IAS/IFRS geben keinen Hinweis darauf, welche Anforderungen in diesem Fall zu bevorzugen sind.[202]

2.3 Relevanz und Verlässlichkeit als Komponenten der Zweckmäßigkeit der Rechnungslegung – Bedeutung für das Fair Value Accounting

Die beiden Grundsätze der Verlässlichkeit und der Relevanz sowie deren entsprechende Sekundärgrundsätze besitzen besondere Bedeutung in der Rechnungslegung nach IAS/IFRS.[203] Ursprünglich wurde diese Bedeutung durch die Wiederholung der beiden qualitativen Merkmale in IAS 1.20 (Fassung von 1997) hervorgehoben. In IAS 1 in der Fassung von 2005 werden die geforderten qualitativen Merkmale in IAS 1.15b erwähnt. Durch die Aufnahme in IAS 1 werden diese Anforderungen verbindlich, denn IAS 1 gilt standardübergreifend. In Abgrenzung dazu sind die nur im Rahmenkonzept (Framework) aufgenommenen Anforderungen nicht verbindlich, da das Rahmenkonzept (Framework) lediglich als Interpretationshilfe dient.[204] Darüber hinaus wurden die beiden Kriterien als grundlegende Prinzipien für die Entwicklung des IAS 39 herangezogen.[205] Verlässlichkeit und Relevanz stehen sich, sowohl in den IAS/IFRS im Allgemeinen als auch innerhalb des IAS 39 im Speziellen, in einem natürlichen Spannungsfeld gegenüber. Das Spannungsfeld wird dadurch begründet, dass entscheidungsrelevante Informationen tendenziell zukunftsbezogen und damit

---

201 Vgl. Buchholz, R. (2007), S. 53 f.; Heuser, P. J./ Theile, C. (2007), Tz. 279.

202 Vgl. IAS F.45. Vgl. auch Adler, H./ Düring, W./ Schmaltz, K. (2003), Abschnitt 1, Tz. 93 f.

203 Die zentrale Bedeutung der qualitativen Merkmale Relevanz und Verlässlichkeit für Finanzinstrumente wird von der Joint Working Group – Financial Instruments and Similar Items 1997 betont. Vgl. hierzu IASC (Hrsg.) (1997), Para. 1.7. So auch Heintges, S. (2006), S. 1571. Für Weißenberger, B. E./ Arbeitskreis „Controller und IFRS“ der International Group of Controlling (2006), S. 613 und wiederholt in Weißenberger, B. E./ Arbeitskreis „controller und IFRS“ der International Group of Controlling (2007), S. 345 stehen sich die beiden Merkmale Relevanz und Verlässlichkeit in allen Rechnunglslegungssystemen in einem Spannungsfeld gegenüber.

204 Vgl. IAS F.1-3. Vgl. auch Adler, H./ Düring, W./ Schmaltz, K. (2003), Abschnitt 1, Tz. 59; Kessler, H. (2005), S. 63 f.

205 Vgl. IASC (Hrsg.) (1997), Para. 1.7.

zwangsläufig nur eingeschränkt verlässlich sind.[206] Die Betrachtung, inwieweit zukunftsbezogene Informationen bei gegebener Relevanz verlässlich sind und inwieweit unzweifelhaft verlässliche Informationen (wie etwa historische Anschaffungskosten) relevant sind, ist wesentlicher Bestandteil der Betrachtung des Fair Value Accounting von Finanzinstrumenten.

Die Joint Working Group – Financial Instruments and Similar Items 1997 hatte zur Aufgabe, Rahmenbedingungen für die Bilanzierung von Finanzinstrumenten festzulegen.[207] Zur Einführung des Fair Value Accounting von Finanzinstrumenten im Kontext der Anforderungen der Rechnungslegung werden Teile der Diskussion der Joint Working Group eingebracht. Hierbei steht das Spannungsverhältnis zwischen den qualitativen Anforderungen Relevanz und Verlässlichkeit im Vordergrund. Der beizulegende Zeitwert reflektiert die aktuelle Markteinschätzung über den finanziellen Vermögenswert, basierend auf im Augenblick verfügbaren Informationen. Eine anschaffungspreisorientierte Bewertung basiert im Gegensatz dazu auf den Informationen, die zum Zeitpunkt der Transaktion verfügbar waren. Aufgrund der damit verbundenen höheren Aktualität wird der beizulegende Zeitwert als der relevantere Wert angesehen.[208] Hinsichtlich der Verlässlichkeit sah die Joint Working Group Risiken, insbesondere, sofern Marktpreise nicht zur Verfügung stehen. Allerdings stellte sie fest, dass Bewertungstechniken ein hinreichend ausgereiftes Hilfsmittel sind, um Annäherungen an Marktpreise zu erreichen.[209] Die Joint Working Group erhielt als Rückmeldung aus ihrem Discussion Paper, dass angezweifelt werde, dass Unternehmen in der Lage seien, hinreichend verlässliche Schätzungen abzugeben, die für die Rechnungslegung geeignet sind. Eine daraufhin durchgeführte Umfrage hat allerdings dazu geführt, dass nur im Falle bestimmter Eigenkapitalinstrumente die Praktikabilität bzw. die Verlässlichkeit von Zeitwertschätzungen eingeschränkt ist.[210] In diesem Zusammenhang verweist die Joint Working Group auf die generelle Aussage aus dem

---

206 Vgl. Küting, K. (2006), S. 2759; Ballwieser, W. (2002), S. 118. So auch Baetge, J. in Paulitschek, P./ Wiese, R. (2006), S. 635 für die Rechnungslegung nach IAS/IFRS im Allgemeinen.

207 Vgl. IASC (Hrsg.) (1997).

208 Vgl. IASC (Hrsg.) (1997), Para. 1.8. Vgl. auch Kessler, H. (2005), S. 66, Abb.1.

209 Vgl. IASC (Hrsg.) (1997), Para. 1.14.

210 Vgl. IASC (Hrsg.) (1997), Para. 1.15.

Rahmenkonzept (Framework):[211] Die Verwendung hinreichend genauer Schätzungen ist ein wesentlicher Teil der Aufstellung des Abschlusses, dessen Verlässlichkeit dadurch nicht beeinträchtigt wird.[212] Der Deutsche Standardisierungsrat[213] weist ebenfalls darauf hin, dass es ein Konfliktpotenzial zwischen Relevanz und Verlässlichkeit gibt. Er kommt zu dem Schluss, dass relevante, aber unzuverlässige Informationen nicht in der Rechnungslegung dargestellt werden dürfen. Dadurch werden Fehlinformationen und die daraus resultierenden Fehlentscheidungen verhindert. Im Hinblick auf das Spannungsverhältnis kommt die Joint Working Group[214] zu einem anderen Ergebnis. Aus ihrer Sicht sollte der Relevanz mehr Gewicht zugestanden werden. Dem liegt die Argumentation zugrunde, dass Zeitwertschätzungen trotz ihrer Beschränkungen eine wesentliche Verbesserung gegenüber anschaffungskostenorientierten Wertbegriffen sind.

Aufgrund der aktuellen Entwicklungen im IAS 39 im Speziellen, aber auch in den IAS/IFRS im Allgemeinen muss sich das IASB mit der Abwägung der Anforderungen Relevanz und Verlässlichkeit befassen. Mit der zunehmenden Hinwendung zu der Bewertung mit dem beizulegenden Zeitwert zeigt sich eine Verstärkung der Bedeutung der Relevanz im Vergleich zur Verlässlichkeit.[215] Im Rahmen dieser Arbeit nimmt die Abwägung der Kriterien Relevanz und Verlässlichkeit einen zentralen Stellenwert ein.

---

211 Vgl. IASC (Hrsg.) (1997), Para. 1.17.
212 IAS F.86.
213 Vgl. DRSC e. V. (2002), Tz. 24.
214 Vgl. IASC (Hrsg.) (1997), Para. 1.20.
215 Vgl. Adler, H./ Düring, W./ Schmaltz, K. (2003), Abschnitt 1, Tz. 95.

2.4 Begriffliche Grundlagen und Definitionen

2.4.1 Fair Value (beizulegender Zeitwert)[216] – Entwicklung, Begriff und Abgrenzung zu anderen Wertkonzepten

a) Historische Entwicklung des Begriffs Fair Value

Die erstmalige Erwähnung des Begriffs Fair Value in der internationalen Rechnungslegung erfolgte 1953 mit der Verabschiedung des Accounting Research Bulletin No. 43 (ARB 43)[217] durch das Committee on Accounting Procedure (CAP) in den USA.[218] ARB 43 ist eine Sammelverlautbarung, in der alle 42 bis dahin erschienenen Verlautbarungen in unveränderter oder überarbeiteter Form konsolidiert dargestellt wurden. Die ältesten Verlautbarungen des CAP gehen bis auf das Jahr 1938 zurück.[219] Insofern beginnt die Entwicklung des Fair Value auch an sich bereits in dieser Phase. In ARB 43 wird der Begriff Fair Value im Zusammenhang mit sechs Themengebieten genannt:[220]

- Chapter 5: Intangible Assets
- Chapter 7A: Quasi Reorganization or Corporate Readjustment
- Chapter 7B: Stock Dividends and Stock Split-ups
- Chapter 7C: Business Combinations
- Chapter 13B: Compensation Involved in Stock Option and Stock Purchase Plans
- Chapter 14: Disclosure of Long-term Leases in Financial Statements of Lessees

---

[216] Im Folgenden werden die Begriffe Fair Value und beizulegender Zeitwert in Anlehnung an die deutsche Übersetzung der IAS/IFRS synonym verwendet. Vgl. hierzu IDW (Hrsg.) (2006b), IAS 32.11 (Eine Übersetzung des Glossars entsprechend IASB (Hrsg.) (2007), S.2413-2461 wurde nicht in IDW (Hrsg.) (2006b) aufgenommen).

[217] Vgl. FASB (1976), S. 5-66.

[218] Vgl. Dutzi, A./ Pfitzer, N. (2002), Sp. 749.

[219] Vgl. FASB (1976), S. 6.

[220] Die entsprechenden Seiten in FASB (1976) sind S. 21, 24, 26, 28, 56 und 58. Die Reihenfolge entspricht der obigen Auflistung. Die entsprechenden Nummern der ursprünglichen Accounting Research Bulletins sind No. 24, 3, 11, 40, 37 und 38.

In keinem der erwähnten Chapter bzw. in keiner der Verlautbarungen des CAP[221] wird der Begriff des Fair Value definiert. Es ist indes anzunehmen, dass sich der Begriff des Fair Value von dem Begriff des Marktwerts wohl unterscheidet: In den Bilanzierungsregelungen zu immateriellen Vermögenswerten (intangible assets) und zu Unternehmenszusammenschlüssen (business combinations) wird verlautbart, dass ein Vermögenswert bei seinem Zugang mit dem Wert der Gegenleistung anzusetzen ist. Erfolgt die Gegenleistung nicht in Geld, so entspricht der Wert dem Fair Value der Gegenleistung oder des Vermögenswerts selbst, abhängig davon, welcher sich leichter bestimmen lässt.[222] In der US-amerikanischen Rechnungslegung wurde der Begriff des Fair Value später im Zusammenhang mit der Bilanzierung von Finanzinstrumenten wesentlich weiterentwickelt:[223] Die ersten Regelungen bezogen sich auf den Bereich der Anhangangaben (Notes) gemäß Financial Accounting Standard No. 107 (FAS 107). Später folgte der Einsatz im Rahmen der Bewertung in der Bilanz.

b) Der Begriff Fair Value (beizulegender Zeitwert) in den IAS/IFRS

Der Begriff des Fair Value ist in der IAS/IFRS-Rechnungslegung aufgrund der sehr viel geringeren Historie erst deutlich später diskutiert worden.[224] Er wurde erstmals 1982 in IAS 20 eingeführt.[225] Dort erfolgt die Anwendung bis heute nur für Vermögenswerte.[226] In der Folgezeit wurde die Anwendung auf weitere Standards ausgedehnt.[227] Bisher wurde keine allgemeingültige Definition in das Rahmenkonzept (Framework)

---

221 Vgl. FASB (1976), S. 5-66.
222 Vgl. FASB (1976), S. 21 (intangible assets) und S. 28 (business combinations).
223 Vgl. Dutzi, A./ Pfitzer, N. (2002), Sp. 749; für FAS 107 vgl. FASB (2007).
224 Die Gründung des IASC erfolgte im Jahr 1973. Für eine Darstellung der Entwicklung sei auf Ernst & Young AG (Hrsg.) (2006), S. 1-41 verwiesen.
225 Vgl. Hitz, L.-M. (2005), S. 1014.
226 Vgl. IAS 20.3.
227 Vgl. Mujkanovic, R. (2002), S. 11 f.

aufgenommen.[228] Im Folgenden sei der beizulegende Zeitwert in Anlehnung an das Glossar der IAS/IFRS folgendermaßen allgemein definiert:

„The amount for which an asset could be exchanged, a liability settled, or an equity instrument granted could be exchanged, between knowledgeable, willing parties in an arm's length transaction“[229].

In den jeweiligen Standards, in denen der beizulegende Zeitwert zur Anwendung kommt, finden sich jeweils eigene Definitionen, teilweise nur für Vermögenswerte oder in verändertem Wortlaut.[230]

Der beizulegende Zeitwert ist ein marktnaher Wert, der durch das Heranziehen von Marktwerten bestimmt werden kann oder, in deren Abwesenheit, durch die Verwendung anerkannter Bewertungsverfahren.[231] Als solche seien hier beispielhaft die DCF-Methoden oder Optionspreismodelle genannt. Die Wertermittlung erfolgt stets mit der größtmöglichen Marktnähe. Dies folgt dem Verständnis, dass Marktwerte, sofern verfügbar, stets die besten Wertindikatoren darstellen.[232]

Es besteht in der Literatur[233] keine einheitliche Meinung darüber, ob der beizulegende Zeitwert als Exit Price oder als Entry Price zu verstehen ist. Der Exit Price ist in diesem Zusammenhang der Wert, der als Gegenleistung für die Veräußerung eines

---

[228] Vgl. IAS F.99-101, insbesondere F.100. Lüdenbach, N./ Freiberg, J. (2007), S.437, stellen in diesem Zusammenhang fest, dass es den IFRS an Vorschriften zur Bewertungsmethodik „vor der Klammer“ fehlt. Die Bilanzierung des beizulegenden Zeitwerts sei in einzelnen Standards geregelt.

[229] IASB (Hrsg.) (2007), Glossary, S. 2430. Die deutsche Übersetzung aus den amtlichen EU-Texten (vgl. IDW (Hrsg.) (2006b), IAS 32.11), wurde an dieser Stelle ausgeklammert, da sie inhaltlich von dem englischen Original abweicht. Die deutsche Definition ersetzt die Eigenschaft der arm's length transaction (marktüblich) durch die Forderung nach der Unabhängigkeit der Parteien. Zur allgemeinen Auseinandersetzung mit der Problematik der Abweichung der deutschen Übersetzung der IAS/IFRS vom englischen Originaltext sei auf Niehus, R. J. (2005) verwiesen.

[230] Die Stellen, an denen die Definitionen innerhalb der IAS/IFRS vorkommen, sind im Glossar (IASB (Hrsg.) (2007), Glossary, S. 2430) angegeben. Die Definition nur als Vermögenswert erfolgt beispielsweise in IAS 16.6 oder in verändertem Wortlaut beispielsweise in IAS 20.3.

[231] Vgl. Dutzi, A./ Pfitzer, N. (2002), Sp. 750 f.; Lüdenbach, N. (2002), S. 2116; Baetge, J./ Zülch, H. (2001), S. 545.

[232] Vgl. Dutzi, A./ Pfitzer, N. (2002), Sp. 750 f.; Lüdenbach, N. (2002), S. 2116; Baetge, J./ Zülch, H. (2001), S. 545.

[233] Für die Definition als Exit Price oder Entry Price vgl. Dutzi, A./ Pfitzer, N. (2002), Sp. 750; Barth, M. E./ Landsmann, W. R. (1995), S. 97; Kußmaul, H. (2005), S. 185, Abb.1 (Vermögenswerte) bzw. S. 186, Abb. 2 (Schulden). Für die Definition ausschließlich als Exit Price vgl. Siegel, T. (1998), S. 593 f.; Scharpf, P. (2001), S. 154-156; FASB (1999), Tz. 48; Breker, N./ Gebhardt, G./ Pape, J. (2000), S. 735; IASC (Hrsg.) (1997), Para. 4.1 f., Baetge, J./ Zülch, H. (2001), S. 545.

Vermögenswerts erzielbar bzw. für das Ablösen einer Verbindlichkeit zu zahlen wäre. Der Entry Price entspricht dem Wert, der als Gegenleistung für den Erwerb eines Vermögenswerts aufzuwenden bzw. für das Ausreichen einer Verbindlichkeit zu erzielen wäre. Der Unterschied zwischen dem Entry Price und dem Exit Price liegt meist in den Transaktionskosten. Das Fehlen eines einheitlichen Verständnisses über die Definition als Exit Price oder Entry Price ist auch Gegenstand der gegenwärtigen Entwicklung im Fair-Value-Measurement-Projekt des IASB.[234]

Der Exit Price wird, obwohl er in der Realität meist sehr nah am Entry Price liegt,[235] als aussagefähiger angesehen, da er der Konzeption des Fair Value näher steht:[236] Ein Vermögenswert wird im Sinne des Exit Price in Höhe des Betrags bewertet, den der Veräußerer am Tag der Bewertung als Gegenleistung für die Aufgabe des Vermögenswertes erhalten würde. Er entspricht dem Preis, der in einer unterstellten Transaktion jetzt für einen Vermögenswert oder das Ablösen einer Verbindlichkeit bezahlt würde:[237] Er entspricht damit der aktuellen Markteinschätzung des Wertes der zukünftigen Zahlungsmittelzuflüsse. Darüber hinaus entspricht die Definition des beizulegenden Zeitwerts als Exit Price dem Verständnis der Schuldendeckungsfähigkeit des Vermögens.[238] Er drückt aus, inwieweit die Vermögenswerte in der Lage sind, bestehende Verbindlichkeiten zu bedienen. Als Nettogröße verstanden, drückt er die Nettovermögensposition, faktisch das Eigenkapital, aus und damit die Fähigkeit, entstehende Verluste zu decken.[239] Dieser Argumentation liegt die Einzelbetrachtung der Vermögenswerte zugrunde. Im Rahmen dieser Arbeit wird der herrschenden Meinung[240] gefolgt und der beizulegende Zeitwert als Exit Price gesehen. Diese Festlegung entspricht auch dem gegenwärtigen Stand der Diskussion im Rahmen des

---

234 Vgl. IASB (Hrsg.) (2006a), Para. 12-17, teilweise mit Verweis auf die Regelungen des FAS 157. Für einen Abdruck des FAS 157 sei auf IASB (Hrsg.) (2006b) verwiesen. Für eine Diskussion der Regelungen des FAS 157 sei auf Zülch, H./ Gebhardt, R. (2007), S. 147-151 verwiesen.

235 Vgl. IASB (Hrsg.) (2006a), Para. 15. Bei selten gehandelten Vermögenswerten oder Verbindlichkeiten oder bei solchen, die in Portfolios weiterveräußert werden, können Exit Price und Entry Price allerdings stark voneinander abweichen.

236 Vgl. IASC (Hrsg.) (1997), Para. 4.1 f.; FASB (1999), Tz. 48.

237 Vgl. FASB (Hrsg.) (1999), Tz. 48; IASC (Hrsg.) (1997), Para. 4.1 f.; Breker, N./ Gebhardt, G./ Pape, J. (2000), S. 735.

238 Vgl. Siegel, T. (1998), S. 593 f.

239 Vgl. Siegel, T. (1998), S. 593 f.

240 Vgl. Kuhn, S. (2007), S. 167; Scharpf, P. (2001), S. 154-156; FASB (1999), Tz. 48; Siegel, T. (1998), S. 593 f.; Breker, N./ Gebhardt, G./ Pape, J. (2000), S. 735; IASC (Hrsg.) (1997), Para. 4.1 f., Baetge, J./ Zülch, H. (2001), S. 545.

Fair-Value-Measurement-Projekts des IASB.[241] Entsprechend werden finanzielle Vermögenswerte mit Geldkursen und finanzielle Verbindlichkeiten mit Briefkursen bewertet.[242] Aus dem Grundsatz der Wesentlichkeit lässt sich aber ableiten, dass bei unwesentlichen Differenzen auch Näherungskurse, wie der Mittelkurs, verwendet werden dürfen.[243]

c) Abgrenzung des beizulegenden Zeitwerts von anderen Wertbegriffen

Im Rahmenkonzept (Framework) werden folgende allgemeine Wertmaßstäbe der IAS/IFRS-Rechnungslegung definiert:[244]

- IAS F.100a): Historische Kosten (Historical Cost)
- IAS F.100b): Tageswert (Current Cost)
- IAS F.100c): Veräußerungswert/Erfüllungswert (Realizable Value/Settlement Value)
- IAS F.100d): Barwert (Present Value)

Darüber hinaus enthalten einzelne Standards Definitionen anderer, dort relevanter Wertbegriffe. Diese sind insbesondere:[245]

- Beizulegender Zeitwert (Fair Value) (z. B. IAS 39.9)
- Nutzungswert (Value in Use) (z. B. IAS 36.6)
- Nettoveräußerungspreis (Net Selling Price) (z. B. IAS 36.6)
- Erzielbarer Betrag (Recoverable Amount) (z. B. IAS 36.6)

---

241 Vgl. IASB (Hrsg.) (2006a), Para. 12-17, insbesondere Para. 13.

242 Vgl. Kuhn, S/ Scharpf, P. (2006), Tz. 1904; Breker, N./ Gebhardt, G./ Pape, J. (2000), S. 735.

243 Vgl. Löcke, J. (1999), S. 309. Es sei darauf hingewiesen, dass in den IAS/IFRS keine quantitativ bestimmte Wesentlichkeitsgrenze vorgegeben wird. Siehe hierzu auch Löcke, J. (1999), S. 311.

244 Vgl. auch Bieg, H./ Hossfeld, C./ Kußmaul, H./ Waschbusch, G. (2006), S. 86 f.

245 Vgl. Schmidt, M. (2006c), S. 66 f. und 72-74; Bieg, H./ Hossfeld, C./ Kußmaul, H./ Waschbusch, G. (2006), S. 87-96.

Die genannten Wertmaßstäbe werden im Folgenden nicht einzeln definiert. Die Darstellung beschränkt sich auf diejenigen Wertbegriffe, deren Abgrenzung von dem beizulegenden Zeitwert das Verständnis des beizulegenden Zeitwerts fördert. Hierzu ist insbesondere auf

(1) den Nutzungswert,

(2) den Marktwert und

(3) die (fortgeführten) Anschaffungskosten einzugehen.

(1) Nutzungswert

Der beizulegende Zeitwert wird in keinem Fall unter der Bewertungsannahme des Nutzungswerts (Value In Use) bestimmt:[246] Der Nutzungswert ist derjenige Wert, der bei einer Bewertung unter der Verwendung der wertbestimmenden Faktoren, die in der gegenwärtigen Verwendung für den Vermögenswert gelten, ermittelt würde. Dieser Wert wäre spezifisch für ein Unternehmen und würde die Verwendungsentscheidung des Managements beinhalten.[247] Dies widerspricht der Annahme des beizulegenden Zeitwerts als Exit Price. Die Tatsache, dass ein Vermögenswert für das ihn haltende Unternehmen einen höheren oder geringeren Wert als den beizulegenden Zeitwert repräsentiert, bestimmt die Verwendungsentscheidung des Managements, nicht aber die Bewertung. Diese Einschätzung entspricht dem gegenwärtigen Diskussionsstand des Fair-Value-Measurement-Projekts des IASB.[248]

(2) Marktwert

Für das Verständnis der Definition des beizulegenden Zeitwerts ist die Abgrenzung zum Marktwert von zentraler Bedeutung.[249] Der Marktwert wird in den IAS/IFRS weder im Rahmenkonzept (Framework) noch in einzelnen Standards definiert. In der Literatur[250] kommt es vor, dass die beiden Begriffe beizulegender Zeitwert und Marktwert synonym verwendet werden. Der beizulegende Zeitwert ist im Vergleich zum Marktwert ein

---

[246] Vgl. IASC (Hrsg.) (1997), Para. 4.4-4.7. Vgl. IAS 36.6 für die Definition des Nutzungswerts. Vgl. Lienau, A./ Zülch, H. (2006), Bieg, H./ Hossfeld, C./ Kußmaul, H./ Waschbusch, G. (2006), S. 90-94, und IDW (Hrsg.) (2005c), RS HFA 16, Tz. 101-114, für die Bestimmung eines solchen Werts.

[247] Für eine Gegenüberstellung der marktbezogenen und der spezifisch unternehmensbezogenen Wertermittlung sei auf Schmidt, M. (2006c), S. 67 f., verwiesen.

[248] Vgl. IASB (Hrsg.) (2006a), Para. 18-21, insbesondere Para. 21 sowie Para. 42-45. So auch Hitz, J-M. (2007), S. 362.

[249] So auch Bellavite-Hövermann, Y./ Barckow, A. (2003), Tz. 28.

[250] Vgl. Pfaff, D./ Kukule, W. (2006), S. 543; Holzer, H. P. (1998), S. 258; Lüdenbach, N. (2002), S. 2116.

Oberbegriff.[251] Die Ermittlung des beizulegenden Zeitwerts kann durch unterschiedliche Methoden erfolgen. Hierzu kann ein Marktwert herangezogen werden. Dieser als ein am Markt beobachtbarer Preis gilt als der beste Indikator für den beizulegenden Zeitwert. Ist kein Marktwert verfügbar, kann der beizulegende Zeitwert auch durch anerkannte Bewertungsmethoden bestimmt werden. An dieser Stelle wird deutlich, dass der Marktwert wesentlich enger gefasst ist als der beizulegende Zeitwert. Während die Realisation für den Marktwert ausschlaggebend ist, wird bei dem beizulegenden Zeitwert auf die Realisierbarkeit abgestellt.[252] Insofern ist die synonyme Verwendung der Begriffe Bewertung mit dem beizulegenden Zeitwert und Marktbewertung unzutreffend.[253]

(3) (Fortgeführte) Anschaffungskosten

Anschaffungskosten sind der Betrag, der für den Erhalt eines Vermögenswerts bezahlt wurde, oder der beizulegende Zeitwert der Gegenleistung, die zum Erhalt des Vermögenswerts hingegeben wurde. [254] Das Gleiche gilt spiegelbildlich für Verbindlichkeiten.

Die fortgeführten Anschaffungskosten sind der Betrag, der bei der Einbuchung des finanziellen Vermögenswerts oder der finanziellen Verbindlichkeit angesetzt wurde, bereinigt um alle nach diesem Zeitpunkt eingetretenen Wertanpassungen. Damit sind die fortgeführten Anschaffungskosten der ursprünglich eingebuchte Betrag minus erhaltene oder bezahlte Tilgungen, zuzüglich Verbrauch des Agios, minus Verbrauch des Disagios, minus Abschreibungen.[255]

Es bestehen folgende grundlegende Unterschiede zwischen den fortgeführten Anschaffungskosten und dem beizulegenden Zeitwert: Bereits aus der Definition der fortgeführten Anschaffungskosten ergibt sich die Notwendigkeit, dass dieser Wert durch die Vergangenheit des Vermögenswerts oder der Verbindlichkeit beeinflusst

---

[251] Vgl. Lüdenbach, N. (2002), S. 2116; Bellavite-Hövermann, Y./ Barckow, A. (2003), Tz. 28; Pape, J. (2001a), S. 211; Diedrich, R./ Rohde, C. (2005), S. 704 f.

[252] Vgl. Lüdenbach, N. (2002), S. 2116; Bellavite-Hövermann, Y./ Barckow, A. (2003), Tz. 28; Pape, J. (2001a), S. 211; Diedrich, R./ Rohde, C.(2005), S. 704 f.

[253] So auch Bellavite-Hövermann, Y./ Barckow, A. (2003), Tz. 28.

[254] Vgl. IAS F.100a; Vgl. auch Achleitner, A.-K./ Wollmert, P./ Van Hulle, K./ Hey, J./ Bischof, S. (2003), Teil A, Kapitel III, Tz. 116 f.

[255] Vgl. Bellavite-Hövermann, Y./ Barckow, A. (2003), Tz. 70.

ist.[256] Insbesondere der Anschaffungszeitpunkt spielt eine wesentliche Rolle. Darüber hinaus kann es für den Wertansatz auch von Bedeutung sein, welches Unternehmen die Anschaffung tätigt.[257] Abhängig vom jeweiligen Anschaffungszeitpunkt ist es möglich, dass zwei Unternehmen jeweils einen identischen Vermögenswert halten und unterschiedliche Werte ausweisen.[258] Somit sind der Anschaffungszeitpunkt und das investierende Unternehmen nicht unabhängig voneinander zu beurteilen. Dies ist nach dem Konzept des beizulegenden Zeitwerts wegen seiner von der Anschaffung und dem haltenden Unternehmen unabhängigen Betrachtungsweise ausgeschlossen.

d) Mögliche Fair-Value-Konzepte in der Rechnungslegung

Hinsichtlich der Anwendung der Zeitwertbewertung in der Rechnungslegung im Allgemeinen sind drei grundlegende Konzepte zu unterscheiden: das imparitätische Fair-Value-Konzept, das Full-Fair-Value-Konzept und das Mixed-Measurement-Modell.[259]

Das imparitätische Fair-Value-Konzept wird in der deutschen handelsrechtlichen Bilanzierungspraxis angewendet.[260] Es wird als imparitätisch bezeichnet, weil Verluste im Gegensatz zu Gewinnen antizipiert werden. Hiermit verfolgt der Gesetzgeber das Ziel der Nominalkapitalerhaltung, das im Ergebnis im Anschaffungskostenprinzip mündet. Die Anschaffungskosten wurden an Dritte bezahlt. Sie sind als Obergrenze der Bewertung ein objektiver und unbeeinflussbarer Wert. Ein sich aus dem Marktwert ergebender Spielraum wird nur verlustantizipierend in die Bewertung übernommen. Hierzu gilt auf der Aktivseite das Niederstwertprinzip und auf der Passivseite das Höchstwertprinzip. Die Informationen werden im Jahresabschluss bewusst asymmetrisch und unvollständig dargestellt.[261]

---

256 Vgl. FASB (1999), Tz. 3; Pape, J. (2001a), S. 212.

257 Vgl. FASB (1999), Tz. 3; Pape, J. (2001a), S. 212.

258 Diese Aussage gilt für Verbindlichkeiten nur, insoweit gleiche Bonität unterstellt wird. Dies widerspricht nicht der obigen Darstellung, in der von identischen Verbindlichkeiten ausgegangen wurde. Da dies im Fall vom Schulden unmöglich ist, ist es notwendig und ausreichend, als Minimalanforderung gleiche Bonität anzunehmen.

259 Vgl. Gleich, R./ Kämmler, A./ Kieninger, M. (2005), S. 662; Diedrich, R./ Rohde, C. (2005), S. 705 f.

260 Vgl. Baetge, J./ Zülch, H. (2001), S. 550.

261 Vgl. Baetge, J./ Kirsch, H.-J./ Thiele, S. (2005), S. 135 f.; Gleich, R./ Kämmler, A./ Kieninger, M. (2005), S. 662; Diedrich, R./ Rohde, C. (2005), S. 705 ; Baetge, J./ Zülch, H. (2001), S. 546.

Das Full-Fair-Value-Konzept findet derzeit in keiner Rechnungslegungskonzeption Anwendung.[262] Es verfolgt das Ziel einer uneingeschränkten Rechenschaftsfunktion. Mit diesem Ziel ist weder eine asymmetrische noch eine unvollständige Informationsvermittlung vereinbar. Der Verlustantizipation steht in diesem Konzept auch eine Gewinnantizipation gegenüber. Alle Wertänderungen von Vermögenswerten und Verbindlichkeiten werden erfasst und ausgewiesen. Das Realisationsprinzip rückt in den Hintergrund. Eine solche Rechnungslegung kann nicht mehr Grundlage einer Besteuerung oder Ausschüttungsbemessung sein.[263] Die Umsetzung des Full-Fair-Value-Konzepts ist das erklärte Ziel des IASB.[264]

Das Mixed-Measurement-Modell liegt auf einer hypothetischen Skala zwischen den beiden vorgenannten Konzepten und findet in den IAS/IFRS und US GAAP Anwendung.[265] Es legt die asymmetrische Verlustantizipation des imparitätischen Fair-Value-Konzepts ab. Die Anschaffungskosten stellen nicht mehr zwangsläufig die Obergrenze der Bewertung dar. Die Abweichung des Marktwerts von den ursprünglichen Anschaffungskosten wird sowohl werterhöhend als auch wertmindernd erfasst und ausgewiesen. Diese Behandlung bleibt jedoch auf eine ausgewählte Gruppe von Vermögenswerten und Verbindlichkeiten beschränkt.[266] Gemessen am Full-Fair-Value-Konzept ist dieses Vorgehen einerseits im Hinblick auf die Ermittlung aktueller Werte praxisnäher und verlässlicher. Auf der anderen Seite wirft die teilweise Erfassung aktueller Werte zusätzliche Widersprüchlichkeiten auf und führt zu höherer Komplexität:[267] Vermögenswerte oder Verbindlichkeiten, die in direktem Zusammenhang miteinander stehen, können unter verschiedene Bewertungskonzepte fallen. Der Ausweis entspricht dann nicht der ökonomischen Realität. So ist die Umsetzung der Bewertung mit dem beizulegenden Zeitwert in manchen Bereichen, z. B. bei Finanzinstrumenten, weit fortgeschritten und in anderen, vergleichbaren

---

262 Vgl. Baetge, J./ Zülch, H. (2001), S. 552.

263 Vgl. Baetge, J./ Zülch, H. (2001), S. 546. Pape nennt als Primärziel der Rechnungslegung die Vermittlung entscheidungsrelevanter Informationen. Insofern kann eine kapitalmarktorientierte Rechnungslegung niemals Grundlage für die Besteuerung und Ausschüttungsbemessung sein. Vgl. hierzu Pape, J. (2001a), S. 211; IASC (Hrsg.) (1997), Para. 1.38a.

264 Vgl. IASC (Hrsg.) (1997), Para. A.18.

265 Vgl. Baetge, J./ Zülch, H. (2001), S. 552. Vgl. auch Hitz, J.-M. (2006), S. 359 f. speziell für US GAAP.

266 Vgl. Pape, J. (2001a), S. 213, 216; Baetge, J./ Zülch, H. (2001), S. 546, 552; Diedrich, R./ Rohde, C. (2005), S. 706.

267 Vgl. Hillmer, H.-J. (2006), S. 49; Scharpf, P. (2005), S. 3; Pape, J. (2001a), S. 213, 216; Baetge, J./ Zülch, H. (2001), S. 546, 552; Diedrich, R./ Rohde, C. (2005), S. 706.

Bereichen nicht. Versicherungsverträge werden als Finanzinstrumente betrachtet und bewertet, Mietverträge aber nicht. Aktien sind Finanzinstrumente, aber Waren, für die es vielfach ähnlich organisierte Märkte gibt, nicht. Während die Regelungen zur Zeitwertbewertung von Finanzinstrumenten die Vergleichbarkeit von der Allianz AG und der Deutsche Bank AG erhöht, verringert sie die Vergleichbarkeit mit den Geschäftsberichten der Bayer AG oder der DaimlerChrysler AG.[268] Die Joint Working Group[269] hat 1997 die Zukunftsfähigkeit des Mixed-Measurement-Modells in Frage gestellt und die Zielvorstellung formuliert, zumindest für den abgegrenzten Bereich der Finanzinstrumente das Full-Fair-Value-Konzept umzusetzen.

Die hier vorgenommene Darstellung zu den Fair-Value-Konzepten zeigt den gegenwärtigen Stand der Einführung des Fair Value Accounting in den IAS/IFRS.[270] Darüber hinaus verdeutlicht sie die Interdependenz von Bilanzierungsnormen zu Finanzinstrumenten und zu Nicht-Finanzinstrumenten hinsichtlich des Fair Value Accounting.

2.4.2 Definition von Finanzinstrumenten

In IAS 39 in der Fassung von aus dem Jahr 2000 wurden Finanzinstrumente noch separat definiert, allerdings schon mit dem Hinweis darauf, dass die Definitionen denen aus IAS 32 entsprechen. In IAS 39 in der Fassung von 2003 sind die Definitionen aus IAS 39.8 in der Fassung von 2000 entfernt worden. Der Inhalt von IAS 39.8 wurde durch einen Hinweis ersetzt, dass die notwendigen Definitionen aus IAS 32.11 zu entnehmen sind. Dort werden folgende Begriffe definiert: Finanzinstrument, finanzieller Vermögenswert, finanzielle Verbindlichkeit und Eigenkapitalinstrument.

Im Zentrum steht die Definition des Finanzinstruments: „Ein Finanzinstrument ist ein Vertrag, der gleichzeitig bei einem Unternehmen zu einem finanziellen Vermögenswert und bei dem anderen zu einer finanziellen Verbindlichkeit oder einem Eigenkapitalinstrument führt."[271]. Die Definition ist gegenüber der vorherigen

---

268 Vgl. Pape, J. (2001a), S. 213, 216; Baetge, J./ Zülch, H. (2001), S. 546, 552.

269 Vgl. IASC (Hrsg.) (1997), Para. 1.38a, b.

270 Zur Verdeutlichung der Entwicklung durch Darstellung der Veränderungen der jüngeren Vergangenheit und durch das Aufzeigen möglicher zukünftiger Veränderungen sei auf Pellens, B./ Fülbier, R. U./ Gassen, J. (2006), S. 904-906, verwiesen.

271 IAS 32.11.

Fassung unverändert. Ihre Formulierung fordert die weitere Definition der Begriffe finanzieller Vermögenswert, finanzielle Verbindlichkeit und Eigenkapitalinstrument.

Ein finanzieller Vermögenswert wird durch die folgende Auflistung abgegrenzt. Damit ist ein finanzieller Vermögenswert[272] ein

a) flüssiges Mittel,
b) Eigenkapitalinstrument eines anderen Unternehmens,
c) das vertragliche Recht, flüssige Mittel oder andere finanzielle Vermögenswerte von einem anderen Unternehmen zu erhalten,
d) das vertragliche Recht, finanzielle Vermögenswerte oder finanzielle Verbindlichkeiten mit einem anderen Unternehmen unter potenziell vorteilhaften Bedingungen austauschen zu können, oder
e) ein Vertrag, der durch ein eigenes Eigenkapitalinstrument erfüllt wird oder werden kann, sofern eine der folgenden weiteren Voraussetzungen erfüllt ist. Das Finanzinstrument ist
    a. ein Nicht-Derivat, für das die Gesellschaft eine unbestimmte Menge eigener Eigenkapitalinstrumente erhält oder verpflichtet werden kann, sie anzunehmen, oder
    b. ein Derivat, dessen Verpflichtung nicht durch eine bestimmte Menge flüssiger Mittel oder anderer finanzieller Vermögenswerte, sondern durch eine bestimmte Menge eigener Eigenkapitalinstrumente erfüllt wird oder werden kann. Zu den eigenen Eigenkapitalinstrumenten gehören keine Instrumente, die selbst Verträge zum Erhalt oder zur Hingabe eigener Eigenkapitalinstrumente sind.

---

[272] Vgl. IAS 32.11.

Entsprechend der Definition ist eine finanzielle Verbindlichkeit[273]

a) eine vertragliche Verpflichtung, flüssige Mittel oder einen anderen finanziellen Vermögenswert an ein anderes Unternehmen abzugeben,
b) eine vertragliche Verpflichtung, finanzielle Vermögenswerte oder finanzielle Verbindlichkeiten mit einem anderen Unternehmen unter potenziell nachteiligen Bedingungen austauschen zu müssen,
c) ein Nicht-Derivat, für das das Unternehmen verpflichtet ist oder verpflichtet werden kann, eine variable Menge eigener Eigenkapitalinstrumente zu liefern, oder
d) ein Derivat, dessen Verpflichtung nicht durch eine bestimmte Menge flüssiger Mittel oder anderer finanzieller Vermögenswerte, sondern durch eine bestimmte Menge eigener Eigenkapitalinstrumente erfüllt wird oder werden kann. Zu den eigenen Eigenkapitalinstrumenten gehören keine Instrumente, die selbst Verträge zum Erhalt oder zur Hingabe eigener Eigenkapitalinstrumente sind.

Ein Eigenkapitalinstrument wird definiert als ein Vertrag, der einen Residualanspruch an den Vermögenswerten eines Unternehmens nach Abzug aller Verbindlichkeiten verbrieft.[274]

In den genannten Definitionen wird auf das Unternehmen bzw. im englischen Original auf die Entity abgestellt. Die Bezeichnung Unternehmen umfasst entsprechend dem englischen Originalbegriff Einzelpersonen, Personenhandelsgesellschaften, Kapitalgesellschaften, Treuhandgesellschaften und öffentliche Unternehmen.[275]

Die Bezeichnungen finanzielle Vermögenswerte, finanzielle Verbindlichkeiten und Eigenkapitalinstrumente werden im Folgenden nach Maßgabe der Definitionen des IAS 39 in Verbindung mit IAS 32 verstanden. Dieses Vorgehen erscheint angemessen, da der beizulegende Zeitwert nur der Beurteilung zugänglich ist, soweit er Ansatz in der

---

273 Vgl. IAS 32.11. Auf die Implikationen der Definition für den Ausweis des Eigenkapitals von Personenhandelsgesellschaften wird nicht eingegangen, da dieser Aspekt für die Beurteilung des Fair Value Accounting keine weitere Relevanz besitzt. Hierzu sei auf Küting, K./ Wirth, J./ Dürr, U. (2006a) und Küting, K./ Wirth, J./ Dürr, U. (2006b), beide in Verbindung mit Hennrichs, J. (2006), Schmidt, M. (2006b) und Hoffmann, W.-D./ Lüdenbach, N. (2006) verwiesen.

274 Vgl. IAS 32.11.

275 Vgl. IAS 32.14.

Bilanz findet. Insofern wird ebenfalls nicht auf die Besonderheiten und Schwierigkeiten der Abgrenzung von Finanzinstrumenten und Nicht-Finanzinstrumenten eingegangen.[276]

2.5 Zwischenergebnis: Konkretisierung der Zwecke der Rechnungslegung zur Beurteilung des Fair Value Accounting von Finanzinstrumenten

Für die Ableitung aussagekräftiger Ergebnisse im Sinne der Themenstellung sind insbesondere drei Komponenten zu konkretisieren:

(1) die Zwecke der Rechnungslegung,

(2) der Begriff des Fair Value und

(3) der Begriff des Finanzinstruments.

(1) Zwecke der Rechnungslegung

Der allgemeine Zweck der Rechnungslegung wurde aus der Notwendigkeit abgeleitet, Informationsasymmetrien zu reduzieren. Hierfür sind Informationen zur Verfügung zu stellen, die den Adressaten der Rechnungslegung nützlich sind. Die Nützlichkeit einer Information ist nur insoweit gegeben, als die Vorteile aus der Nutzung der Information die Kosten ihrer Beschaffung übersteigen. Die Bereitstellung entscheidungsnützlicher Informationen steht auch im Zentrum des Rechnungslegungszwecks nach IAS/IFRS. Für die Diskussion des Fair Value Accounting von Finanzinstrumenten innerhalb der IAS/IFRS erscheint es somit angemessen, auf das in den IAS/IFRS umgesetzte Zweckgerüst zurückzugreifen. Im Mittelpunkt stehen die qualitativen Anforderungen Relevanz und Verlässlichkeit, da diese Kriterien im Allgemeinen und innerhalb der IAS/IFRS im Speziellen eine Sonderstellung einnehmen. Weiterhin wurde abgeleitet, dass gerade im Hinblick auf die Argumentation zum beizulegenden Zeitwert diese beiden Kriterien in einem besonderen Spannungsverhältnis zueinander stehen. Weitere qualitative Anforderungen, wie z. B. die Vergleichbarkeit, werden in die Argumentation einbezogen, sofern sie für die Beurteilung des beizulegenden Zeitwerts notwendig sind.

---

[276] Für weitere Informationen zur Abgrenzung von Finanzinstrumenten und Nicht-Finanzinstrumenten vgl. den Appendix zu IAS 32, Application Guidance, AG3-AG24. Für eine auszugsweise Beispielliste von finanziellen Vermögenswerten und finanziellen Verbindlichkeiten vgl. Krumnow, J./ Sprißler, W. et al. (2004), Kommentar, IAS 32, Tz. 8, Abb. 8.

Die umfassende Auflistung von Adressaten mit teilweise stark abweichenden Interessen stellt eine Einschränkung der Eignung des Zweckgerüsts der IAS/IFRS für die hier vorzunehmende Analyse dar.[277] Deshalb wird im Rahmen dieser Arbeit der Adressatenkreis auf die Kapitalgeber reduziert.[278] Entsprechend des inhaltlichen Zusammenhangs handelt es sich hierbei um Eigenkapitalgeber, Fremdkapitalgeber oder Eigen- und Fremdkapitalgeber gemeinsam.

(2) Der Begriff des Fair Value

Der Begriff des Fair Value wird für die vorzunehmende Analyse entsprechend der englischsprachigen Definition übernommen: „The amount for which an asset could be exchanged, a liability settled, or an equity instrument granted could be exchanged, between knowledgeable, willing parties in an arm's length transaction."[279] Die deutschsprachige Definition wird aufgrund der inhaltlichen Differenzen nicht übernommen. Für die inhaltliche Abgrenzung des Begriffs wird der Mehrheitsmeinung und dem gegenwärtigen Diskussionsstand des Fair-Value-Measurement-Projekts des IASB gefolgt und der Fair Value als Exit Price definiert.

(3) Der Begriff des Finanzinstruments

Die Definition des Begriffs Finanzinstrument wird unverändert aus IAS 32.11 übernommen. Für die vorzunehmende Analyse ist die trennscharfe Abgrenzung von Finanzinstrumenten und Nicht-Finanzinstrumenten von untergeordneter Bedeutung. Im Zentrum der Betrachtung steht die inhaltliche Ausgestaltung des Fair Value Accounting. Nicht im Zentrum der Betrachtung steht die Vollständigkeit des Fair Value Accounting für die Gruppe der Finanzinstrumente.

---

[277] Vgl. Pellens, B./ Fülbier, R. U./ Gassen, J. (2006), S. 19-23.

[278] In Anlehnung an Ballwieser, W. (2002), S. 115 f. sowie S. 120.

[279] IASB (Hrsg.) (2007), Glossary, S. 2430. Die deutsche Übersetzung aus den amtlichen EU-Texten (vgl. IDW (Hrsg.) (2006b), IAS 32.11), wurde an dieser Stelle ausgeklammert, da sie inhaltlich von dem englischen Original abweicht. Die deutsche Definition ersetzt die Eigenschaft der arm's length transaction (marktüblich) durch die Forderung nach der Unabhängigkeit der Parteien.

3 Darstellung und Diskussion des IAS 39 im Hinblick auf die Anwendung des beizulegenden Zeitwerts innerhalb der Kategorien finanzieller Vermögenswerte und Verbindlichkeiten

IAS 39 regelt Ansatz und Bewertung von Finanzinstrumenten nach IAS/IFRS.[280] In diesem Kapitel werden die Regelungen des IAS 39 dargestellt und der Beurteilung unterzogen.[281] Der Beurteilung liegt die aktuellste Fassung des IAS 39 aus dem Jahr 2005 zugrunde.[282] Sofern zu Vergleichszwecken frühere Fassungen oder Exposure Drafts des Standards einbezogen werden, ist dies durch die entsprechende Jahresangabe kenntlich gemacht.[283]

---

280 Der Standard entwickelte sich von ersten Anfängen im Jahr 1988 als Gemeinschaftsprojekt mit dem kanadischen Standardsetter (Canadian Institute of Chartered Accountants). Hierzu gab es zunächst zwei Entwürfe (Exposure Drafts), E40 aus dem Jahr 1991 und E48 vom Januar 1994. In der Folge dieser Entwürfe beschloss das IASC die Aufteilung des Projekts, und es wurde 1995 zunächst nur „IAS 32 Financial Instruments: Disclosure and Presentation" fertiggestellt. Dieser Standard wurde 1998 überarbeitet. Auf die Veröffentlichung des IAS 32 folgte 1998 der Exposure Draft E62, aus dem der „IAS 39 Financial Instruments: Recognition and Measurement" hervorging. Der Standard wurde im Jahr 2000 überarbeitet. (Vgl. IAS 32 und IAS 39 jeweils in der Einführung (Introduction) in IASB (Hrsg.) (2002a))
Im Juni 2002 wurde ein weiterer Exposure Draft zur Überarbeitung von IAS 32 und IAS 39 mit einer Kommentierungsfrist bis zum 14. Oktober 2002 veröffentlicht. (Vgl. IASB (Hrsg.) (2002d))
Im Dezember 2003 wurden, basierend auf dem Exposure Draft und seiner Diskussion, die überarbeiteten Standards IAS 32 und IAS 39 eingeführt. (Vgl. IASB (Hrsg.) (2004c), IAS 32.96 und IAS 39.103)
Im Juni 2005 wurde IAS 39 im Hinblick auf die Anwendung der Fair Value Option und auf andere Sachverhalte überarbeitet. Wesentliche Änderungen gegenüber dem IAS 39 von 2000 werden in der Einleitung (Introduction) des IAS 39 (2005) dargestellt (IAS39.IN4-IN25).
Im August 2005 wurde der IFRS 7 veröffentlicht. Er enthält Offenlegungsvorschriften zu Finanzinstrumenten und stellt die Zusammenfassung dieser Vorschriften mit dem IAS 30 dar. (Vgl. IASB (Hrsg.) (2007), IFRS 7). Für eine detaillierte Darstellung des IFRS 7 sei auf Scharpf, P. (2006), Löw, E. (2005b), Eckes, B./ Sittmann-Haury, C. (2006), S. 425-435, Löw, E. (2005b) oder Kuhn, S./ Paa, C. (2005) verwiesen. Für eine Fallstudie zu IFRS 7 sei auf Erdmann, M.-K./ Wünsch, M./ Gommlich, Y. (2007) verwiesen.

281 Der IAS 32 und der IFRS 7 werden in die Betrachtung einbezogen, sofern die Darstellung von beziehungsweise die Angaben zu Finanzinstrumenten für die Diskussion von Bedeutung sind.

282 Hierfür sei auf IASB (Hrsg.) (2007) verwiesen. Der IAS 39 wurde im Jahr 2005 insgesamt dreimal angepasst. Für einen Überblick über diese Änderungen sei auf Kuhn, S./ Scharpf, P. (2006), S. 10-19, verwiesen. Hier wird nur auf die Anpassung der Fair Value Option eingegangen, da diese Änderung für die Beurteilung des Fair Value Accounting von zentraler Bedeutung ist. Für einen Überblick über diese Änderung sei auf Löw, E./ Blaschke, S. (2005) und Eckes, B./ Weigel, W. (2006) verwiesen. Die beiden anderen Änderungen betreffen Cash Flow Hedging und Finanzgarantien. Für einen Überblick über diese Änderungen sei auf Schmidt, M. (2006a) verwiesen. Für eine detaillierte Darstellung der Änderungen bei Finanzgarantien sei auf Scharpf, P./ Weigel, W./ Löw, E. (2006) verwiesen.

283 In diesem Zusammenhang sind insbesondere die Fassungen des IAS 39 von 2000 und 2003 sowie der Exposure Draft für IAS 32 und IAS 39 von 2002 von Bedeutung. Für den IAS 39 in der Fassung von 2000 sei auf IASB (Hrsg.) (2001) verwiesen. Für den IAS 39 in der Fassung von 2003 sei auf IASB (Hrsg.) (2004c) verwiesen. Für den Exposure Draft zu IAS 32 und IAS 39 von 2002 sei auf IASB (Hrsg.) (2002d) verwiesen.

Beurteilungsobjekt ist der beizulegende Zeitwert. Der beizulegende Zeitwert ist nur insoweit einer Beurteilung zugänglich, wie er Ansatz in der Bilanz findet. Daher sind Ansatzregelungen darzustellen. Der Schwerpunkt der Darstellung und Diskussion der Anwendung des beizulegenden Zeitwerts innerhalb der Kategorien finanzieller Vermögenswerte und Verbindlichkeiten liegt auf der Folgebewertung von Finanzinstrumenten. Es wird darauf eingegangen, welche Implikationen es hat, dass eine Teilgruppe der Aktiva und eine Teilgruppe der Passiva mit dem beizulegenden Zeitwert bewertet werden, und andere Teilgruppen nicht. Es wird dargestellt, wie der durch die Anwendung des beizulegenden Zeitwerts veränderte Wertansatz in der Gewinn- und Verlustrechnung behandelt wird. Nicht dargestellt wird die Abgrenzung, welche Finanzinstrumente unter den Anwendungsbereich von IAS 39 fallen. Ebenfalls nicht dargestellt werden die Kriterien für den Abgang von Finanzinstrumenten, da es im Rahmen der Beurteilung nicht relevant ist, bei welchen Unternehmen der Ansatz erfolgt.

3.1 Bilanzierung des Zugangs finanzieller Vermögenswerte und finanzieller Verbindlichkeiten

3.1.1 Ansatz finanzieller Vermögenswerte und finanzieller Verbindlichkeiten

In der Bilanz von Unternehmen sind finanzielle Vermögenswerte oder finanzielle Verbindlichkeiten anzusetzen, wenn ein Unternehmen Vertragspartei der Regelungen zu dem Finanzinstrument wird.[284] Dabei ist Voraussetzung, dass die Bedingungen für die Bilanzierung als Vermögenswert oder Verbindlichkeit erfüllt werden.[285] Entsprechend sind die folgenden Definitionen zu Vermögenswerten bzw. Verbindlichkeiten relevant: „Ein Vermögenswert ist eine Ressource, die auf Grund[!] von Ereignissen der Vergangenheit in der Verfügungsmacht des Unternehmens steht, und von der erwartet wird, dass dem Unternehmen aus ihr künftiger wirtschaftlicher Nutzen zufließt“[286]. „Eine Schuld ist eine gegenwärtige Verpflichtung des Unternehmens, die aus

284 Vgl. IAS 39.14; vgl. auch Klotzbach, D./ Kropp, M. (2002), S. 1013.

285 Vgl. hierzu auch IASC (Hrsg.) (1997), Para. 3.1.

286 IDW (Hrsg.) (2006), F.49a. Vgl. IASB (Hrsg.) (2007), F.49a für den englischsprachigen Originaltext.

Ereignissen der Vergangenheit entsteht und deren Erfüllung für das Unternehmen erwartungsgemäß mit einem Abfluss von Ressourcen mit wirtschaftlichem Nutzen verbunden ist“[287].

Angewendet auf finanzielle Vermögenswerte, sind es die vertraglichen Rechte, die als Ressource des Vermögenswerts angesehen werden können bzw. von denen ein späterer Nutzenzufluss erwartet wird. Der finanzielle Vermögenswert befindet sich mit dem Abschluss des Vertrags in der Verfügungsmacht des Unternehmens. Die Verfügungsmacht steht dem Unternehmen ab dem in der Vergangenheit liegenden Ereignis des Vertragsabschlusses zu. Insofern besteht bei einem finanziellen Vermögenswert grundsätzlich kein Zweifel an der Erfüllung der Kriterien als Vermögenswert.[288] Entsprechend verhält es sich mit finanziellen Verbindlichkeiten.

Aus IAS 39.14 leitet sich die Verpflichtung ab, alle Finanzinstrumente als Vermögenswert oder Verbindlichkeit in der Bilanz anzusetzen.[289] Hieraus ergibt sich ein Unterschied zu den allgemeinen Regelungen[290] für Vermögenswerte und Verbindlichkeiten. Die geforderte Wahrscheinlichkeit, mit der ein Nutzen zufließt oder im Falle einer Verbindlichkeit Nutzenpotenzial abfließt, ist bei Finanzinstrumenten eine Frage der Bewertung, nicht jedoch eine Frage des Ansatzes.[291]

Im Zusammenhang mit dem erstmaligen Ansatz ist die Unterscheidung zwischen Handelstag und Erfüllungstag von Bedeutung. Entsprechend IAS 39.38 können Finanzinstrumente, die im Rahmen einer gewöhnlichen Transaktion übergehen, am Handelstag oder am Erfüllungstag bilanziert werden.[292] Der Handelstag ist der Tag, an dem die Verpflichtung zur Transaktion eingegangen wird.[293] Der Erfüllungstag ist der Tag, an dem die Lieferung bzw. Leistung erfolgt.[294]

---

[287] IDW (Hrsg.) (2006), F.49b. Vgl. IASB (Hrsg.) (2007), F.49b für den englischsprachigen Originaltext.

[288] Vgl. IASC (Hrsg.) (1997). Para. 3.5.

[289] Diese Tatsache wurde im Exposure Draft von 2002 explizit erwähnt (ED IAS 39.28 in IASB (Hrsg.) (2002d)). Diese Erwähnung wurde jedoch nicht in IAS 39.14 übernommen. Aus IAS 39.14 leitet sich die Verpflichtung unverändert ab.

[290] Vgl. IAS F.83.

[291] Vgl. Wagenhofer, A. (2005), S. 230; IASC (Hrsg.) (1997), Para. 3.2a. So auch Löw, E. (2006), S. 4 speziell für derivative Finazinstrumente.

[292] Vgl. auch Beine, F./ Meyer, C. H. (2007), Tz. 136.

[293] Vgl. IAS 39.AG55.

[294] Vgl. IAS 39.AG55.

Das Wahlrecht, gewöhnliche Transaktionen am Handelstag oder am Erfüllungstag zu bilanzieren, ist innerhalb einer Kategorie von Finanzinstrumenten einheitlich auszuüben.[295] Hierbei zählen die zu Handelszwecken gehaltenen finanziellen Vermögenswerte bzw. Verbindlichkeiten und die freiwillig erfolgswirksam mit dem beizulegenden Zeitwert bewerteten finanziellen Vermögenswerte und Verbindlichkeiten jeweils als eigene Kategorien, obwohl die Bewertung und die Darstellung der Wertänderungen in beiden Kategorien identisch ist.

In dem Exposure Draft zu IAS 39 von 2002 wurde eine Definition einer gewöhnlichen Transaktion im Anhang angefügt. Diese Definition wurde in IAS 39 in der Fassung von 2003 unter den anderen Definitionen in IAS 39.9 mit aufgenommen. Ein Vertrag über den Erwerb eines finanziellen Vermögenswertes oder einer finanziellen Verbindlichkeit, der die Lieferung innerhalb einer durch Marktvorschriften oder -konventionen festgelegten Zeit bestimmt, gilt danach als üblicher Kauf oder Verkauf. Es wird generell darauf hingewiesen, dass die implizite Festpreisvereinbarung bis zur Lieferung grundsätzlich die Voraussetzung für ein derivatives Finanzinstrument erfüllt.[296] Aufgrund der kurzen Zeitspanne wird das derivative Finanzinstrument nicht bilanziert. Beispielhaft hierfür sei die Zusage einer Bank, einen Kredit zu bestimmten Konditionen zur Verfügung zu stellen genannt, die vom potenziellen Kreditnehmer weder angenommen noch abgelehnt wurde. ED IAS 39.29[297] präzisierte, dass der Handelstag häufig nicht ausschlaggebend für den Ansatz eines Vermögenswertes oder einer Verbindlichkeit ist. Vielmehr wird im Geschäftsverkehr ein Vermögenswert oder eine Verbindlichkeit nach erfolgter entsprechender Gegenleistung angesetzt (Erfüllungstag). So wird eine Verbindlichkeit aus Warenlieferung erst mit der Lieferung und nicht mit der Bestellung erfasst.[298] Es verhält sich anders, wenn die Schwankung eines vertraglich vereinbarten beizulegenden Zeitwertes durch Zahlung ausgeglichen werden kann oder ausgeglichen werden muss. Dies gilt nicht als üblicher Kauf oder Verkauf im Sinne der

---

295 Vgl. IAS 39.AG53; Beine, F./ Meyer, C. H. (2007), Tz. 139. Die Informationen aus Wagenhofer, A. (2005), S. 231, sind insofern nicht richtig, als bei ihm die genannte Unterscheidung nicht besteht.
296 Vgl. IAS 39.AG12.
297 Vgl. IASB (Hrsg.) (2002d).
298 Vgl. IASB (Hrsg.) (2002d), IAS 39.29.

Definition aus IAS 39.9. Das Derivat ist als solches zu bilanzieren.[299] In diesem Sinne ist auch die Negativabgrenzung aus IAS 39.AG54 zu verstehen, nach der eine Transaktion, bei der Wertänderungen zwischen Handelstag und Erfüllungstag ausgeglichen werden, nicht mehr als gewöhnliche Transaktion gilt. Für die Zeitspanne zwischen Handelstag und Erfüllungstag ist der Vertrag als Derivat zu bilanzieren. Entsprechend dieser Regelung ist z. B. für Forwards und Optionen der Handelstag der ausschlaggebende Ansatzzeitpunkt.[300]

Grundsätzlich qualifizieren geplante Transaktionen, unabhängig von ihrer Umsetzungswahrscheinlichkeit, in keinem Falle für den Ansatz eines finanziellen Vermögenswertes oder einer finanziellen Verbindlichkeit. Erst durch den Vertragsabschluss werden die Vertragsparteien wirksam bestimmt.[301]

Hinsichtlich des Ansatzes von Finanzinstrumenten sind die Ausbuchungskriterien ebenfalls zu berücksichtigen. Ein Vermögenswert, der beim veräußernden Unternehmen aufgrund der Ausbuchungskriterien nicht ausgebucht werden darf, darf bei einem anderen Unternehmen nicht als Zugang eingebucht werden.[302] Für die Untersuchung des beizulegenden Zeitwertes ist es nicht relevant, bei welchem Unternehmen ein Finanzinstrument aktiviert ist. Die Ausbuchungskriterien sind daher nicht Teil der weiteren Untersuchung.

3.1.2 Zugangsbewertung finanzieller Vermögenswerte und finanzieller Verbindlichkeiten

Bei ihrem erstmaligen Zugang sind Finanzinstrumente mit ihrem beizulegenden Zeitwert zu bewerten.[303] Diese Formulierung wurde gegenüber IAS 39.66 in der Fassung von 2000 und seiner Anpassung in ED IAS 39.66[304] wesentlich abgeändert. Dort wurde noch die Formulierung gewählt, dass Finanzinstrumente bei ihrem Zugang zu Anschaffungskosten zu bewerten sind, die jedoch dem beizulegenden Zeitwert des

---

299 Vgl. IAS 39.AG10. Für die Abgrenzung zwischen solchen Warentermingeschäften, die als Derivat zu bilanzieren sind, und solchen, die nicht als Derivat zu bilanzieren sind, sei auf Prokop, J. (2007) verwiesen.

300 Vgl. IAS 39.AG35c und d.

301 Vgl. IAS 39.AG35e; so auch Wawrzinek, W. (2006), Tz. 45; Wagenhofer, A. (2005), S. 231.

302 Vgl. IAS 39.AG34. Vgl. auch Klotzbach, D./ Kropp, M. (2002), S. 1013.

303 Vgl. IAS 39.43.

304 Vgl. IASB (Hrsg.) (2002d).

empfangenen Vermögenswertes oder beizulegenden Zeitwert der hingegebenen Gegenleistung[305] entsprechen. Annahmegemäß entsprechen die Anschaffungskosten dem beizulegenden Zeitwert, sofern die Grundannahmen aus der Definition des beizulegenden Zeitwertes zutreffen.[306] Hierbei ist insbesondere von Bedeutung, dass keinerlei Zahlungen für etwas anderes als das betrachtete Finanzinstrument geleistet werden.[307] Die in der neuen Fassung des IAS 39 gewählte Formulierung stellt im Gegensatz zu der vorherigen Formulierung direkt auf den beizulegenden Zeitwert ab. Sie bezieht damit die Bedingungen aus der Definition des beizulegenden Zeitwertes mit ein. In der vorherigen Formulierung des IAS 39 musste diese Verknüpfung hergestellt werden, indem die Umstände, die dazu führen können, dass die gezahlten Anschaffungskosten nicht dem beizulegenden Zeitwert entsprechen, ausgeschlossen werden.[308] Sollte der beizulegende Zeitwert nicht direkt aus der Transaktion ermittelbar sein, ergibt sich aus der Formulierung von IAS 39.43 i. V. m. IAS 39.AG64, dass der beizulegende Zeitwert auf anderem Wege zu ermitteln ist: Hierzu könnte ein vergleichbarer Marktpreis oder eine anerkannte Bewertungsmethode herangezogen werden.[309]

Gemäß IAS 39.38 besteht ein Wahlrecht zum Ansatz am Handels- oder am Erfüllungstag. Sollte sich ein Unternehmen für den Ansatz am Erfüllungstag entscheiden, gilt Folgendes: Für Finanzinstrumente, die in der Folgebewertung mit ihren Anschaffungskosten oder mit fortgeführten Anschaffungskosten bewertet werden ist dennoch der beizulegende Zeitwert am Handelstag für die Zugangsbewertung ausschlaggebend.[310]

---

305 Im Fall von Verbindlichkeiten mit Disagio folgt daraus ein Ansatz mit dem zufließenden Geldbetrag und nicht mit dem Rückzahlungsbetrag. Vgl. hierzu Klotzbach D./ Kropp, M. (2002), S. 1020, Fußnote 60.

306 Für die Definition des beizulegenden Zeitwerts sei auf IAS 39.9 verwiesen. Die Grundannahmen sind insbesondere sachverständige, vertragswillige und unabhängige Geschäftspartner.

307 Beispielsweise bei nicht- oder unterverzinslichen Darlehen ergibt sich hieraus eine potenzielle Überschneidung mit IAS 18.11 (Ertragsrealisation).

308 Zu den Anforderungen an die Anschaffungskosten, die dazu führen, dass die Anschaffungskosten im Erwerbszeitpunkt dem beizulegenden Zeitwert zu diesem Zeitpunkt entsprechen, vgl. Bellavite-Hövermann, Y./ Barckow, A. (2003), Tz. 29; IASB (Hrsg.) (2002d), IAS 39.67.

309 Auf die Problematik der Ermittlung beizulegender Zeitwerte in Abwesenheit eines Marktpreises wird im Rahmen der Folgebewertung eingegangen. Die Diskussion wird dort geführt, weil das Nichtvorliegen eines Marktwerts im Rahmen der Folgebewertung praxisnäher ist. Im Gegensatz zur Zugangsbewertung muss dort eine Transaktion unterstellt werden.

310 Vgl. IAS 39.AG56.

Transaktionskosten werden aktiviert.[311] Als Ausnahme hierzu werden sie bei Vermögenswerten, die in der Folgebewertung mit dem beizulegenden Zeitwert bewertet werden und deren Wertänderungen in der Gewinn- und Verlustrechnung der Periode erfasst werden, nicht aktiviert. Hier werden die Transaktionskosten sofort erfolgswirksam in der Gewinn- und Verlustrechnung der Periode erfasst. Transaktionskosten werden als zusätzliche, direkt dem Erwerb oder der Veräußerung eines finanziellen Vermögenswertes oder einer finanziellen Verbindlichkeit zurechenbare Kosten definiert.[312] Die Application Guidance von IAS 39 listet einige Beispiele für Transaktionskosten und solche Kosten auf, die keine Transaktionskosten im Sinne von IAS 39.9 darstellen:[313] Transaktionskosten sind demnach Gebühren und Provisionen an Vermittler, Berater, Makler und Händler, Abgaben an Aufsichtsbehörden und Wertpapierbörsen sowie Steuern und Gebühren für die Transaktion. Nicht zu den Transaktionskosten gehören nach dieser Definition Agien, Disagien, Finanzierungskosten oder eigene Verwaltungs- und Haltekosten.

3.1.3 Kritische Analyse und Beurteilung der Bilanzierung des Zugangs finanzieller Vermögenswerte und finanzieller Verbindlichkeiten

Der beizulegende Zeitwert ist der relevante Wertmaßstab für die Zugangsbewertung von Finanzinstrumenten.[314] Diese grundsätzliche Aussage ist unverändert gegenüber IAS 39 in vorherigen Fassungen und dem Exposure Draft zu IAS 39 von 2002.[315] Die Formulierung wurde dahingehend angepasst, dass der Zugangswert nun nicht mehr den Anschaffungskosten entspricht, die ihrerseits dem beizulegenden Zeitwert entsprechen sollten. Die Zugangsbewertung stellt direkt auf den beizulegenden Zeitwert ab. Die Darstellung wurde demnach vereinfacht und fördert die Verständlichkeit.

---

311 Vgl. IAS 39.43.

312 Für die hier genannte Definition von Transaktionskosten im Sinne des IAS 39 vgl. IAS 39.9. Allgemeiner definiert repräsentieren Transaktionskosten den Wert der Eingabegrößen in die Organisation von Transaktionen (vgl. hierzu Pethig, R. (1975), S. 80-83; Rao, P. K. (2002), S. XVI.). Die allgemeine Definition von Transaktionskosten entstammt der Transaktionskostentheorie. Für eine Übersicht über die Transaktionskostentheorie sei auf Williamson, O. E. (1996) verwiesen. Für eine Darstellung der historischen Entwicklung und Einordnung der Transaktionskostentheorie sei auf Pies, I. (2000) sowie Schramm, M. (2005), S. 46-66, verwiesen.

313 Vgl. IAS 39.AG17.

314 Vgl. IAS 39.43.

315 Vgl. IASB (Hrsg.) (2001), IAS 39.66, bzw. IASB (Hrsg.) (2002d), ED IAS 39.66.

Transaktionskosten zum Erwerb von Finanzinstrumenten, die in der Folgebewertung mit dem beizulegenden Zeitwert bewertet werden und deren Wertänderungen in der Gewinn- und Verlustrechnung der Periode erfasst werden, sind nicht zu aktivieren. Dies stellt eine Weiterentwicklung gegenüber dem Exposure Draft von 2002 dar.[316] Dort wurden Transaktionskosten noch bei allen Finanzinstrumenten aktiviert. Im Rahmen der ersten Folgebewertung wurden die Transaktionskosten bei Finanzinstrumenten, die in der Folgebewertung mit dem beizulegenden Zeitwert bewertet werden und deren Wertänderungen in der Gewinn- und Verlustrechnung der Periode erfasst werden, aufwandswirksam abgezogen. Die Vermeidung dieser Inkonsistenz zwischen Ansatz und Folgebewertung trägt zur Vereinfachung bei und fördert die Verständlichkeit. Weiterhin wird der wirtschaftliche Gehalt zutreffender dargestellt, da die Aufwandsverrechnung der Transaktionskosten keine Zeitwertänderung darstellt und somit auch keinen Unterschied zwischen Aktivierung und Folgebewertung begründet.

Die Zugangsbewertung unter Einbeziehung von Transaktionskosten bei den übrigen Finanzinstrumenten widerspricht dem Zweck der Rechnungslegung, insoweit die Transaktionskosten keinen Nutzen verkörpern, sondern einen Ressourcenverzehr in der Periode des Erwerbs darstellen. Der dargestellte Wert ist insofern nicht verlässlich, da der wirtschaftliche Gehalt, also der Wert der Investition oder der Verbindlichkeit, überhöht dargestellt wird. Die Vollständigkeit der Information ist in diesem Zusammenhang ebenfalls nicht gewährleistet, da Aufwendungen als Wert z. B. einer Investition dargestellt werden, obwohl sie den Wert der Investition nicht beeinflussen. Dieser Argumentation liegt die Annahme zugrunde, dass es sich bei dem beizulegenden Zeitwert um einen Exit Price handelt. Unter Exit Price ist derjenige Preis zu verstehen, der gegenwärtig für die Veräußerung eines Vermögenswertes am Markt erzielt werden könnte oder der für das Ablösen einer Verbindlichkeit gegenwärtig aufzuwenden wäre.[317] Diese Definition schließt die Aktivierung von Transaktionskosten grundsätzlich aus, sofern sie am Markt nicht weiterbelastet werden können.[318] Entsprechend wird hier empfohlen, die Aktivierung von Transaktionskosten des Zugangs, die bei einer

---

316 Siehe hierzu in IASB (Hrsg.) (2002d), IAS 39.66.
317 Vgl. FASB (Hrsg.) (1999), Tz. 48.
318 Gleicher Ansicht ist auch FASB (Hrsg.) (1999), Tz. 47 f.

Veräußerung nicht in die Wertfindung einfließen würden, bei der Zugangsbewertung auszuschließen.[319]

3.2 Bilanzierung finanzieller Vermögenswerte nach dem erstmaligen Ansatz

Für die Folgebewertung werden die finanziellen Vermögenswerte in vier Kategorien eingeteilt. Die Entscheidung, welcher Kategorie ein Vermögenswert zugeordnet wird, ist faktisch bereits beim Zugang zu treffen.[320]

---

319 Eine dahingehende Entwicklung zeichnet sich auch im Rahmen des Fair-Value-Measurement-Projektes des IASB ab. Vgl. hierzu IASB (Hrsg.) (2006a), Para. 25-31 und Para. 36-38. Für eine zusammenfassende Darstellung der wesentlichen Inhalte des IASB-Diskussionspapiers zum Fair Value Measurement sei auf Hitz, J.-M. (2007), S. 364-367 verwiesen. Dem Diskussionspapier zum Fair Value Measurement ging ein weiteres Diskussionspapier vom 17.11.2005 voraus. Dieses Diskussionspapier betraf die Zugangsbewertung im Rahmen der IAS/IFRS-Rechnungslegung (vgl. IASB (Hrsg.) (2005)). Dort wurde bereits festgestellt, dass Transaktionskosten nicht Teil des Fair Value sind (vgl. IASB (Hrsg.) (2005), Para. 196). Trotz dieser Feststellung wurde eingeräumt, dass entschieden werden kann Transaktionskosten bei der Zugangsbewertung zu berücksichtigen (vgl. IASB (Hrsg.) (2005), Para. 198). Für einen Überblick über die wesentlichen Inhalte des Diskussionspapiers sei auf Schmidt, M. (2006c) verwiesen.

320 Die Entscheidung istdeshalb faktisch bereits beim Zugang zu treffen, da die Zuordnung beispielsweise darüber entscheidet, ob eine Aktivierung inklusive oder exklusive Transaktionskosten erfolgt oder ob der Wert am Handelstag oder am Erfüllungstag ausschlaggebend ist.

Die vier Kategorien finanzieller Vermögenswerte sind:[321]

Kategorien finanzieller Vermögenswerte:	Kapitel:
1. Bis zur Endfälligkeit zu haltende finanzielle Vermögenswerte	3.2.1
2. Kredite und Forderungen	3.2.2
3. Zur Veräußerung verfügbare Finanzinstrumente	3.2.3
4. Finanzielle Vermögenswerte, die erfolgswirksam mit dem beizulegenden Zeitwert bewertet werden	
– Finanzielle Vermögenswerte, die als zu Handelszwecken gehalten eingestuft werden	3.2.4
– Finanzielle Vermögenswerte, die freiwillig als erfolgswirksam mit dem beizulegenden Zeitwert eingestuft werden	3.2.5
– Derivative Finanzinstrumente	3.2.6

Abb. 4: Kategorien finanzieller Vermögenswerte

Gegenüber den Vorschlägen des Exposure Draft von 2002 ergibt sich in dem Standard von 2003 eine wesentliche Änderung hinsichtlich der freiwilligen Zuordnung von Finanzinvestitionen zum Handelsbestand. In IAS 39.103b in der Fassung von 2000 gab es ein Wahlrecht für zur Veräußerung verfügbare Finanzanlagen zur Erfassung von Wertänderungen in der Gewinn- und Verlustrechnung oder im Eigenkapital. Dieses Wahlrecht wurde im Exposure Draft abgeschafft, und anstelle dessen wurde faktisch eine neue Kategorie eingeführt. Die Definition in ED IAS 39.10 wurde um finanzielle Vermögenswerte erweitert, die freiwillig der Handelskategorie zugeordnet werden. Aufgrund dieser expliziten Zuordnung bzw. Unterordnung kann die Regelung als eine

[321] Vgl. IAS 39.45.

Erweiterung der ursprünglichen Kategorie angesehen werden. Nach ED IAS 39.18A waren allerdings solche Finanzanlagen, die freiwillig der Handelskategorie zugeordnet wurden, unter einer eigenen Bezeichnung auszuweisen: finanzielle Vermögenswerte, die zum beizulegenden Zeitwert bewertet wurden. Faktisch wurde also eine neue Kategorie oder zumindest eine Subkategorie der Handelskategorie eingeführt.[322] In IAS 39 in der Fassung von 2003 wird diese Unterscheidung aufgehoben. Um der Bedeutung dieser Entwicklung Rechnung zu tragen, wird auf die freiwillige Zuordnung zum Handelsbestand separat eingegangen (Kapitel 3.2.5).

Derivative Instrumente mit positivem Wert werden der Kategorie der erfolgswirksam mit dem beizulegenden Zeitwert bewerteten finanziellen Vermögenswerte zugerechnet, sofern das Derivat nicht unter die speziellen Regelungen des Hedge Accounting fällt.[323] Derivative Finanzinstrumente innerhalb und außerhalb von Sicherungsbeziehungen werden ebenfalls getrennt dargestellt (Kapitel 3.2.6).

Im Folgenden werden die einzelnen Kategorien diskutiert und einer kritischen Analyse unterzogen. Die Reihenfolge der Darstellung erfolgt mit zunehmender Anwendung der Bewertung mit dem beizulegenden Zeitwert.

3.2.1 Kategorie der bis zur Endfälligkeit zu haltenden Finanzinvestitionen

3.2.1.1 Abgrenzung der Kategorie von anderen Kategorien finanzieller Vermögenswerte

IAS 39.9 definiert einen bis zur Endfälligkeit zu haltenden Vermögenswert als finanziellen Vermögenswert mit festen, bestimmbaren Zahlungen und einer festen Laufzeit, den das Unternehmen bis zur Endfälligkeit halten will und kann.

Feste oder bestimmbare Zahlungen und feste Laufzeiten sind als solche zu verstehen, wenn sie durch eine vertragliche Vereinbarung festgeschrieben sind.[324] Fremdkapitalinstrumente mit variabler Verzinsung sind von dieser Definition nicht

---

322 Gleicher Ansicht sind auch Klotzbach D./ Kropp, M. (2002), S. 1022.
323 Vgl. IAS 39.46. Zu den Regelungen des Hedge Accounting vgl. IAS 39.89-102.
324 Vgl. IAS 39.AG17.

ausgeschlossen. Eigenkapitalinstrumente sind von dieser Definition ausgeschlossen, da sie gewöhnlich keine festgelegten Laufzeiten haben und die zukünftigen Zahlungen nicht festgelegt sind.[325] Scharpf[326] weist in diesem Zusammenhang darauf hin, dass eine tilgungspflichtige Vorzugsaktie eine der Ausnahmen darstellt, bei denen ein Eigenkapitalinstrument einen festen Rückzahlungszeitpunkt und einen bestimmten oder bestimmbaren Rückzahlungsbetrag hat.

Entsprechend der Definition in IAS 39.9 ist es erforderlich, dass ein Unternehmen beabsichtigt, die Investition bis zu ihrer Endfälligkeit zu halten. Im Sinne des Standards liegt die Absicht nicht vor, wenn[327]

a) das Unternehmen den finanziellen Vermögenswert für eine nicht näher bestimmte Dauer zu halten beabsichtigt,
b) das Unternehmen jederzeit bereit ist, den Vermögenswert als Reaktion auf Änderungen der Marktzinsen oder -risiken, des Liquiditätsbedarfs, Änderungen der Verfügbarkeit und Verzinsung alternativer Finanzinvestitionen, Änderungen der Finanzierungsquellen oder Finanzierungsbedingungen oder der Wechselkurse zu verkaufen, oder
c) der Emittent das Recht hat, den finanziellen Vermögenswert durch einen Betrag zu begleichen, der wesentlich unter den fortgeführten Anschaffungskosten liegt.

In Fall c) ist die Tatsache, dass der Emittent die Möglichkeit hat, die Finanzinvestition zu kündigen, an sich unschädlich.[328] Durch die Kündigung wird der Zeitpunkt der Endfälligkeit lediglich nach vorne verlagert. Es ist ausschlaggebend, ob der Halter den Buchwert der Investition im Fall der Kündigung im Wesentlichen vollständig realisieren kann. Ein durch den Halter kündbarer finanzieller Vermögenswert kann im Gegensatz dazu in keinem Fall als bis zur Endfälligkeit zu halten eingestuft werden, da die Tatsache, dass der Halter für eine Verkaufsoption zahlt, mit dem erklärten Willen, die Investition bis zur Endfälligkeit zu halten unvereinbar ist.[329] Die Absicht, einen

---

325 Vgl. IAS 39.AG17.
326 Vgl. Scharpf, P. (2001), S. 25.
327 Vgl. IAS 39.AG16. Eine Übersicht über Gründe, die keine Zweifel an der Absicht des Unternehmens, den finanziellen Vermögenswert bis zur Endfälligkeit zu halten, begründen, ist in IAS 39.AG22 dargestellt. Andere als die genannten Gründe stellen grundsätzlich die Halteabsicht in Frage.
328 Vgl. IAS 39.AG18.
329 Vgl. IAS 39.AG19.

Vermögenswert bis zur Endfälligkeit zu halten, ist an jedem dem Zugang folgenden Abschlussstichtag neu zu beurteilen.[330]

Entsprechend der Definition wird von dem haltenden Unternehmen darüber hinaus gefordert, dass es die Fähigkeit hat, den Vermögenswert bis zu seiner Endfälligkeit zu halten. Hierfür nennt der Standard die folgenden Einschränkungen:[331] Die Fähigkeit liegt nicht vor, wenn das Unternehmen

a) keine ausreichenden finanziellen Ressourcen hat, um den Vermögenswert bis zur Endfälligkeit halten zu können, oder
b) es einer bestehenden gesetzlichen oder anderen Beschränkung unterliegt, die die Absicht, den Vermögenswert bis zur Endfälligkeit zu halten, zunichte machen kann.

Einem Unternehmen ist es grundsätzlich verboten, Finanzinvestitionen als bis zur Endfälligkeit zu halten einstufen, wenn es in diesem und den beiden vorigen Abschlussperioden mehr als einen unbedeutenden Teil der Finanzanlagen dieser Kategorie veräußert oder umklassifiziert hat. Folgende Veräußerungen und Umklassifizierungen sind unschädlich:[332]

a) Solche, die so nah an der Endfälligkeit stattgefunden haben, dass der beizulegende Zeitwert durch Änderungen des Marktzinssatzes annähernd unverändert geblieben wäre. Der Standard nennt drei Monate als Beispiel.
b) Solche, die zu einem Zeitpunkt stattfinden, in dem das Unternehmen schon annähernd den gesamten ursprünglichen Kapitalbetrag eingezogen hat. Der Exposure Draft nannte an dieser Stelle noch eine Größenordnung von 90 %.[333] Diese Grenze kann nicht als absoluter Wert, sondern nur als Richtwert interpretiert werden, da in jedem Fall eine Beurteilung des Einzelfalls erfolgen muss.[334]
c) Solche, die als Reaktion auf einen isolierten Sachverhalt, der außerhalb der Kontrolle des Unternehmens lag und durch das Unternehmen nicht vorhersehbar war, erfolgt sind.

---

330 Vgl. IAS 39.AG25.
331 Vgl. IAS 39.AG23.
332 Vgl. IAS 39.9.
333 Siehe IASB (Hrsg.) (2002d), IAS 39.83c.
334 Vgl. Weber, C.-P. (2007b), Tz. 26.

Sofern Veräußerungen oder Umgliederungen stattgefunden haben, die nicht unter die oben genannten Kriterien fallen, ist der gesamte verbleibende Bestand an bis zur Endfälligkeit zu haltenden Finanzinvestitionen in die zur Veräußerung verfügbaren Finanzinvestitionen umzugliedern.[335]

3.2.1.2 Bewertung finanzieller Vermögenswerte der Kategorie

Bis zur Endfälligkeit zu haltende Finanzinvestitionen werden zu fortgeführten Anschaffungskosten unter Verwendung der Effektivzinsmethode bewertet.[336]

Fortgeführte Anschaffungskosten sind definiert als der Betrag, der ursprünglich eingebucht wurde, abzüglich Tilgungen, zuzüglich oder abzüglich der kumulierten Amortisation des Differenzbetrags zwischen dem ursprünglich eingebuchten und dem bei Rückzahlung fälligen Betrag und abzüglich eventueller Wertminderungen.[337] Es handelt sich hierbei um die Fortschreibung des ursprünglich angesetzten Betrags.

Die Effektivzinsmethode ist eine Methode zur Berechnung der fortgeführten Anschaffungskosten und des Zinsaufwands bzw. Zinsertrags auf Basis des effektiven Zinssatzes.[338] Der effektive Zinssatz ist derjenige, der die gesamten Zahlungen der Finanzanlage bis zur Endfälligkeit oder zur nächsten Wertanpassung auf den Anschaffungspreis oder den Wert nach der letzten Wertanpassung abzinst.[339] Hierbei werden alle erhaltenen bzw. geleisteten Zahlungen berücksichtigt, insbesondere Transaktionskosten, Agien und Disagien.[340] Zur Wirkungsweise der Effektivzinsmethode wird folgendes Beispiel angeführt: Ein Investor kauft ein festverzinsliches Wertpapier im Wert von 100 TEUR mit einer Laufzeit von drei Jahren. Der Nominalzins liegt bei 10 % pro Jahr. Zum Erhalt des Wertpapiers muss der Investor

335 Vgl. IAS 39.51 f. Vgl. hierzu auch Weber, C.-P. (2007b), Tz. 19 und 37.
336 Vgl. IAS 39.46b.
337 Vgl. IAS 39.9.
338 Vgl. IAS 39.9.
339 Vgl. IAS 39.9.
340 Vgl. Bellavite-Hövermann, Y./ Barckow, A. (2003), Tz. 71; Kehm, P./ Lüdenbach, N. (2007), Tz. 106.

einen Ausgabeaufschlag (Agio) von 5 % zahlen. Folgende Abbildung veranschaulicht die Berechnung des nominalen und des effektiven Zinssatzes:

	t0	t1	t2	t3
Einzahlung (-) / Rückzahlung (+)	-105.000			100.000
Zinszahlungen		10.000	10.000	10.000
Nominalzins	10%			
Barwert in t0		9.091	8.264	82.645
Summe der Barwerte in t0	100.000			
Effektivzins	8,06%			
Barwert in t0		9.254	8.564	87.182
Summe der Barwerte in t0	105.000			

Abb. 5: Beispielrechnung für die Ermittlung des effektiven Zinssatzes

Werden die Zinszahlungen und die Rückzahlung mit dem Nominalzins über die Laufzeit diskontiert, ergibt sich zum Zeitpunkt t0 ein Barwert von 100 TEUR. Enthielte dieses Finanzprodukt kein Agio, wäre der Nominalzins von 10 % auch der effektive Zinssatz, da mit ihm der Wert der Investitionseinzahlung in t0 und der Barwert der Rückzahlungen diskontiert auf t0 identisch wären. Wird das Agio in die Betrachtung einbezogen, erhält der Investor zwar unverändert Zinsen, muss aber die Differenz zwischen Einzahlungsbetrag und Rückzahlungsbetrag tragen. Seine effektiven Erträge sind also geringer. Bei einem Zinssatz von 8,06 % entsprechen die Einzahlung in t0 und die Summe der Rückzahlungen diskontiert auf t0 einander wieder exakt. Oder anders formuliert, eine Geldanlage von 105 TEUR zu 8,06 % liefert exakt die Zinserträge zum jeweiligen Zeitpunkt und am Ende der Laufzeit 100 TEUR zur Rückzahlung. Dieser Zinssatz ist damit der effektive Zinssatz des Investors. Der effektive Zinssatz wird zu Beginn der Laufzeit ermittelt und über die gesamte Laufzeit bzw. bis zur nächsten Wertanpassung beibehalten. Eine Anpassung des Zinssatzes, z. B. wegen veränderter Marktzinssätze, kommt nicht in Betracht, da dies einer impliziten Marktbewertung entsprechen würde.[341]

[341] Vgl. Grünberger, D./ Grünberger, H. (2002b), S. 710.

3.2.1.3 Erfassung von Erträgen und Aufwendungen finanzieller Vermögenswerte der Kategorie

Für die Erfassung von Erträgen und Aufwendungen ist es wichtig, zwischen den Zinszahlungen und den Wertänderungen zu unterscheiden. Die Zinszahlungen werden in der Gewinn- und Verlustrechnung der Periode erfasst. Wertänderungen der Investition werden in der Gewinn- und Verlustrechnung der Periode nicht erfasst.[342] Auf das in Kapitel 3.2.1.2 angeführte Beispiel angewandt ergibt sich folgender Ertragsverlauf:

	t0	t1	t2	t3
Einzahlung/Rückzahlung	-105.000			100.000
Zinszahlungen		10.000	10.000	10.000
Effektivzins	8,06%			
Investition	105.000			
1. Zinsertrag		8.461		
1. Zinszahlung		10.000		
Differenz		-1.539		
Barwert der Investition in t1		103.461		
2. Zinsertrag			8.337	
2. Zinszahlung			10.000	
Differenz			-1.663	
Barwert der Investition in t2			101.797	
3. Zinsertrag				8.203
3. Zinszahlung				10.000
Differenz				-1.797
Barwert der Investition in t3				100.000

Abb. 6: Beispielrechnung für Zinserträge nach der Effektivzinsmethode

[342] Vgl. IAS 39.56.

Die Zinserträge und die Zinszahlungen stimmen nicht überein, da der ursprüngliche Investitionsbetrag und der Rückzahlungsbetrag nicht identisch sind. Der Buchungssatz, der die erste Zinszahlung abbildet, wäre folgender:

Bankkonto	EUR 10.000	
an	Wertpapiere des Anlagevermögens	EUR 1.539
an	Zinserträge	EUR 8.461

Über die gesamte Laufzeit bleibt der effektive Zinssatz des Beispiels bei 8,06 %. Dieser Zinssatz entspricht dem Marktzinssatz für eine solche Investition bei Vertragsabschluss. Sollte sich der Marktzinssatz während der Laufzeit ändern, ändert sich der Wert der Investition entsprechend. Diese Wertänderung ist bei bis zur Endfälligkeit zu haltenden Finanzinvestitionen nicht zu berücksichtigen.

3.2.1.4 Kritische Analyse der Bilanzierung der Kategorie der bis zur Endfälligkeit zu haltenden Finanzinvestitionen

Im Folgenden werden die dargestellten Regelungen zur Abgrenzung, Bewertung und Erfassung von Erträgen und Aufwendungen für die Kategorie der bis zur Endfälligkeit zu haltenden Finanzinvestitionen einer kritischen Analyse unterzogen. Da seitens des IASB[343] festgestellt wurde, dass die Zeitwertbewertung der Bewertung zu Anschaffungskosten bzw. fortgeführten Anschaffungskosten grundsätzlich überlegen ist, steht die Angemessenheit der anschaffungskostenorientierten Bewertung für bis zur Endfälligkeit zu haltende Finanzinvestitionen im Zentrum der Betrachtung.

3.2.1.4.1 Voraussetzungen für die Klassifikation als bis zur Endfälligkeit zu haltende Finanzinvestitionen

In IAS 39.AG16 werden die Kriterien aufgelistet, die einer positiven Halteabsicht des Unternehmens entgegenstehen. Die angeführten Beispiele, insbesondere die Änderung der Marktzinsen oder -risiken, des Liquiditätsbedarfs, Änderungen der Verfügbarkeit und Verzinsung alternativer Finanzinvestitionen, Änderungen der Finanzierungsquellen oder -bedingungen oder der Wechselkurse, sind valide ökonomische Gründe, um die

343 Zur grundsätzlichen Ansicht des IASB (zu diesem Zeitpunkt noch IASC) über die konzeptionelle Vorteilhaftigkeit der Zeitwertbewertung vgl. IASC (Hrsg.) (1997), Para. 1.6.

Investition in einen Vermögenswert zu überdenken. Die Tatsache, dass diese Gründe ausgeschlossen werden, führt dazu, dass das Unternehmen einen ökonomisch begründeten Verkauf eventuell nicht durchführt. Darüber hinaus besteht das Risiko der Sanktionierung tatsächlicher Handelstätigkeit durch die verpflichtende Umgliederung der Finanzinstrumente dieser Kategorie in die Kategorie der zur Veräußerung verfügbaren Finanzinstrumente. In diesem Fall wird die Designation in die Kategorie der bis zur Endfälligkeit zu haltenden Finanzinvestitionen für die Dauer von drei Abschlussperioden vorübergehend unzulässig.[344]

Die beizulegenden Zeitwerte von Finanzanlagen weisen naturgemäß Schwankungen im Zeitverlauf auf, die durch die Änderungen bewertungsrelevanter ökonomischer Einflussgrößen bedingt sind.[345] Daher kann es unabhängig von der ursprünglichen Einschätzung ökonomisch begründet sein, die Einstellung bezüglich der beabsichtigten Haltedauer zu ändern. Daraus leitet sich die Forderung ab, Investoren zeitnahe Werte zur Verfügung zu stellen, damit sie ihrerseits eine fortlaufende Beurteilung der Halteabsicht vornehmen können.[346] Insofern ist es als problematisch anzusehen, dass Unternehmen beim Zugang von finanziellen Vermögenswerten und in der Folge bestätigen müssen, ökonomische Gründe für das Überdenken der Halteentscheidung nicht zu berücksichtigen. Das Unternehmen wird sich diesen Restriktionen nur unterwerfen, weil und soweit es Vorteile daraus erwartet, trotz Zeitwertänderungen stetige Ergebnisse in der Gewinn- und Verlustrechnung oder im Eigenkapital auszuweisen.[347]

3.2.1.4.2 Relevanz von Zeitwertänderungen bei bis zur Endfälligkeit zu haltenden Finanzanlagen

Für die Anschaffungskostenbewertung von bis zur Endfälligkeit zu haltenden Finanzanlagen ist es von zentraler Bedeutung, ob Zeitwertänderungen für den

---

344 Vgl. IAS 39.9 zur Definition der Kategorie der bis zur Endfälligkeit zu haltenden Finanzinvestitionen.

345 Hierfür seien beispielhaft Zinsänderungen und Wechselkursschwankungen genannt. Vgl. auch Heintges, S. (2006), S. 1572.

346 Gleicher Ansicht ist auch Willis, D. (1998), S. 855 f.

347 Vgl. House, J. (2005), S. 97. So wohl auch Willis, D. (1998), S. 855 f. Für eine Auswahl empirischer Nachweise zum Vorliegen der Absicht stetige (=geglättete) Ergebnisse auszuweisen vgl. Kronner, M./ Herold, C. (2007), S. 151 f.

definierten Adressatenkreis relevante Informationen verkörpern.[348] In diesem Zusammenhang ist festzustellen, ob Zeitwertänderungen in dieser Kategorie als Opportunitätskosten[349] anzusehen sind.

Zur Verdeutlichung der Bedeutung von Zeitwertänderungen bei bis zur Endfälligkeit zu haltenden Finanzanlagen wird als Beispiel Unternehmen A angeführt, das einen Bond mit zehn Jahren Laufzeit zu nominal 1.000 EUR erwirbt, der mit 10 % pro Jahr fest verzinst wird. Es wird angenommen, dass der Marktzinssatz am Ende des zweiten Jahres unerwartet auf 12 % ansteigt und dann bis zur Endfälligkeit unverändert bleibt. Die Wertverläufe des Zeitwertes und der fortgeführten Anschaffungskosten sind in der folgenden Tabelle dargestellt:

	t0	**t1**	**t2**	**t3**	**t4**	**t5**	**t6**	**t7**	**t8**	**t9**	**t10**
Einzahlung (-) / Rückzahlung (+)	-1.000										1.000
Zinszahlungen		100	100	100	100	100	100	100	100	100	100
Marktzinssatz	10%	10%	12%	12%	12%	12%	12%	12%	12%	12%	12%
Zeitwert jeweils zum Stichtag (Annahme)	1.000	1.000	901	909	918	928	939	952	966	982	1.000
Veränderung zur Vorperiode		0	-99	8	9	10	11	13	14	16	18
historische Anschaffungskosten	1.000	1.000	1.000	1.000	1.000	1.000	1.000	1.000	1.000	1.000	1.000

Abb. 7: Vergleich von Zeitwertverlauf und historischen Anschaffungskosten[350]

Die Beispielrechnung zeigt, dass sich der Zeitwertverlust in Höhe von 99 EUR in t2 in den Jahren t3 bis t10 komplett ausgleicht. In der Summe bleibt am Ende nur der Zinsertrag von 100 EUR in jedem der zehn Jahre. Daraus lässt sich schließen, dass es sich bei dem Zeitwertverlust in t2 um Opportunitätskosten handelt. Es kommt zu keiner Realisierung des „Verlustes“ in Höhe von 99 EUR. Das Unternehmen A kann lediglich die Chance nicht nutzen, ab t2 zu 12 % zu investieren bzw. den 10 %-Bond für 901 EUR zu erwerben.[351] Es ist zu klären, ob die nicht genutzten oder nicht nutzbaren Chancen für die Adressaten der Rechnungslegung relevante Informationen verkörpern. Hierzu wird das Beispiel um ein weiteres Unternehmen B ergänzt.[352]

---

348 Vgl. auch Pape, J. (2001a), S. 212.

349 Opportunitätskosten sind als entgangene Erträge gegenüber der besten, nicht umgesetzten Handlungsalternative definiert. Vgl. hierzu Hoitsch, H.-J. (2003), S. 522.

350 Beispiel in Anlehnung an Niemeyer, K. (2003), S. 84 f., und Willis, D. (1998), S. 856.

351 Gleicher Ansicht ist wohl auch Schildbach, T. (1999), S. 178 f.

352 Beispiel aus Willis, D. (1998), S. 856 f.

Das Unternehmen B erwirbt in t0 für 1.000 EUR einen anderen Bond mit einer Laufzeit von zwei Jahren und einem festen Zinssatz von 9 %. In t1 und t2 erhält Unternehmen B jeweils 90 EUR Zinserträge. In t2 erhält es zusätzlich die Investition von 1.000 EUR zurück. Das Unternehmen hat jetzt die Möglichkeit, zu 901 EUR in den Zehn-Jahres-Bond zu investieren und stellt sich damit um 99 EUR besser als Unternehmen A. Alternativ kann Unternehmen B 1.000 EUR in den Zehn-Jahres-Bond investieren und erhält damit Bonds in einer Nominalhöhe von etwa 1.110 EUR.[353] Unternehmen B erhält damit in jeder Periode 11 EUR mehr Zinsen als Unternehmen A und am Ende der Laufzeit den um 110 EUR höheren Investitionsbetrag. Werden diese Zahlungsströme mit dem vorherrschenden Zinssatz von 12 % diskontiert, ergibt sich ein Zeitwertvorteil von 99 EUR zum Zeitpunkt der Investition in den Zehn-Jahres-Bond (t2).

Willis[354] folgert daraus, dass Unternehmen A den bisher als Opportunitätskosten interpretierten Zeitwertverlust über die Restlaufzeit realisiert. Diese Schlussfolgerung erscheint voreilig, da implizit davon ausgegangen wird, dass ein realisierter Gewinn des Unternehmens B zwangsläufig einen realen Verlust des Unternehmens A bedingt.

Aus Sicht des Unternehmens B ist der Vorteil real und wird durch entsprechende Zahlungsströme realisiert. Das Unternehmen A hat am Ende der Laufzeit exakt die erwarteten Zahlungsströme realisiert. Der Zeitwertverlust in t2 hat sich zu keinem Zeitpunkt negativ auf die vertraglich vereinbarten Zahlungsströme ausgewirkt. A konnte die Chance nicht nutzen, die für B nutzbar war. Aus Sicht des Unternehmens A ist der Zeitwertverlust insofern als Opportunitätskosten zu interpretieren. Sofern der Zeitwertverlust als Opportunitätskosten angesehen wird, ist auch die Aussage abzulehnen, dass bei anschaffungskostenbezogener Bewertung die Gewinn- und Verlustbeiträge nicht periodengerecht dargestellt werden. Willis[355] argumentiert, dass der aus ihrer Sicht reale Verlust des Unternehmens A über die Restlaufzeit des Bonds, also über weitere acht Perioden, realisiert wird. Eingetreten ist der Verlust aber in t2 und sollte dementsprechend dieser Periode zugeordnet werden. Damit würde vermieden, dass das Management der nächsten acht Jahre, sollte es nicht dasselbe sein,

---

353 Der Wert von 1.110 EUR entspricht 1.000 EUR Nominalwert dividiert durch 901 EUR pro 1.000 EUR Nominalwert.

354 Vgl. Willis, D. (1998), S. 856 f.

355 Vgl. Willis, D. (1998), S. 857.

kontinuierlich Verlustbeiträge realisieren müsste, die es nicht zu verantworten hat. Die Identifikation des Zeitwertrückgangs in t2 als Opportunitätskosten des Unternehmens A untermauert die Anwendung der anschaffungskostenorientierten Bewertung.

Im Fall einer anschaffungskostenorientierten Sichtweise würden bei dem genannten Beispiel die Adressaten zum Zeitpunkt t2 nur die Anschaffungskosten (1.000 EUR bei beiden Unternehmen) und die Zinserträge der Periode (100 EUR bei Unternehmen A und 90 EUR bei Unternehmen B) präsentiert bekommen. Danach scheint unter sonst gleichen Bedingungen Unternehmen A besser oder, sofern die unterschiedlichen Zinssätze auf abweichenden Risikopositionen beruhen, gleich gut zu wirtschaften. Die Tatsache, dass Unternehmen B nach der Investition in den Bond von Unternehmen A um 99 EUR besser gestellt ist, wird nicht dargestellt. Insofern werden bei der anschaffungskostenorientierten Darstellung relevante Informationen nicht vermittelt.[356] Die stichtagsbezogene Vermögensposition des Unternehmens A in den Jahren t2 bis t9 ist überhöht dargestellt.

Für die Diskussion zinsinduzierter Wertschwankungen bei bis zur Endfälligkeit zu haltenden Finanzinvestitionen ist es von Bedeutung, dass ein Hedging des Zinsrisikos in dieser Kategorie grundsätzlich untersagt ist. Es entspricht den Anforderungen an diese Kategorie, dass die Halteabsicht unabhängig von Zeitwertänderungen und Cash-Flow-Änderungen besteht.[357]

3.2.1.4.3 Aussagefähigkeit der Bewertung zu (fortgeführten) Anschaffungskosten für Zahlungsströme und die Prognosefähigkeit der Ergebnisse

Schildbach[358] lehnt eine Zeitwertbewertung von bis zur Endfälligkeit zu haltenden Finanzinvestitionen mit Verweis auf Cash-Flow-Betrachtungen und mangelnde Prognoseeignung der Ergebnisse ab. Der Ertrag des Unternehmens A bei einer Bewertung zu fortgeführten Anschaffungskosten ist für zehn Jahre jedes Jahr 100 EUR Zinsen. Dies entspricht exakt dem Nettozufluss an Geldmitteln und ist in hohem Maße verlässlich. Wird das Ergebnis dagegen auf Zeitwertbasis dargestellt, erfolgt in t2 ein drastischer Ergebniseinbruch, dem in den folgenden Jahren bis t10 erhöhte

---

[356] Dieser Ansicht ist auch Willis, D. (1998), S. 856 f.
[357] Vgl. IAS 39.79.
[358] Vgl. Schildbach, T. (1999), S. 178 f.; gleicher Ansicht ist Niemeyer, K. (2003), S. 132.

Ergebnisausweise gegenüberstehen. Schon hier ist eigentlich kein Rückschluss auf die tatsächlichen Finanzmittelströme mehr möglich. Wenn in dem Beispiel[359] nicht nur eine, sondern jährliche Zinsänderungen unterstellt würden, wäre das Ergebnis entsprechend deutlicher. Die Prognose der Ergebnisse wäre faktisch nicht mehr möglich. Die Kritik von Schildbach[360] bezieht sich an dieser Stelle auf ein weiteres Auseinanderfallen von Wertbetrachtungen und Cash Flows. Er stellt ebenfalls fest, dass sich der Wert des Vermögenswertes geändert haben mag. Die Ausschüttungserwartung bleibt aber davon unangetastet.[361] Die Joint Working Group[362] hat diese Entwicklung in ihren Überlegungen zur Zeitwertbewertung finanzieller Vermögenswerte und Verbindlichkeiten ebenfalls beleuchtet. Sie stellte fest, dass eine zeitwertorientierte Bewertung zwangsläufig eine Abkehr von Cash-Flow-Betrachtungen mit sich bringt. Diese Notwendigkeit besteht bei anschaffungskostenorientierter Bewertung nicht. An diesem Punkt knüpft die Kritik von Schildbach[363] an der Zeitwertbewertung an: Er sieht eine verschlechterte Prognoseeignung von Ergebnissen auf der Basis von Zeitwerten. Dies basiert auf der unnötigen Annahme, dass Zinserträge/-aufwendungen nicht getrennt von Wertänderungen auf Basis der Zeitwertbewertung dargestellt werden. In diesem Zusammenhang ist auch die Kritik von Kahle[364] zu verstehen. Danach ist der Ausweis von Zeitwertschwankungen bei bis zur Endfälligkeit zu haltenden Finanzinvestitionen nicht nur eingeschränkt verständlich, sondern sogar kontraproduktiv: Ein starker Anstieg des Zeitwertes würde eine verbesserte Ertragskraft des Unternehmens suggerieren. Dies sei nur ein scheinbarer Effekt, da der Wert des Bonds zum Ende der Laufzeit wieder gegen den Rückzahlungskurs konvergiert.

Zusammenfassend ist festzustellen, dass die Bewertung zu (fortgeführten) Anschaffungskosten zu einer zahlungsstromnäheren Darstellung der Ergebnisse führt. Die Anwendung der Zeitwertbewertung repräsentiert eine Abkehr von der zahlungsstromorientierten Darstellung. Darüber hinaus sind Ergebnisbeiträge, die auf der Basis von Anschaffungskosten entstanden, leichter prognostizierbar, da hierbei die

---

359 Das Beispiel wurde in Willis, D. (1998) eingeführt und für die Diskussion in Schildbach, T. (1999) wieder aufgenommen.
360 Vgl. Schildbach, T. (1999), S. 178 f.
361 Vgl. Schildbach, T. (1999), S. 180.
362 Vgl. IASC (Hrsg.) (1997), Para. 1.22-1.26.
363 Vgl. Schildbach, T. (1999), S. 180.
364 Vgl. Kahle, H. (2002), S. 100.

Notwendigkeit der getrennten Betrachtung von Zinsen und Zeitwertentwicklung entfällt.

3.2.1.4.4 Möglichkeit der Verursachung von Fehlentscheidungen auf Basis der anschaffungskostenorientierten Bilanzierung

Im Fall der anschaffungskostenorientierten Bewertung wird im Normalfall der stichtagsbezogene Wert, also der beizulegende Zeitwert, von dem ausgewiesenen Wert abweichen.[365] Es ist zu untersuchen, ob dieses Auseinanderfallen Fehlentscheidungen verursachen kann.

Zur Verdeutlichung wird ein Beispiel mit zwei Unternehmen X und Y mit gleicher Bonität angeführt, die zu unterschiedlichen Zeitpunkten Fremdkapital aufgenommen haben:[366]

Unternehmen X hat zu nominal 1.000 EUR Fremdkapital aufgenommen, das mit 10 % pro Jahr fest verzinst wird. Unternehmen Y hat zu nominal 1.000 EUR Fremdkapital aufgenommen, das mit 14 % pro Jahr fest verzinst wird. Am Ende von t2 stellt sich ein Marktzinssatz von 12 % ein. Unternehmen X trägt damit einen unrealisierten Gewinn in Höhe von 99 EUR, Unternehmen Y einen unrealisierten Verlust in gleicher Höhe. Für beide Unternehmen ergibt sich die Möglichkeit, mit bestehenden Geldmitteln das Fremdkapital abzulösen oder es in interne Projekte zu investieren. Für beide Unternehmen lassen sich Konfliktsituationen formulieren. Unternehmen X steht eine Investition in ein internes Projekt zur Verfügung, bei dem sich das eingesetzte Kapital mit 13 % verzinst. Das Unternehmen steht jetzt vor der Wahl, das Fremdkapital sofort zurückzuzahlen und so den Gewinn aus der Zeitwertdifferenz sofort zu realisieren oder einen höheren Gewinn über die Laufzeit des internen Projektes zu realisieren. Für Unternehmen Y stellt sich die Situation bei einem internen Projekt, bei dem das eingesetzte Kapital mit 11 % verzinst wird, spiegelbildlich dar. Es steht vor der Wahl, den geringeren Verlust sofort oder den höheren Verlust über die Laufzeit des internen

365 An dieser Stelle wird nicht berücksichtigt, dass ein am Abschlussstichtag vorliegender geringerer beizulegender Zeitwert ergebniswirksam in Anwendung von IAS 39.58-62 als Wertminderung bilanziert werden kann. Als Basis für die sich anschließende Diskussion ist nur das Auseinanderfallen des beizulegenden Zeitwerts und des in der Rechnungslegung ausgewiesenen Werts notwendig und ausschlaggebend.

366 Beispiel in Anlehnung an Willis, D. (1998), S. 857 f., und Schildbach, T. (1999), S. 183 f.

Projekts zu realisieren. Befinden sich die Unternehmen in einer angespannten Ertragslage, könnte das Management von Unternehmen X versucht sein, den Gewinn sofort zu realisieren und das höhere Gewinnpotenzial aus dem internen Projekt nicht zu nutzen. Das Management von Unternehmen Y könnte versucht sein, den höheren Verlust über die Laufzeit des internen Projektes zu realisieren, anstatt sofort einen geringeren Verlust zu realisieren. Ebenso verhält es sich für den Fall, dass das Management erwartet, bald in seiner Funktion abgelöst zu werden. Wäre die Zeitwertänderung zwangsweise zu realisieren, würden die Unternehmen nicht vor der geschilderten Konfliktsituation stehen.[367] Es ist festzustellen, dass die Bewertung mit fortgeführten Anschaffungskosten zu ökonomisch unbegründeten Entscheidungen führen kann.[368]

3.2.1.5 Beurteilung der Bilanzierung der Kategorie der bis zur Endfälligkeit zu haltenden Finanzinvestitionen

Aus der isolierten Betrachtung der Kategorie der bis zur Endfälligkeit zu haltenden Finanzinvestitionen sind folgende Punkte festzuhalten:

(1) Ein Unternehmen erklärt mit der Klassifikation als bis zur Endfälligkeit zu haltende Finanzinvestitionen, ökonomische Gründe, die getroffene Halteentscheidung später zu revidieren, nicht zu berücksichtigen. Führt das Unternehmen dennoch zu tief greifende Umstrukturierungen durch, besteht das Risiko, die Finanzinstrumente dieser Kategorie in die zur Veräußerung verfügbaren Finanzinvestitionen umgliedern zu müssen. Als weitere Konsequenz bleibt die Kategorie der bis zur Endfälligkeit zu haltenden Finanzinvestitionen dann zeitweilig geschlossen. In der Kategorie der bis zur Endfälligkeit zu haltenden Finanzinvestitionen unterbleibt der Ausweis von Zeitwertschwankungen im Eigenkapital oder in der Gewinn- und

---

367 So auch Velthuis, L. J./ Wesner, P./ Schabel, M. M. (2006a), S. 461; Ziesemer, S. (2002), S. 144. Vgl. Kronner, M./ Herold, C. (2007), S. 151-153 für eine Zusammenfassung von Untersuchungen in welchen Situationen ein Anreiz für Ergebnisbeeinflussung vorliegen kann.

368 Zu diesem Schluss kommen auch Velthuis, L. J./ Wesner, P./ Schabel, M. M. (2006a) bzw. Velthuis, L. J./ Wesner, P./ Schabel, M. M. (2006b). Sie stellen fest, dass die Zeitwertbewertung für die Verhaltenssteuerung von Vorteil ist. Sie sehen Riskien in der Kurzfristigkeit und in der Manipulationsmöglichkeit. Diese Risiken betreffen das Kriterium der Verlässlichkeit von Zeitwerten.

Verlustrechnung. Hiermit wird eine gewisse Stetigkeit des Ergebnisausweises in der Gewinn- und Verlustrechnung bzw. im Eigenkapital erreicht.

(2) Zeitwertverluste bei bis zur Endfälligkeit zu haltenden Finanzinvestitionen sind als Opportunitätskosten zu bezeichnen. Dennoch führt die Bewertung zu Anschaffungskosten stichtagsbezogen zu einem unzutreffenden Vermögensausweis. Sollte das Unternehmen die Absicht, die Investitionen bis zur Endfälligkeit zu halten, nicht verwirklichen können, erfolgt zwangsläufig eine Realisierung der Zeitwertdifferenz. Die Information über den Zeitwert der Investitionen ist damit für die Adressaten der Rechnungslegung relevant.

(3) Der Ausweis von Ergebnisbeiträgen bei der Bilanzierung zu (fortgeführten) Anschaffungskosten repräsentiert eine Darstellung, die näher an den tatsächlichen Zahlungsströmen liegt. Eine Hinwendung zur Zeitwertbewertung bedeutet zwangsläufig eine Abkehr von Zahlungsströmen, da das Zinsergebnis meist zahlungsmittelwirksam ist, die Änderung des Zeitwertes hingegen nicht. In diesem Zusammenhang ist die Prognose von zukünftigen Ergebnisbeiträgen, die auf (fortgeführten) Anschaffungskosten basieren, leichter möglich als auf der Basis beizulegender Zeitwerte. Hierbei entfällt die Notwendigkeit der getrennten Betrachtung von Zinsen und Zeitwertentwicklung.

(4) Die anschaffungskostenorientierte Bilanzierung kann zu Konfliktsituationen für das Management und dadurch bedingt zu ökonomisch unbegründetem Verhalten der Entscheidungsträger führen.

3.2.2 Kategorie der Kredite und Forderungen

3.2.2.1 Abgrenzung der Kategorie von anderen Kategorien finanzieller Vermögenswerte

Den Krediten und Forderungen sind solche zuzurechnen, die eine feste oder bestimmbare Laufzeit haben und nicht an einem aktiven Markt gehandelt werden. Kredite und Forderungen sind nicht dieser Kategorie zugehörig, wenn sie

a) kurzfristig wieder veräußert werden sollen (Handelsbestand) oder freiwillig mit dem beizulegenden Marktwert bewertet werden, dessen Änderungen in der Gewinn- und Verlustrechnung der Periode erfasst werden,
b) der Kategorie der zur Veräußerung verfügbaren Finanzinvestitionen zugeordnet werden oder
c) der Investor nicht annähernd die gesamte Investition zurückerhält, sofern diese Tatsache nicht dem Bonitätsverlust des Kunden zuzurechnen ist.[369]

Prinzipiell lässt sich aus der Definition ein großes Maß an Freiheit bei der Zuordnung ableiten. Sofern nicht eine Zuordnung im Handelsbestand erfolgen muss, können Kredite und Forderungen in dieser Kategorie, in der Kategorie der freiwillig erfolgswirksam mit dem beizulegenden Zeitwert bewerteten Finanzinvestitionen oder als zur Veräußerung verfügbare Finanzinvestition designiert werden. Die Zuordnung als bis zur Endfälligkeit zu haltende Finanzinvestition kann ebenfalls erfolgen, sofern die für diese Kategorie anwendbaren zusätzlichen Voraussetzungen erfüllt werden.[370] Neu gegenüber IAS 39 in der Fassung von 2000 ist die unbeschränkte Designationsfreiheit zwischen zur Veräußerung verfügbaren Finanzinvestitionen und Krediten und Forderungen. Der Exposure Draft von 2002 sah an dieser Stelle noch vor, dass finanzielle Aktiva, die die Voraussetzungen für die Einstufung als vom Unternehmen ausgereichte Kredite und Forderungen erfüllen, nicht als zur Veräußerung verfügbar eingestuft werden dürfen.[371]

Entsprechend der Definition darf keine kurzfristige Veräußerungsabsicht bestehen. Solche Kredite und Forderungen wären dann als Handelsbestand einzustufen. Die Diskussion um die Problematik der kurzfristigen Veräußerungsabsicht wird in den Ausführungen zu den zu Handelszwecken gehaltenen finanziellen Vermögenswerten geführt. In diesem Zusammenhang ist festzustellen, dass die Bedeutung der Kriterien

---

[369] Vgl. IAS 39.9.
[370] Vgl. IAS 39.AG26; Grünberger, D./ Grünberger, H. (2002b), S. 711.
[371] Vgl. IASB (Hrsg.) (2002d), ED IAS 39.C19.

Kurzfristigkeit und Handelsabsicht durch die Einführung der Kategorie der freiwillig dem Handelsbestand zugeordneten Finanzanlagen stark gesunken ist.[372]

Als wesentliche einschränkende Voraussetzungen für diese Kategorie verbleiben die beiden Forderungen nach einer festen bzw. bestimmbaren Laufzeit und der Ausschluss von Krediten und Forderungen, die an einem aktiven Markt gehandelt werden. Für die Präzisierung des Begriffs feste oder bestimmbare Laufzeit sei auf die Ausführungen bei bis zur Endfälligkeit zu haltenden Finanzinvestitionen verwiesen.[373] Kredite und Forderungen, die an einem aktiven Markt gehandelt werden, dürfen nicht der Kategorie der Kredite und Forderungen zugeordnet werden.[374] Ein Finanzinstrument wird als an einem aktiven Markt gehandelt angesehen, wenn Preise jederzeit von einer Börse, einem Händler, einem Makler, einer Preisagentur oder einer Aufsichtsbehörde verfügbar sind und diese Preise tatsächliche und regelmäßige Transaktionen unabhängiger Parteien repräsentieren.[375]

3.2.2.2 Bewertung und Erfassung von Erträgen und Aufwendungen finanzieller Vermögenswerte der Kategorie

Die Folgebewertung der Kredite und Forderungen erfolgt zu fortgeführten Anschaffungskosten unter Verwendung der Effektivzinsmethode.[376] Für Definitionen zu fortgeführten Anschaffungskosten, der Effektivzinsmethode sowie für ein Beispiel für die Anwendung der Effektivzinsmethode sei auf die Ausführungen zu bis zur Endfälligkeit zu haltenden Finanzinvestitionen verwiesen.[377] Die Folgebewertung der Kredite und Forderungen erfolgt identisch zu den bis zur Endfälligkeit zu haltenden Finanzinvestitionen.

---

372 Die im Exposure Draft zu der Fair Value Option (vgl. IASB (Hrsg.) (2004a) in Verbindung mit Barckow, A. (2004), S. 796) vorgeschlagene Regelung, die freiwillige erfolgswirksame Zeitwertbewertung von Instrumenten der Kategorie Kredite und Forderungen auszuschließen, wurde in IAS 39 (2005) nicht umgesetzt.

373 Vgl. hierzu Kapitel 3.2.1.1.

374 Vgl. Bogajewskaja, J./ Borchmann, T./ Pape, J. (2002), S. 221; Klotzbach, D./ Kropp, M. (2002), S. 1025.

375 Vgl. IAS 39.AG71. Der Begriff aktiver Markt wird in IAS 32, IAS 39 und IFRS 7 nicht definiert. In anderen Standards (z. B. IAS 36.6, IAS 38.8 und IAS 41.8) wird ein aktiver Markt definiert als ein Markt, der die folgenden Kriterien kumulativ erfüllt: Die auf dem Markt gehandelten Produkte sind homogen. In der Regel können vertragswillige Käufer und Verkäufer jederzeit gefunden werden. Die Preise stehen der Öffentlichkeit zur Verfügung. Für weitere Informationen für das Vorliegen eines aktiven Marktes sei auf IDW (Hrsg.) (2006c), RS HFA 9, Tz. 76-89, verwiesen.

376 Vgl. IAS 39.46a. Vgl. auch Wawrzinek, W. (2006), Tz. 62.

377 Vgl. hierzu Kapitel 3.2.1.2 und 3.2.1.3.

Die Erfassung der Erträge und Aufwendungen erfolgt ebenfalls analog zu den bis zur Endfälligkeit zu haltenden Finanzinvestitionen. Die Zinserträge werden entsprechend dem effektiven Zinssatz ermittelt und als Zinsertrag der Periode ausgewiesen. Eventuelle Unterschiede zwischen Auszahlungsbetrag und Rückzahlungsbetrag werden über die Berechnung des effektiven Zinssatzes einbezogen und so über die Laufzeit der Investition verteilt. Es erfolgt keine erfolgswirksame Erfassung von Wertänderungen des beizulegenden Zeitwertes, es sei denn, es liegt eine Wertminderung vor.[378]

3.2.2.3 Kritische Analyse der Bilanzierung der Kategorie der Kredite und Forderungen

3.2.2.3.1 Abgrenzung zu anderen Kategorien finanzieller Vermögenswerte

Die Trennschärfe der Abgrenzung zu anderen Kategorien ist an mehreren Stellen gegenüber früheren Regelungen reduziert worden:

In der Definition des Exposure Draft von 2002 war noch die Forderung enthalten, dass nur finanzielle Vermögenswerte, die vom Unternehmen durch direkte Bereitstellung von Bargeld, Waren oder Dienstleistungen geschaffen wurden, in dieser Kategorie erfasst werden dürfen.[379] Als direkt galt die Bereitstellung, wenn sie eine Forderung neu auslöst. In Abgrenzung dazu würde die eigentliche Forderung bei einem Erwerb nicht erst entstehen, sondern wäre schon zu einem früheren Zeitpunkt entstanden.[380] Die Forderung nach der direkten Bereitstellung wurde mit der Einführung des IAS 39 in der Fassung von 2003 fallen gelassen.[381] Die wesentlichen Gründe hierfür waren, dass die Abgrenzung zwischen erworbenen und ausgereichten Forderungen von Unternehmen, die diese gemeinsam in einem Portfolio verwalten, nicht vorgenommen wird. Es würde also nur für die Rechnungslegung eine Trennung eingeführt, die auch ökonomisch nicht nachvollziehbar wäre.[382] Die Aufhebung dieser Trennung erscheint sachgerecht. Sie

---

378 Vgl. IAS 39.58 in Verbindung mit IAS 39.63. Für weitergehende Informationen zur Bilanzierung einer Wertminderung in dieser Kategorie sei auf IDW (Hrsg.) (2006c), RS HFA 9, Tz. 113-152, verwiesen.

379 Vgl. IASB (Hrsg.) (2002d), ED IAS 39.10.

380 Vgl. IASB (Hrsg.) (2002d), ED IAS 39.19.

381 Vgl. Löw, E./ Schildbach, S. (2004), S. 876.

382 Vgl. IAS 39.BC28.

fördert die Vergleichbarkeit und die Verständlichkeit und beseitigt die Abgrenzungsprobleme zwischen erworbenen und selbst ausgereichten Forderungen.[383]

Im Exposure Draft von 2002 bestand das Verbot, Finanzinstrumente, die die Kriterien für die Designation als ausgereichte Kredite und Forderungen erfüllen, der Kategorie der zur Veräußerung verfügbaren Finanzinstrumente zuzuordnen.[384] Entsprechend der Definition der Kategorie der Kredite und Forderungen ist diese Zuordnung jetzt explizit möglich.[385] Die relativ ausgeprägte Designationsfreiheit zu der Kategorie der Kredite und Forderungen sowie ihre Einschränkungen führen zu folgenden Ergebnissen:

1. Sofern Handelsabsicht oder Handelsaktivitäten vorliegen, erfolgt eine pflichtmäßige Zuordnung zum Handelsbestand.[386]
2. Kredite und Forderungen, die an einem aktiven Markt gehandelt werden, sind von der Klassifizierung als Kredite und Forderungen ausgeschlossen.[387] Der Ausschluss dient dazu, die Bewertung zu Anschaffungskosten mit höheren Anforderungen zu verknüpfen.[388] Wird ein Kredit an einem aktiven Markt gehandelt, kann die Bewertung zu Anschaffungskosten nur noch über die restriktiveren Kriterien der bis zur Endfälligkeit zu haltenden Finanzinvestitionen erreicht werden. Hierzu sind insbesondere die Fähigkeit und die Absicht, die Investitionen bis zur Endfälligkeit zu halten, nachzuweisen.

---

383 Vgl. hierzu auch IASB (Hrsg.) (2002d), ED IAS 39.C21.
384 Vgl. IASB (Hrsg.) (2002d), ED IAS 39.C19.
385 Vgl. IAS 39.9 zur Definition der Kategorie Kredite und Forderungen, Kriterium b).
386 Vgl. IAS 39.9 zur Definition der Kategorie erfolgswirksam zum beizulegenden Zeitwert bewerteter finanzieller Vermögenswerte, Kriterium a).
387 Vgl. IAS 39.9, Definition der Kredite und Forderungen.
388 Vgl. IAS 39.BC27.

Als Residualgröße verbleiben Kredite und Forderungen, die weder an einem aktiven Markt noch aktiv durch das Unternehmen gehandelt werden. Für diese Gruppe bestehen seit Einführung des IAS 39 in der Fassung von 2003 erstmals drei Möglichkeiten:[389]

1. Klassifizierung als Kredite und Forderungen und Bewertung zu fortgeführten Anschaffungskosten.
2. Freiwillige Zuordnung zum Handelsbestand mit erfolgswirksamer Bewertung mit dem beizulegenden Zeitwert.
3. Klassifizierung als zur Veräußerung verfügbar und Bewertung mit dem beizulegenden Zeitwert, dessen Änderung im Eigenkapital erfasst wird.

Mit Bezug auf die erste Möglichkeit erscheint es im Sinne der Verlässlichkeit sachgerecht, nicht an einem aktiven Markt und nicht aktiv durch das Unternehmen gehandelte Kredite und Forderungen zu Anschaffungskosten zu bewerten. Die zweite Möglichkeit wurde durch die Einschränkung der Fair Value Option in IAS 39 in der Fassung von 2005 an weitere Anforderungen an die Vermittlung relevanter Informationen geknüpft.[390] In dieser Kategorie anwendbar wäre als Begründung einer Zeitwertbewertung die Beseitigung einer Bewertungsinkongruenz.[391] Die dritte Möglichkeit ist zu hinterfragen, da durch sie eine weitere Kategorie für die Anwendung der Zeitwertbewertung zur Verfügung steht. Ein Zweck dieses Wahlrechts ist an dieser Stelle nicht abzuleiten. Grundsätzlich ist festzuhalten, dass die Existenz zusätzlicher Wahlrechte die Verständlichkeit eines Abschlusses und die Vergleichbarkeit mit Abschlüssen anderer Unternehmen einschränkt.[392] Die Möglichkeiten der Zeitwertbewertung von Instrumenten, die die Kriterien der Kategorie Kredite und Forderungen erfüllen, sind im Hinblick auf die Verlässlichkeit beizulegender Zeitwerte, die in Abwesenheit aussagekräftiger Marktwerte ermittelt wurden, im Rahmen der

---

389 Vgl. IAS 39.9, Definition der Kredite und Forderungen.

390 Vgl. IAS 39.9, Definition der erfolgswirksam mit dem beizulegenden Zeitwert bewerteten Finanzinstrumente, insbesondere Kriterium b) in Verbindung mit IAS 39.11A.

391 Im Sinne der Definition IAS 39.9 ist die freiwillige Zuordnung möglich, sofern dadurch eine Inkongruenz der Bewertung von miteinander in Zusammenhang stehenden Vermögenswerten oder Verbindlichkeiten beseitigt oder wesentlich reduziert wird.

392 Vgl. Heuser, P. J./ Theile, C. (2007), Tz. 275; Ballwieser, W. (2002), S. 117; Bogajewskaja, J./ Borchmann, T./ Pape, J. (2002), S. 232; Lüdenbach, N. (2002), S. 2116.

kategorienübergreifenden Darstellung und Diskussion des IAS 39 weiter zu diskutieren.[393]

3.2.2.3.2 Relevanz von Zeitwertänderungen bei Krediten und Forderungen

Analog zu den bis zur Endfälligkeit zu haltenden Finanzanlagen stellt sich die Frage nach der Relevanz der Wertänderungen während der Laufzeit:

Einerseits ist die Relevanz der Wertänderungen in dieser Kategorie von höherer Bedeutung, da nicht die Forderung besteht, die Investition bis zur Endfälligkeit zu halten. Insofern ist es wahrscheinlicher, dass Unternehmen solche Anlagen vor der Endfälligkeit veräußern und den Zeitwert realisieren.

Andererseits sollte die Möglichkeit der vorzeitigen Veräußerung nicht überbewertet werden, da für in der Kategorie der Kredite und Forderungen ausgewiesene Aktiva definitionsgemäß kein aktiver Markt existiert und deshalb tendenziell seltener mit Veräußerungen zu rechnen ist.[394]

Insofern ergeben sich gegenüber der kritischen Analyse der bis zur Endfälligkeit zu haltenden Finanzinvestitionen keine weiteren Aspekte zur Relevanz der Zeitwertbewertung für Instrumente der Kategorie Kredite und Forderungen: Auch bei Krediten und Forderungen sind Zeitwertverluste als Opportunitätkosten zu bezeichnen und die Bewertung zu (forgeführten) Anschaffungskosten führt stichtagsbezogen zu einem unzutreffenden Vermögensausweis.

3.2.2.4 Beurteilung der Bilanzierung der Kategorie der Kredite und Forderungen

Aus der isolierten Betrachtung der Kategorie der Kredite und Forderungen sind folgende Punkte festzuhalten:

---

393 Vgl. hierzu Kapitel 4.1.

394 Für die Diskussion der Relevanz von Informationen über den beizulegenden Zeitwert sei unter der Maßgabe der genannten zusätzlichen Aspekte auf die Ausführungen bei den bis zur Endfälligkeit zu haltenden Finanzanlagen in Kapitel 3.2.1.4.2 verwiesen.

(1) Die Anforderung, dass Kredite und Forderungen durch das Unternehmen direkt ausgereicht werden müssen, wurde mit Einführung des IAS 39 in der Fassung von 2003 gestrichen. Dies fördert die Vergleichbarkeit und Verständlichkeit von Abschlüssen und beseitigt die Abgrenzungsprobleme, unter welchen Umständen Kredite und Forderungen als vom Unternehmen ausgereicht angesehen werden. Darüber hinaus besteht in der Fassung des IAS 39 von 2003 erstmals die Möglichkeit, Kredite und Forderungen, die die Kriterien ihrer Kategorie erfüllen, der Kategorie der zur Veräußerung verfügbaren Finanzanlagen zuzuordnen. Ein Zweck dieses zusätzlichen Wahlrechts ist nicht abzuleiten. Die Einführung eines Wahlrechts führt zu einer Einschränkung der Verständlichkeit und reduziert die Vergleichbarkeit zwischen Unternehmen. Weiterhin ermöglicht das Wahlrecht zur freiwilligen Zuordnung zum Handelsbestand die Zeitwertbewertung von Krediten und Forderungen, für die definitionsgemäß kein aktiver Markt besteht. Dieses Wahlrecht wurde durch die Einschränkung der Fair Value Option in IAS 39 in der Fassung von 2005 an weitere Anforderungen geknüpft. Als Begründung für die Nutzung des Wahlrechts gilt die Vermittlung relevanterer Informationen. Die Orientierung an der Relevanz der vermittelten Informationen entspricht dem definierten Zweck der Rechnungslegung. Die Möglichkeiten der Zeitwertbewertung von Instrumenten, die die Kriterien der Kategorie Kredite und Forderungen erfüllen, sind im Hinblick auf die Verlässlichkeit beizulegender Zeitwerte, die in Abwesenheit aussagekräftiger Marktwerte ermittelt wurden, weiter zu diskutieren.

(2) In Anlehnung an die Diskussion der Kategorie der bis zur Endfälligkeit zu haltenden Finanzinvestitionen ist die Frage nach der Relevanz von Zeitwertänderungen in dieser Kategorie von Bedeutung. Zwei zusätzliche Aspekte sind in der Kategorie Kredite und Forderungen zu berücksichtigen. Einerseits ist die Relevanz als höher einzustufen, da nicht die Forderung besteht, das Instrument bis zu Endfälligkeit zur halten. Andererseits ist die Relevanz als geringer einzustufen, da definitionsgemäß kein aktiver Markt für diese Instrumente besteht. Insofern ergibt sich keine grundlegend neue Erkenntnis zur Relevanz der Zeitwertbewertung in dieser Kategorie: Zeitwertverluste sind als Opportunitätkosten zu bezeichnen und die Bewertung zu (forgeführten)

Anschaffungskosten führt stichtagsbezogen zu einem unzutreffenden Vermögensausweis.

3.2.3 Kategorie der zur Veräußerung verfügbaren Finanzinvestitionen

3.2.3.1 Abgrenzung der Kategorie von anderen Kategorien finanzieller Vermögenswerte

Zur Veräußerung verfügbare Finanzinvestitionen sind solche Finanzinstrumente, die dieser Kategorie zugeordnet werden sowie solche Finanzinstrumente, die nicht anderen Kategorien von Finanzinstrumenten zugehörig sind.[395] Zur Veräußerung verfügbare Finanzinstrumente sind somit als Residualkategorie zu verstehen.

In der Bilanzierungspraxis von Industrieunternehmen sind die zur Veräußerung verfügbaren Finanzinvestitionen von größter Relevanz, da Industrieunternehmen i. d. R. keine Handelsabteilungen haben und daher zu Handelszwecken gehaltene Finanzinstrumente sachlogisch nicht vorliegen können.[396] Bis zur Endfälligkeit gehaltene Finanzanlagen scheinen gegenüber den zur Veräußerung verfügbaren Finanzinvestitionen ebenfalls von geringerer Bedeutung zu sein, da hier nur ein Ausweis von zinstragenden Papieren bei solchen Unternehmen in Betracht kommt, die längerfristig frei verfügbares Kapital aufweisen.[397]

3.2.3.2 Bewertung finanzieller Vermögenswerte der Kategorie

Zur Veräußerung verfügbare Finanzinvestitionen werden mit dem beizulegenden Zeitwert bewertet.[398] Als einzige Ausnahme dieser Regelung nennt der Standard Investitionen in Eigenkapitalinstrumente, die über keinen Marktwert verfügen und deren beizulegender Wert nicht zuverlässig ermittelt werden kann.[399]

Entsprechend den Regelungen zur Zugangsbewertung in IAS 39.43 erfolgt der erstmalige Ansatz inklusive der direkt zurechenbaren Transaktionskosten. Im Rahmen

395 Vgl. IAS 39.9.
396 So auch Leibfried, P./ Sommer, U. (2001), S. 255.
397 Vgl. Leibfried, P./ Sommer, U. (2001), S. 255.
398 Vgl. IAS 39.46.
399 Vgl. IAS 39.46c.

der erstmaligen Folgebewertung erfolgt die Wertermittlung ohne die Transaktionskosten bei Erwerb.[400] Unter sonst gleichen Bedingungen werden also die beim Zugang aktivierten Transaktionskosten bei der ersten Folgebewertung als Zeitwertverlust betrachtet und als solcher behandelt. Die Folgebewertung erfolgt in jedem Fall ohne bei einer Veräußerung anfallende Transaktionskosten.[401]

3.2.3.3 Erfassung von Erträgen und Aufwendungen finanzieller Vermögenswerte der Kategorie

Erträge und Aufwendungen aus der Veränderung des beizulegenden Zeitwertes werden erfolgsneutral im Eigenkapital erfasst.[402] Die Anpassung erfolgt über die Eigenkapitalveränderungsrechnung (Statement of Changes in Equity).[403] Der kumulierte Ergebnisbeitrag eines Instruments wird in der Periode seines Abgangs in die Gewinn- und Verlustrechnung übernommen. Die im Eigenkapital erfassten Ergebnisbeiträge eines zur Veräußerung verfügbaren Finanzinstruments werden im Zeitpunkt des Abgangs erfolgswirksam aufgelöst.[404] Von der Erfassung im Eigenkapital sind Aufwendungen aus der Wertminderung und Aufwendungen und Erträge aus der Fremdwährungsbewertung ausgenommen.[405] Zinserträge und -aufwendungen, die sich aus der Anwendung der Effektivzinsmethode ergeben, sind ebenfalls in der Gewinn- und Verlustrechnung darzustellen.[406] Dividenden werden ergebniswirksam vereinnahmt.[407]

In IAS 39 in der Fassung von 2000 bestand ein Wahlrecht zur Erfassung der Ergebnisbeiträge aus zur Veräußerung verfügbaren Finanzanlagen in der Gewinn- und Verlustrechnung der Periode.[408] Das Wahlrecht wurde durch den Exposure Draft aus

---

400 Vgl. IAS 39.AG67.
401 Vgl. IAS 39.46.
402 Vgl. IAS 39.55b.
403 Vgl. IAS 39.55b mit Verweis auf IAS 1, hier insbesondere IAS 1.8c. Für die verpflichtenden und optionalen Bestandteile einer Eigenkapitalveränderungsrechnung nach IAS und die Möglichkeiten des Ausweises sei auf Wollmert, P. (2002), Sp. 608-610, verwiesen. Für ein Beispiel einer Eigenkapitalveränderungsrechnung sei auf Weber, C.-P. (2007a), Tz. 30, verwiesen.
404 Vgl. Senger, T./ Brune, J. W. (2006), Tz. 37.
405 Vgl. IAS 39.55b.
406 Vgl. IAS 39.55b.
407 Vgl. IAS 39.55b.
408 Vgl. IASB (Hrsg.) (2002a), IAS 39.103b; auch Bieker, M./ Hackenberger, J. (2004), S. 1627.

dem Jahr 2002 obsolet, da die zusätzliche Kategorie der Finanzanlagen, die freiwillig mit dem beizulegenden Zeitwert bewertet werden, eingeführt wurde.[409]

3.2.3.4 Kritische Analyse der Bilanzierung der Kategorie zur Veräußerung verfügbarer Finanzinstrumente

3.2.3.4.1 Bilanzierung von Transaktionskosten beim erstmaligen Ansatz und in der Folgebewertung

Basierend auf IAS 39.43 werden zur Veräußerung verfügbare Finanzinstrumente bei ihrem Zugang einschließlich Transaktionskosten aktiviert. Bei der ersten Folgebewertung erfolgt der Wertansatz exklusive Transaktionskosten. Unter der Annahme eines unveränderten beizulegenden Zeitwertes werden die Transaktionskosten des Erwerbs zum Ende der Rechnungsperiode als Zeitwertverlust angesehen und erfolgsneutral in das Eigenkapital übernommen.

Insoweit Transaktionskosten keinen wirtschaftlichen Nutzen verkörpern, z. B. sofern sie am Markt nicht weiterbelastbar sind, wird der wirtschaftliche Gehalt des Finanzinstruments durch die Bewertung exklusive Transaktionskosten verlässlicher dargestellt. In diesem Fall repräsentieren Transaktionskosten einen Ressourcenverzehr in der Periode des Erwerbs. Die Aktivierung von Transaktionskosten bei der Zugangsbewertung und die Nichtberücksichtigung bei der Folgebewertung reduzieren die Verständlichkeit der Abschlussinformation. Der Ausweis der Transaktionskosten als Zeitwertverlust im Eigenkapital entspricht nicht dem wirtschaftlichen Gehalt, da es sich eben nicht um einen Zeitwertverlust handelt.[410] Die Abschlussinformation ist in diesem Punkt nicht verlässlich.

3.2.3.4.2 Darstellung der Ergebnisbeiträge im Hinblick auf die Abbildung tatsächlicher Cash Flows

Die Erfassung von Erträgen und Aufwendungen im Eigenkapital mit Übertragung in die Gewinn- und Verlustrechnung zum Zeitpunkt der Veräußerung entspricht den

---

409 Vgl. Löw, E./ Blaschke, S. (2005), S. 1730; Bogajewskaja, J./ Borchmann, T./ Pape, J. (2002), S. 224.

410 Gleicher Ansicht ist wohl auch FASB (Hrsg.) (1999), Tz. 47 f.

tatsächlich auftretenden Zahlungsströmen.[411] Der im Veräußerungszeitpunkt festgestellte Gewinn oder Verlust entspricht damit der Differenz zwischen dem Zufluss bei der Veräußerung und dem Abfluss beim Erwerb. Somit ist die Erfassung von Erträgen und Aufwendungen eine zahlungsstromgerechte Darstellung.[412] Diese Erfassung von unrealisierten Ergebnisbeiträgen im Eigenkapital stellt in diesem Zusammenhang einen Weg dar, der von Schildbach[413] vorgebrachten Kritik an der Vermischung von zahlungsstromwirksamen und zahlungsstromunwirksamen Ergebnisbeiträgen als Resultat der Zeitwertbewertung zu begegnen. Darüber hinaus schützt die Erfassung unrealisierter Ergebnisbeiträge im Eigenkapital des Unternehmens vor den Folgen einer zahlungsmittelwirksamen Steuerzahlung auf nicht zahlungsmittelwirksame Gewinne aus Werterhöhungen.

Leibfried und Sommer[414] weisen darauf hin, dass insbesondere bei der Überleitung von HGB- auf IAS/IFRS-Abschlüsse für die Bilanzierung der zur Veräußerung verfügbaren Finanzanlagen Informationen benötigt werden, die normalerweise nicht aufgezeichnet werden. Die in der Praxis gängige Methode ist die, die Differenz aus Marktwert und Buchwert zu jedem Stichtag bei den Wertpapieren und im Eigenkapital zu buchen.[415] Hierdurch ergibt sich eine erfolgsneutrale Bilanzverlängerung. Daraus die zahlungsstromrelevanten Informationen zur Erstellung der Kapitalflussrechnung abzuleiten, ist indes nicht möglich. Hierzu müssten die Zahlungsströme transaktionsbezogen aufgezeigt werden. Abhilfe kann hier nur eine Art Anlagespiegel für zur Veräußerung verfügbare Finanzanlagen schaffen. Diese Problematik tritt bei einer erfolgswirksamen Erfassung der Wertschwankungen in der Gewinn- und Verlustrechnung nicht auf.

Im Ergebnis wird die Darstellung in der Gewinn- und Verlustrechnung zahlungsstromgerechter, während die Kapitalflussrechnung an Qualität verliert.

---

[411] Diese Aussage gilt für die Fälle, in denen keine Ermittlung der Zinsen durch die Anwendung der Effektivzinsmethode erfolgt. Bei Anwendung der Effektivzinsmethode gilt diese Aussage, sofern keine Abweichung zwischen Einzahlungs- und Rückzahlungsbetrag besteht, die für die Ermittlung der effektiven Zinsen herangezogen wird.

[412] Vgl. Leibfried, P./ Sommer, U. (2001), S. 256 f.

[413] Vgl. Schildbach, T. (1999), insbesondere S. 178 f.

[414] Vgl. Leibfried, P./ Sommer, U. (2001), S. 257.

[415] Vgl. Leibfried, P./ Sommer, U. (2001), S. 257.

3.2.3.4.3 Möglichkeit des Gain Trading bzw. des Recycling

Unter dem Begriff des Gain Trading ist die zweckgerichtete Übernahme von im Eigenkapital erfassten Ergebnisbeiträgen in die Gewinn- und Verlustrechnung der Periode zu verstehen. Das Recycling bezieht sich darauf, dass Ergebnisbeiträge zunächst im Eigenkapital erfasst werden und erst bei deren tatsächlichen Realisierung in der Gewinn- und Verlustrechnung ausgewiesen werden. Insofern bezeichnen beide Begriffe denselben Sachverhalt.[416]

Nach dem Gain Trading können Ergebnisbeiträge grundsätzlich so lange erfolgsneutral im Eigenkapital gehalten werden, bis die zugrunde liegenden Vermögenswerte ausgebucht werden. In der Zwischenzeit bilden sich stille Reserven und stille Lasten. Je nach Interessenlage des Unternehmens können diese Potenziale vor dem Abschlussstichtag aufgedeckt werden und so einen zielgerichteten Erfolgsbeitrag generieren.[417] Das Recycling der im Eigenkapital erfassten Ergebnisbeiträge in der Gewinn- und Verlustrechnung verhindert einen periodengerechten Ausweis. Die Tatsache, dass erst durch das Recycling die Ergebnisbeiträge mehrerer vergangener Perioden in die Gewinn- und Verlustrechnung übernommen werden, verschleiert den tatsächlichen wirtschaftlichen Entstehungszeitpunkt der Ergebnisbeiträge. Dieser Sachverhalt ist auch im Hinblick auf die Beurteilung des Managements wichtig, da sowohl positive als auch negative Ergebnisse einem Management zugeschrieben werden, das diese Ergebnisse eventuell nicht verursacht hat. Eine direkte Übernahme von Wertänderungen in die Gewinn- und Verlustrechnung würde somit die Verantwortung des Managements für die Ergebnisse des eigenen Handelns erhöhen.[418]

Das FASB[419] argumentiert aus der Sicht der Eigenkapitalgeber: Es ist notwendig, dass diejenigen Anteilseigner den Gewinn erhalten oder den Verlust erleiden, der in der Periode entstanden ist, in der genau diese Gruppe Anteilseigner war. Basis dieser Argumentation ist, dass die Akteure an den Kapitalmärkten den direkt im Eigenkapital erfassten Ergebnisbeiträgen nicht die gleiche Bedeutung beimessen wie jenen, die über

---

416 Vgl. Wagenhofer, A. (2005), S. 239.
417 Vgl. Ziesemer, S. (2002), S. 143 f.
418 Vgl. IASC (Hrsg.) (1997), Para. 6.13; FASB (Hrsg.) (1999), Tz. 87.
419 Vgl. FASB (Hrsg.) (1999), Tz. 85 mit Verweis auf FAS 115, Para. 92-94.

die Gewinn- und Verlustrechnung dort erfasst wurden.[420] Zusätzlich zu den Gestaltungsmöglichkeiten zwischen Eigenkapital und Periodenergebnis besteht eine weitere potenzielle Gestaltungsmöglichkeit durch die Abgrenzung zur Wertminderung (Impairment). Normale Zeitwertrückgänge werden im Eigenkapital erfasst, Wertminderungen im Unterschied dazu aber ergebniswirksam.[421] Daraus ergibt sich die Möglichkeit, eine Wertminderung abhängig von der Interessenlage als vorübergehend oder als dauerhaft zu betrachten.[422]

Das FASB[423] weist darauf hin, dass die Möglichkeit des Gain Trading ein Problem ist, das der Kategorie der zur Veräußerung verfügbaren Finanzinvestitionen innewohnt. Insofern ist zu untersuchen, ob den Adressaten ein potenziell unzutreffendes Bild von der Vermögens-, Finanz- und Ertragslage des Unternehmens vermittelt wird. Das unzutreffende Bild kann einerseits durch mangelnde Verlässlichkeit der Informationen verursacht werden, wodurch dann auch die Vergleichbarkeit eingeschränkt wird, oder andererseits durch mangelnde Verständlichkeit, wenn die Adressaten die vermittelten Informationen nicht mehr sinnvoll zur Entscheidungsfindung nutzen können. In diesem Zusammenhang ist im Folgenden die Aussagefähigkeit der Eigenkapitalveränderungsrechnung zu überprüfen.

3.2.3.4.4 Die Erfassung von Ergebnisbeiträgen über die Eigenkapitalveränderungsrechnung[424]

Die Diskussion der Eigenkapitalveränderungsrechnung schließt sich an die Darstellung zum Gain Trading bzw. Recycling an, da von der Akzeptanz und dem Verständnis der Eigenkapitalveränderungsrechnung abhängt, ob Gain Trading bzw. Recycling die Informationsversorgung der Adressaten qualitativ verschlechtern. Für die zu führende Diskussion ist es ebenfalls von Bedeutung, dass im Eigenkapital unrealisierte Ergebnisbeiträge erfasst werden, die dann durch ihre Realisierung in die Gewinn- und

---

420 Vgl. Amann, T./ Leibfried, P. (2002), S. 197.
421 Vgl. IAS 39.67 in Verbindung mit IAS 39.59.
422 Vgl. Leibfried, P./ Sommer, U. (2001), S. 256, Fn. 14; Wagenhofer, A. (2005), S. 243.
423 Vgl. FASB (Hrsg.) (1999), Tz. 85 mit Verweis auf FAS 115, Para. 92-94.
424 Es werden, in Abhängigkeit des Zusammenhangs, die Begriffe „Eigenkapitalveränderungsrechnung“ (als allgemeine Bezeichnung ohne einen Bezug zu einer bestimmten Rechnungslegungsnorm herzustellen), „statement of changes in equity“ (in Anlehnung an IAS 1.8c) und „other comprehensive income“ (in Anlehnung an FAS 130, Para. 8) verwendet. Vgl. zu alternativen Bezeichnungen Wagenhofer, A. (2005), S. 239. Vgl. zu den hier nicht dargestellten Regelungen zum Other Comprehensive Income nach US GAAP auch Ernst, C./ Holzer, H. P. (1999).

Verlustrechnung übernommen werden. Insofern beinhaltet die Betrachtung der Eigenkapitalveränderungsrechnung auch Überlegungen zur Abgrenzung von realisierten und unrealisierten Ergebnisbeiträgen.

a) Der Ertragsbegriff in den IAS/IFRS

Nach IAS/IFRS umfasst die Definition von Erträgen sowohl Erlöse als auch andere Erträge.[425] Erlöse entstehen im Rahmen der gewöhnlichen Tätigkeit des Unternehmens.[426] Andere Erträge entstehen durch die Zunahme des wirtschaftlichen Nutzens.[427] Dies kann sowohl im Rahmen der gewöhnlichen Tätigkeit des Unternehmens als auch unabhängig von der eigentlichen Leistungserstellung erfolgen. Es wird explizit erwähnt, dass Erträge auch unrealisierte Erträge sein können.[428] Nach dieser Maßgabe repräsentieren Wertänderungen von Vermögenswerten und Verbindlichkeiten, auch sofern sie unrealisiert sind, grundsätzlich einen Ertrag im Sinne der IAS/IFRS. Entsprechendes gilt für Aufwendungen aus Wertänderungen von Vermögenswerten und Verbindlichkeiten.[429] Insbesondere unter Berücksichtigung von IAS F.105 sind Wertänderungen von finanziellen Vermögenswerten und Verbindlichkeiten Ertrag bzw. Aufwand.[430] Insofern ergibt sich auch zwischen Finanzinstrumenten des Handelsbestands und zur Veräußerung verfügbarer Finanzinstrumente kein Unterschied. Deshalb ist weiter zu untersuchen, welche besonderen Regelungen für die Erfassung von Wertänderungen bei zur Veräußerung verfügbaren Finanzinstrumenten in der Eigenkapitalveränderungsrechnung bestehen und inwieweit sie dem Zweck der Rechnungslegung zuträglich sind.

b) Die Eigenkapitalveränderungsrechnung im Kontext des IAS 39

Der Begriff Other Comprehensive Income stammt aus den US GAAP.[431] In den IAS/IFRS wird er in IAS 1.8c als Statement of Changes in Equity eingeführt. Der Inhalt wird in IAS 1.96 in Verbindung mit IAS 1.97 deutlich. In der

425 Vgl. IAS F.74.
426 Vgl. IAS F.74.
427 Vgl. IAS F.75.
428 Vgl. IAS F.76.
429 Vgl. IAS F78-80.
430 Es wird davon ausgegangen, dass die grundsätzlichen Anforderungen für das Vorliegen von Erträgen entsprechend IAS 18.29 gegeben sind.
431 Vgl. FAS 130, Para. 8.

Eigenkapitalveränderungsrechnung sind erfolgsneutrale Änderungen im Eigenkapital zu erfassen, die nicht Teil der Gewinn- und Verlustrechnung sind und nicht auf Transaktionen mit den Eigentümern beruhen.[432] Namentlich sind z. B. Überschüsse oder Fehlbeträge aus der Neubewertung[433] genannt. Die wesentlichsten Komponenten der Eigenkapitalveränderungsrechnung im Rahmen des IAS 39 sind:[434]

- unrealisierte Gewinne und Verluste im Zusammenhang mit zur Veräußerung verfügbaren Finanzanlagen,
- effektiver Teil von Marktwertänderungen aus Cash Flow Hedges.

c) Wahrnehmung von in der Eigenkapitalveränderungsrechnung erfassten Ergebnisbeiträgen durch die Adressaten der Rechnungslegung

Zur Beurteilung der Wahrnehmung der Eigenkapitalveränderungsrechnung durch die Adressaten der Rechnungslegung wird auf die Untersuchungen von Amann und Leibfried[435] Bezug genommen.

Aus dem DAX-100 haben 63 Unternehmen für 2001 einen Abschluss nach IAS/IFRS oder US GAAP aufgestellt. Diese Unternehmen haben zusammen ein Net Income von 26,8 Mrd. EUR ausgewiesen und ein Other Comprehensive Income von minus 27,6 Mrd. EUR. Bei den nach IAS/IFRS bilanzierenden Unternehmen steht einem positiven Net Income in Höhe von 16,2 Mrd. EUR ein negatives Other Comprehensive

---

432 Vgl. Lüdenbach, N. (2007b), Tz. 2. Für die verpflichtenden und optionalen Bestandteile einer Eigenkapitalveränderungsrechnung nach IAS/IFRS und die Möglichkeiten des Ausweises sei auf Wollmert, P. (2002), Sp. 608-610, verwiesen. Für ein Beispiel einer Eigenkapitalveränderungsrechnung sei auf Weber, C.-P. (2007a), Tz. 30, verwiesen.

433 Vgl. Kraft, S./ Littkemann, J./ Schulte, K. (2005), S. 335-338. Für allgemeine Informationen zum Konzept der Neubewertung vgl. Hoffmann, W.-D. (2007), Tz. 52-79.

434 Vgl. Amann, T./ Leibfried, P. (2002), S. 191, auch zu anderen im Other Comprehensive Income erfassten Ergebnisbeiträgen.

435 Vgl. Amann, T./ Leibfried, P. (2002), S. 195-197. In Anlehnung an diese Studie wird auch hier die Bezeichnung Other Comprehensive Income übernommen.
Es existieren zwei aktuellere Untersuchungen zur Eigenkapitalveränderungsrechnung. Beide Untersuchungen befassen sich jedoch nicht mit der Wahrnehmung der kumulierten und laufenden im Eigenkapital erfassten Ergebnisbeiträge durch die Adressaten der Rechnungslegung und werden deshalb hier nicht verwendet.
Die Untersuchung von Lachnit, L./ Müller, S. (2005) zeigt jedoch, dass die Marktwertveränderungen der zur Veräußerung verfügbaren Finanzinvestitionen im Verhältnis zur Gewinn- und Verlustrechnung wesentliche Beträge beinhaltet. Sie verdeutlicht damit die Relevanz des hier diskutierten Sachverhalts.
Die Untersuchung von Berndt, T./ Jenny, G. (2006) zeigt, dass durch den other comprehensive income die Analyse der Eigenkapitalrentabilität an Komplexität zunimmt. Somit ist auch aus dieser Studie eine Einschränkung der Wahrnehmung von im Eigenkapital erfassten Ergebnisbeiträgen durch die Adressaten der Rechnungslegung abzuleiten.

Income von 13,7 Mrd. EUR gegenüber.[436] Würden die Ergebnisbeiträge des Other Comprehensive Income also direkt in der Gewinn- und Verlustrechnung des Jahres ausgewiesen, würden die 63 Unternehmen zusammen einen Verlust ausweisen und die nach IAS/IFRS bilanzierenden Unternehmen einen geringen Gewinn.[437] Etwa drei Viertel des Other Comprehensive Income resultieren aus Wertpapieren. Da im Jahr 2001 noch das Wahlrecht bestand, Zeitwertänderungen erfolgsneutral über das Other Comprehensive Income oder erfolgswirksam über die Gewinn- und Verlustrechnung der Periode zu erfassen, ist die Ausübung dieses Wahlrechts ebenfalls von Interesse. Das Wahlrecht wurde stets zugunsten der erfolgsneutralen Behandlung ausgenutzt. Die Autoren[438] der Studie sehen darin, sicher zu Recht, die Angst vor erhöhter Ergebnisvolatilität seitens der Unternehmen bestätigt. Das Problem der erhöhten Ergebnisvolatilität durch die Bewertung mit dem beizulegenden Zeitwert ergibt sich im Kontext der Eigenkapitalveränderungsrechnung nach der Studie grundsätzlich an zwei Stellen. Einerseits innerhalb der Eigenkapitalveränderungsrechnung aufgrund der Zeitwertanpassungen, die im Eigenkapital erfasst werden, und andererseits in der Gewinn- und Verlustrechnung, soweit die Ansicht vertreten wird, dass der Ausweis der Ergebnisbeiträge aus der Zeitwertanpassung in der Gewinn- und Verlustrechnung und nicht im Eigenkapital erfasst werden sollte. Das stark negative Other Comprehensive Income des Jahres 2001 ergibt sich aus der in diesem Jahr stark negativen Entwicklung an den Aktienmärkten. In den Vorjahren waren auf dem gleichen Weg „stille" Reserven angelegt worden. Nach Abzug des negativen Other Comprehensive Income des Jahres 2001 verbleibt eine Reserve von 21,9 Mrd. EUR kumuliert bei allen 63 Unternehmen. Bezogen auf das kumulierte Eigenkapital von 458,8 Mrd. EUR entspricht das weniger als 5 %.[439]

Dennoch existieren einzelne Unternehmen, bei denen das kumulierte Other Comprehensive Income negativ und im Verhältnis zum Eigenkapital nicht mehr unerheblich ist. Bei der BMW AG stehen einem negativen kumulierten Other

---

[436] Vgl. Amann, T./ Leibfried, P. (2002), S. 195 f.

[437] Das negative Other Comprehensive Income ist nach US GAAP tendenziell höher als nach IAS, weil nur nach US GAAP für Wertverluste von Fondsaktiva eine Additional Minimum Pension Liability zu bilden ist, die zu stark negativem Other Comprehensive Income führen kann.

[438] Vgl. Amann, T./ Leibfried, P. (2002), S. 197.

[439] Vgl. Amann, T./ Leibfried, P. (2002), S. 197.

Comprehensive Income von 1,2 Mrd. EUR nur 10,8 Mrd. EUR Eigenkapital gegenüber.[440]

Amann und Leibfried[441] stellten fest, dass die über das Other Comprehensive Income vermittelten Informationen von den Adressaten wenig wahrgenommen werden. Finanzvorstände von Unternehmen mit hohem negativem Other Comprehensive Income bestätigten den Autoren, dass nur sehr selten Fragen hierzu gestellt werden. Unabhängig hiervon ist festzuhalten, dass die Darstellung unrealisierter, aber wirtschaftlich entstandener Ergebnisbeiträge im Eigenkapital eine wesentliche Verbesserung gegenüber der anschaffungskostenorientierten Bilanzierung ist. Die „stillen" Reserven oder Lasten werden zumindest teilweise sichtbar.

d) Abgrenzung der Eigenkapitalveränderungsrechnung von der Gewinn- und Verlustrechnung

Amann und Leibfried[442] sehen in dem Other Comprehensive Income eine Schattengewinn- und -verlustrechnung, da alle dort gezeigten kumulativen Beträge früher oder später in die Gewinn- und Verlustrechnung übernommen werden. Diese allgemeine Aussage ist missverständlich. Sie ist insoweit richtig, als in der Eigenkapitalveränderungsrechnung nicht realisierte Ergebnisbeiträge enthalten sind. Falsch wäre es, daraus abzuleiten, diese würden mit der Realisierung in die Gewinn- und Verlustrechnung übernommen. Dies würde eine eindeutige Trennung nach „realisiert" und „nicht realisiert" implizieren, die nicht existiert. Zum Beispiel werden die nicht realisierten Ergebnisbeiträge der zu Handelszwecken gehaltenen Finanzinstrumente in der Gewinn- und Verlustrechnung erfasst. Die Realisation ist entsprechend auch im bestehenden Konzept keine Voraussetzung für die Übernahme in die Gewinn- und Verlustrechnung der Periode. Die Verständlichkeit für die Adressaten im Allgemeinen und innerhalb des IAS 39 im Speziellen ist als eingeschränkt zu beurteilen, da die Abgrenzung nicht trennscharf ist.

Es ist zu untersuchen, ob die Darstellung mancher nicht realisierter Ergebnisbeiträge außerhalb der Gewinn- und Verlustrechnung als dem Zweck der Rechnungslegung

---

440 Vgl. Amann, T./ Leibfried, P. (2002), S. 197.
441 Vgl. Amann, T./ Leibfried, P. (2002), S. 197.
442 Vgl. Amann, T./ Leibfried, P. (2002), S. 191.

entsprechend anzusehen ist. In diesem Zusammenhang können sich Wertschwankungen, solange sie nicht realisiert sind, jederzeit ändern. Es besteht die Möglichkeit, solche Wertschwankungen nicht als Performance des Unternehmens zu interpretieren.[443]

Die Ansicht, dass sich nur durch die Realisierung die Performance des Unternehmens manifestiert, würde für eine Darstellung im Eigenkapital sprechen. Die Joint Working Group[444] weist auf die Aussage hin, dass Erträge im Rahmen der normalen Leistungserstellung des Unternehmens, von wenigen Ausnahmen abgesehen, nur dann erfolgswirksam erfasst werden dürfen, wenn sie realisiert sind. Daran gemessen wären unrealisierte Ergebnisbeiträge aus Finanzinstrumenten auch erst mit ihrer Realisierung in der Gewinn- und Verlustrechnung zu erfassen. Gegen diese Interpretation sprechen zwei Argumente:

1. Diese konsequente Unterscheidung in „realisiert" und „nicht realisiert" existiert weder bei nicht-finanziellen Vermögenswerten noch bei finanziellen Vermögenswerten. Als Beispiel für Nicht-Finanzinstrumente ist die Anwendung der Percentage-of-Completion-Methode für den Anlagenbau[445] zu nennen und als Beispiel für Finanzinstrumente die Wertänderungen von Finanzanlagen des Handelsbestandes, deren Zeitwertänderungen in der Gewinn- und Verlustrechnung erfasst werden, obwohl sie nicht realisiert sind.
2. Die Tatsache, dass die Realisation bei Nicht-Finanzinstrumenten aufgrund ihrer Eigenschaften eine hohe Hürde darstellt, kann für Finanzinstrumente nicht unbegründet übernommen werden. Die Weiterentwicklung der Rechnungslegung von Finanzinstrumenten würde dann dadurch behindert, dass die Entwicklung von Nicht-Finanzinstrumenten noch nicht so weit fortgeschritten ist.[446]

Die Möglichkeit, alle Erträge und Aufwendungen erst mit deren Realisation in der Gewinn- und Verlustrechnung zu erfassen, widerspricht der ökonomischen Verursachung. Nicht deren Realisation schafft den Ertrag oder den Aufwand, sondern

---

[443] Vgl. Pape, J. (2001a), S. 212.

[444] Vgl. IASC (Hrsg.) (1997), Para. 6.15 f.

[445] Vgl. Hayn, S. (2007b), Tz. 75-78, 103 f. und 106 f. Für weitergehende Informationen zur Percentage-of-Completion-Methode sei auf Lüdenbach, N. (2007a), Tz. 15-41, verwiesen.

[446] Vgl. IASC (Hrsg.) (1997), Para. 6.15 f.; vgl. Drukarczyk, J./ Schüler, A. (2005), S. 737, zur Qualität von Barwertansätzen bei nicht finanziellen Vermögenswerten.

die Änderung des Zeitwertes. Die ausschließliche Erfassung von realisierten Ergebnisbeiträgen würde eine wesentliche Schwäche der anschaffungskostenbasierten Bilanzierung fortsetzen. Die Ergebnisbeiträge würden dann trotz Zeitwertbewertung nicht der Periode zugeschlagen, in der sie wirtschaftlich entstanden sind.[447] Ein Nachteil der Erfassung von realisierten und unrealisierten Ergebnisbeiträgen in der Gewinn- und Verlustrechnung ergibt sich, sofern daraus Steuereffekte entstehen.[448] Insbesondere bei hohen nicht realisierten Erträgen ergibt sich ein Liquiditätsrisiko. Es besteht die Gefahr, hohe Steuerauszahlungen leisten zu müssen, obwohl keinerlei Einzahlungen stattgefunden haben. Dieses Problem bestand insbesondere im Hinblick auf zwar realisierte, aber nicht zahlungsmittelwirksame Erträge bereits und sollte im Rahmen des Liquiditätsmanagements abgedeckt sein.

3.2.3.5 Beurteilung der Bilanzierung der Kategorie zur Veräußerung verfügbarer Finanzinstrumente

Aus der isolierten Betrachtung der Kategorie Veräußerung verfügbarer Finanzinstrumente sind folgende Punkte festzuhalten:

(1) Die Regelungen im Rahmen der Behandlung von Transaktionskosten sind als inkonsequent zu bezeichnen, da Transaktionskosten im Rahmen der Zugangsbewertung zu aktivieren sind, aber im Rahmen der Folgebewertung als Zeitwertverlust erfolgsneutral in das Eigenkapital übernommen werden. Die Verlässlichkeit ist eingeschränkt, da der Wertansatz inklusive solcher Transaktionskosten, die keinen Niederschlag in dem beizulegenden Zeitwert finden, bei der Aktivierung zu einer Überbewertung führt. Die Verlässlichkeit ist weiterhin eingeschränkt, weil im Rahmen der Folgebewertung die Behandlung der nicht weiterbelastbaren Transaktionskosten als Zeitwertverlust den wirtschaftlichen Gehalt nicht korrekt widerspiegelt.

(2) Einerseits entspricht die Darstellung der unrealisierten Ergebniseffekte im Eigenkapital und deren durch Realisierung induzierte Verschiebung in die Gewinn- und Verlustrechnung den tatsächlichen Cash Flows. Damit rückt die

[447] Vgl. IASC (Hrsg.) (1997), Para. 6.20.
[448] Vgl. IASC (Hrsg.) (1997), Para. 6.21.

Gewinn- und Verlustrechnung dem Cash Flow näher. Andererseits wird die Darstellung von Finanzinvestitionen dieser Kategorie in der Kapitalflussrechnung durch mangelnde Informationen wesentlich erschwert. Im Ergebnis wird hiermit die Darstellung in der Gewinn- und Verlustrechnung zahlungsstromgerechter, während die Kapitalflussrechnung an Qualität verliert.

(3) Das Recycling von Ergebnisbeiträgen aus dem Eigenkapital in der Gewinn- und Verlustrechnung verhindert einen periodengerechten Ausweis. Es werden die Ergebnisbeiträge mehrerer Perioden in der Gewinn- und Verlustrechnung einer Periode ausgewiesen, der sie nicht zuzurechnen sind. Hierdurch wird die Verantwortlichkeit des Managements für das Ergebnis der Periode eingeschränkt, und den Anteilseignern werden Ergebnisse zugerechnet, die entstanden sein können, als sie nicht Anteilseigner waren. Die Tragweite dieses Arguments hängt wesentlich von der Qualität der Eigenkapitalveränderungsrechnung und ihrer Akzeptanz und Verwendung durch die Adressaten der Rechnungslegung ab.

(4) Die Eigenkapitalveränderungsrechnung wird in der Vermittlung relevanter Informationen nicht hinreichend wahrgenommen. Der Mangel an Wahrnehmung kann nicht zwangsläufig als konzeptionelle Schwäche interpretiert werden. Sowohl im Zusammenhang mit dem Recycling als auch mit der Eigenkapitalveränderungsrechnung ist die Frage nach der Realisation zentral. Die Realisation kann nicht als Kriterium für die Aufnahme von Ergebnisbeiträgen aus Finanzinvestitionen in die Gewinn- und Verlustrechnung dienen. Die Realisation stellt dafür aus Sicht der Finanzinstrumente eine zu geringe Hürde dar. Außerdem ist die Abgrenzung aufgrund anderer in der Gewinn- und Verlustrechnung aufgenommener Ergebnisbeiträge aus Finanzinstrumenten und Nicht-Finanzinstrumenten nicht trennscharf. Dadurch wird die Verständlichkeit des Abschlusses eingeschränkt.

Das FASB[449] vertritt die Ansicht, dass alle Ergebnisbeiträge aus Finanzinstrumenten, unabhängig von der Realisierung, als Erträge oder Aufwendungen in der Gewinn- und Verlustrechnung der Periode, in der sie entstanden sind, erfasst werden sollten. Aufgrund dieser Überlegung ist das FASB zu dem Schluss gekommen, dass zur Veräußerung verfügbare Finanzanlagen in diesem Zuge abgeschafft werden sollten.

In der Vergangenheit bestand ein wesentlicher Grund für die Existenz der Kategorie der zur Veräußerung verfügbaren Finanzinstrumente in der Vermeidung ökonomisch unbegründeter Ergebnisschwankungen.[450] Solche Ergebnisschwankungen ergeben sich beispielsweise, wenn die Instrumente auf der Aktivseite mit dem beizulegenden Zeitwert und die Instrumente auf der Passivseite mit (fortgeführten) Anschaffungskosten bewertet werden. Dieses Problem wurde in IAS 39 in der Fassung von 2000 teilweise dadurch gelöst, dass die Kategorie der zur Veräußerung verfügbaren Finanzinstrumente eingeführt wurde und es dem Adressaten freigestellt wurde, die Ergebniseffekte erfolgswirksam oder erfolgsneutral zu behandeln. Seit dem Exposure Draft zu IAS 39 aus dem Jahr 2002 existiert die wesentlich effektivere Möglichkeit der freiwilligen Zuordnung zum Handelsbestand. Damit entfällt ein wesentlicher Grund für die Existenz der Kategorie der zur Veräußerung verfügbaren Finanzanlagen.

Für eine Empfehlung zum Fortbestand der Kategorie der zur Veräußerung verfügbaren Finanzanlagen ist die Beantwortung weiterer Fragen notwendig. Insbesondere die Diskussionen zur Ergebnisvolatilität und zur Ermittlung von Zeitwerten in Abwesenheit von Marktwerten sind hier zentral. Außerdem stellt sich die Frage nach der Auffangkategorie für die Finanzinvestitionen dieser Kategorie.

---

449 Vgl. FASB (Hrsg.) (1999), Tz. 85.

450 Vgl. FASB (Hrsg.) (1999), Tz. 85 in Verbindung mit FAS 115, Para. 92-94.

3.2.4 Kategorie der finanziellen Vermögenswerte, die erfolgswirksam mit dem beizulegenden Zeitwert bewertet werden – Teilkategorie des Handelsbestandes

3.2.4.1 Abgrenzung der Kategorie bzw. Teilkategorie von anderen Kategorien finanzieller Vermögenswerte

Finanzinstrumente, die mit dem beizulegenden Zeitwert bewertet werden und dessen Veränderung erfolgswirksam in der Gewinn- und Verlustrechnung erfasst wird, sind solche, die

a) zum Handelsbestand gehören oder
b) freiwillig der Kategorie derjenigen Finanzinstrumente zugeordnet werden, die mit dem beizulegenden Zeitwert bewertet werden und dessen Veränderung erfolgswirksam in der Gewinn- und Verlustrechnung erfasst wird.

Zum Handelsbestand gehören finanzielle Vermögenswerte und Verbindlichkeiten, wenn sie:

a) erworben oder eingegangen wurden mit der Absicht, sie kurzfristig wieder zu veräußern oder abzulösen,
b) in einem Portfolio verwaltet werden, in dem es in der näheren Vergangenheit zu kurzfristigen Gewinnmitnahmen gekommen ist, oder
c) derivative Finanzinstrumente sind.[451]

Diese Kategorie von Finanzinstrumenten hat im Verlauf der Veränderungen des IAS 39 von IAS 39 in der Fassung von 2000 über den Exposure Draft von 2002 und den IAS 39 von 2003 bis zum IAS 39 in der Fassung aus 2005 wesentliche Änderungen erfahren.

Ursprünglich gab es für die Kategorie der zur Veräußerung verfügbaren Finanzanlagen das Wahlrecht, Zeitwertänderungen erfolgsneutral über die Eigenkapitalveränderungsrechnung im Eigenkapital, oder erfolgswirksam in der Gewinn- und Verlustrechnung der Periode zu erfassen.[452] In dem Exposure Draft von 2002 wurde diese Möglichkeit

---

[451] IAS 39.9.
[452] Vgl. IASB (Hrsg.) (2002a), IAS 39.103b.

nicht mehr gewährt.[453] An deren Stelle wurde in der Definition der zu Handelszwecken gehaltenen Finanzinstrumente die Möglichkeit der freiwilligen Zuordnung verankert.[454] Aufgrund der Aufnahme in die Definition der zu Handelszwecken gehaltenen Finanzinvestitionen konnte die Regelung als Erweiterung der Handelskategorie angesehen werden. Ebenfalls im Exposure Draft wurde die Verpflichtung eingeführt, die Finanzinstrumente, die freiwillig dem Handelsbestand zugeordnet werden, unter der eigenen Bezeichnung finanzielle Vermögenswerte oder Verbindlichkeiten, die mit dem beizulegenden Zeitwert bewertet werden, auszuweisen.[455] Dadurch entstand faktisch eine eigene Kategorie.

In IAS 39 in der Fassung von 2003 wurden die Finanzinvestitionen, die dem Handelsbestand zuzuordnen sind, und diejenigen, die freiwillig mit dem beizulegenden Zeitwert bewertet werden, in der Kategorie der Finanzinstrumente, die mit dem beizulegenden Zeitwert bewertet werden und dessen Veränderung erfolgswirksam in der Gewinn- und Verlustrechnung erfasst wird, zusammengefasst.[456] Die Kategorie erhielt in diesem Zusammenhang ihre neue Bezeichnung. Durch IAS 39 in der Fassung von 2005 wurde die freiwillige Zuordnung zum Handelsbestand, die sog. Fair Value Option[457], eingeschränkt. Die freiwillige Zeitwertbewertung ist nur noch zulässig, sofern durch ihre Anwendung eine Inkongruenz des Ansatzes oder der Bewertung[458] beseitigt wird, das betrachtete Finanzinstrument Teil eines Fair-Value-Portfolios[459] ist oder ein eingebettetes Derivat[460] vorliegt. Aufgrund der Entwicklung der freiwillig mit dem beizulegenden Zeitwert bewerteten finanziellen Vermögenswerte und Verbindlichkeiten und der Bedeutung der Möglichkeit der freiwilligen Zeitwertbewertung wird diese Komponente separat diskutiert.[461]

Unverändert gegenüber IAS 39 in der Fassung von 2000 ist die Regelung, dass derivative Finanzinstrumente in jedem Fall der Handelskategorie zuzurechnen und

---

453 Vgl. IASB (Hrsg.) (2002d), ED IAS 39.103b.
454 Vgl. IASB (Hrsg.) (2002d), ED IAS 39.10.
455 Vgl. IASB (Hrsg.) (2002d), ED IAS 39.18A.
456 Vgl. IAS 39.9.
457 Vgl. IASB (Hrsg.) (2004a).
458 Vgl. IAS 39.9 b) i).
459 Vgl. IAS 39.9 b) ii).
460 Vgl. IAS39.9 b) i. V. m. IAS39.11A.
461 Siehe Kapitel 3.2.5.

entsprechend erfolgswirksam mit dem beizulegenden Zeitwert zu bewerten sind. Eine Ausnahme dieser Regel bilden Derivate, die Teil einer Sicherungsbeziehung sind. Aufgrund der Sonderstellung, die derivative Finanzinstrumente innerhalb des Standards einnehmen, können sie als faktisch eigene Kategorie angesehen werden. Derivative Finanzinstrumente werden ebenfalls separat diskutiert.[462]

Es bleibt festzuhalten, dass die Bilanzierung von Finanzinstrumenten in der Handelskategorie „im engeren Sinne“[463] durch den Exposure Draft und die Überarbeitungen des IAS 39 von 2003 und 2005 nicht verändert wurde. Damit verbleiben für den Ansatz in der Handelskategorie die Kriterien, dass die Finanzinstrumente

a) mit der Absicht, sie kurzfristig wieder zu veräußern oder abzulösen erworben oder eingegangen wurden oder
b) in einem Portfolio verwaltet werden, in dem es in der näheren Vergangenheit zu kurzfristigen Gewinnmitnahmen gekommen ist.[464]

Wie in diesem Zusammenhang der Begriff der Kurzfristigkeit zu verstehen ist, wird in IAS 39 nicht abschließend festgelegt. Eine Zeitspanne von einem Jahr, wie sie in Anwendung des IAS 1.52 für die Unterscheidung in kurzfristige und langfristige Bilanzposten angewendet wird, erscheint hier nicht anwendbar. Hierauf deutet IAS 1.57b hin. Dort wird der Handelszweck zusätzlich zur Zeitspanne von bis zu einem Jahr als alternatives Kriterium für die Kurzfristigkeit genannt. Unter kurzfristig ist somit ein Zeitraum zu verstehen, der eher in Stunden und Tagen als in Monaten und Jahren bemessen ist.[465]

Weiterhin kann ein inhaltlicher Konflikt zwischen der erklärten Absicht und der tatsächlichen Absicht bestehen.[466] Einerseits kann ein Unternehmen ohne Handelsabsicht dennoch das Vorliegen einer Handelsabsicht dokumentieren. In IAS 39

---

462 Siehe Kapitel 3.2.6.

463 Die Handelskategorie „im engeren Sinne“ bezeichnet hier Finanzanlagen, für die eine tatsächliche oder beabsichtigte Handelstätigkeit vorliegt. Die freiwillige Zuordnung zu der Kategorie der erfolgswirksam mit dem beizulegenden Zeitwert bewerteten Finanzanlagen und derivative Finanzinstrumente sind hier nicht eingeschlossen.

464 Vgl. IAS 39.9.

465 Vgl. auch IASB (Hrsg.) (2002b), IAS 39, IGQ&A, Q10-15.

466 Vgl. Ziesemer, S. (2002), S. 118 f.

in der Fassung von 2000 bestand dadurch eine beschränkte Gestaltungsmöglichkeit, eine Zeitwertbewertung zu erreichen. Mit der Einführung der freiwilligen Zeitwertbewertung hat diese Möglichkeit an Bedeutung verloren.[467] Andererseits kann ein Unternehmen mit tatsächlicher Handelsabsicht darauf verzichten, dies zu dokumentieren. Diese Form der Einflussnahme wird durch die zu beobachtende tatsächliche Handelsaktivität begrenzt.

Abschließend sei erwähnt, dass die Zuordnung zum Handelsbestand für die jeweiligen finanziellen Vermögenswerte und Verbindlichkeiten endgültig ist. Eine Umgliederung aus der Handelskategorie in andere Kategorien ist nicht zulässig.[468]

3.2.4.2 Bewertung finanzieller Vermögenswerte der Kategorie bzw. Teilkategorie

Dem Handelsbestand zuzurechnende Finanzinstrumente sind mit dem beizulegenden Zeitwert zu bewerten.[469]

Die Zugangsbewertung in dieser Kategorie erfolgt exklusive Transaktionskosten des Erwerbs.[470] Auch die Folgebewertung erfolgt exklusive der Transaktionskosten.[471] Die Transaktionskosten werden somit konsequent weder bei ihrem Zugang noch bei der Folgebewertung einbezogen. Transaktionskosten, die im Fall einer Veräußerung anfallen würden, sind für die Ermittlung des beizulegenden Zeitwertes ebenfalls nicht zu berücksichtigen.[472]

Der beizulegende Zeitwert, definiert als ein Exit Price, ist der Preis, der bei der Veräußerung eines Vermögenswertes zu erzielen wäre oder zur Ablösung einer Verbindlichkeit zu bezahlen wäre. Ein Vermögenswert wird im Sinne des Exit Price in Höhe des Betrags bewertet, den der Veräußerer am Tag der Bewertung als Gegenleistung für die Aufgabe des Vermögenswertes erhalten würde. Er entspricht dem

---

467 Im Rahmen der zulässigen Kriterien im Sinne der Definition aus IAS 39.9 ist die freiwillige erfolgswirksame Zeitwertbewertung möglich, ohne die Notwendigkeit, eine Handelsabsicht zu dokumentieren und dadurch eine Zuordnung zum Handelsbestand zu erreichen.

468 Vgl. IAS 39.50; hierzu auch Grünberger, D./ Grünberger H. (2002b), S. 710.

469 Vgl. IAS 39.46. Vgl. auch Wawrzinek, W. (2006), Tz. 62.

470 Vgl. IAS 39.43.

471 Vgl. IAS 39.AG67.

472 Vgl. IAS 39.46.

Preis, der in einer unterstellten Transaktion jetzt für einen Vermögenswert oder das Ablösen einer Verbindlichkeit bezahlt würde:[473] Er entspricht damit der aktuellen Markteinschätzung des Wertes der zukünftigen Zahlungsmittelzuflüsse.

Werden Finanzinstrumente auf mehreren Märkten gehandelt, ist von dem für das Unternehmen günstigsten Marktpreis auszugehen.[474] Preisunterschiede können unter anderem dadurch entstehen, dass Vermögenswerte oder Verbindlichkeiten sowohl einzeln als auch in Portfolios gehandelt werden. Es sollten nur solche Preise herangezogen werden, zu denen auf Märkten gehandelt wird, zu denen das Unternehmen einen realistischen Zugang hat.

Die Bewertung erfolgt ohne Berücksichtigung von Zu- oder Abschlägen für größere Mengen eines Finanzinstrumentes, sog. Paketzu- oder -abschlägen.[475] Die Bewertung von Paketzu- oder -abschlägen wäre nicht verlässlich.[476] Einerseits wirken große Mengen wertmindernd, da der Markt eventuell nicht hinreichend liquide ist, um diese Mengen aufzunehmen. Andererseits enthalten große Mengen potenziell Kontrollprämien. Es wäre eine Gewichtung zwischen wertmindernden und werterhöhenden Faktoren nötig, die in jedem Fall subjektiv wäre. Im Übrigen enthält der am Markt zu beobachtende Preis keine solchen Zu- oder Abschläge. Die Bewertung sollte mit dem zu beobachtenden Wert ohne Anpassungen erfolgen.[477]

3.2.4.3 Erfassung von Erträgen und Aufwendungen finanzieller Vermögenswerte der Kategorie bzw. Teilkategorie

Die Änderungen des beizulegenden Zeitwertes sind erfolgswirksam in der Gewinn- und Verlustrechnung der Periode zu erfassen.[478]

---

473 Vgl. FASB (Hrsg.) (1999), Tz. 48; IASC (Hrsg.) (1997), Para. 4.1 f.; Breker, N./ Gebhardt, G./ Pape, J. (2000), S. 735.

474 Vgl. Breker, N./ Gebhardt, G./ Pape, J. (2000), S. 735; FASB (Hrsg.) (1999), Tz. 63. Vgl. IASB (Hrsg.) (2006a), Para. 32-35 zur Diskussion des Verhältnisses zwischen dem Preis an dem normalerweise verwendeten Markt und dem vorteilhaftesten Preis.

475 Vgl. IAS 39.IG E.2.2. Vgl auch Breker, N./ Gebhardt, G./ Pape, J. (2000), S. 736. So sinngemäß auch IASB (Hrsg.) (2006a), Para. 49.

476 Vgl. IASC (Hrsg.) (1997), Para. 4.11; Beine, F./ Meyer, C. H. (2007), Tz. 151.

477 Vgl. FASB (Hrsg.) (1999), Tz. 68-70.

478 Vgl. IAS 39.55a; vgl. auch Wawrzinek, W. (2006), Tz. 62.

Die Änderung des beizulegenden Zeitwertes für alle Finanzinstrumente dieser Kategorie wird netto dargestellt.[479] Es erfolgt keine Differenzierung der einzelnen Komponenten der Zeitwertänderungen. Insbesondere erfolgt keine getrennte Darstellung der Zinskomponente bei zinstragenden Instrumenten.[480]

3.2.4.4 Kritische Analyse der Bilanzierung des Handelsbestandes als Teilkategorie erfolgswirksam mit dem beizulegenden Zeitwert bewerteter Finanzinvestitionen

3.2.4.4.1 Abgrenzung des Handelsbestandes von anderen Kategorien bzw. Teilkategorien finanzieller Vermögenswerte

Die Kategorie der Finanzinstrumente, die mit dem beizulegenden Zeitwert bewertet werden und dessen Veränderung erfolgswirksam in der Gewinn- und Verlustrechnung erfasst wird, besteht aus zwei Teilgruppen: dem Handelsbestand und den Finanzanlagen, die freiwillig erfolgswirksam mit dem beizulegenden Zeitwert bewertet werden.[481] Für den hier betrachteten Handelsbestand ist zu untersuchen, inwieweit eine effektive Abgrenzung zu der Teilgruppe der freiwillig erfolgswirksam mit dem beizulegenden Zeitwert bewerteten finanziellen Vermögenswerte und zu anderen Kategorien finanzieller Vermögenswerte vorliegt. Die relevanten Abgrenzungskriterien der Handelskategorie sind die vorliegende Handelsabsicht, die tatsächliche Handelstätigkeit und die Kurzfristigkeit. Für die Abgrenzung zwischen den Teilgruppen sind zusätzlich die Unterschiede der Dokumentationsanforderungen zu betrachten.

Bezüglich der Effektivität der Abgrenzungskriterien Handelsabsicht und tatsächliche Handelstätigkeit sind zwei Fragen zu beantworten:

1. Inwieweit kann ein Unternehmen mit Handelsabsicht oder tatsächlicher Handelstätigkeit die Zuordnung zur Handelskategorie vermeiden? Es ist wohl davon auszugehen, dass ein Unternehmen mit tatsächlich vorliegender Handelsabsicht auch Handelsaktivitäten durchführen wird. Die tatsächliche Handelstätigkeit im Rahmen der Definition des Handelsbestandes führt jedoch zwangsläufig zu einem

---

479 Vgl. IFRS 7.20a.
480 Vgl. IFRS 7.20b.
481 Vgl. IAS 39.9.

dortigen Ausweis.[482] Insofern kann davon ausgegangen werden, dass die tatsächliche Handelstätigkeit die unzutreffende Dokumentation einer nicht vorliegenden Handelsabsicht effektiv begrenzt.

2. Inwieweit kann ein Unternehmen ohne Handelsabsicht über die Dokumentation der Handelsabsicht die erfolgswirksame Zeitwertbewertung erreichen? Bis einschließlich IAS 39 in der Fassung von 2000 konnte sowohl das Interesse als auch die Möglichkeit bestehen, trotz der Abwesenheit einer tatsächlichen Handelstätigkeit eine solche zu dokumentieren. Ein Interesse konnte vorliegen, da im Rahmen der Regelungen des IAS 39 in der Fassung von 2000 darin die einzige Möglichkeit bestand, für einzelne Vermögenswerte eine erfolgswirksame Zeitwertbewertung zu erreichen.[483] Die Möglichkeit lag in begrenztem Umfang vor, da die dokumentierte, aber unzutreffende Handelsabsicht keiner kurzfristigen Überprüfung zugänglich ist.[484] Mit der Einführung der freiwilligen erfolgswirksamen Zeitwertbewertung im Rahmen des Exposure Draft zu IAS 39 von 2002 hat diese Möglichkeit, die erfolgswirksame Zeitwertbewertung zu erreichen, an Bedeutung verloren.[485]

Für das Kriterium der Kurzfristigkeit lässt sich aus der vorangegangenen Betrachtung ableiten, dass ihm für die Abgrenzung zu anderen Kategorien wohl keine besondere Bedeutung zukommt. Die Begründung hierfür stellt eine zweiseitige Betrachtung dar:

1. Dokumentiert ein Unternehmen die vorliegende Handelsabsicht, so ist die Kurzfristigkeit darin zu sehen, wie lange nach dieser Dokumentation eine tatsächliche Handelstätigkeit durchgeführt wird. Die tatsächliche Handelstätigkeit

---

482 Vgl. IAS 39.9, Definition der erfolgswirksam mit dem beizulegenden Zeitwert bewerteten finanziellen Vermögenswerte, insbesondere Kriterium a) ii).

483 Das in IAS 39 in der Fassung von 2000 noch bestehende Wahlrecht, Finanzinstrumente der Kategorie der zur Veräußerung verfügbaren Finanzinstrumente erfolgswirksam mit dem beizulegenden Zeitwert zu bewerten, wird hier nicht berücksichtigt, da es nicht für einzelne Finanzinstrumente, sondern nur für die gesamte Kategorie anwendbar war. Vgl. hierzu IASB (Hrsg.) (2002a), IAS 39.103b.

484 In Abgrenzung zur vorliegenden Handelstätigkeit, die überprüfbar ist, wird die Abwesenheit tatsächlicher Handelstätigkeit erst im Zeitverlauf ersichtlich.

485 Vgl. IAS 39.9, Definition der erfolgswirksam mit dem beizulegenden Zeitwert bewerteten finanziellen Vermögenswerte, Kriterium b). In dem hier geschilderten Fall erscheinen insbesondere die Begründungen gemäß Kriterium b) i) und IAS 39.11A anwendbar, da eine Handelsabsicht nicht unterstellt wurde.

führt im Rahmen der Definition des Handelsbestandes zu einem dortigen Ausweis. Insofern kann aus dem Kriterium der Kurzfristigkeit nicht abgeleitet werden, dass eine größere Zeitspanne zwischen der Dokumentation der Handelsabsicht und der tatsächlichen Handelstätigkeit zum Ausschluss vom Handelsbestand führt.

2. Dokumentiert ein Unternehmen keine Handelsabsicht, so führt das Durchführen tatsächlicher Handelstätigkeit entsprechend der Definition des Handelsbestands auch zu einem wesentlich späteren Zeitpunkt zu einem dortigen Ausweis.

Darauf basierend ist festzustellen, dass eine kürzere Zeitspanne die Notwendigkeit zum Ausweis als Handelsbestand erhöht, aber eine längere Zeitspanne kein Indikator für die Nichtzuordnung zum Handelsbestand ist.

Für die Abgrenzung der Teilgruppen Handelsbestand und freiwillig mit dem beizulegenden Zeitwert bewertete finanzielle Vermögenswerte ist zu hinterfragen, inwieweit sich die entsprechenden Dokumentationserfordernisse noch unterscheiden. Bereits mit der Einführung der Designationsfreiheit zur Handelskategorie im Exposure Draft zu IAS 39 von 2002 ergab sich die Frage, inwieweit die Voraussetzungen für die Zuordnung der Handelskategorie noch relevant sind:[486] Ist das Unternehmen verpflichtet, die Erfüllung der genannten Kriterien zu dokumentieren, oder kann es die Dokumentation umgehen, indem es die freiwillige Zuordnung zu dieser Kategorie wählt? Die bilanzielle Behandlung blieb davon unberührt, beeinflusst wurde lediglich der Name der Kategorie.[487]

Nach ED IAS 39.18A[488] waren die Finanzinstrumente, die mit dem beizulegenden Zeitwert zu bewerten waren, ohne dass eine kurzfristige Handelsabsicht bestand, unter dem eigenen Namen auszuweisen. Die Formulierung war so gewählt, dass die ursprüngliche Handelskategorie von der faktischen neuen freiwilligen Kategorie inhaltlich unberührt blieb. Daraus ließ sich ableiten, dass, sofern eine Handelsabsicht bestand, auch die Dokumentationsanforderungen der ursprünglichen Handelskategorie erfüllt werden mussten. Es wäre nach dieser Interpretation nicht möglich, eine

---

486 Vgl. Bogajewskaja, J./ Borchmann, T./ Pape, J. (2002), S. 232.
487 Vgl. Klotzbach, D./ Kropp, M. (2002), S. 1022.
488 Vgl. IASB (Hrsg.) (2002d).

Einordnung unter die freiwillige Handelskategorie vorzunehmen und dadurch die Dokumentationspflichten zu vermeiden.[489]

Indem durch den IAS 39 in der Fassung von 2003 auch der Name der Kategorie von dieser Unterscheidung unabhängig wurde, stellte sich die Frage erneut.[490] In der Basis for Conclusion zu IAS 39 in der Fassung von 2003 nahm das IASB[491] hierzu nicht Stellung. Es wird lediglich erwähnt, dass die Möglichkeit der freiwilligen Zeitwertbewertung die Interpretation, wodurch Handelstätigkeit unterstellt wird, entschärft. Diese Aussage wurde im Rahmen der Diskussion der erklärten Handelsabsicht und der tatsächlichen Handelstätigkeit bestätigt.

Im Rahmen des IFRS 7 wird gefordert, dass die Buchwerte der Finanzinstrumente und Ergebnisbeiträge, die freiwillig mit dem beizulegenden Zeitwert bewertet werden, getrennt von den Buchwerten der Finanzinstrumente des Handelsbestands auszuweisen sind.[492] Die weiteren in IFRS 7 geforderten Angaben unterscheiden nicht zwischen Handelsbestand und freiwillig erfolgswirksam mit dem beizulegenden Zeitwert bewerteten Finanzinstrumenten.[493] Hieraus lässt sich ableiten, dass sich die Dokumentationsanforderungen beider Teilgruppen entsprechend der zunehmenden inhaltlichen Ähnlichkeit einander angenähert haben. Geringe Unterschiede bleiben jedoch bestehen.

3.2.4.4.2 Bilanzierung von Transaktionskosten beim erstmaligen Ansatz und in der Folgebewertung

Die Bewertung bei Zugang erfolgt exklusive Transaktionskosten.[494] Auch die Folgebewertung erfolgt exklusive Transaktionskosten.[495] Die Transaktionskosten werden konsequent weder bei ihrem Zugang noch bei der Folgebewertung einbezogen. Dies stellt eine Veränderung in IAS 39 (2005) gegenüber dem Exposure Draft aus 2002

---

489 Vgl hierzu auch Bogajewskaja, J./ Borchmann, T./ Pape, J. (2002), S. 224 und 232.

490 Vgl. IAS 39.9 in Abgrenzung zu IASB (Hrsg.) (2002d), ED IAS 39.10 in Verbindung mit ED IAS 39.18A.

491 Vgl. IAS 39.BC74e.

492 Vgl. IFRS 7.8a und e für den getrennten Ausweis der Buchwerte und IFRS 7.20ai für den getrennten Ausweis der Ergebnisbeiträge. Vgl. hierzu auch Scharpf, P. (2006), S. 8 bzw. S. 23 f.

493 Vgl. insbesondere IFRS 7.9 und 10.

494 Vgl. IAS 39.43.

495 Vgl. IAS 39.AG67.

dar. Im Exposure Draft erfolgte die erstmalige Aktivierung inklusive Transaktionskosten, die Folgebewertung aber exklusive Transaktionskosten.[496] Im Ergebnis forderten beide Regelungen, dass spätestens bis zum Ende der Rechnungslegungsperiode die Transaktionskosten als Aufwand zu verrechnen sind. Die zwischenzeitliche Aktivierung durch den Exposure Draft schränkte die Verständlichkeit ebenso ein wie die Behandlung der Transaktionskosten als Zeitwertverlust zum Ende der Periode.

Die Bewertung exklusive der bei einer Veräußerung anfallenden Transaktionskosten erscheint angemessen. Ohne das Vorliegen einer tatsächlichen Transaktion müssten diese Transaktionskosten geschätzt werden. Darüber hinaus würde die Einbeziehung von Transaktionskosten der Veräußerung einer Verbindlichkeit gleichkommen, die das Unternehmen zu diesem Zeitpunkt noch nicht eingegangen wäre. Weiterhin wären beobachtbare Marktwerte nicht ohne die Anpassung für Transaktionskosten zu übernehmen.[497] Durch die Schätzung der Transaktionskosten würde die Verlässlichkeit reduziert. Durch das Einbeziehen nicht bestehender Verbindlichkeiten in den beizulegenden Zeitwert würde der wirtschaftliche Gehalt unzutreffend dargestellt.

3.2.4.5 Beurteilung der Bilanzierung des Handelsbestandes als Teilkategorie erfolgswirksam mit dem beizulegenden Zeitwert bewerteter Finanzinvestitionen

Aus der isolierten Betrachtung des Handelsbestandes als Teilkategorie erfolgswirksam mit dem beizulegenden Zeitwert bewerteter Finanzinvestitionen sind folgende Punkte festzuhalten:

(1) Die Abgrenzung des Handelsbestandes von anderen Kategorien finanzieller Vermögenswerte ist trennscharf. Die tatsächliche Handelstätigkeit begrenzt die Vermeidung des Ausweises in dieser Kategorie effektiv. Die unzutreffende Dokumentation einer Handelsabsicht hat mit der Einführung der Fair Value Option an Bedeutung verloren. Das Kriterium der Kurzfristigkeit dient primär als Argument für die Zuordnung zum Handelsbestand. Insofern ist das Nichtvorliegen

---

[496] Vgl. IASB (Hrsg.) (2002d), ED IAS 39.66 in Verbindung mit ED IAS 39.69 und 72A.
[497] Vgl. IASC (Hrsg.) (1997), Para. 4.11.

der Kurzfristigkeit kein Indikator gegen die Zuordnung zum Handelsbestand. Dokumentationserfordernisse des Handelsbestandes und der Finanzanlagen, die freiwillig erfolgswirksam mit dem beizulegenden Zeitwert bewertet werden, haben sich entsprechend der zunehmenden inhaltlichen Ähnlichkeit einander angenähert. Geringe Unterschiede bleiben jedoch bestehen.

(2) Hinsichtlich der Transaktionskosten wurden die Regelungen im Rahmen des IAS 39 in der Fassung von 2003 vereinfacht. Transaktionskosten des Erwerbs werden weder bei der Zugangsbewertung noch bei der Folgebewertung aktiviert. Diese Vereinfachung erhöht die Verständlichkeit.

Transaktionskosten der Veräußerung werden ebenfalls nicht in die Bewertung einbezogen. Sie stellen eine Verbindlichkeit dar, die ohne eine tatsächliche Transaktion noch nicht entstanden ist. Durch ihre Berücksichtigung würde der wirtschaftliche Gehalt unzutreffend dargestellt. Darüber hinaus beinhalten auch an aktiven Märkten entstandene Marktwerte keine solchen Transaktionskosten. Die für die Berücksichtigung von Transaktionskosten der Veräußerung notwendigen Anpassungen würden die Verlässlichkeit reduzieren.

3.2.5 Kategorie der finanziellen Vermögenswerte, die erfolgswirksam mit dem beizulegenden Zeitwert bewertet werden – Teilkategorie der finanziellen Vermögenswerte, die freiwillig erfolgswirksam mit dem beizulegenden Zeitwert bewertet werden

3.2.5.1 Abgrenzung der Kategorie bzw. Teilkategorie finanzieller Vermögenswerte von anderen Kategorien finanzieller Vermögenswerte sowie Bewertung und Erfassung von Erträgen und Aufwendungen finanzieller Vermögenswerte der Kategorie bzw. Teilkategorie

Finanzinstrumente, die freiwillig erfolgswirksam mit dem beizulegenden Zeitwert bewertet werden, stellen keine eigene Kategorie dar. Aufgrund der Historie ihrer Entwicklung vom Exposure Draft aus dem Jahr 2002 über den IAS 39 aus dem Jahr

2003 zur Anpassung im Jahr 2005 haben diese Finanzinstrumente jedoch eine gewisse Eigenständigkeit in Abgrenzung zum Handelsbestand erlangt.[498]

Die freiwillige Zuordnung zum Handelsbestand wurde 2002 im Exposure Draft für die Überarbeitung des IAS 39 erstmalig eingeführt. Zuvor bestand eine demgegenüber wesentlich enger gefasste Regelung, nach der Unternehmen Zeitwertänderungen bei zur Veräußerung verfügbarer Finanzinvestitionen wahlweise erfolgsneutral im Eigenkapital oder erfolgswirksam in der Gewinn- und Verlustrechnung der Periode erfassen durften.[499] In dem Exposure Draft wurde diese Möglichkeit nicht mehr gewährt.[500] An ihrer Stelle wurde in der Definition der zu Handelszwecken gehaltenen Finanzinstrumente die Möglichkeit der freiwilligen Zuordnung verankert.[501] Aufgrund der Aufnahme in die Definition der zu Handelszwecken gehaltenen Finanzinvestitionen konnte die Regelung als Erweiterung der Handelskategorie angesehen werden. Allerdings wurde ebenfalls im Exposure Draft die Verpflichtung eingeführt, die Finanzinstrumente, die freiwillig dem Handelsbestand zugeordnet werden, unter der eigenen Bezeichnung finanzielle Vermögenswerte oder Verbindlichkeiten, die mit dem beizulegenden Zeitwert bewertet werden, auszuweisen.[502] Dadurch entstand faktisch eine eigene Kategorie. In IAS 39 von 2003 wurden die Finanzinvestitionen, die dem Handelsbestand zuzuordnen sind, und diejenigen, die freiwillig mit dem beizulegenden Zeitwert bewertet werden, in der Kategorie der Finanzinstrumente, die mit dem beizulegenden Zeitwert bewertet werden und dessen Veränderung erfolgswirksam in der Gewinn- und Verlustrechnung erfasst wird, zusammengefasst.[503] Entsprechend kann die Gruppe der freiwillig erfolgswirksam mit dem beizulegenden Zeitwert bewerteten Finanzinstrumente nicht mehr als eigene Kategorie bezeichnet werden.

---

498 Die Eigenständigkeit ergibt sich primär aus der Tatsache, dass die Zuordnung von Finanzinstrumenten zu dieser Kategorie auch erfolgen kann, obwohl keine Handelsabsicht oder Handelstätigkeit vorliegt (IAS 39.9). Diese Möglichkeit wurde im Rahmen des Exposure Draft zu IAS 39 von 2002 eingeräumt. Im weiteren Zeitverlauf wurde diese Option auf bestimmte Sachverhalte eingeschränkt.

499 Vgl. IASB (Hrsg.) (2002a), IAS 39.103b.

500 Vgl. IASB (Hrsg.) (2002d), ED IAS 39.103b.

501 Vgl. IASB (Hrsg.) (2002d), ED IAS 39.10.

502 Vgl. IASB (Hrsg.) (2002d), ED IAS 39.18A.

503 Vgl. IAS 39.9.

Durch die Einführung der freiwilligen erfolgswirksamen Zeitwertbewertung sollten mehrere Vorteile entstehen:[504]

- Inkongruenzen aus der Anwendung des Mixed-Measurement-Modells sollten reduziert werden.
- Die Abbildung von Sicherungsbeziehungen sollte erleichtert werden.
- Der Umgang mit eingebetteten Derivaten sollte erleichtert werden.
- Abgrenzungsprobleme von Handelsaktivität und Nicht-Handelsaktivität sollten entschärft werden.

Die Einführung der uneingeschränkten Fair Value Option führte zu Bedenken insbesondere hinsichtlich der Anwendung bei nicht hinreichend verlässlichen Zeitwerten, der gesteigerten Volatilität des Ergebnisausweises und der Bewertung der eigenen Bonität bei finanziellen Verbindlichkeiten.[505] In IAS 39 in der Fassung von 2005 wurde aufgrund der geäußerten Bedenken eine Einschränkung der freiwilligen Zeitwertbewertung umgesetzt. Dem Grundsatz nach ist es nur noch möglich, die Fair Value Option zu nutzen, sofern sich hieraus eine relevantere Rechnungslegungsinformation ergibt.[506] Diese Voraussetzung wird als erfüllt angesehen, sofern eines der drei folgenden Kriterien zutrifft:

1. Durch die Anwendung der Zeitwertbewertung wird eine Ansatz- oder Bewertungsinkongruenz vermieden.[507]
2. Das Instrument ist Teil eines Fair-Value-Portfolios, das auf Basis einer dokumentierten Risikomanagement- und Anlagestrategie gesteuert und anhand des

---

[504] Vgl. IASB (Hrsg.) (2004c), IAS 39.BC73 und BC75A.
[505] Vgl. IASB (Hrsg.) (2004c), IAS 39.BC11A.
[506] Vgl. IAS 39.9 b) i. V. m. IAS 39.AG4C-AG4K.
[507] Vgl. IAS 39.9 b) i) i. V. m. IAS 39.AG4D-AG4G und IAS 39.BC75-BC75B. Für eine Darstellung dieser Regelung und Beispiele zur Anwendung sei auf Löw, E./ Blaschke, S. (2005), S. 1732 f., oder Eckes, B./ Weigel, W. (2006), S. 417 f., verwiesen.

beizulegenden Zeitwertes beurteilt wird und dessen Informationen Personen in Schlüsselpositionen zur Verfügung gestellt werden.[508]

3. Der Vertrag enthält ein eingebettetes Derivat, das die Zahlungsströme des Vertrags wesentlich beeinflusst und dessen Trennung grundsätzlich zulässig ist.[509]

Für all diese Kriterien gilt, dass Eigenkapitalinstrumente, für die kein auf einem aktiven Markt entstandener Preis existiert und deren beizulegender Zeitwert nicht verlässlich ermittelt werden kann, von der Zuordnung in die Kategorie der erfolgswirksam mit dem beizulegenden Zeitwert bewerteten Finanzinvestitionen ausgenommen sind.[510]

Die Zuordnung als freiwillig erfolgswirksam mit dem beizulegenden Zeitwert bewertetes Finanzinstrument hat stetig zu erfolgen.[511] Die Stetigkeit beinhaltet in diesem Zusammenhang nicht, dass alle ähnlichen Finanzinstrumente analog zuzuordnen sind. Die Zuordnungsentscheidung kann für jedes Instrument einzeln und unabhängig getroffen werden, aber es besteht keine Möglichkeit der Umklassifizierung.[512]

Sowohl die Folgebewertung als auch die Erfassung von Erträgen und Aufwendungen ist identisch mit den Finanzinstrumenten, die mit dem beizulegenden Zeitwert bewertet werden und dessen Veränderung erfolgswirksam in der Gewinn- und Verlustrechnung erfasst wird.[513]

---

508 Vgl. IAS 39.9 b) ii) i. V. m. IAS 39.AG4H-AG4K und IAS 39.BC76-BC76B. Für eine Darstellung dieser Regelung und Beispiele zur Anwendung sei auf Löw, E./ Blaschke, S. (2005), S. 1733 f., oder Eckes, B./ Weigel, W. (2006), S. 418 f., verwiesen.

509 Vgl. IAS 39.9 i. V. m. IAS 39.11A. Für eine Darstellung dieser Regelung und Beispiele zur Anwendung sei auf Löw, E./ Blaschke, S. (2005), S. 1734 f., oder Eckes, B./ Weigel, W. (2006), S. 419 f., verwiesen. Für die Designation von Verträgen mit eingebetteten Derivaten sind weitere Kriterien ausschlaggebend. Für die detaillierte Darstellung und Diskussion eingebetteter Derivate sei auf Kapitel 3.2.6.2 verwiesen.

510 Vgl. IAS 39.46c) i. V. m. IAS 39.AG80 und AG81.

511 Vgl. IAS 39.AG4C i. V. m. IAS 39.BC86. Zur Stetigkeit vgl. IAS 8.14 b).

512 Vgl. IAS 39.50; hierzu auch Grünberger, D./ Grünberger H. (2002b), S. 710; Wawrzinek, W. (2006), Tz. 41.

513 Vgl. Kapitel 3.2.4.2 zur Bewertung und Kapitel 3.2.4.3 zur Erfassung von Erträgen und Aufwendungen.

3.2.5.2 Kritische Analyse der Bilanzierung der Finanzinvestitionen, die freiwillig erfolgswirksam mit dem beizulegenden Zeitwert bewertet werden

3.2.5.2.1 Anwendbarkeit der Dokumentationsanforderungen des Handelsbestands für Finanzinvestitionen, die freiwillig erfolgswirksam mit dem beizulegenden Zeitwert bewertet werden

Die Einführung des Wahlrechts zur freiwilligen erfolgswirksamen Zeitwertbewertung im Exposure Draft zu IAS 39 von 2002 kann zu Abgrenzungsschwierigkeiten mit der Handelskategorie führen. Einerseits kann der Eindruck entstehen, es sei möglich, die Finanzanlagen, die mit Handelsabsicht gehalten werden, als freiwilligen Handelsbestand einzustufen und dadurch die Dokumentationsanforderungen zu umgehen.[514] Andererseits kann der Eindruck entstehen, die Angabepflichten zu der Handelskategorie würden auch bei Ausübung des Wahlrechts bestehen.[515] Diese mögliche Fehlinterpretation war nach den Regelungen des Exposure Draft zu IAS 39 von 2002 naheliegend. Die freiwillig erfolgswirksam mit dem beizulegenden Zeitwert bewerteten Finanzinvestitionen wurden zwar unter eigener Bezeichnung, aber noch innerhalb der Kategorie der zu Handelszwecken gehaltenen Finanzinvestitionen ausgewiesen.[516] Nach IAS 39 in der Fassung von 2003 erfolgt der Ausweis noch mit dem Handelsbestand in einer Kategorie.[517] Die Unterbezeichnung für die freiwillig erfolgswirksam mit dem beizulegenden Zeitwert bewerteten Finanzinvestitionen ist entfallen.[518] Zur besseren Erfassung des Inhaltes der Kategorie wurde aber der Name in Finanzinstrumente, die mit dem beizulegenden Zeitwert bewertet werden und dessen Veränderung erfolgswirksam in der Gewinn- und Verlustrechnung erfasst wird, geändert. Dadurch wird nicht mehr der Eindruck vermittelt, die freiwillige erfolgswirksame Bewertung werde durch die Zuordnung zum Handelsbestand erreicht.[519] Die Verständlichkeit wurde verbessert.

---

514 Hierzu sei auf Kapitel 3.2.4.4.1 verwiesen.
515 Gleicher Ansicht sind Bogajewskaja, J./ Borchmann, T./ Pape, J. (2002), S. 232.
516 Vgl. Klotzbach, D./ Kropp, M. (2002), S. 1022.
517 Vgl. IAS 39.9.
518 Vgl. IAS 39.9 in Abgrenzung zu IASB (Hrsg.) (2002d), ED IAS 39.10 in Verbindung mit ED IAS 39.18A.
519 Vgl. IAS 39.BC81 zur Intention des IASB für die Änderung der Bezeichnung.

3.2.5.2.2 Einschränkung der Verständlichkeit durch die Einführung einer Unterkategorie des Handelsbestandes

Die Einführung der freiwilligen erfolgswirksamen Zeitwertbewertung durch den Exposure Draft zu IAS 39 von 2002 kann Abgrenzungsschwierigkeiten mit der ebenfalls erfolgswirksamen Zeitwertbewertung des Handelsbestandes hervorrufen. Zur Vermeidung könnte ein separater bilanzieller Ausweis der Vermögenswerte, auf die die Fair Value Option angewendet wird, vorgeschlagen werden.[520] Das IASB[521] ist diesem Vorschlag letztendlich aber nicht nachgekommen, da die Regelungen des IAS 39 hierdurch möglicherweise zu kompliziert geworden wären. Für die zutreffendere Darstellung des veränderten Posteninhalts wurde die Bezeichnung angepasst. Für die Darstellung im Jahresabschluss wurde im Rahmen des IFRS 7 gefordert, im Anhang verschiedene Informationen über die beiden Unterkategorien getrennt anzugeben.[522] Folglich werden durch die Bezeichnung der Kategorie die Bewertungsmethode und die Methode der Erfassung von Erträgen von Aufwendungen kommuniziert. Im Anhang erfolgt eine weitergehende Detaillierung der Informationen zu den Unterkategorien. Insofern wird durch die Kategorie auf einfache Weise die Behandlung in der Rechnungslegung vermittelt und darüber hinaus über die Anhangsangaben die Transparenz und die Verständlichkeit verbessert, indem die Art des Zustandekommens dieser Behandlung angegeben wird. Diese Ergebnisse stellen einen Fortschritt gegenüber der vorherigen[523] Informationsvermittlung dar.

3.2.5.2.3 Möglichkeit der kurzfristigen selektiven Zeitwertbewertung durch die Nutzung der freiwilligen erfolgswirksamen Zeitwertbewertung

Im Zusammenhang mit den zur Veräußerung verfügbaren Finanzanlagen war auf die Möglichkeiten des Gain Trading oder Recycling einzugehen. In dieser Kategorie besteht die Möglichkeit, die Ergebnisbeiträge mehrerer Perioden zielgerichtet in die Gewinn- und Verlustrechnung einer Periode zu übernehmen. Diese Möglichkeit besteht in

---

520 Vgl. hierzu auch Bogajewskaja, J./ Borchmann, T./ Pape, J. (2002), S. 232.

521 Vgl. IAS 39.BC81.

522 Vgl. IFRS 7.8a für die getrennte Angabe der Buchwerte. Vgl. IFRS 7.20a für die getrennte Angabe der Nettogewinne bzw. -verluste. Vgl. IFRS 7.B5 für die geforderten Anhangangaben zur Erfüllung der Voraussetzungen zur Zuordnung in die Unterkategorien. Vgl. hierzu auch Scharpf, P. (2006), S. 8 und S. 23 f.

523 Vorherig bezieht sich in diesem Zusammenhang auf die den Kapiteln 3.2.5.2.1 und 3.2.5.2.2 geschilderte Entwicklung hin zu den aktuellen Fassungen von IAS 39 und IFRS 7. Diese sind der IAS 39 in der Fassung von 2005 und der IFRS 7 in der Fassung von 2006.

eingeschränktem Umfang innerhalb einer Periode auch seit der Einführung des Wahlrechtes zur erfolgswirksamen Bewertung mit dem beizulegenden Zeitwert. Hier kann im Extremfall am Ende der Periode entschieden werden, welche Finanzinstrumente freiwillig erfolgswirksam mit dem beizulegenden Zeitwert bewertet werden.[524] Die selektive Zeitwertbewertung wird, soweit möglich, durch das Verbot der Umgliederung in die oder aus der Kategorie der freiwillig mit dem beizulegenden Zeitwert bewerteten Finanzinvestitionen begrenzt.[525] In Anlehnung daran sieht das IASB[526] keine Möglichkeit zur selektiven Zeitwertbewertung, da das Unternehmen die Zuordnung zu den möglichen Kategorien bei Zugang treffen muss. Diese Ansicht wird im Grundsatz geteilt. Es sollte jedoch berücksichtigt werden, dass die Dokumentation zur Zuordnung zu den Kategorien erst für die Kontrolle durch den Abschlussprüfer vorliegen muss.

Der identifizierte geringe Gestaltungsspielraum wurde mit der Einführung des IAS 39 in der Fassung von 2005 durch die Voraussetzungen für die Nutzung der Fair Value Option weiter begrenzt. Die Begrenzung bezieht sich hierbei insbesondere auf die Dokumentationsanforderungen des IFRS 7.[527] Die Möglichkeit der selektiven Zeitwertbewertung durch die freiwillige Zeitwertbewertung ist folglich als begrenzt einzustufen.

3.2.5.2.4 Auswirkungen der Einführung des zusätzlichen Wahlrechts der freiwilligen erfolgswirksamen Zeitwertbewertung

Als wesentliche Auswirkung hat die Einführung dieses Wahlrechts die Abschaffung eines anderen Wahlrechts ermöglicht. Die Wahl, Ergebnisbeiträge aus der Zeitwertbewertung von zur Veräußerung verfügbaren Finanzinvestitionen entweder erfolgsneutral im Eigenkapital oder erfolgswirksam über die Gewinn- und

---

524 Gleicher Ansicht sind Klotzbach, D./ Kropp, M. (2002), S. 1023. Küting, K./ Reuter, M. (2005) sehen in Abgrenzung dazu gerade in der Anwendung der Zeitwertbewertung Gestaltungsspielraum. Mit ihrer Argumentation zielen sie darauf ab, dass die Zeitwertbewertung faktische und verdeckte Wahlrechte sowie Ermessensspielräume beinhaltet. Im Handelsrecht bestehen dagegen vorrangig explizite Wahlrechte. Dadurch erschwert aus ihrer Sicht die Zeitwertbewertung die Durchführung von Bilanzanalysen.

525 Vgl. IAS 39.50.

526 Vgl. IAS 39.BC73.

527 Die Dokumentationsanforderungen beziehen sich auf die in IFRS 7.B5 geforderte Darlegung der Gründe, warum die Voraussetzungen für die freiwillige erfolgswirksame Zeitwertbewertung als erfüllt angesehen werden.

Verlustrechnung der Periode zu erfassen, ist in IAS 39 seit der Fassung von 2003 nicht mehr möglich. Die Zeitwertänderungen von zur Veräußerung verfügbaren Finanzanlagen sind erfolgsneutral im Eigenkapital zu erfassen. Das neue Wahlrecht ist im Vergleich zu der bisherigen Regelung wesentlich weitgehender.[528] Das ursprüngliche Wahlrecht bestand nur für die gesamte Kategorie der zur Veräußerung verfügbaren Finanzanlagen.

Die Einführung der freiwilligen erfolgswirksamen Bewertung mit dem beizulegenden Zeitwert stellt ein Wahlrecht dar, das für jedes einzelne Finanzinstrument neu genutzt werden kann. Durch das neue Wahlrecht wird die Vergleichbarkeit zwischen Abschlüssen verschiedener Unternehmen reduziert.[529] Gleiche Finanzinvestitionen können, je nach Ausübung des Wahlrechts, zu fortgeführten Anschaffungskosten, ergebnisneutral mit dem beizulegenden Zeitwert oder ergebniswirksam mit dem beizulegenden Zeitwert bewertet werden.

Grundsätzlich eröffnet die Einführung von Wahlrechten Gestaltungsspielraum für die rechnungslegenden Unternehmen. In diesem Zusammenhang werden auch Fehlanreize geschaffen. Als Beispiel kann die Fremdkapitalaufnahme bei Erwartung einer Bonitätsverschlechterung mit ergebniswirksamer Vereinnahmung der eintretenden Verschlechterung genannt werden.[530] Dieses neue Wahlrecht widerspricht dem grundsätzlichen Bestreben des IASB, Wahlrechte einzuschränken.[531] In diesem Fall kann jedoch vermutet werden, dass das IASB eher ein neues Wahlrecht akzeptiert, als die Anwendung der Zeitwertbewertung zu behindern.[532] Das Wahlrecht stellt einen wesentlichen Schritt hin zum Full-Fair-Value-Ansatz dar. Sollte es in der Praxis

---

528 Vgl. Klotzbach, D./ Kropp, M. (2002), S. 1022. Vgl. auch die Regelungen in Zusammenhang mit der Stetigkeit aus IAS 39.AG4C i. V. m. IAS 39.BC86. Zur Stetigkeit an sich vgl. IAS 8.14 b).

529 Vgl. Bogajewskaja, J./ Borchmann, T./ Pape, J. (2002), S. 232; Lüdenbach, N. (2002), S. 2116.

530 Vgl. Lüdenbach, N. (2002), S. 2116. Weitere Fehlanreize werden im Zusammenhang mit bis zur Endfälligkeit zu haltenden Finanzinvestitionen in Kapitel 3.2.1.4.4 und im Zusammenhang mit zur Veräußerung verfügbarer Finanzinvestitionen in Kapiteln 3.2.3.4.3 und 3.2.3.4.4 genannt.

531 Vgl. Bogajewskaja, J./ Borchmann, T./ Pape, J. (2002), S. 232; Klotzbach, D./ Kropp, M. (2002), S. 1025; Lüdenbach, N. (2002), S. 2116. Beispiele für dieses Bemühen sind die Abschaffung der LIFO-Methode in der Vorratsbewertung (IAS 2), die Nichtaufdeckung stiller Reserven aus dem Minderheitsanteil im Konzern (IAS 22) sowie die erfolgswirksame Korrektur von Vorjahresfehlern (IAS 8).

532 Vgl. dazu auch Lüdenbach, N. (2002), S. 2116.

weitläufig genutzt werden, dürfte es im Nachhinein schwierig sein, die weitere Entwicklung hin zum Full-Fair-Value-Ansatz aufzuhalten.[533]

Mit der Einschränkung der Fair Value Option durch den IAS 39 in der Fassung von 2005 soll die Anwendung des Wahlrechts auf die Fälle begrenzt werden, die relevantere Abschlussinformationen zur Verfügung stellen.[534] Insofern stellt das Wahlrecht eine Abwägung zwischen der eingeschränkten Vergleichbarkeit und der Vermittlung relevanterer Rechnungslegungsinformationen dar. Die Umsetzung der Fair Value Option entspricht damit dem geforderten Zweck der Rechnungslegung, da die Wahl der freiwilligen erfolgswirksamen Zeitwertbewertung an Bedingungen geknüpft ist, die die Relevanz des Ausweises erhöhen.

3.2.5.2.5 Vereinfachung der Darstellung von Portfoliozusammenhängen durch die freiwillige erfolgswirksame Zeitwertbewertung

Die Darstellung von Portfoliozusammenhängen ist in direktem Zusammenhang mit der Ansatz- oder Bewertungsinkongruenz (sog. Mismatch Problematik[535]) zu sehen. Eine Inkongruenz entsteht, sofern für Vermögenswerte und/oder Verbindlichkeiten, die in einem unmittelbaren ökonomischen Zusammenhang stehen, unterschiedliche Wertansätze zur Anwendung kommen.[536] Unterschiedliche Wertansätze sind Resultat der Anwendung des Mixed-Measurement-Modells.[537] Die Einführung der neuen Kategorie dient insbesondere dazu, diese Inkongruenz zu vermeiden.[538] Folgendes Beispiel soll die Problematik von Ansatz- und Bewertungsinkongruenzen verdeutlichen:[539]

Eine Finanzinvestition wird kreditfinanziert erworben. Der Kredit wird zu fortgeführten Anschaffungskosten bewertet. Ist die Finanzinvestition erfolgswirksam mit dem beizulegenden Zeitwert zu bewerten, ergibt sich eine ökonomisch unbegründete

---

533 Vgl. Klotzbach, D./ Kropp, M. (2002), S. 1025.
534 Vgl. IAS 39.9 b) i. V. m. IAS 39.AG4C-AG4K.
535 Vgl. IAS 39.9.
536 Vgl. Klotzbach, D./ Kropp, M. (2002), S. 1023.
537 Vgl. Pape, J. (2001a), S. 213, 216; Baetge, J./ Zülch, H. (2001), S. 546, 552; Diedrich, R./ Rohde, C. (2005), S. 706.
538 Vgl. Bogajewskaja, J./ Borchmann, T./ Pape, J. (2002), S. 232.
539 Beispiel in Anlehnung an Böcking, H.-J./ Sittmann-Haury, C. (2003), S. 200. Weitere Beispiele werden in IAS39.AG4E genannt.

Ergebnisschwankung in der Gewinn- und Verlustrechnung und darüber mittelbar im Eigenkapital. Wird die Finanzinvestition ergebnisneutral mit dem beizulegenden Zeitwert bewertet, ergibt sich die ökonomisch unbegründete Schwankung nicht in der Gewinn- und Verlustrechnung, sondern in der Eigenkapitalveränderungsrechnung und im Eigenkapital.[540]

Bestünde in diesem Zusammenhang die Möglichkeit, den Kredit ebenfalls mit dem beizulegenden Zeitwert zu bewerten, würde diese Ergebnisschwankung vermieden. Jede danach verbleibende Schwankung erlaubt Rückschlüsse auf die Präzision des Portfoliozusammenhangs bzw. auf die Qualität des Portfoliomanagements.[541] Die durch den Exposure Draft von 2002 eingeführte und in IAS 39 in der Fassung von 2003 umgesetzte Möglichkeit der freiwilligen Zeitwertbewertung führt dazu, dass entgegen der vorherigen Regelung der Portfoliozusammenhang dargestellt werden kann. Die Praxis des Portfoliomanagements wird ihrem wirtschaftlichen Gehalt entsprechend dargestellt, und damit wird auch die Qualität des Portfoliomanagements besser der Beurteilung zugänglich.[542]

Die Einschränkung der Fair Value Option in IAS 39 in der Fassung von 2005 hat hierauf keinen Einfluss, da die Darstellung von Portfoliozusammenhängen im Rahmen der Definition explizit als Begründung für die Anwendung der erfolgswirksamen Zeitwertbewertung zulässig ist.[543]

3.2.5.2.6 Annäherung an US GAAP als Resultat der freiwilligen erfolgswirksamen Zeitwertbewertung

Durch die Einführung des Wahlrechts zur freiwilligen erfolgswirksamen Zeitwertbewertung von Finanzinstrumenten wurde ein anderes Wahlrecht obsolet: In IAS 39 in der Fassung von 2000 bestand die Möglichkeit, Ergebnisbeiträge von zur Veräußerung verfügbaren Finanzinvestitionen entweder erfolgsneutral über den Zwischenschritt der Eigenkapitalveränderungsrechnung im Eigenkapital oder

---

[540] Vgl. Böcking, H.-J./ Sittmann-Haury, C. (2003), S. 200.

[541] So sinngemäß auch Löw, E./ Blaschke, S. (2005), S. 1732.

[542] Vgl. Bogajewskaja, J./ Borchmann, T./ Pape, J. (2002), S. 232; Klotzbach, D./ Kropp, M. (2002), S. 1023; IASB (Hrsg.) (2002d), ED IAS 39.C58.

[543] Vgl. IAS 39.9. Die Wahl der Fair Value Option erfordert Anhangsangaben im Sinne des IFRS 7, hier insbesondere IFRS 7.B5 a) iii).

erfolgswirksam in der Gewinn- und Verlustrechnung der Periode zu erfassen.[544] Dieses Wahlrecht wurde mit Verweis auf das neu eingeräumte Wahlrecht gestrichen.[545] In den US GAAP besteht ein solches Wahlrecht nicht:[546] Ergebnisbeiträge aus zur Veräußerung verfügbaren Finanzanlagen sind nach US GAAP in jedem Fall über den Zwischenschritt des Other Comprehensive Income im Eigenkapital zu erfassen. Im Hinblick auf den definierten Zweck der Rechnungslegung als Beurteilungsmaß der Regelungen der IAS/IFRS-Rechnungslegung ist eine Annäherung an andere Rechnungslegungskonzeptionen als neutral zu beurteilen.

3.2.5.2.7 Auswirkungen der Nutzung der Fair Value Option für Finanzinvestitionen der Kategorie Kredite und Forderungen

Am 21. April 2004 veröffentlichte das IASB den Exposure Draft „The Fair Value Option".[547] Der Exposure Draft diente dazu, missbräuchliche Anwendungen der Fair Value Option zu verhindern und stellte in diesem Zusammenhang einen Katalog auf, der bestimmt, für welche Sachverhalte die Fair Value Option anwendbar ist.[548] Die an dieser Stelle wesentliche Anforderung betrifft Finanzinstrumente der Kategorie Kredite und Forderungen, für die die Fair Value Option nicht zur Verfügung stehen sollte.[549] Insofern wurde beispielsweise die Möglichkeit der Darstellung von Portfoliozusammenhängen in dieser Kategorie ausgeschlossen. Durch IAS 39 in der Fassung von 2005 wurde diese Einschränkung aufgehoben. Kredite und Forderungen können grundsätzlich auch freiwillig erfolgswirksam mit dem beizulegenden Zeitwert bewertet werden.[550] Dieser Sachverhalt ist kritisch zu sehen, da für die Kategorie der Kredite und Forderungen definitionsgemäß weder ein aktiver Markt besteht noch eine Handelsabsicht oder tatsächliche Handelstätigkeit vorliegt. Die mit der Anpassung des IAS 39 grundsätzlich ermöglichte Designationsfreiheit wird durch die Anforderungen an die Designation zur Kategorie der freiwillig erfolgswirksam mit dem beizulegenden

544 Vgl. IASB (Hrsg.) (2002a), IAS 39.103b.
545 Vgl. IAS 39.BC77.
546 Vgl. FAS 130, Para. 33.
547 Vgl. IASB (Hrsg.) (2004a).
548 Vgl. IASB (Hrsg.) (2004a) mit den vorgeschlagenen Änderungen zu IAS 39.9; vgl. auch Barckow, A. (2004); S. 795-797; Kuhn, S./ Scharpf, P. (2005b), S. 219-221.
549 Dieser Ausschluss gilt nur, insoweit kein anderes Kriterium zutrifft, da die Erfüllung eines Kriteriums für die Nutzung der Fair Value Option ausreicht. Vgl. hierzu Barckow, A. (2004); S. 796.
550 Vgl. IAS 39.9, Definition der Kategorie Kredite und Forderungen, Kriterium a).

Zeitwert bewerteten Finanzanlagen begrenzt. Für die Designation bestehen drei zulässige Begründungen:[551]

1. Beseitigung einer Ansatz- oder Bewertungsinkongruenz,
2. das Instrument ist Teil eines Fair-Value-Portfolios oder
3. die Vermeidung der Trennung eingebetteter Derivate.

Für den vorliegenden Sachverhalt erscheint lediglich die Beseitigung einer Ansatz- oder Bewertungsinkongruenz als mögliche Begründung anwendbar.[552]

Darüber hinaus besteht die Grundvoraussetzung, dass durch die Zuordnung in diese Kategorie relevantere Informationen vermittelt werden.[553] Sofern diese Grundvoraussetzung erfüllt wird, kann eine Zuordnung in die Kategorie der freiwillig erfolgswirksam mit dem beizulegenden Zeitwert bewerteten Finanzanlagen erfolgen.

Die freiwillige erfolgswirksame Zeitwerbewertung für Instrumente, die die Anforderungen der Kategorie Kredite und Forderungen erfüllen, wird somit an weitergehende Anforderungen geknüpft. Diese Anforderungen stellen einen direkten Bezug zur Vermittlung relevanterer Abschlussinformationen her. Somit wird die missbräuchliche Zeitwertbewertung für Instrumente, die die Anforderungen der Kategorie Kredite und Forderungen erfüllen, effektiv begrenzt. Die damit für die Anwendung der Fair Value Option notwendige Abwägung anhand der Relevanz entspricht dem definierten Zweck der Rechnungslegung. Die Verlässlichkeit der Zeitwertbewertung solcher Instrumente ist weiter zu untersuchen.

---

551 Vgl. IAS 39.9 zur Definition erfolgswirksam mit dem beizulegenden Zeitwert bewerteter Finanzinstrumente sowie IAS 39.11A.

552 Es erscheint hier nicht sachgerecht, anzunehmen, dass das Instrument Teil eines Fair-Value-Portfolios ist. Definitionsgemäß besteht für Instrumente der Kategorie Kredite und Forderungen weder ein auf einem aktiven Markt entstandener Marktwert noch besteht eine Handelsabsicht oder tatsächliche Handelstätigkeit durch das Unternehmen.
Es erscheint ebenfalls nicht sachgerecht, durch die Zuordnung die Trennung eines eingebetteten Derivats zu vermeiden. Dies ist ausgeschlossen, da ein Instrument mit einem eingebetteten Derivat in Anwendung von IAS 39.11 in Verbindung mit IAS 39.11A nicht der Kategorie Kredite und Forderungen zugeordnet werden kann.

553 Vgl. IAS 39.9, Definition erfolgswirksam mit dem beizulegenden Zeitwert bewerteter Finanzinstrumente, Kriterium b).

3.2.5.3 Beurteilung der Bilanzierung der Finanzinvestitionen, die freiwillig erfolgswirksam mit dem beizulegenden Zeitwert bewertet werden

Aus der isolierten Betrachtung der Finanzinvestitionen, die freiwillig erfolgswirksam mit dem beizulegenden Zeitwert bewertet werden sind folgende Punkte festzuhalten:

(1) Die Dokumentationsanforderungen des Handelsbestands sind für freiwillig erfolgswirksam mit dem beizulegenden Zeitwert bewertete Finanzinvestitionen nicht einschlägig. Die diesbezügliche Unsicherheit wurde durch die Weiterentwicklung des IAS 39 und des IFRS 7 auf deren aktuellen Stand beseitigt.

(2) Die freiwillig erfolgswirksam mit dem beizulegenden Zeitwert bewerteten Finanzinstrumente werden mit dem Handelsbestand in einer Kategorie ausgewiesen. Weitergehende Angaben zu den Unterkategorien Handelsbestand und freiwillige erfolgswirksame Zeitwertbewertung sind im Anhang zu machen. Hierdurch erfolgt einerseits auf einfache Weise durch die Kategorie die Vermittlung der Behandlung in der Rechnungslegung. Andererseits erfolgt durch die Anhangsangaben zu den Unterkategorien die Vermittlung der Art ihres Zustandekommens. Die Transparenz und die Verständlichkeit wurden verbessert.

(3) Die freiwillige erfolgswirksame Bewertung mit dem beizulegenden Zeitwert eröffnet in begrenztem Umfang innerhalb einer Rechnungslegungsperiode die Möglichkeit zur selektiven Zeitwertbewertung. Die Tragweite des Gestaltungsspielraums ist aufgrund der kurzen Zeitspanne und der Anforderungen für die Designation zu den freiwillig erfolgswirksam mit dem beizulegenden Zeitwert bewerteten Finanzinvestitionen als begrenzt einzustufen.

(4) Die Einführung eines Wahlrechts dieser Tragweite repräsentiert eine Einschränkung der Vergleichbarkeit zwischen Unternehmen. Dieser Effekt wird durch die Beschränkung der Fair Value Option in IAS 39 in der Fassung von 2005 wesentlich reduziert und an Bedingungen geknüpft, die der Vermittlung relevanterer Abschlussinformationen dienen. Die für die Anwendung der Fair

Value Option notwendige Abwägung zwischen Vergleichbarkeit und Relevanz entspricht dem definierten Zweck der Rechnungslegung.

(5) Das Wahlrecht zur freiwilligen erfolgswirksamen Zeitwertbewertung vereinfacht die Darstellung von Portfoliozusammenhängen. Die Wertschwankungen eines abgestimmten Portfolios werden gemeinsam in der Gewinn- und Verlustrechnung der Rechnungslegungsperiode erfasst. Als Residuum verbleibt nur die Ergebnisschwankung des Gesamtportfolios. Diese Darstellung ermöglicht Rückschlüsse auf die Qualität des Portfoliomanagements.

(6) Mit der Einführung der freiwilligen Zeitwertbewertung wurde das in IAS 39 in der Fassung von 2000 letztmalig bestehende Wahlrecht, Finanzinstrumente der Kategorie der zur Veräußerung verfügbaren Finanzinstrumente erfolgswirksam mit dem beizulegenden Zeitwert zu bewerten, obsolet. Dieses Wahlrecht bestand in den US GAAP nicht. Die Änderung stellt insofern eine Annäherung an das US GAAP-Regelwerk dar. Im Hinblick auf den definierten Zweck der Rechnungslegung als Beurteilungsmaß der Regelungen der IAS/IFRS-Rechnungslegung ist eine Annäherung an andere Rechnungslegungskonzeptionen als neutral zu beurteilen.

(7) Seit dem IAS 39 in der Fassung von 2005 besteht die Fair Value Option auch für Instrumente, die die Anforderungen der Kategorie Kredite und Forderungen erfüllen. Diese Designationsfreiheit ist vor dem Hintergrund, dass für diese Instrumente definitionsgemäß kein aktiver Markt existiert und weder eine Handelsabsicht noch eine tatsächliche Handelstätigkeit durch das Unternehmen besteht, kritisch zu sehen. Die Anforderungen an die Nutzung der Fair Value Option begrenzen die erfolgswirksame Zeitwertbewertung jedoch effektiv auf die Fälle, in denen dadurch relevantere Informationen vermittelt werden. Die damit für die Anwendung der Fair Value Option notwendige Abwägung anhand der Relevanz entspricht dem definierten Zweck der Rechnungslegung. Die Verlässlichkeit der Zeitwertbewertung solcher Instrumente ist weiter zu untersuchen.

3.2.6 Kategorie der finanziellen Vermögenswerte, die erfolgswirksam mit dem beizulegenden Zeitwert bewertet werden – Teilkategorie der derivativen finanziellen Vermögenswerte

Derivative Finanzinstrumente sind Teil der Kategorie Finanzinstrumente, die mit dem beizulegenden Zeitwert bewertet werden und dessen Veränderung erfolgswirksam in der Gewinn- und Verlustrechnung erfasst wird.[554]

Die separate Darstellung derivativer Finanzinstrumente erfolgt aus drei Gründen:

1. Die Darstellung trägt der Bedeutung derivativer Finanzinstrumente Rechnung, die sich insbesondere aus dem ihnen innewohnenden Risiko ergibt.
2. Das Verständnis der derivativen Finanzinstrumente ist Grundlage für den Umgang mit eingebetteten Derivaten.
3. Derivative Finanzinstrumente sind wesentliche Komponenten von Sicherungsbeziehungen und damit sowohl für die Zeitwertbewertung an sich als auch für die Darstellung ihrer Änderung relevant.

3.2.6.1 Abgrenzung der Kategorie bzw. Teilkategorie von anderen Kategorien finanzieller Vermögenswerte

Ein Derivat ist definiert als ein Finanzinstrument, das die folgenden Voraussetzungen kumulativ erfüllt:[555]

a) Der Wert hängt vom Wert einer Basisvariablen, dem sog. underlying ab. Diese Basisvariable kann ein Zinssatz, ein Wertpapierpreis, ein Güterpreis, ein Wechselkurs, ein Preis- oder Zinsindex, ein Bonitätsrating oder eine vergleichbare Variable sein.
b) Es erfordert keine Anfangsinvestition oder eine Investition, die geringer ist als die von anderen Verträgen, die ähnlich auf Marktveränderungen reagieren.
c) Die Verpflichtung wird zu einem zukünftigen Termin beglichen.

---

554 Vgl. IAS 39.9, Definition erfolgswirksam mit dem beizulegenden Zeitwert bewerteter Finanzinstrumente, Kriterium a) iii).

555 Vgl. IAS 39.9, Definition eines Derivats.

Entsprechend der Definition[556] von Finanzinstrumenten, die mit dem beizulegenden Zeitwert bewertet werden und dessen Veränderung erfolgswirksam in der Gewinn- und Verlustrechnung erfasst wird, fallen Derivate in diese Kategorie.

Derivate im Sinne des IAS 39 sind solche, die durch Lieferung des zugrunde liegenden Instruments erfüllt werden, sofern dieses zugrunde liegende Instrument ein Finanzinstrument ist. Außerdem gehören alle Derivate in den Anwendungsbereich des IAS 39, die durch Zahlung, also ohne Lieferung des zugrunde liegenden Instruments, erfüllt werden können. Derivate, die nur durch Lieferung eines Instruments erfüllt werden können, das nicht in den Anwendungsbereich des IAS 39 gehört, sind keine derivativen Finanzinstrumente im Sinne des Standards. Solche Transaktionen stehen gewöhnlich in Zusammenhang mit einem erwarteten Kauf, Verkauf oder einer erwarteten Nutzung.[557] Ebenfalls unter die Definition von Derivaten im Anwendungsbereich des IAS 39 fallen Vereinbarungen zu Transaktionen, bei denen Veränderungen zwischen Handelstag und Erfüllungstag ausgeglichen werden.[558]

Typische Derivate sind Futures, Forwards, Swaps und Optionen.[559] Derivate werden hinsichtlich ihres Handelsortes unterschieden. Derivate können an oder außerhalb von Terminbörsen gehandelt werden. Außerhalb von Terminbörsen gehandelte Instrumente werden OTC-Instrumente (Wertpapiere des Freiverkehrs) genannt.[560]

An Terminbörsen werden standardisierte Produkte gehandelt, wogegen OTC-Instrumente frei ausgehandelt werden.[561] Der Markt für standardisierte Produkte ist aus diesem Grund liquider und transparenter. Bei Terminbörsen wird der Handel über die Clearingstelle abgesichert, die die gegenseitige Erfüllung garantiert. Das Ausfallrisiko ist aus diesem Grund geringer. Dafür fordert die Clearingstelle das Einrichten eines Abrechnungskontos (Margin Account), auf das eine Sicherheitsleistung (Initial Margin)

---

556 Vgl. IAS 39.9, Definition erfolgswirksam mit dem beizulegenden Zeitwert bewerteter Finanzinstrumente, Kriterium a) iii).

557 Vgl. IAS 39.AG10. Vgl. auch Flintrop, B. (2006), Tz. 6.

558 Vgl. IAS 39.AG12 i. V. m. IAS39.AG54. Vgl. auch Beine, F./ Meyer, C. H. (2007), Tz. 136.

559 Vgl. IAS 39.AG9. Vgl. auch Wagenhofer, A. (2005), S. 226; König-Schichtel, S. (2005), S. 743; Flintrop, B. (2006), Tz. 4.

560 Vgl. Wawrzinek, W. (2006), Tz. 66.

561 Vgl. Bellavite-Hövermann, Y./ Barckow, A. (2003), Tz. 36.

zu erbringen ist.[562] Das Konto wird täglich abgerechnet. Eine solche Abrechnung erfolgt bei OTC-Instrumenten nicht. Insofern besteht ein höheres Erfüllungsrisiko. Die Transaktionskosten sind höher.[563]

3.2.6.2 Besonderheiten der Bilanzierung eingebetteter Derivate

Ein eingebettetes Derivat ist eine Komponente eines hybriden Finanzinstruments. Hybride oder zusammengesetzte Finanzinstrumente bestehen aus einem oder mehreren Derivaten und einem originären Instrument, dem Träger- oder Basisvertrag.[564] Ein eingebettetes Derivat sorgt dafür, dass sich die Cash Flows, die ohne das Derivat anfallen würden, in Abhängigkeit einer oder mehrerer Variablen verändern.[565] Eine solche Eigenschaft würde ohne das Derivat eine Änderung des Vertrags nötig machen. Ein Derivat, das separat veräußerbar ist oder von einer anderen Partei stammt, ist kein eingebettetes, sondern ein eigenständiges Derivat.[566]

Ein eingebettetes Derivat ist von dem Basisvertrag zu lösen, wenn die folgenden drei Voraussetzungen kumulativ erfüllt sind:[567]

a) Die Charakteristika und Risiken des Derivats sind nicht eng verbunden mit denen des Basisvertrags.
b) Ein nicht eingebettetes Instrument mit denselben Eigenschaften, die das eingebettete Instrument hat, würde die Voraussetzungen für ein derivatives Finanzinstrument erfüllen.
c) Das hybride Finanzinstrument wird nicht mit dem beizulegenden Zeitwert bewertet, dessen Änderungen ergebniswirksam in der Gewinn- und Verlustrechnung erfasst werden.

---

562 Für die Bilanzierung stellt die Sicherheitsleistung einen separaten Geschäftsvorfall dar, der entsprechend gesondert zu bilanzieren ist. Vgl. Flintrop, B. (2006), Tz. 42.

563 Vgl. Bellavite-Hövermann, Y./ Barckow, A. (2003), Tz. 36.

564 Vgl. Bellavite-Hövermann, Y./ Barckow, A. (2003), Tz. 37; Flintrop, B. (2006), Tz. 21.

565 Vgl. IAS 39.10.

566 Vgl. IAS 39.10.

567 Vgl. IAS 39.11. Für eine weitergehende Auseinandersetzung mit den genannten Kriterien sei auf Gaber, C./ Gorny, J. (2007), S. 324 verwiesen. Zur Neubeurteilung der Pflicht zur Abspaltung sei auf IFRIC 9 bzw. für einen Überblick über IFRIC 9 auf Roese, B./ Trepte, F./ Vielmeyer, U. (2006) und Schmidt, M./ Schreiber, S. M. (2006) verwiesen.

Punkt a) der Definition bestimmt, ab wann es inhaltlich notwendig wird, eingebettete Derivate von ihrem Basisvertrag zu lösen. Nur wenn die Merkmale und Risiken der eingebetteten Derivate und des Trägervertrags in keinem engen Zusammenhang stehen, wird durch die Spaltung eine Verbesserung der Aussage über die Vermögens-, Finanz- und Ertragslage erwartet.[568] Wird das derivative Finanzinstrument abgetrennt, so ist der verbleibende Basisvertrag nach den Standards zu behandeln, die dafür anwendbar sind (z. B. IAS 2, IAS 16 oder IAS 17). Kann die Pflicht zur Aufspaltung nicht abgeleitet werden, besteht ein Verbot.[569]

Sollte es dem rechnunglegenden Unternehmen nicht möglich sein, das eingebettete derivative Finanzinstrument von dem Basisvertrag unabhängig zu bewerten, wird das gesamte hybride Konstrukt wie ein Finanzinstrument des Handelsbestandes bewertet.[570] Folglich sind eingebettete Derivate von dem Basisvertrag zu lösen, sofern das möglich ist, oder das gesamte Konstrukt als Handelsbestand zu bilanzieren, sofern die Trennung nicht möglich ist. Der Grund hierfür ist darin zu sehen, dass ein Derivat in jedem Fall mit dem beizulegenden Zeitwert bewertet werden soll, dessen Änderungen in der Gewinn- und Verlustrechnung der Periode zu erfassen sind.[571]

In der Praxis stellt sich die Trennung hybrider Produkte häufig als schwierig heraus.[572] Die eingebetteten Derivate müssen identifiziert und isoliert werden. Der Kunde solcher Produkte besitzt vermutlich nicht die Informationen über die Detailstruktur des Instruments, da es gerade den Wert von Finanzdienstleistern ausmacht, die Produkte für die Kunden zu strukturieren. Bei einfachen zusammengesetzten Produkten kann die Struktur noch aus den Zahlungsströmen abgeleitet werden. Bei komplexeren Instrumenten mit mehreren oder gar vielen eingebetteten Derivaten ist das nicht mehr möglich. Um den Aufwand für die Trennung strukturierter Produkte zu reduzieren,

---

568 Vgl. Bellavite-Hövermann, Y./ Barckow, A. (2003), Tz. 39. Für eine Auflistung von strukturierten Produkten, für die eine Aufspaltung aus Definitionspunkt a) nicht abgeleitet werden kann, vgl. Scharpf, P. (2000b), S. 216 f. Für eine Auflistung von solchen, für die eine Aufspaltung aus Definitionspunkt a) abgeleitet wird, vgl. Scharpf, P. (2000b), S. 215.

569 Das Verbot lässt sich aus der Formulierung für die Voraussetzungen zur Trennung hybrider Produkte „if, and only if" in IAS 39.11 ableiten. Vgl. auch Bellavite-Hövermann, Y./ Barckow, A. (2003), Tz. 47.

570 Vgl. IAS 39.12.

571 Vgl. IAS 39.BC37. Vgl. hierzu auch Gaber, C./ Gorny, J. (2007), S. 323.

572 Vgl. Bellavite-Hövermann, Y./ Barckow, A. (2003), Tz. 39 f. Zur Darstellung des Vorgehens bei der Aufspaltung strukturierter Produkte in einer Übersicht vgl. Bellavite-Hövermann, Y./ Barckow, A. (2003), Tz. 48.

wurde für diese Produkte die Möglichkeit der freiwilligen erfolgswirksamen Zeitwertbewertung eingeführt.[573]

Die Möglichkeit der freiwilligen erfolgswirksamen Zeitwertbewertung kann genutzt werden, außer wenn:[574]

a) das eingebettete Derivat den Cash Flow des Kontrakts nicht signifikant modifiziert, oder
b) es offensichtlich ist, dass der Derivat nicht abgespalten werden darf.

Die genannten Einschränkungen der Fair Value Option für Instrumente mit eingebetteten Derivaten wurden eingeführt um die Umgehung der anderen Einschränkungen der Fair Value Option zu verhindern:[575] Ohne diese Bedingungen wäre es durch die Bildung strukturierter Produkte mit unwesentlichen eingebetteten Derivaten möglich, die erfolgswirksame Zeitwertbewertung ohne weitere Voraussetzungen zu erreichen.

3.2.6.3 Bewertung und Erfassung von Erträgen und Aufwendungen finanzieller Vermögenswerte der Kategorie bzw. Teilkategorie

Derivate sind definitionsgemäß der Kategorie der Finanzinstrumente, die mit dem beizulegenden Zeitwert bewertet werden und dessen Veränderung erfolgswirksam in der Gewinn- und Verlustrechnung erfasst wird, zuzuordnen.[576] Entsprechend sind Derivate mit dem beizulegenden Zeitwert zu bewerten und die Wertdifferenzen unmittelbar erfolgswirksam zu verrechnen.[577] Sind Derivate Teil einer Sicherungsbeziehung im Sinne des IAS 39, gelten hiervon abweichend die Regelungen zur Bilanzierung von Sicherungsbeziehungen.[578]

Derivative Finanzinstrumente kommen als Vermögenswerte oder Verbindlichkeiten zum Ansatz, da sie positive wie auch negative Werte annehmen können. Erworbene Optionen, die das Recht, aber nicht die Pflicht zu einer Transaktion verkörpern, können

---

573 Vgl. IAS 39.BC78.
574 Vgl. IAS 39.11A.
575 Vgl. IAS 38.BC78. Vgl. hierzu auch Gaber, C./ Gorny, J. (2007), S. 324 f.
576 Vgl. IAS 39.9.
577 In Anwendung von IAS 39.43 sowie IAS 39.46 in Verbindung mit IAS 39.55.
578 Vgl. IAS 39.89-102.

keine negativen Werte annehmen:[579] Hier kommt nur ein Ansatz als Vermögenswert in Betracht.

3.2.6.4 Bilanzierung von Sicherungsbeziehungen

3.2.6.4.1 Allgemeine Einordnung von Sicherungsbeziehungen

Unter einer Sicherungsbeziehung (Hedge) wird die Absicherung eines Wertes oder Zahlungsstroms (Grundgeschäft) verstanden, indem eine Gegenposition (Sicherungsgeschäft) aufgebaut wird, die die Änderungen des abzusichernden Wertes oder Zahlungsstroms ganz oder teilweise kompensiert.[580] Es bestehen drei grundsätzliche Arten von Sicherungsbeziehungen:[581]

1. Mikrohedges,
2. Portfoliohedges und
3. Makrohedges.

Bei Mikrohedges werden einzelne Grundgeschäfte abgesichert. Bei Portfoliohedges werden mehrere Grundgeschäfte, die hinsichtlich eines oder mehrerer Risiken ähnlich sind, in ihrer Gesamtheit abgesichert. Unter Makrohedges ist die Absicherung einer heterogenen Gesamtheit von Grundgeschäften zu verstehen. Derivate sind insbesondere wegen ihrer geringen oder nicht vorhandenen Anfangsinvestitionen geeignete Instrumente, um den Zweck der Absicherung zu erreichen.

Die buchhalterisch besondere Behandlung von Sicherungsgeschäften ist anzuraten, wenn für das zu sichernde Grundgeschäft und das Sicherungsgeschäft unterschiedliche Bewertungsregeln bestehen oder die Ergebnisbeiträge aus dem Grundgeschäft und dem Sicherungsgeschäft zeitlich versetzt anfallen.[582] Im Rahmen der Bilanzierung von

---

579 Vgl. Scharpf, P./ Luz, G. (2000), S. 342.

580 Vgl. Schwarz, C. (2005), S. 472; Bellavite-Hövermann, Y./ Barckow, A. (2003), Tz. 77.

581 Vgl. Scharpf, P./ Luz, G. (2000), S. 296 f.; Schwarz, C. (2005), S. 472 f.; Steiner, M./ Tebroke, H.-J. /Wallmaier, M. (1995), S. 536-539; Bellavite-Hövermann, Y./ Barckow, A. (2003), Tz. 78. Die Unterscheidung in Mikro-, Portfolio- und Makrohedge ist nicht in allen Literaturquellen einheitlich. Beispielsweise sprechen Gerdes, A./ Lantzius-Beninga, B. (2005), S. 106, von zulässigen Makro Cash-Flow Hedges. An dieser Stelle sei auch auf den Beitrag zum Portfolio Hedge Accounting von Arnoldi und Leopold hingewiesen (vgl. hierzu Arnoldi, R./ Leopold, T. (2005)).

582 Vgl. Bellavite-Hövermann, Y./ Barckow, A. (2003), Tz. 152; Wagenhofer, A. (2005), S. 245; Steiner, M./ Tebroke, H.-J. /Wallmaier, M. (1995), S. 534.

Sicherungsbeziehungen ist es von zentraler Bedeutung, dass für das gesicherte Grundgeschäft und das Sicherungsinstrument gleiche Bewertungsmethoden gelten. Nur so kann das ökonomische Interesse, das hinter der Transaktion steht, realistisch dargestellt werden. Ein Problem der Darstellung von Sicherungsbeziehungen liegt in der Anwendung des Einzelbewertungsgrundsatzes:[583] Bei der Umsetzung einer strengen Einzelbewertung würden Risiken im Jahresabschluss dargestellt, die real nicht oder nicht in dem Umfang vorhanden sind. Dies wird mit dem folgenden Beispiel deutlich:

Eine finanzielle Verbindlichkeit mit fixer Verzinsung wird mittels eines Swaps auf einen variablen Zinssatz umgestellt. Es wird angenommen, dass für die finanzielle Verbindlichkeit die Bewertungsmethode entsprechend der Kategorie der sonstigen finanziellen Verbindlichkeiten gilt. Die Bewertung würde zu fortgeführten Anschaffungskosten erfolgen. Der Swap würde als Derivat mit dem beizulegenden Zeitwert bewertet. Ändert sich der Marktzinssatz, verändern sich die Werte der finanziellen Verbindlichkeit und des Swaps in entgegengesetzte Richtungen. Die Darstellung in der Rechnungslegung ist einseitig und spiegelt nicht die tatsächlichen wirtschaftlichen Verhältnisse wider, da nur die Wertänderung des Swaps in der Bilanz und der Gewinn- und Verlustrechnung erfasst wird. Für die Absicherung muss die Betrachtung gemeinsam erfolgen, damit im Sinne des qualitativen Kriteriums Verlässlichkeit die wirtschaftliche Betrachtungsweise umgesetzt wird und ein den tatsächlichen Verhältnissen entsprechendes Bild vermittelt wird.

Zur grundsätzlichen Einordnung der Bilanzierung von Sicherungszusammenhängen ist Folgendes festzustellen:[584] Die Notwendigkeit für spezielle Regelungen zur Bilanzierung von Sicherungszusammenhängen besteht nur, da gegenwärtig in den IAS/IFRS das Mixed-Measurement-Modell zur Anwendung kommt. Käme das Full-Fair-Value-Modell zur Anwendung, würden auf das zu sichernde Grundgeschäft und das Sicherungsgeschäft zwangsläufig gleiche Bewertungsmethoden angewendet.[585] Es verbliebe auch bei einer Anwendung des Full-Fair-Value-Modells die Notwendigkeit

---

583 Vgl. Löw, E./ Blaschke, S. (2005), S. 1727; Steiner, M./ Tebroke, H.-J. /Wallmaier, M. (1995), S. 534.

584 Vgl. Pape, J. (2001a), S. 213, 216; Baetge, J./ Zülch, H. (2001), S. 546, 552; Diedrich, R./ Rohde, C. (2005), S. 706.

585 Vgl. Löw, E./ Blaschke, S. (2005), S. 1728; Breker, N./ Gebhardt, G./ Pape, J. (2000), S. 742.

für Regelungen zur Darstellung der Sicherungsbeziehung in der Rechnungslegung um den Adressaten die wirtschaftliche Betrachtungsweise zu ermöglichen.

3.2.6.4.2 Bilanzierung von Sicherungsbeziehungen nach IAS 39

IAS 39 sieht Sicherungsbeziehungen grundsätzlich als Mikrohedges. Das Absichern von Portfolios ist nur in dem von IAS 39.83 f. definierten engen Rahmen zulässig. Makrohedges sind grundsätzlich nicht möglich.[586] Die starke Fokussierung auf Mikrohedges in der Rechnungslegung widerspricht teilweise der Realität in Unternehmen, die häufig aggregierte Risiken auf Portfolioebene oder gar auf Gesamtunternehmensebene absichern.[587] Insofern sind die Regelungen zu Sicherungsbeziehungen für die Realität der Besicherung unbefriedigend. Es ist jedoch zu berücksichtigen, dass mit zunehmender globaler Absicherung die Abschätzung der eigentlich abzusichernden Position schwieriger, subjektiver und weniger leicht nachvollziehbar wird. Insofern liegt der Beurteilung der zulässigen Sicherungsbeziehungen eine deutliche Risiko- bzw. Verlässlichkeitsüberlegung zugrunde.[588]

Entsprechend IAS 39.9 ist ein Sicherungsinstrument definiert als ein Derivat[589], dessen Zeitwertänderung oder Cash Flows dazu bestimmt sind, Zeitwertänderungen oder Cash Flows eines besicherten Grundgeschäfts zu kompensieren.

Ein gesichertes Grundgeschäft ist ein Vermögenswert, eine Verbindlichkeit, eine feste Verpflichtung oder eine vorhergesehene zukünftige Transaktion, die

a) das Unternehmen dem Risiko einer Zeitwertänderung oder einer Änderung der zukünftigen Cash Flows aussetzen und die
b) für die Bilanzierung als gesichert dargestellt werden sollen.[590]

---

586 Vgl. IAS 39.84 in Verbindung mit IAS 39.AG101.
587 Vgl. Kütter, G./ Prahl, R. (2006), S. 15; Steiner, M./ Tebroke, H.-J. /Wallmaier, M. (1995), S. 537.
588 Vgl. Steiner, M./ Tebroke, H.-J. /Wallmaier, M. (1995), S. 537 f.
589 Im Fall der Absicherung von Fremdwährungsrisiken ist auch ein Nicht-Derivat zulässig. Als Beispiel für ein Nicht-Derivat, das als Absicherung von Fremdwährungsrisiken verwendet werden kann sei eine bis zur Endfälligkeit zu haltende Finanzinvestition genannt. Vgl. hierzu IAS 39.AG95.
590 Vgl. IAS 39.9.

Das Unternehmen kann grundsätzlich auch ein schon im Unternehmen vorhandenes Derivat für eine Sicherungsbeziehung vorsehen. Es ist nicht nötig, das Derivat extra zu erwerben.[591] Eigene Eigenkapitalinstrumente sind als Sicherungsinstrumente ausgeschlossen.[592]

Eine Sicherungsbeziehung qualifiziert nur für die Darstellung als Sicherungsbeziehung nach den IAS/IFRS, wenn die folgenden Kriterien kumulativ erfüllt sind:[593]

a) Dokumentation der Sicherungsbeziehung und Ziel und Strategie des Risikomanagements, das zu der Sicherung geführt hat. Die Dokumentation soll Informationen über das Sicherungsinstrument, das gesicherte Grundgeschäft, die Art des gesicherten Risikos und Informationen darüber enthalten, wie das Unternehmen die Wirksamkeit der Sicherungsbeziehung feststellen wird.
b) Die Wirksamkeit der Sicherungsbeziehung muss hoch sein. Die Application Guidance nennt eine geforderte Effektivität zwischen 80 und 125 %.[594]
c) Im Fall der Absicherung eines Cash Flows muss die erwartete Transaktion hochgradig wahrscheinlich sein, und die Schwankung des Cash Flows muss eine Ergebnisauswirkung haben.
d) Die Wirksamkeit der Sicherungsbeziehung muss verlässlich ermittelbar sein. Das heißt, die beizulegenden Zeitwerte des gesicherten Grundgeschäfts oder Cash Flows und der beizulegende Zeitwert des Sicherungsinstruments müssen verlässlich ermittelbar sein.
e) Das Sicherungsgeschäft muss laufend beurteilt und für die gesamte Berichtsperiode als hochgradig wirksam eingeschätzt werden.

Die Wirksamkeit eines Sicherungsgeschäfts ist definiert als der Anteil der Zeitwertänderung oder der Änderung des erwarteten Cash Flows, der durch das Sicherungsinstrument kompensiert wird.[595]

---

591 Vgl. IASB (Hrsg.) (2002b), IAS 39 IGQ&A, Q142-7.

592 Vgl. IAS 39.AG97.

593 Vgl. IAS 39.88. Für weitergehende Informationen zu den Anforderungen an eine Sicherungsbeziehung nach IAS 39.88 im Allgemeinen und den Nachweis der Effektivität im Speziellen sei auf IDW (Hrsg.) (2006c), RS HFA 9, Tz. 198-214 verwiesen.

594 Vgl. IAS 39.AG105. Für weitere Informationen zur Bestimmung der Wirksamkeit der Sicherungsbeziehung vgl. IAS 39.AG106-AG113; Schwarz, C. (2005), S. 483 f.; Gerdes, A./ Lantzius-Beninga, B. (2005), S. 110-112.

595 Vgl. IAS 39.9. Für eine detaillierte Auseinandersetzung mit der (In)-Effektivität einer Sicherungsbeziehung sei auf Scharpf, P. (2005) verwiesen.

Wenn die genannten Kriterien nicht oder nicht mehr erfüllt werden oder das Sicherungsinstrument ausläuft, endet die Sicherungsbeziehung.[596] Die Beendigung der Sicherungsbeziehung kann auch durch das Unternehmen bestimmt werden.[597] Ab diesem Zeitpunkt gelten die Bewertungsregeln außerhalb von Sicherungszusammenhängen.[598] Das Sicherungsinstrument, sofern noch vorhanden, wird mit dem beizulegenden Zeitwert bewertet, und Wertänderungen werden in der Gewinn- und Verlustrechnung der Periode erfasst. Das gesicherte Grundgeschäft wird entsprechend der für die Kategorie des Grundgeschäftes geltenden Bewertungsvorschrift bewertet.

IAS 39 kennt drei Arten von Sicherungsbeziehungen:[599]

1. Absicherung eines beizulegenden Zeitwertes,
2. Absicherung eines Cash Flows und
3. Absicherung einer Nettoinvestition in eine rechtlich selbstständige ausländische Teileinheit.

Die Absicherung der Nettoinvestition in die ausländische Teileinheit[600] fällt unter den Anwendungsbereich von IAS 21 und wird folglich im Rahmen dieser Arbeit nicht weiter diskutiert.

a) Absicherung des beizulegenden Zeitwertes (Fair Value Hedge)

Zweck eines Fair Value Hedge ist grundsätzlich die Absicherung von ergebniswirksamen Schwankungen des beizulegenden Zeitwertes eines erfassten Vermögenswertes oder einer erfassten Verbindlichkeit. Daneben können bisher unerfasste Kauf- oder Verkaufverpflichtungen, oder Teile von Vermögenswerten, Verbindlichkeiten oder Verpflichtungen, die auf ein bestimmtes Risiko zurückzuführen sind und auf das Ergebnis Einfluss nehmen, abgesichert werden.[601]

---

[596] Vgl. IAS 39.91a und b für Fair Value Hedges bzw. IAS 39.101a und b für Cash Flow Hedges.

[597] Vgl. IAS 39.91c für Fair Value Hedges bzw. IAS 39.101d für Cash Flow Hedges.

[598] Vgl. Bellavite-Hövermann, Y./ Barckow, A. (2003), Tz. 169.

[599] Vgl. IAS 39.86. Für einen Überblick über diese Sicherungsformen und ihren jeweiligen Zweck sei auf Lüdenbach, N. (2005), S. 150-154 verwiesen.

[600] Vgl. IAS 39.86c.

[601] Vgl. IAS 39.86a; vgl. auch Löw, E. (2004), S. 1114.

Folgender Sachverhalt sei beispielhaft für eine Absicherung des beizulegenden Zeitwertes dargestellt: Eine festverzinsliche Finanzinvestition wird gegen Wertänderungen aufgrund von Schwankungen der Zinssätze abgesichert. Steigt der Marktzinssatz, wird die Investition im Vergleich dazu unterverzinslich und verliert an Wert. Der beizulegende Zeitwert der Investition sinkt. Das beschriebene Instrument kann beispielsweise durch einen Swap abgesichert werden. Dieser Swap müsste als Zinsswap konzipiert sein, der eine feste Verzinsung von dem Investor fordert und einen variablen Zinssatz an den Investor zahlt. Folgende Abbildung verdeutlicht die Konstruktion:

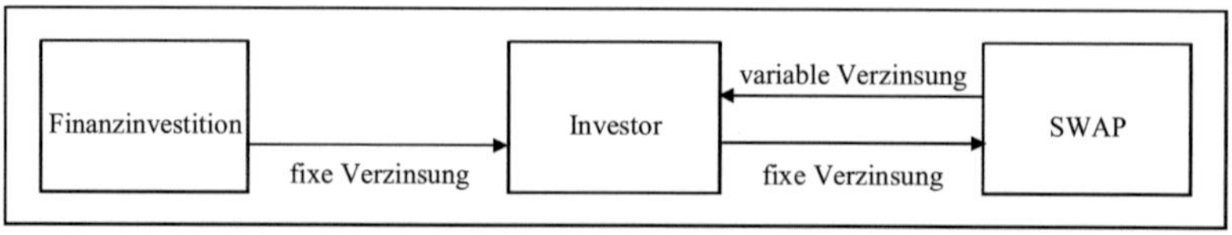

Abb. 8: Beispiel für die Funktionsweise eines Zinsswaps im Rahmen eines Fair Value Hedge[602]

Aus der Abbildung wird deutlich, dass der fixe Zinssatz für den Investor durch den Swap ein durchlaufender Posten wird.[603] Er erhält nur noch den variablen Zins. Im Zugangszeitpunkt des Swap werden der variable Zinssatz und der fixe Zinssatz zu gleichwertigen oder annähernd gleichwertigen Zahlungsströmen führen. Der Abschluss des Swapgeschäfts wird daher ohne oder annähernd ohne Anfangsinvestition möglich sein. Steigt in diesem Szenario der Marktzinssatz, wird der Wert der Investition zurückgehen und der Wert des Swaps zunehmen. Je exakter beide Komponenten aufeinander abgestimmt sind, desto näher an null wird die Nettowertänderung liegen.

Im Fall einer Absicherung des beizulegenden Zeitwertes werden sowohl das gesicherte Grundgeschäft als auch das Sicherungsinstrument mit dem beizulegenden Zeitwert bewertet.[604] Entsprechend bietet sich diese Form der Absicherung besonders für Grundgeschäfte an, die ohne die Absicherung mit fortgeführten Anschaffungskosten

---

602 Ähnliches Beispiel auch in Gerdes, A./ Lantzius-Beninga, B. (2005), S. 107, Abb. 2. Vgl. auch Scharpf, P. (2004), S. 3, für Anwendungsbeispiele von Fair Value Hedges.

603 Transaktionskosten werden in diesem Beispiel nicht berücksichtigt. Diese Einschränkung dient der Übersichtlichkeit. Es ergibt sich keine Auswirkung auf die Argumentation.

604 Vgl. IAS 39.89.

oder erfolgsneutral mit dem beizulegenden Zeitwert bewertet werden. Wertänderungen werden sowohl in der Bilanz bei den Buchwerten des gesicherten Grundgeschäfts und des Sicherungsinstruments als auch in der Gewinn- und Verlustrechnung der Periode erfasst.[605]

Die Wertänderung des gesicherten Grundgeschäfts wird nur insoweit erfasst, als sie auf das abgesicherte Risiko zurückzuführen ist.[606] Diese Behandlung basiert auf der Möglichkeit, nach der mit dem Fair Value Hedge nur bestimmte Teilrisiken des gesicherten Grundgeschäfts abgesichert werden können. Diese Möglichkeit wurde explizit eingeräumt, da ein finanzieller Vermögenswert oder eine finanzielle Verbindlichkeit im Standardfall mehr als einem Risiko ausgesetzt sein dürfte.[607] Die Schwankung des gesamten Zeitwerts wird dann in die gesicherte Schwankung, die erfolgswirksam erfasst wird, und die ungesicherte Schwankung, die nach den Bilanzierungsregeln der entsprechenden Kategorie behandelt wird, zerlegt.

Eine Sicherungsbeziehung wird beendet, indem

a) das Sicherungsinstrument veräußert, ausgeübt oder anderweitig beendet wird oder ausläuft,
b) die Sicherungsbeziehung die Anforderung aus IAS 39.88 nicht mehr erfüllt oder
c) die Unternehmung den Sicherungszusammenhang beendet.[608]

Wertanpassungen bei Finanzinstrumenten, die mit fortgeführten Anschaffungskosten bewertet werden, sind nach Beendigung der Sicherungsbeziehung über die Restlaufzeit zu amortisieren.[609] Die Amortisation ergibt sich in diesem Fall durch eine Neuberechnung des effektiven Zinssatzes.

b) Absicherung von Zahlungsströmen (Cash Flow Hedges)

Eine Absicherung von Zahlungsströmen ist die Kompensation von Schwankungen in Cash Flows, die auf spezielle Risiken von erfassten Vermögenswerten,

605 Vgl. IAS 39.89.
606 Vgl. IAS 39.89b.
607 Vgl. IAS 39.89b sowie IAS 39.90.
608 Vgl. IAS 39.91.
609 Vgl. IAS 39.92.

Verbindlichkeiten oder erwarteten Transaktionen zurückzuführen sind.[610] Die Absicherung ist nur zulässig, sofern die Schwankungen ergebniswirksam sind.

Hierzu wird folgendes Beispiel angeführt:[611] Eine finanzielle Verbindlichkeit ist mit einem variablen Zinssatz zu verzinsen. Um das Risiko der Zinsänderung abzusichern, wird ein Swapgeschäft eingegangen. Aus dem Swapgeschäft erhält das Unternehmen einen variablen Zinssatz, und es bezahlt einen fixen Zinssatz. Das Beispiel ist in folgender Abbildung dargestellt:

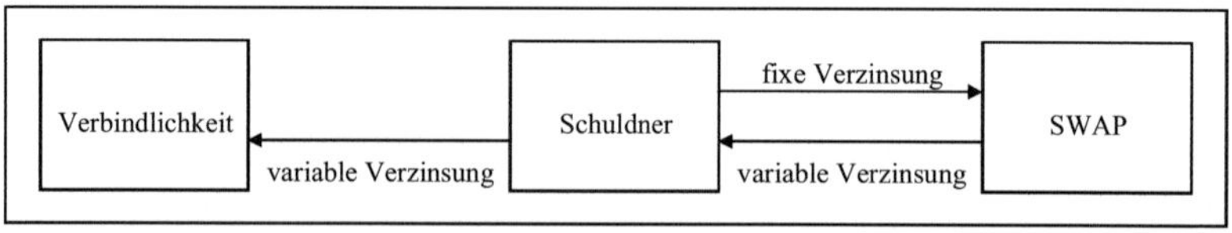

Abb. 9: Beispiel für die Funktionsweise eines Zinsswaps im Rahmen eines Cash Flow Hedge

Aus der Abbildung wird ersichtlich, dass durch den Swap die variable Zinszahlung für den Schuldner zu einem durchlaufenden Posten wird: Letztlich bestehen bleibt nur noch die fixe Zinszahlung, die keinerlei Schwankungsrisiko für das Unternehmen mehr darstellt.[612]

Die Bilanzierung der Absicherung von Zahlungsströmen wird wie folgt vorgenommen:[613] Der Anteil am Ertrag oder Aufwand aus dem Sicherungsinstrument, der effektiv ist, wird über die Eigenkapitalveränderungsrechnung erfolgsneutral im Eigenkapital erfasst. Der ineffektive Teil am Ertrag bzw. Aufwand wird entsprechend der Kategorie des Sicherungsinstruments bilanziert. Die Absicherung einer zukünftigen Transaktion, die darin besteht, dass zu einem späteren Zeitpunkt ein finanzieller Vermögenswert oder eine finanzielle Verbindlichkeit zugeht, erfolgt davon abweichend:[614] Ab dem Zugang werden die bisher im Eigenkapital erfassten Anpassungen entsprechend dem Wertverlauf des Vermögenswerts oder der Verbindlichkeit abgebaut.

---

610 Vgl. IAS 39.86b; vgl. auch Löw, E. (2004), S. 1114 f.

611 Vgl. Scharpf, P. (2004), S. 3, für weitere Anwendungsbeispiele von Cash Flow Hedges.

612 Transaktionskosten werden in diesem Beispiel nicht berücksichtigt. Diese Einschränkung dient der Übersichtlichkeit. Es ergibt sich keine Auswirkung auf die Argumentation.

613 Vgl. IAS 39.95.

614 Vgl. IAS 39.97. Für eine ausführliche Darstellung der Absicherung einer geplanten Transaktion und deren Besonderheiten sei auf Patek, G. (2007a) und Patek, G. (2007b) verwiesen.

Sofern ein nicht-finanzieller Vermögenswert oder eine nicht-finanzielle Verbindlichkeit zugeht, besteht ein Wahlrecht, ob das oben beschriebene Verfahren angewendet oder der im Eigenkapital erfasste Betrag mit den Anschaffungskosten des nicht-finanziellen Vermögenswerts oder der nicht-finanziellen Verbindlichkeit verrechnet wird.[615] Dieses Vorgehen stellte eine Neuerung sowohl gegenüber IAS 39 in der Fassung von 2000 als auch gegenüber dem Exposure Draft von 2002 dar. In IAS 39 in der Fassung von 2000 wurden die im Eigenkapital erfassten Beträge noch mit den Anschaffungskosten des zugehenden Vermögenswerts oder der zugehenden Verbindlichkeit verrechnet.[616] Im Exposure Draft wurde der im Eigenkapital erfasste Betrag entsprechend dem Wertverlauf des zugehenden Vermögenswerts oder der zugehenden Verbindlichkeit abgebaut.[617] In der aktuellen Fassung des IAS 39 von 2005 kommen beide der ursprünglichen Verfahren zur Anwendung, abhängig davon, ob es sich um finanzielle oder nicht-finanzielle Vermögenswerte und Verbindlichkeiten handelt.

Erwartet ein Unternehmen, dass dem bisher im Eigenkapital erfassten Nettoverlust über die Laufzeit des Vermögenswerts keine ausreichenden Zuflüsse gegenüberstehen, ist wie folgt zu verfahren: Der Teil des Nettoverlustes, der erwartungsgemäß nicht gedeckt werden kann, ist erfolgswirksam in die Gewinn- und Verlustrechnung zu übernehmen.[618]

Eine Sicherungsbeziehung wird beendet, indem

a) das Sicherungsinstrument veräußert, ausgeübt oder anderweitig beendet wird oder ausläuft,
b) die Sicherungsbeziehung die Anforderungen aus IAS 39.88 nicht mehr erfüllt,
c) die zukünftige Transaktion nicht mehr erwartet wird[619] oder
d) die Unternehmung den Sicherungszusammenhang beendet.[620]

---

615 Vgl. IAS 39.97 f.; hierzu auch Bogajewskaja, J./ Borchmann, T./ Pape, J. (2002), S. 225; Klotzbach, D./ Kropp, M. (2002), S. 1028.

616 Vgl. IASB (Hrsg.) (2002a), IAS 39.160.

617 Vgl. IASB (Hrsg.) (2002d), ED IAS 39.160.

618 Vgl. IAS 39.97; hierzu auch Klotzbach, D./ Kropp, M. (2002), S. 1028.

619 In diesem Fall sind die im Eigenkapital erfassten Erträge oder Aufwendungen erfolgswirksam in die Gewinn- und Verlustrechnung der Periode zu überführen.

620 Vgl. IAS 39.101.

3.2.6.5 Kritische Analyse der Bilanzierung derivativer Finanzinstrumente als Teilkategorie erfolgswirksam mit dem beizulegenden Zeitwert bewerteter Finanzinvestitionen

Bei derivativen Finanzinstrumenten im Allgemeinen und der Begründung und Bilanzierung von Sicherungszusammenhängen im Speziellen werden insbesondere folgende Themen kontrovers diskutiert:

- die Voraussetzungen für die Begründung von Sicherungszusammenhängen[621],
- die Anwendung von Portfoliohedges[622],
- die Möglichkeit, nicht bilanzierte Vermögenswerte, Verbindlichkeiten oder Transaktionen abzusichern[623],
- die Behandlung von Verpflichtungen des Unternehmens (Firm Commitments)[624] und
- die Behandlung der Ergebnisbeiträge aus der Cash-Flow-Sicherung einer zukünftigen Transaktion (Basis Adjustment)[625].

Die hier zu führende Diskussion wird auf Punkte begrenzt, aus denen sich Rückschlüsse auf die Anwendung der Zeitwertbewertung ableiten lassen. In diesem Zusammenhang sind die Regelungen zu Sicherungszusammenhängen in Abgrenzung zur freiwilligen erfolgswirksamen Zeitwertbewertung und der Umgang mit eingebetteten Derivaten zu sehen.

3.2.6.5.1 Vereinfachung der Darstellung von Sicherungsbeziehungen durch die freiwillige erfolgswirksame Zeitwertbewertung

Die Effekte der Absicherung lassen sich teilweise durch die selektive Zeitwertbewertung erreichen, ohne eine Sicherungsbeziehung im Sinne des IAS 39 zu begründen. Dadurch entfallen die Anforderungen, die an das Begründen einer

---

621 Vgl. Klotzbach, D./ Kropp, M. (2002), S. 1029 f.; Bellavite-Hövermann, Y./ Barckow, A. (2003), Tz. 172.

622 Vgl. Bellavite-Hövermann, Y./ Barckow, A. (2003), Tz. 160; Klotzbach, D./ Kropp, M. (2002), S. 1030. Zur Absicherung von Portfolios gegen Zinsänderungsrisiken vgl. Schwarz, C. (2005), S. 485-491.

623 Vgl. Lüdenbach, N. (2002), S. 2118.

624 Vgl. IASB (Hrsg.) (2002d), ED IAS 39.C94-C97, C99 und C105.

625 Vgl. Klotzbach, D./ Kropp, M. (2002), S. 1028 f.; Bellavite-Hövermann, Y./ Barckow, A. (2003), Tz. 177; Bogajewskaja, J./ Borchmann, T./ Pape, J. (2002), S. 232 f.; IASB (Hrsg.) (2002d), ED IAS 39.C100-C103 und C105; IASC (Hrsg.) (1997), Para. 7.5b und c, 7.11c und 7.17; Lüdenbach, N. (2002), S. 2118.

Sicherungsbeziehung geknüpft sind.[626] Dies sind insbesondere die Anforderungen hinsichtlich der Dokumentation und der Effektivitätskontrolle entsprechend IAS 39.88. Das Begründen einer Sicherungsbeziehung wird somit durch die freiwillige erfolgswirksame Zeitwertbewertung erleichtert.[627]

Es kann folgendes Beispiel für die Möglichkeiten des Hedging mit Hilfe der selektiven Zeitwertbewertung angeführt werden:[628] Ein finanzieller Vermögenswert wird mit einem Derivat abgesichert. Das Derivat wird erfolgswirksam mit dem beizulegenden Zeitwert bewertet. Wird nun auch freiwillig der finanzielle Vermögenswert erfolgswirksam mit dem beizulegenden Zeitwert bewertet, entsteht inhaltlich ein Fair Value Hedge. Die Wertschwankungen beider Instrumente werden in der Gewinn- und Verlustrechnung der Periode erfasst. Somit ist es nicht notwendig, die Voraussetzungen des Fair Value Hedge im Sinne des Hedge Accounting von IAS 39 zu erfüllen um einen solchen Sicherungszusammenhang darzustellen.

In Abhängigkeit der Anforderungen eines Unternehmens an die Leistungsfähigkeit und Aufwändigkeit einer Sicherungsbeziehung sind folgende Eigenschaften formeller und informeller Sicherungsbeziehungen gegeneinander abzuwägen:

Einerseits weist eine formell begründete Sicherungsbeziehung insbesondere folgende Möglichkeiten auf, die im Rahmen der erfolgswirksamen Zeitwertbewertung nicht bestehen:

1. Eine formelle Sicherungsbeziehung beginnt in dem Moment, in dem die Voraussetzungen entsprechend IAS 39.88 gegeben sind.[629] Es ist unerheblich, ob das Grundgeschäft oder das Sicherungsinstrument vorher bereits im Unternehmen vorhanden war oder erst für das Begründen der Sicherungsbeziehung erworben

---

[626] Vgl. Kuhn, S./ Scharpf, P. (2005b), S. 215; Bogajewskaja, J./ Borchmann, T./ Pape, J. (2002), S. 232; Klotzbach, D./ Kropp, M. (2002), S. 1023; IASB (Hrsg.) (2002d), ED IAS 39.C58.

[627] Vgl. IAS 39.BC74a.

[628] In Anlehnung an Klotzbach, D./ Kropp, M. (2002), S. 1024.

[629] Vgl. IAS 39.89.

wurde.[630] Insofern ist der Beginn einer Sicherungsbeziehung nicht an durchzuführende Transaktionen gebunden.[631]

2. Eine formelle Sicherungsbeziehung endet, wenn das Sicherungsinstrument ausläuft, die Kriterien für das Vorliegen einer Sicherungsbeziehung entsprechend IAS 39.88 nicht mehr erfüllt werden oder das Unternehmen die Designation beendet.[632] Entsprechend diesen Kriterien kann ein Unternehmen die Sicherungsbeziehung beenden, ohne hierzu Transaktionen durchführen zu müssen. Es ist ausreichend, die Beendigung der Sicherungsbeziehung festzustellen.

3. Bei der Designation einer formellen Sicherungsbeziehung besteht die Möglichkeit, Teilrisiken des Grundgeschäfts abzusichern.[633] In diesem Fall werden die Änderungen des beizulegenden Zeitwerts in die gesicherte Zeitwertschwankung und die ungesicherte Zeitwertschwankung unterteilt und entsprechend behandelt. Es wäre z. B.[634] möglich, nur die Wertänderungen, die aus Zinsänderungen resultieren, abzusichern. Andere Wertänderungen des Finanzinstrumentes blieben ungesichert und unberücksichtigt.

Andererseits weist die freiwillige erfolgswirksame Zeitwertbewertung eine Möglichkeit auf, die im Rahmen der Regelungen zur Begründung von formellen Sicherungsbeziehungen in Anwendung von IAS 39.71-102 nicht besteht:[635]

Das Begründen eines Portfoliohedges ist im Rahmen des IAS 39 nur eingeschränkt möglich.[636] Das Begründen eines Makrohedges ist nicht möglich.[637] Durch die

---

630 Vgl. IASB (Hrsg.) (2002b), IAS 39 IGQ&A, Q142-7.

631 In Abgrenzung dazu ist bei einer informellen Sicherungsbeziehung eine Transaktion erforderlich, da entsprechend IAS 39.50 Umklassifizierungen in die oder aus der Kategorie erfolgswirksam mit dem beizulegenden Zeitwert bewerteter Finanzinstrumente unzulässig sind. Soll eine Sicherungsbeziehung begründet werden, muss sie entsprechend mit dem Zugang des Finanzinstruments einsetzen. Vgl. hierzu auch Schmidt, M. (2007), S. 271, und Eckes, B./ Weigel, W. (2006), S. 422.

632 Vgl. IAS 39.91c für Fair Value Hedges bzw. IAS 39.101d für Cash Flow Hedges.

633 Vgl. IAS 39.86a und b.

634 Beispiel in Anlehnung an Klotzbach, D./ Kropp, M. (2002), S. 1024.

635 Weitere Beispiele sind Sicherungsbeziehungen an denen kein Derivat beteiligt ist oder Sicherungsbezeihungen die an anderen formalen Voraussetzungen des Hedge Accounting im Sinne des IAS 39.71-102 scheitern. Vgl. hierzu Löw, E./ Blaschke, S. (2005), S. 1733.

636 Vgl. IAS 39.83 f.

637 Vgl. IAS 39.84 in Verbindung mit IAS 39.AG101.

Anwendung der freiwilligen Zeitwertbewertung kann eine solche Absicherung erreicht werden. Sofern die Gesamtheit der abzusichernden Finanzinstrumente mit dem beizulegenden Zeitwert bewertet wird, kann die Absicherung durch die Wahl der adäquaten Sicherungsinstrumente erreicht werden. Einander nicht kompensierende Risiken führen zu einer residualen Zeitwertschwankung der Gruppe von Finanzinstrumenten, die in der Gewinn- und Verlustrechnung der Periode ausgewiesen wird. Die Effektivität der Absicherung ist damit einer Beurteilung zugänglich. Durch die Möglichkeit der freiwilligen Zeitwertbewertung kann für jedes Instrument neu entschieden werden, ob es zu der Gruppe der abzusichernden Finanzinstrumente gehören soll oder nicht. Die Beschränkung der Umgliederung macht diese Entscheidung bis zur Veräußerung unwiderruflich.[638]

Es bleibt festzuhalten, dass die selektive Zeitwertbewertung für den einfachen Fall eines Fair Value Hedge eine vereinfachte Alternative ist.[639] Dies gilt insbesondere, wenn die Effektivität der Sicherungsbeziehung nicht ausreichend für einen formalen Fair Value Hedge ist, dies aber aus Sicht des Unternehmens auch nicht notwendig ist. Eine in zeitlicher Hinsicht und bezüglich der Effektivität präzise Absicherung lässt sich durch die selektive Zeitwertbewertung nicht erreichen. Die 2005 eingeführte Einschränkung der Fair Value Option kann für diese Argumentation als unerheblich angesehen werden, da die Zuordnung mit Hinweis auf die Ansatz- oder Bewertungsinkongruenz hinreichend begründet werden kann.[640] Die Begründung verfolgt das erklärte Ziel der Vermittlung relevanter Informationen.[641] Durch die Abwägung anhand der Relevanz entspricht die Darstellung dem definierten Zweck der Rechnungslegung.

---

[638] Vgl. IAS 39.50.

[639] Auch Schmidt, M. (2007), S. 270 sieht in den Regelungen zum Fair Value Accounting die Möglichkeit des vereinfachten Umgangs mit Sicherungsbeziehungen.

[640] Die Basis for Conclusion nennt in IAS39.BC75 zwei Eigenschaften, die Voraussetzungen für das Vorliegen einer Inkonsistenz nach IAS 39.9 b) i) sind: Erstens werden Erträge und Aufwendungen aus einem gemeinsamen Risiko inkonsistent erfasst. Zweitens existiert eine ökonomische Verbindung zwischen beiden Instrumenten. Diese Voraussetzungen werden durch einen ökonomisch begründeten Wunsch nach einer Sicherungsbeziehung als erfüllt angesehen werden.

[641] Vgl. IAS 39.9, Definition erfolgswirksam mit dem beizulegenden Zeitwert bewerteter Finanzinstrumente, Kriterium b).

3.2.6.5.2 Vereinfachung des Umgangs mit eingebetteten Derivaten

Die Möglichkeit der freiwilligen erfolgswirksamen Zeitwertbewertung vereinfacht die bilanzielle Behandlung von eingebetteten Derivaten.[642] Grundsätzlich sind eingebettete Derivate von ihrem Basisvertrag zu trennen.[643] In Anwendung des IAS 39.11A kann die sonst gebotene Trennung unterbleiben, sofern das Konstrukt erfolgswirksam mit dem beizulegenden Zeitwert bewertet wird. Diese Regelung wurde im Rahmen der Einschränkung der Fair Value Option in IAS 39 in der Fassung von 2005 an folgende Bedingungen geknüpft:[644]

- Das eingebettete Derivat muss oder die eingebetteten Derivate müssen die Zahlungsströme des Basisvertrags wesentlich verändern.
- Es ist offensichtlich, dass die Trennung von Derivat(en) und Basisvertrag zulässig ist.

Diese Bedingungen erscheinen notwendig, da ansonsten die Einschränkung der Fair Value Option mit verhältnismäßig geringem Aufwand umgangen werden könnte.[645]

Somit ist festzustellen, dass mit der Fair Value Option für eingebettete Derivate die sonst vorgeschriebene Trennung unterbleiben kann. Diese Möglichkeit trägt zur Vereinfachung bei, da der Aufwand für die Aufspaltung komplexer Instrumente vermieden werden kann.[646]

---

642 Vgl. IAS 39.11A i. V. m. IAS 39.BC77A-BC78. An dieser Stelle wird die Diskussion auf die Fair Value Option für Verträge mit eingebetteten Derivaten beschränkt.

643 Vgl. IAS 39.11 zu der Verpflichtung zur Trennung und zu den einschränkenden Bedingungen.

644 Vgl. IAS39.11A a) und b).

645 Vgl. IAS39.BC78.

646 Dieser Ansicht sind auch Eckes, B./ Weigel, W. (2006), S. 422.

3.2.6.6 Beurteilung der Bilanzierung derivativer Finanzinstrumente als Teilkategorie erfolgswirksam mit dem beizulegenden Zeitwert bewerteter Finanzinvestitionen

Aus der isolierten Betrachtung derivativer Finanzinstrumente als Teilkategorie erfolgswirksam mit dem beizulegenden Zeitwert bewerteter Finanzinvestitionen sind folgende Punkte festzuhalten:

(1) Die Bildung informeller Sicherungsbeziehungen wird durch die freiwillige erfolgswirksame Zeitwertbewertung erleichtert. Es besteht die Möglichkeit, eine einem formalen Fair Value Hedge entsprechende Absicherung zu erreichen ohne die Notwendigkeit, die Anforderungen einer formalen Sicherungsbeziehung zu erfüllen. Gemessen an der formalen Begründung eines Fair Value Hedge ergeben sich allerdings Nachteile, insbesondere bezüglich des Beginns und der Beendigung einer Sicherungsbeziehung sowie der Absicherung von Teilrisiken. Die informelle Sicherungsbeziehung bietet sich daher an, sofern die Voraussetzungen für eine formelle Sicherungsbeziehung nicht erfüllt werden können oder sofern die präzise Absicherung der formellen Sicherungsbeziehung von dem Unternehmen als nicht notwendig angesehen wird.

Die Bestimmung einer formellen Sicherungsbeziehung steht für Portfoliohedges nur eingeschränkt und für Makrohedges grundsätzlich nicht zur Verfügung. Durch die Zuordnung zu der Kategorie der erfolgswirksam mit dem beizulegenden Zeitwert bewerteten Finanzinvestitionen besteht die Möglichkeit, eine solche Absicherung zu erreichen. Nicht abgesicherte Teilrisiken führen zu dem Ausweis der residualen Zeitwertschwankung in der Gewinn- und Verlustrechnung der Periode.

Durch die Anforderungen an die Fair Value Option ist die Relevanz der vermittelten Information die zentrale Zulassungsvoraussetzung.

(2) Die Bilanzierung von eingebetteten Derivaten wird durch die Möglichkeiten der freiwilligen erfolgswirksamen Zeitwertbewertung erleichtert. Sofern das Konstrukt aus eingebettetem Derivat und Basisvertrag freiwillig erfolgswirksam

mit dem beizulegenden Zeitwert bewertet wird, entfällt unter bestimmten Bedingungen eine sonst bestehende Verpflichtung zur Trennung des eingebetteten Derivats vom Basisvertrag. Diese Möglichkeit trägt zur Vereinfachung bei, da der Aufwand für die Aufspaltung komplexer Instrumente vermieden werden kann.

3.3 Bilanzierung finanzieller Verbindlichkeiten nach dem erstmaligen Ansatz

Die Darstellung und Diskussion der Folgebewertung finanzieller Verbindlichkeiten wird gegenüber der Darstellung und Diskussion der Folgebewertung finanzieller Vermögenswerte vereinfacht. Es werden zunächst die Kategorien finanzieller Verbindlichkeiten dargestellt, soweit sie für die Argumentation relevant sind und nicht bereits im Zusammenhang mit finanziellen Vermögenswerten diskutiert wurden. Im Anschluss erfolgt die kritische Analyse und Beurteilung der Folgebewertung finanzieller Verbindlichkeiten. Hierdurch wird die Darstellung auf Besonderheiten finanzieller Verbindlichkeiten beschränkt. Redundanzen werden vermieden.

3.3.1 Abgrenzung der Kategorien finanzieller Verbindlichkeiten, Bewertung und Erfassung von Erträgen und Aufwendungen

Für die Folgebewertung werden die finanziellen Verbindlichkeiten in fünf Kategorien eingeteilt. Die Entscheidung, welcher Kategorie eine Verbindlichkeit zugeordnet wird, ist faktisch bereits beim Zugang zu treffen.[647]

---

[647] Die Zuordnung entscheidet beispielsweise darüber, ob eine Passivierung inklusive oder exklusive Transaktionskosten erfolgt oder ob der Wert am Handelstag oder am Erfüllungstag ausschlaggebend ist.

Die fünf Kategorien finanzieller Verbindlichkeiten sind:[648]

Kategorien finanzieller Verbindlichkeiten:

1. Finanzielle Verbindlichkeiten, die erfolgswirksam mit dem beizulegenden Zeitwert bewertet werden
   - Finanzielle Verbindlichkeiten, die als zu Handelszwecken gehalten eingestuft werden
   - Finanzielle Verbindlichkeiten, die freiwillig als erfolgswirksam mit dem beizulegenden Zeitwert eingestuft werden
   - Derivative Finanzinstrumente
2. Finanzielle Verbindlichkeiten, die entstehen, wenn die Übertragung eines finanziellen Vermögenswertes nicht zur Ausbuchung berechtigt oder nach dem Ansatz des anhaltenden Engagements verfahren wird
3. Finanzgarantien
4. Zusagen, einen Kredit unter dem Marktzinssatz zur Verfügung zu stellen
5. Andere finanzielle Verbindlichkeiten

Abb. 10:Kategorien finanzieller Verbindlichkeiten

Entsprechend der Bilanzierung finanzieller Vermögenswerte ergeben sich gegenüber den Vorschlägen des Exposure Draft von 2002 durch den Standard in den Fassungen von 2003 und 2005 wesentliche Änderungen hinsichtlich der freiwilligen Zuordnung von finanziellen Verbindlichkeiten zum Handelsbestand. Im Exposure Draft von 2002

---

648 Vgl. IAS 39.47.

war die Definition in ED IAS 39.10 um finanzielle Verbindlichkeiten erweitert worden, die freiwillig der Handelskategorie zugeordnet werden. Aufgrund dieser expliziten Zuordnung bzw. Unterordnung konnte die Regelung als eine Erweiterung der ursprünglichen Kategorie angesehen werden. Nach ED IAS 39.18A waren allerdings solche finanziellen Verbindlichkeiten, die freiwillig der Handelskategorie zugeordnet wurden, unter einem eigenen Namen, nämlich finanzielle Verbindlichkeiten, die zum beizulegenden Zeitwert bewertet wurden, auszuweisen. Faktisch wurde also eine neue Kategorie oder zumindest eine Subkategorie der Handelskategorie eingeführt.[649] In IAS 39 in der Fassung von 2003 wurde diese Unterscheidung aufgehoben und eine neue, einheitliche Bezeichnung eingeführt. Durch IAS 39 in der Fassung von 2005 wurde die freiwillige erfolgswirksame Zeitwertbewertung, die sog. Fair Value Option, eingeschränkt. Die freiwillige Zeitwertbewertung ist nur noch zulässig, sofern durch ihre Anwendung Ansatz- oder Bewertungsinkongruenzen beseitigt oder reduziert werden, das betrachtete Finanzinstrument Teil eines Fair-Value-Portfolios ist oder durch die Zeitwertbewertung die Aufspaltung bestimmter strukturierter Produkte vermieden wird.[650] In Anbetracht dieser Historie haben der Handelsbestand finanzieller Verbindlichkeiten und die freiwillig erfolgswirksam mit dem beizulegenden Zeitwert bewerteten finanziellen Verbindlichkeiten eine gewisse Eigenständigkeit erlangt.

Die Kriterien für die Zuordnung zu den erfolgswirksam mit dem beizulegenden Zeitwert bewerteten finanziellen Verbindlichkeiten gelten analog zu den entsprechenden finanziellen Vermögenswerten. Ebenso verhält es sich mit der Bewertung und der Erfassung von Erträgen und Aufwendungen. Von einer wiederholten Diskussion der Abgrenzung, Bewertung und Erfassung von Erträgen und Aufwendungen für diese Kategorie wird insofern abgesehen.

Als zusätzlicher Aspekt finanzieller Verbindlichkeiten dieser Kategorie ist zu berücksichtigen, dass finanzielle Verbindlichkeiten nicht nur deshalb der Handelskategorie zugerechnet werden können, weil mit diesen Verbindlichkeiten kurzfristige Handelstätigkeiten finanziert werden.[651] Über das Wahlrecht zur Klassifizierung als Handelsbestand können sie ungeachtet dessen freiwillig

---

[649] Gleicher Ansicht sind auch Klotzbach D./ Kropp, M. (2002), S. 1022.
[650] Vgl. IAS 39.9 b) i. V. m. IAS 39.11A.
[651] Vgl. IAS 39.AG15. So auch Bellavite-Hövermann, Y./ Barckow, A. (2003), Tz. 69.

erfolgswirksam mit dem beizulegenden Zeitwert bewertet werden. Sofern die Bewertung der Instrumente der kurzfristigen Handelsaktiva erfolgswirksam mit dem beizulegenden Zeitwert erfolgt, kann über die freiwillige Zuordnung der Passiva eine Übereinstimmung der Bewertungsmethoden auf der Aktiv- und Passivseite hervorgerufen werden.

Derivative Instrumente mit negativem Wert werden der Kategorie der erfolgswirksam mit dem beizulegenden Zeitwert bewerteten finanziellen Verbindlichkeiten zugerechnet, sofern das Derivat nicht unter die speziellen Regelungen des Hedge Accounting fällt.[652] Auf derivative Finanzinstrumente innerhalb und außerhalb von Sicherungsbeziehungen wurde bereits im Zusammenhang mit den finanziellen Vermögenswerten eingegangen.[653] Aus einer wiederholten Darstellung bezüglich der finanziellen Verbindlichkeiten wird kein weiterer Erkenntnisgewinn im Hinblick auf die Anwendung des beizulegenden Zeitwerts erwartet. Auf die Darstellung wird insofern verzichtet.

Die Kategorie der finanziellen Verbindlichkeiten, die entstehen, wenn der Abgang eines finanziellen Vermögenswerts nicht als Abgang qualifiziert und entsprechend dem Continuing-Involvement-Ansatz[654] bilanziert wird, resultiert aus den in IAS 39 definierten Ausbuchungskriterien. Aufgrund der Tatsache, dass der beizulegende Zeitwert nur insoweit der Beurteilung zugänglich ist, als er Ansatz in der Bilanz findet, werden die Ausbuchungskriterien nicht dargestellt. In diesem Zusammenhang ist es nicht von Bedeutung, welches Unternehmen die finanziellen Verbindlichkeiten bilanziert. Auf die Darstellung dieser Kategorie wird insofern ebenfalls verzichtet.

Finanzgarantien[655] (financial guarantee contracts) und Zusagen, Kredite unter Marktzinssatz zur Verfügung zu stellen (firm commitments), werden in der Darstellung ausgeklammert. Die Bewertung dieser finanziellen Verbindlichkeiten fällt teilweise in

---

652 Vgl. IAS 39.46. Zu den Regelungen des Hedge Accounting vgl. IAS 39.89-102.

653 Vgl. Kapitel 3.2.6.

654 Zur Begriffsbestimmung und Anwendung vgl. IAS 39.30-35.

655 Für eine Darstellung der Bilanzierung von Finanzgarantien sei auf Grünberger, D. (2006a) verwiesen.

den Anwendungsbereich von IAS 37 oder IAS 18.[656] Sie wird folglich im Rahmen dieser Arbeit nicht weiter diskutiert.

Für die anderen finanziellen Verbindlichkeiten findet sich weder in den Definitionen des IAS 39[657] noch in den Anweisungen zur Bewertung[658] eine eigene Definition. Daraus lässt sich ableiten, dass diese Kategorie als Residualkategorie oder Auffangkategorie konzipiert ist. Entsprechend fallen alle finanziellen Verbindlichkeiten, die nicht dem Handelsbestand zuzuordnen sind, die nicht freiwillig mit dem beizulegenden Zeitwert bewertet werden und die keine Derivate sind, in diese Kategorie.

Die Bewertung der sonstigen finanziellen Verbindlichkeiten erfolgt zu fortgeführten Anschaffungskosten unter Verwendung der Effektivzinsmethode.[659] Zeitwertänderungen sonstiger finanzieller Verbindlichkeiten werden damit weder in der Gewinn- und Verlustrechnung der Periode noch über die Eigenkapitalveränderungsrechnung im Eigenkapital erfasst. Die Wertdifferenz zwischen den fortgeführten Anschaffungskosten und dem beizulegenden Zeitwert bleibt bis zum Zeitpunkt der Ausbuchung unberücksichtigt. Bei Ausbuchung wird die kumulative Differenz aller Halteperioden in der Gewinn- und Verlustrechnung der Periode erfasst.[660] Die nach Maßgabe der Effektivzinsmethode ermittelten Zinsaufwendungen werden in der Gewinn- und Verlustrechnung der Periode erfasst.[661]

Aus der Behandlung der Residualkategorie finanzieller Verbindlichkeiten ergibt sich ein wesentlicher Unterschied zu der Struktur der Kategorien finanzieller Vermögenswerte. Dort erfolgt die Bewertung der Residualkategorie mit dem beizulegenden Zeitwert. Im Rahmen der Kategorien finanzieller Verbindlichkeiten erfolgt die Bewertung der Instrumente der Residualkategorie zu (fortgeführten) Anschaffungskosten.

---

656 Vgl. IAS 39.47c.
657 Vgl. IAS 39.9.
658 Vgl. IAS 39.47.
659 Vgl. IAS 39.47.
660 Vgl. IAS 39.56.
661 Vgl. IAS 39.56 in Verbindung mit IAS 39.47, IAS 39.9 und IAS 18.29 in Verbindung mit IAS 18.30a.

3.3.2 Kritische Analyse der Bilanzierung der Kategorien finanzieller Verbindlichkeiten

Für finanzielle Verbindlichkeiten sind die Ergebnisse der kritischen Analyse entsprechender finanzieller Vermögenswerte ebenfalls anwendbar. Im Folgenden werden daher nur diejenigen Aspekte diskutiert, die bei finanziellen Vermögenswerten keine Anwendung finden: Diese sind die Portfoliobildung unter Einbeziehung der finanzieller Passiva und die Bewertung der eigenen Bonität bei der Zeitwertbewertung finanzieller Verbindlichkeiten.

a) Darstellungen einer Portfoliobildung mit finanziellen Passiva

Es ergibt sich eine Bewertungsinkongruenz, wenn finanzielle Verbindlichkeiten zu (fortgeführten) Anschaffungskosten und Aktiva, die mit diesen finanziellen Verbindlichkeiten in einem Portfoliozusammenhang stehen, mit dem beizulegenden Zeitwert bewertet werden. Durch die Möglichkeit der freiwilligen Zeitwertbewertung kann hier eine übereinstimmende Bewertung herbeigeführt werden, die sonst nicht realisierbar wäre. Die freiwillige Zuordnung zur Gruppe der mit dem beizulegenden Zeitwert angesetzten Verbindlichkeiten ermöglicht es für jede einzelne Schuldposition, die Übereinstimmung herzustellen.[662] In diesem Zusammenhang vereinfacht die Möglichkeit der freiwilligen Zeitwertbewertung auch das Einrichten von informellen Sicherungsbeziehungen im Allgemeinen und im Speziellen die Absicherung des beizulegenden Zeitwerts. Die Einschränkung der Fair Value Option in IAS 39 in der Fassung von 2005 hat hierauf keinen Einfluss, da die Darstellung von Portfoliozusammenhängen in IAS 39.9 explizit als Begründung zu einer Anwendung der erfolgswirksamen Zeitwertbewertung zulässig ist.[663] Hierbei ist die Relevanz der Information die zentrale Voraussetzung.[664] Die Anforderung der Fair Value Option entspricht damit dem definierten Zweck der Rechnungslegung.

662 Diese Möglichkeit besteht, sofern die finanziellen Verbindlichkeiten nicht die Kriterien für den Handelsbestand erfüllen und dadurch eine pflichtmäßige Bewertung mit dem beizulegenden Zeitwert erfolgt.

663 Vgl. IAS 39.9, Definition der erfolgswirksam mit dem beizulegenden Zeitwert bewerteten Finanzinstrumente, Kriterium b) i). Die Wahl der Fair Value Option erfordert Anhangsangaben im Sinne des IFRS 7, hier insbesondere IFRS 7.B5 a) iii).

664 Vgl. IAS 39.9, Definition der erfolgswirksam mit dem beizulegenden Zeitwert bewerteten Finanzinstrumente, Kriterium b).

In Abgrenzung zu dem vorgenannten Fall kann eine Bewertungsasymmetrie zwischen Aktiva und Passiva auch entstehen, wenn einerseits finanzielle Passiva des Handelsbestandes erfolgswirksam mit dem beizulegenden Zeitwert bewertet werden, nicht-finanzielle Aktiva andererseits nicht. Dies führt zu einer ökonomisch unbegründeten Schwankung des Ergebnisses. Zusätzlich ist diese Schwankung ergebniswirksam, da Veränderungen in Marktbedingungen von finanziellen Passiva auf der Aktivseite unwirksam bleiben. Diese Bewertungsasymmetrie ist im gegenwärtigen Regelungsrahmen des IAS 39 nicht vermeidbar.[665]

Um den beschriebenen Portfoliozusammenhang korrekt wiederzugeben, müsste eine Verbindung zwischen finanziellen Verbindlichkeiten und nicht-finanziellen Aktiva hergestellt werden. Diese Verbindung würde einen hohen Gestaltungsspielraum ermöglichen und wäre damit eingeschränkt verlässlich und verständlich.[666] Die Verlässlichkeit wäre unabhängig davon, ob die Portfoliobildung durch eine gemeinsame erfolgswirksame Zeitwertbewertung oder durch eine gemeinsame anschaffungskostenorientierte Bewertung erfolgt, als eingeschränkt zu beurteilen:[667]

Die gemeinsame Zeitwertbewertung würde, unabhängig von der Verlässlichkeit einer solchen Zeitwertbewertung, auch die Bewertung nicht-finanzieller Aktiva betreffen. Dadurch würde eine Ausstrahlungswirkung des IAS 39 in Bereiche begründet, die nicht in dessen Anwendungsbereich fallen.[668]

Die gemeinsame Bewertung zu Anschaffungskosten würde für finanzielle Verbindlichkeiten mit tatsächlich vorliegender Handelsabsicht oder Handelstätigkeit eine Bewertung zu Anschaffungskosten ermöglichen. Hiermit würde ein Weg zur Bewertung zu Anschaffungskosten eröffnet, der durch die Freizügigkeit der Bestimmung von Portfoliozusammenhängen willkürlich wäre.

---

665 Als Begründung ist die Definition der ergebniswirksam mit dem beizulegenden Zeitwert bewerteten Finanzinstrumente aus IAS 39.9 zu sehen. Die Handelstätigkeit führt im Rahmen dieser Definition zur pflichtgemäßen Anwendung der ergebniswirksamen Zeitwertbewertung.

666 Dieser Meinung sind auch Breker, N./ Gebhardt, G./ Pape, J. (2000), S. 742.

667 Vgl. Breker, N./ Gebhardt, G./ Pape, J. (2000), S. 742.

668 Die unterstellte Ausstrahlungswirkung ergibt sich als Notwendigkeit aus der Beeinflussung der Bewertung nicht-finanzieller Aktiva durch die Bewertung finanzieller Passiva.

Die aufgezeigte Problematik der Bewertungsasymmetrie verdeutlicht die generelle Widersprüchlichkeit, die sich aus der Anwendung des Mixed-Measurement-Modells ergibt.[669] Daraus kann aus zwei Gründen keine Schwäche der Zeitwertbewertung finanzieller Verbindlichkeiten abgeleitet werden:

1. Eine Einschränkung der Zeitwertbewertung würde mit der Begründung vorgenommen, dass für nicht-finanzielle Aktiva noch keine entsprechende Zeitwertbewertung möglich ist. Der Fortschritt bei der Rechnungslegung von Finanzinstrumenten würde gehemmt mit der Begründung, dass die Bewertung anderer Bilanzposten weniger weit fortgeschritten ist.[670]
2. Der hier diskutierte Fall, der tatsächlich zu einer Bewertungsinkonsistenz führt, dürfte von geringer praktischer Relevanz sein. Es erscheint nicht sachgerecht, zu vermuten, dass diese Verbindlichkeit zur Finanzierung tendenziell langfristiger nicht-finanzieller Aktiva herangezogen wird, da die Zuordnung zum Handelsbestand eine auf kurzfristige Gewinnmitnahme ausgerichtete Handelstätigkeit der finanziellen Verbindlichkeit voraussetzt.

b) Bewertung der eigenen Bonität bei der Zeitwertbewertung finanzieller Verbindlichkeiten

In der Struktur der Kategorien finanzieller Vermögenswerte erfolgt die Bewertung der Residualkategorie mit dem beizulegenden Zeitwert. Im Rahmen der Kategorien finanzieller Verbindlichkeiten erfolgt die Bewertung der Instrumente der Residualkategorie zu (fortgeführten) Anschaffungskosten. Für die Beurteilung dieser Ungleichbehandlung sind Unterschiede zwischen Aktiva und Passiva zu berücksichtigen und in die kritische Analyse einzubeziehen. So betrifft die Beurteilung finanzieller Verbindlichkeiten das eigene Unternehmen, während die Beurteilung von Investitionsobjekten extern ausgerichtet ist. Dieser Sachverhalt ist im Hinblick auf Tragweite und Auswirkungen näher zu untersuchen. Im Kern betrifft er die die implizite Bewertung der eigenen Bonität bei der Zeitwertbewertung finanzieller Verbindlichkeiten.

---

669 Vgl. Pape, J. (2001a), S. 213, 216; Baetge, J./ Zülch, H. (2001), S. 546, 552; Diedrich, R./ Rohde, C. (2005), S. 706.

670 Vgl. Pape, J. (2001a), S. 213, 216; Baetge, J./ Zülch, H. (2001), S. 546, 552.

Der beizulegende Zeitwert finanzieller Verbindlichkeiten an den Kapitalmärkten schwankt unter anderem in Abhängigkeit der Bonität des Schuldners. Sofern die Bonität des Schuldners sich verbessert (verschlechtert), erhöht (verringert) sich der Marktpreis der Verbindlichkeiten.

Folgendes Beispiel[671] verdeutlicht diesen Zusammenhang: Versprechen zwei Unternehmen unterschiedlicher Bonität in fünf Jahren 500 EUR zurückzuzahlen, wird das Unternehmen mit der höheren Bonität (Schuldzinssatz 6 %) 374 EUR bekommen und das Unternehmen mit der geringeren Bonität (Schuldzinssatz 12 %) nur 284 EUR. Dieser Sachverhalt gilt gleichermaßen aus Sicht des Marktes, also aus Sicht des Gläubigers der finanziellen Verbindlichkeit, als auch aus Sicht des Unternehmens selbst. Ein Absinken seiner Bonität hat ein Absinken des Marktwerts seiner Verbindlichkeiten zu Folge.

Die Implikationen hieraus sind vielschichtig und vor dem Hintergrund der Zeitwertbewertung finanzieller Verbindlichkeiten zu beleuchten. Insbesondere folgende Implikationen sind zu diskutieren:

(1) die Auswirkung auf tatsächliche Cash Flows,
(2) die Prognosefähigkeit des Ergebnisses,
(3) die Auswirkungen für den Konkursfall und
(4) der wirtschaftliche Inhalt der bonitätsabhängigen Bewertung.

(1) Auswirkung auf tatsächliche Cash Flows

Bei der Zeitwertbewertung finanzieller Verbindlichkeiten fallen die Cash Flows und die Wertbetrachtungen auseinander. Eine Bonitätsverschlechterung führt zu einer Zeitwertminderung der Verbindlichkeiten, ungeachtet der gleich bleibenden Zahlungsverpflichtung.[672] In diesem Zusammenhang widerspricht die Zeitwertbewertung von finanziellen Verbindlichkeiten dem Verständnis des Fair Value als Exit Price. Hier würde unterstellt, dass der Gläubiger einer Verbindlichkeit willens wäre, bonitätsbedingte Abschläge bei der Begleichung der Verbindlichkeit

---

[671] Beispiel aus IASC (Hrsg.) (1997), Para. 4.51.
[672] Vgl. Kahle, H. (2002), S. 100; Baetge, J./ Lienau, A. (2005a), S. 325.

hinzunehmen. Davon kann im Normalfall nicht ausgegangen werden. Erst bei drohender Zahlungsunfähigkeit wird der Gläubiger eventuell einen teilweisen Restschulderlass akzeptieren, um den größtmöglichen Anteil seiner Investition zu retten.[673] Somit kann davon ausgegangen werden, dass die implizite Bewertung der Bonität bei der Zeitwertbewertung finanzieller Verbindlichkeiten dem Grundsatz der Unternehmensfortführung widerspricht.[674]

(2) Prognosefähigkeit des Ergebnisses

Die Zeitwertbewertung finanzieller Verbindlichkeiten nimmt Einfluss auf die Prognosefähigkeit des Ergebnisses. Dieser Einfluss geht über den bei finanziellen Aktiva zu beobachtenden Einfluss hinaus. Dort mindert der Rückgang des beizulegenden Zeitwerts den Ergebnisausweis. Im Gegensatz dazu erhöht eine Minderung des Zeitwerts von Verbindlichkeiten den Ergebnisausweis, sofern der Wertunterschied in der Gewinn- und Verlustrechnung erfasst wird. Unabhängig von dem jeweiligen Ergebnisausweis muss die Abwertung des Fremdkapitals bei einer Verschlechterung der Bonität aus Adressatensicht als irreführend bezeichnet werden.[675] Die Prognosetauglichkeit des Ergebnisses wird in diesem Zusammenhang vermindert, sollten keine weiteren Informationen zur Verdeutlichung zur Verfügung gestellt werden.[676] Die Verständlichkeit des Abschlusses wird beeinträchtigt.

Die Bewertung der eigenen Bonität muss auch im Zusammenhang mit anderen Zinsänderungen betrachtet werden. Während das Ansteigen der marktbezogenen Zinskomponenten auf einen zukünftig größeren Zahlungsstrom hindeutet, deutet das Ansteigen des Zinssatzes durch eine Verschlechterung der Bonität auf das Gegenteil hin. Das Heranziehen eines Marktwerts verschleiert diesen Unterschied.[677]

---

673 Vgl. Breker, N./ Gebhardt, G./ Pape, J. (2000), S. 737; Baetge, J./ Lienau, A. (2005a), S. 325; Sittmann-Haury, C. (2003), S. 183; IDW (Hrsg.) (2001), S. 1001.

674 So auch Breker, N./ Gebhardt, G./ Pape, J. (2000), S. 737; IASC (Hrsg.) (1997), Para. A.17.

675 Vgl. Klotzbach, D./ Kropp, M. (2002), S. 1023 f.; Breker, N./ Gebhardt, G./ Pape, J. (2000), S. 737.

676 Vgl. Kahle, H. (2002), S. 100; Klotzbach, D./ Kropp, M. (2002), S. 1024.

677 Vgl. Schildbach, T. (1999), S. 182.

(3) Auswirkungen für den Konkursfall

Die Auswirkungen der Zeitwertbewertung finanzieller Verbindlichkeiten sind ebenfalls im Zusammenhang mit einem Konkurs oder drohenden Konkurs des rechnungslegenden Unternehmens zu beleuchten. Ein Unternehmen kann theoretisch nicht in Konkurs gehen, da der Zeitwert der Verbindlichkeiten mit abnehmender Bonität sinkt. In diesem theoretischen Grenzfall konvergiert der Zeitwert der Verbindlichkeiten gegen null.[678] Diese Feststellung ist von eher theoretischem Nutzen, da die Bewertung der Verbindlichkeiten mit null den Konkurs des Unternehmens lediglich verlagert. Die Zahlungsverpflichtung bleibt bestehen. Kann das Unternehmen dieser Verpflichtung nicht nachkommen, wird es illiquide. Weiterhin kann davon ausgegangen werden, dass eine nachhaltige Bonitätsverschlechterung auch den Wert bilanzieller Aktiva beeinträchtigt. In diesem Zusammenhang ist es zweifelhaft, ob es tatsächlich zu einem erhöhten Ergebnisausweis aus einer Bonitätsverschlechterung kommt.[679]

Ein Aktivum, das im Fall einer Bonitätsverschlechterung generell als im Wert beeinträchtigt angesehen werden kann, ist der Firmenwert, im Speziellen der originäre Firmenwert. Auch hier tritt das Problem der asymmetrischen Bewertung von Aktiva und Passiva auf, da der originäre Firmenwert nicht bilanziert wird.[680] Die Joint Working Group[681] weist darauf hin, dass dieses Problem dadurch entsteht, dass die Bewertung von immateriellen Vermögenswerten, insbesondere des originären Firmenwerts, noch nicht hinreichend ausgereift ist. Von diesem Ausgangspunkt argumentiert, wäre es ungerechtfertigt, diese Schwäche aus der Bewertung immateriellen Vermögens durch die unzutreffende Bewertung finanzieller Verbindlichkeiten zu kompensieren.

---

678 Vgl. Kahle, H. (2002), S. 100; Wagenhofer, A. (2005), S. 245; Pape, J. (2001b), S. 1466.

679 SFAC No.7.78; vgl. auch Hitz, J.-M./ Kuhner, C. (2000), S. 901.

680 Das Bilanzierungsverbot für den originären Geschäfts- und Firmenwert ergibt sich aus IAS 38.48. Vgl. zur Bilanzierung des Geschäfts- und Firmenwerts Küting, K. (2005b). Vgl. auch Breker, N./ Gebhardt, G./ Pape, J. (2000), S. 737; IASC (Hrsg.) (1997), Para. A.17; Sittmann-Haury, C. (2003), S. 183; Pape, J. (2001b), S. 1466.

681 Vgl. (IASC) (Hrsg.) (1997), Para. 4.57.

(4) Wirtschaftlicher Inhalt der bonitätsabhängigen Bewertung

Die Fixierung der Zahlungsströme bei sich verändernder Bonität repräsentiert einen tatsächlichen wirtschaftlichen Vorteil oder Nachteil, wenn auf den wirtschaftlichen Gehalt der finanziellen Verbindlichkeiten abgestellt wird.[682] Verschuldet ein Unternehmen sich über eine Anzahl von Jahren zu einem fixen Zinssatz, so stellt diese Fixierung einen wirtschaftlichen Vorteil bzw. Nachteil in Abhängigkeit der eigenen Bonität dar. Sinkt die Bonität, kann das Unternehmen trotz dieser Tatsache das bestehende zinsfixierte Fremdkapital bis zum Ablauf der Zinsfestschreibung unterverzinslich weiter nutzen. Um Fremdkapital neu aufzunehmen, müsste es zu diesem Zeitpunkt bereits einen höheren Zinssatz bezahlen. Dies stellt einen konkreten Vorteil dar, den das Unternehmen sich dadurch gesichert hat, dass es fixierte Zinsen über die Laufzeit gewählt hat.[683]

Weiterhin werden finanzielle Verbindlichkeiten gleich bewertet, wenn sie gleich sind. Einem Unternehmen, das zu zwei Zeitpunkten mit zwei unterschiedlichen Bonitätsbeurteilungen Verbindlichkeiten aufnimmt, die dann entsprechend unterschiedliche Zinsen haben, würden beide Verbindlichkeiten bei einer Einbeziehung der Bonität in die Bewertung mit der aktuellen Markteinschätzung der Bonität des Unternehmens bewertet. Die augenblickliche Bonität ist damit ausschlaggebend, und beide Verbindlichkeiten würden gleich bewertet. Würde die Bonität nicht einbezogen, würden Verbindlichkeiten, die hinsichtlich der Bonität dem gleichen Risiko unterliegen, unterschiedlich bewertet.[684] Die Bewertung wäre dann entsprechend der anschaffungskostenorientierten Bewertung vom Zugangszeitpunkt und nicht von der gegenwärtigen Situation abhängig.

Die ergebniswirksame Zeitwertbewertung erscheint naheliegender, wenn die finanziellen Verbindlichkeiten auf einem Markt gehandelt werden. In diesem Fall führt die niedrigere Fremdkapitalbewertung zu dem konkreten Vorteil der günstigeren Rückkaufmöglichkeit. Dieser Vorteil ist teilweise irreführend. Es müsste davon ausgegangen werden, dass ein Unternehmen trotz Bonitätsverschlechterung über die

682 Vgl. Niemeyer, K. (2003), S. 107 f.
683 Vgl. (IASC) (Hrsg.) (1997), Para. 4.55a.
684 Vgl. (IASC) (Hrsg.) (1997), Para. 4.55c.

Mittel verfügt, die finanziellen Verbindlichkeiten zurückkaufen zu können.[685] Schätzen die Anleger am Markt das Unternehmen richtig ein, wird es nicht über die Mittel verfügen, das Fremdkapital abzulösen. Es wird neues Fremdkapital zu den höheren Zinsen akzeptieren müssen. Schätzen die Anleger am Markt das Unternehmen nicht richtig ein, wird der Kurs der Anleihe wieder steigen und das Gewinnpotenzial beseitigen. Ob und in welchem Ausmaß solche Fehleinschätzungen existieren und ob das Unternehmen den Gewinn realisieren kann, erscheint insoweit fraglich.[686]

Basierend auf den diskutierten Implikationen stellt sich die Frage nach alternativen Möglichkeiten zum Umgang mit der Bewertung der eigenen Bonität bei der ergebniswirksamen Zeitwertbewertung finanzieller Verbindlichkeiten. Hier kommen insbesondere zwei Möglichkeiten in Betracht:

(1) die Zeitwertbewertung ohne Berücksichtigung der Bonitätskomponente und
(2) der separate Ausweis der impliziten Verkaufsoption auf das Unternehmen.

(1) Zeitwertbewertung ohne Berücksichtigung der Bonitätskomponente

Es bestünde die Möglichkeit, die beizulegenden Zeitwerte finanzieller Verbindlichkeiten ohne Berücksichtigung der Bonität zu ermitteln.[687] Dies hätte den Nachteil der asymmetrischen Ermittlung beizulegender Zeitwerte auf der Aktiv- und Passivseite. Darüber hinaus kann es zu zeitlichen Verzerrungen in der Gewinn- und Verlustrechnung kommen, wenn das eigene Bonitätsrisiko durch Derivate gesichert wird. Das Derivat würde zum beizulegenden Zeitwert bewertet. Die gesicherte finanzielle Verbindlichkeit würde zum quasi-beizulegenden Zeitwert bewertet und damit nicht erfolgswirksam im Hinblick auf die Bonitätsänderung. Ein veröffentlichter Marktpreis wäre dann nicht ohne Anpassung in die Rechnungslegung zu übernehmen. Diese Alternative wird hier aufgrund der dargestellten Nachteile nicht unterstützt. Insbesondere die Anforderung an das rechnungslegende Unternehmen, Marktwerte

---

685 Alternativ müsste die Fähigkeit zur Beschaffung solcher Mittel vorliegen.
686 Vgl. Schildbach, T. (1999), S. 182.
687 Vgl. Niemeyer, K. (2003), S. 109; Breker, N./ Gebhardt, G./ Pape, J. (2000), S. 737; Pape, J. (2001b), S. 1466.

durch Berechnungsmethoden anzupassen, erscheint in Sinne der Verlässlichkeit fraglich.

Im Hinblick auf diese Alternative ist festzustellen, dass die bei der Bewertung von Derivaten häufig verwendete Black-Scholes-Formel[688] die Bonität ebenfalls nicht berücksichtigt.[689] Bei Derivaten, die Verbindlichkeiten darstellen, erfolgt somit implizit eine Bewertung mit quasi-beizulegenden Zeitwerten.[690]

(2) Separater Ausweis der impliziten Verkaufsoption auf das Unternehmen

Die Bonitätskomponente bei der Bewertung der finanziellen Verbindlichkeiten stellt eine implizite Verkaufsoption auf das Gesamtunternehmen dar:[691] Die implizite Verkaufsoption des Eigentümers stellt die Option dar, die es dem Besitzer ermöglicht, das Unternehmen an die Fremdkapitalgeber zu übertragen. Dies gilt, sofern ein Unternehmen mit Haftungsbeschränkung angenommen wird. Der Wert ist die Differenz zwischen den Zahlungsmittelabflüssen der Verbindlichkeiten diskontiert mit dem risikolosen Zins und den Zahlungsmittelabflüssen der Verbindlichkeiten diskontiert mit dem Schuldzinssatz. Der Wert kann entweder als Vermögenswert oder als Gegenposten zum Eigenkapital angesehen werden. Es besteht die Möglichkeit, in der Rechnungslegung den Wert der Option separat zu ermitteln und auszuweisen. Der separate Ansatz der impliziten Verkaufsoption würde die Darstellung insofern erleichtern, als die Verbindlichkeiten mit exakt dem Wert ausgewiesen würden, den das Unternehmen im Zeitablauf, also Cash-Flow-wirksam, bezahlen muss. Der Wert enthält dann nicht die Anpassung, die auf die Wahrscheinlichkeit zurückzuführen ist, dass das Unternehmen die Zahlungen nicht leisten kann. Trotz des theoretischen Werts einer solchen Darstellung hat die Joint Working Group[692] sich frühzeitig entschieden, diesen Ansatz nicht weiterzuverfolgen. Die Gründe waren insbesondere die Komplexität und die Praktikabilität der Berechnungen.

---

688 Vgl. Krumnow, J./ Gramlich, L./ Lange, T. A./ Dewner, T. M. (Hrsg.) (2002), S. 220-222. Für eine Einführung in die Optionspreisbewertung mit der Black-Scholes(-Merton)-Berechnungsmethodik vgl. Hull, J. C. (2005), S. 345-373; Kiesel, R./ Kleinow, T. (2005), S. 771-774.

689 Vgl. Breker, N./ Gebhardt, G./ Pape, J. (2000), S. 737.

690 Vgl. Breker, N./ Gebhardt, G./ Pape, J. (2000), S. 737.

691 Für eine detaillierte Diskussion zu der impliziten Verkaufsoption für Unternehmen mit Haftungsbeschränkung vgl. Jonas, M. (1999).

692 Vgl. IASC (Hrsg.) (1997), Para. 4.53 f., sowie Niemeyer, K. (2003), S. 109.

Abschließend ist zu erwähnen, dass die Anwendung der Option zur freiwilligen Zeitwertbewertung finanzieller Verbindlichkeiten aus IAS 39 in der Fassung von 2003 aufgrund der impliziten Bewertung der eigenen Bonität von der EU im Rahmen des Komitologieverfahrens nicht gebilligt wurde.[693] Im Rahmen des IAS 39 in der Fassung von 2005 wurde die Fair Value Option dahingehend eingeschränkt. Die freiwillige Zeitwertbewertung ist danach nur noch zulässig, sofern durch ihre Anwendung relevantere Informationen vermittelt werden.[694] Diese Anforderung gilt als erfüllt, sofern mit der Anwendung Ansatz- oder Bewertungsinkongruenzen beseitigt oder reduziert werden, das betrachtete Finanzinstrument Teil eines Fair-Value-Portfolios ist oder durch die Zeitwertbewertung die Aufspaltung bestimmter strukturierter Produkte vermieden wird.[695] Durch diese Einschränkung wird die Zeitwertbewertung auf diejenigen Fälle begrenzt, in denen die Vorteile ihrer Anwendung die Nachteile der ergebniswirksamen Zeitwertbewertung der Bonitätskomponente überwiegen. Der anzuwendende Maßstab ist die Relevanz der Information und entspricht damit dem definierten Zweck der Rechnungslegung.

3.3.3 Beurteilung der Bilanzierung der Kategorien finanzieller Verbindlichkeiten

Aus der Betrachtung der Kategorien finanzieller Verbindlichkeiten sind folgende Punkte festzuhalten:

(1) Die freiwillige erfolgswirksame Zeitwertbewertung ermöglicht die Darstellung von Portfoliozusammenhängen zwischen mit dem beizulegenden Zeitwert bewerteten Aktiva und zu (fortgeführten) Anschaffungskosten bewerteten Passiva. Ebenso wird die Bildung informeller Sicherungsbeziehungen ermöglicht. Die

---

693 Vgl. Verordnung (EG) Nr. 2086/2004, S. 1-3. Zur Begründung der Ablehnung und der Entwicklung der Fair Value Option zwischen 2003 und 2005 sei auf Löw, E./ Blaschke, S. (2005), S. 1730, verwiesen. Zur Funktionsweise hybrider Regelsetzung als Basis des Komitologieverfahres zur Anerkennung von Rechnungslegungsregeln einer privatrechtlichen Organisation vgl. Kirchner, C./ Schmidt, M. (2006). Zur Funktionsweise des Komitologieverfahres der EU vgl. Buchheim, R./ Gröner, S./ Kühne, M. (2004). Für eine Gegenüberstellung des gegenwärtigen Komitologieverfahrens mit dem derzeitigen Stand des geplanten Komitologieverfahrens vgl. Köhler, A. G. (2007), S. 4 f.

694 Vgl. IAS 39.9, Definition der erfolgswirksam mit dem beizulegenden Zeitwert bewerteten Finanzinstrumente, Kriterium b).

695 Vgl. IAS 39.9 b) i. V. m. IAS 39.11A.

Anforderung an die Nutzung der freiwilligen erfolgswirksamen Zeitwertbewertung entspricht dem definierten Zweck der Rechnungslegung, da die Relevanz der Information die zentrale Voraussetzung ist.

Sofern finanzielle Verbindlichkeiten erfolgswirksam mit dem beizulegenden Zeitwert und nicht-finanzielle Aktiva zu (fortgeführten) Anschaffungskosten zu bewerten sind, ergeben sich eine Bewertungsasymmetrie und dadurch eine unbegründete Ergebnisschwankung. Die Bewertungsasymmetrie ist im gegenwärtigen Regelungsrahmen des IAS 39 nicht vermeidbar. Sie wäre vermeidbar, wenn beide Komponenten des Portfolios zu (fortgeführten) Anschaffungskosten oder mit dem beizulegenden Zeitwert bewertet würden. Die Verlässlichkeit wäre in beiden Fällen als eingeschränkt zu beurteilen. Darüber hinaus kommt diesem Fall, in dem keine Portfoliobildung möglich ist, eine geringe praktische Relevanz zu. Eine Anpassung des Regelungsrahmens des IAS 39 erscheint daher nicht sachgerecht.

(2) Die Zeitwertbewertung finanzieller Verbindlichkeiten zeigt für den Fall einer Bonitätsverschlechterung ein Absinken der Verbindlichkeiten. Da die Verbindlichkeiten jedoch unveränderte Zahlungsverpflichtungen an die Gläubiger repräsentieren, erscheint sowohl das Absinken der Verbindlichkeiten als auch der dadurch entstehende Gewinnausweis als Information für die Adressaten der Rechnungslegung unverständlich. Darüber hinaus ist der bonitätsbedingte Einfluss auf die Verzinsung exakt gegenteilig zu interpretieren als der Einfluss anderer Marktbedingungen. Ein marktbedingter Anstieg der Zinsen lässt zukünftig höhere Zahlungsströme aus Zinsen erwarten. Ein bonitätsbedingter Anstieg der Zinsen lässt für die Zukunft eher niedrigere Zahlungsströme aus Zinsen erwarten. Weiterhin ist ein Absinken der Bonität auch ein Indikator für die Wertminderung von Aktiva. Hier ist insbesondere der originäre Firmenwert zu sehen. Auch hier tritt eine Ansatz- und Bewertungsinkongruenz zwischen Aktiva und Passiva auf, da der originäre Firmenwert nicht bilanziert wird. Diese Feststellung repräsentiert allerdings keinen Nachteil der Zeitwertbewertung, sondern bedeutet lediglich, dass die Zeitwertbewertung bei immateriellen Vermögenswerten weniger weit fortgeschritten ist als bei Finanzinstrumenten. Durch die Zeitwertbewertung wird der wirtschaftliche Gehalt insofern korrekt dargestellt, als ein Unternehmen, das

bei einer Bonitätseinstufung Fremdkapital am Markt emittiert, dieses Fremdkapital nach einer Bonitätsverschlechterung günstiger ablösen kann. Ob dieser wirtschaftliche Vorteil im Einzelfall realisiert werden kann, erscheint fraglich. Weiterhin repräsentiert der beizulegende Zeitwert die Markteinschätzung der finanziellen Verbindlichkeiten, ohne dass der Wert durch die Vergangenheit des Instruments beeinflusst wird.

Es bestehen Alternativen zur Einbeziehung der Bonität bei der Zeitwertbewertung finanzieller Verbindlichkeiten: Als eine Alternative könnte gefordert werden, finanzielle Verbindlichkeiten ohne Berücksichtigung der Bonität, also mit quasi-beizulegenden Zeitwerten, zu bewerten. Die hiermit verbundenen Vorteile würden durch Nachteile an anderer Stelle kompensiert. Insbesondere die daraus resultierende Notwendigkeit, Marktwerte durch Berechnungsmethoden anzupassen, ist im Hinblick auf die Verlässlichkeit kritisch zu beurteilen. Als weitere Alternative bestünde die Möglichkeit der separaten Bilanzierung der impliziten Verkaufsoption auf das Unternehmen. Aufgrund der Komplexität einer solchen Änderung der Bilanzierung wird dieser Ansatz hier nicht weiter verfolgt.

Durch die Aktualisierung des IAS 39 von 2005 wurde die Nutzung der Fair Value Option eingeschränkt. Damit wurden die Möglichkeiten der freiwilligen erfolgswirksamen Zeitwertbewertung an weitere Voraussetzungen geknüpft. Diese Voraussetzungen dienen dem erklärten Ziel der Vermittlung relevanterer Informationen für die Adressaten der Rechnungslegung und entsprechen damit dem definierten Zweck der Rechnungslegung. Es besteht insofern m. E. keine Notwendigkeit der Anpassung des gegenwärtigen Regelungsrahmens in IAS 39.

3.4 Zwischenergebnis: Darstellung und Diskussion des IAS 39 im Hinblick auf die Anwendung des beizulegenden Zeitwerts innerhalb der Kategorien finanzieller Vermögenswerte und finanzieller Verbindlichkeiten

3.4.1 Kategorie der bis zur Endfälligkeit zu haltenden Finanzinstrumente

Als Voraussetzung für die Klassifizierung als bis zur Endfälligkeit zu haltende Finanzinvestition ist durch das Unternehmen zu bestätigen, dass valide ökonomische

Gründe für das Überdenken der Halteentscheidung nicht berücksichtigt werden. Durch diese Bestätigung kann der Ausweis von Zeitwertschwankungen dieser Instrumente im Eigenkapital oder in der Gewinn- und Verlustrechnung vermieden werden. Hiermit wird eine gewisse Stetigkeit des Ergebnisausweises in der Gewinn- und Verlustrechnung bzw. im Eigenkapital erreicht.

Zeitwertschwankungen in der Kategorie der bis zur Endfälligkeit zu haltenden Finanzinvestitionen sind als Opportunitätserlöse bzw. -kosten zu interpretieren. Ungeachtet dessen ist der stichtagsbezogene Vermögensausweis von Instrumenten, die zu (fortgeführten) Anschaffungskosten bilanziert werden, unzutreffend. Sofern die Absicht, die Investition bis zur Endfälligkeit zu halten, nicht umgesetzt werden kann, ist der beizulegende Zeitwert zu realisieren. Die Information über den Zeitwert der Investitionen ist ungeachtet dessen für die Adressaten der Rechnungslegung relevant.

Ergebnisbeiträge, deren Ausweis auf (fortgeführten) Anschaffungskosten basieren, entsprechen eher den tatsächlichen Zahlungsströmen als Ergebnisbeiträge auf der Basis beizulegender Zeitwerte. Insofern ist die Prognose der Ergebnisbeiträge auf der Basis (fortgeführter) Anschaffungskosten leichter möglich.

Die Bewertung zu (fortgeführten) Anschaffungskosten in der Kategorie der bis zur Endfälligkeit zu haltenden Finanzinvestitionen führt zu einer Wertdifferenz zwischen dem Bilanzausweis und dem beizulegenden Zeitwert. Aus der Möglichkeit, diese Differenz gezielt durch Transaktionen zu realisieren, können sich Fehlanreize bzw. Konfliktsituationen für die Entscheidungsträger in Unternehmen ergeben.

Im Hinblick auf die Möglichkeit, für Finanzinstrumente der Kategorie der bis zur Endfälligkeit zu haltenden Finanzinstrumente eine Bewertung mit dem beizulegenden Zeitwert umzusetzen, sind weitere Untersuchungen notwendig. Im Vordergrund steht hierbei die Verlässlichkeit der Ermittlung beizulegender Zeitwerte. Darüber hinaus sind Untersuchungen zur Darstellung von Ergebnisbeiträgen aus der Zeitwertbewertung und zur Auswirkung von Ergebnisvolatilität auf die Entscheidungen von Abschlussadressaten durchzuführen.

3.4.2 Kategorie der Kredite und Forderungen

Im Rahmen der Einführung des IAS 39 in der Fassung von 2003 wurden zwei wesentliche Änderungen der Abgrenzungskriterien dieser Kategorie umgesetzt:

Erstens wurde die ursprüngliche Anforderung, dass Kredite und Forderungen für die Zuordnung in diese Kategorie vom Unternehmen direkt ausgereicht wurden, nicht übernommen. Dies fördert die Vergleichbarkeit und Verständlichkeit von Abschlüssen und beseitigt die Abgrenzungsprobleme, unter welchen Umständen Kredite und Forderungen als vom Unternehmen ausgereicht angesehen werden.

Zweitens wurde das Wahlrecht eingeführt, dass Finanzinstrumente, die die Kriterien der Kategorie Kredite und Forderungen erfüllen, auch der Kategorie der zur Veräußerung verfügbaren Finanzinvestitionen zugeordnet werden dürfen. Ein Zweck dieses Wahlrechts ist nicht abzuleiten. Die Einführung eines zusätzlichen Wahlrechts vermindert die Verständlichkeit und die Vergleichbarkeit.

Darüber hinaus besteht das Wahlrecht zur freiwilligen erfolgswirksamen Zeitwertbewertung. Dieses Wahlrecht wurde im Rahmen der Einschränkung der Fair Value Option in IAS 39 in der Fassung von 2005 an weitere Kriterien geknüpft und dadurch in seiner Tragweite wesentlich reduziert. Als Anforderung für die Nutzung der Fair Value Option steht die Relevanz der damit vermittelten Information im Zentrum der Betrachtung. Damit erfolgt eine strikte Orientierung an dem definierten Zweck der Rechnungslegung.

Die Relevanz der Zeitwertbewertung dieser Kategorie ist in Anlehnung an die Kategorie der bis zur Endfälligkeit zu haltenden Finanzinstrumente zu sehen, da die (fortgeführten) Anschaffungskosten dort ebenfalls der anzuwendende Wertmaßstab sind. Aus den abweichenden Eigenschaften der Kategorie Kredite und Forderungen ergeben sich keine wesentlichen zusätzlichen Erkenntnisse zur Relevanz der Zeitwertbewertung in dieser Kategorie.

Die Möglichkeiten der Zeitwertbewertung von Instrumenten, die die Kriterien der Kategorie Kredite und Forderungen erfüllen, sind im Hinblick auf die Verlässlichkeit beizulegender Zeitwerte, die in Abwesenheit aussagekräftiger Marktwerte ermittelt wurden, weiter zu diskutieren. Im Fall einer Zeitwertbewertung sind auch Untersuchungen zur Darstellung von Ergebnisbeiträgen aus der Zeitwertbewertung und zur Auswirkung von Ergebnisvolatilität auf die Entscheidungen von Abschlussadressaten durchzuführen.

3.4.3 Kategorie der zur Veräußerung verfügbaren Finanzinvestitionen

Instrumente dieser Kategorie werden mit dem beizulegenden Zeitwert bewertet. Die Veränderungen des beizulegenden Zeitwerts werden über die Eigenkapitalveränderungsrechnung im Eigenkapital erfasst.

Die Erfassung von Erträgen und Aufwendungen außerhalb der Gewinn- und Verlustrechnung der Periode ermöglichen das sog. Gain Trading oder Recycling. Das bedeutet, dass Ergebnisbeiträge, die aus mehreren Perioden stammen, durch gezielte Transaktionen aus dem Eigenkapital in die Gewinn- oder Verlustrechnung der Periode übernommen werden können. Alternativ können durch das Unterlassen von Transaktionen Ergebnisbeiträge im Eigenkapital gehalten werden, ohne die Gewinn- und Verlustrechnung der Periode zu beeinflussen. Dadurch entstehen ein nicht periodengerechter Ausweis von Ergebnisbeiträgen und eine erhebliche Möglichkeit der Ergebnisbeeinflussung durch die Abschlussersteller. Die Vergleichbarkeit wird eingeschränkt, da der Ergebnisausweis in zeitlicher Hinsicht durch das Management gesteuert werden kann. Die Möglichkeiten des Gain Trading sind im Zusammenhang mit der Eigenkapitalveränderungsrechnung zu sehen. Hier wurde festgestellt, dass die Wahrnehmung der dort erfassten Ergebnisbeiträge geringer ist als die Wahrnehmung der in der Gewinn- und Verlustrechnung dargestellten Ergebnisbeiträge. Insofern erzielt das Gain Trading tatsächlich eine Wirkung bei dem Abschlussadressaten. Im Hinblick auf den Zweck der Rechnungslegung ist diese Erkenntnis problematisch, da relevante Informationen nicht die notwendige Aufmerksamkeit des Abschlussadressaten erhalten.

Weiterhin existiert keine trennscharfe Abgrenzung zwischen den Ergebnisbeiträgen im Eigenkapital und denen in der Gewinn- und Verlustrechnung. Als Beispiel sei hier die Realisation angeführt. Ergebnisbeiträge im Eigenkapital werden meist durch Realisation in die Gewinn- und Verlustrechnung übernommen. Im Fall einer Wertminderung ist dies aber keine zwingende Voraussetzung. Auf der anderen Seite sind auch nicht alle Ergebnisbeiträge in der Gewinn- und Verlustrechnung realisiert. Sogar innerhalb der Finanzinstrumente ist die Realisation keine zwingende Voraussetzung, da auch unrealisierte Ergebnisbeiträge des Handelsbestandes dort erfasst werden. Durch das Fehlen einer trennscharfen Abgrenzung wird die Verständlichkeit des Abschlusses eingeschränkt.

Durch die Erfassung von Ergebnisbeiträgen im Eigenkapital ergeben sich Vorteile im Hinblick auf die zahlungsmittelwirksame Darstellung. Beispielsweise wird das Unternehmen vor hohen liquiditätswirksamen Steuerzahlungen auf nicht liquiditätswirksame Zeitwertgewinne geschützt. Die Darstellung in der Gewinn- und Verlustrechnung nähert sich damit der Darstellung der tatsächlichen Cash Flows an. Zu Unterschieden kommt es bei der Anwendung der Effektivzinsmethode.

Für eine korrekte Darstellung der zur Veräußerung verfügbaren Finanzanlagen im Eigenkapital, in der Gewinn- und Verlustrechnung und in der Cash-Flow-Rechnung besteht ein erheblicher Informationsbedarf. Faktisch ist eine Art Anlagespiegel für die einzelnen Investitionen dieser Kategorie notwendig. Die in der Praxis verwendete Möglichkeit, zu jedem Stichtag die Differenz zwischen Marktwert und Buchwert in das Eigenkapital einzustellen, greift hier zu kurz. Es entsteht das paradoxe Ergebnis, dass durch die Kategorie der zur Veräußerung verfügbaren Finanzinstrumente die Darstellung in der Gewinn- und Verlustrechnung zahlungsstromgerechter wird, aber die Darstellung in der Cash-Flow-Rechnung an Qualität verliert.

Ein Grund für die Einführung der Kategorie der zur Veräußerung verfügbaren Finanzinvestitionen war es, die ökonomisch unbegründeten Ergebnisschwankungen zu reduzieren. Diese Schwankungen entstehen dadurch, dass Aktiva und Passiva, die miteinander in Zusammenhang stehen, unter unterschiedliche Bewertungsmethoden fallen. Dieses Problem in IAS 39 in der Fassung von 2000 wurde reduziert, indem es dem Abschlussersteller freigestellt wurde, die zur Veräußerung verfügbaren Finanzinvestitionen erfolgswirksam oder erfolgsunwirksam mit dem beizulegenden Zeitwert zu bewerten. Mit der Einführung der freiwilligen Zeitwertbewertung aus dem Exposure Draft von 2002 hat der Abschlussersteller hierfür jetzt ein wirkungsvolleres Instrument, da die Entscheidung nicht mehr für die ganze Kategorie getroffen wird, sondern für jedes einzelne Finanzinstrument. Damit entfällt eine wesentliche Begründung für die Existenz dieser Kategorie.

Die bisherigen Erkenntnisse zu der Kategorie der zur Veräußerung verfügbaren Finanzinstrumente in Abwägung mit dem definierten Zweck der Rechnungslegung deuten auf einen wesentlichen Änderungsbedarf oder die Abschaffung der gesamten Kategorie hin. Bevor tatsächliche Empfehlungen für diese Kategorie ausgesprochen werden können, sind weitere Untersuchungen durchzuführen. Im Vordergrund hierbei stehen dann die Untersuchungen zur Darstellung von Ergebnisbeiträgen aus der Zeitwertbewertung und zur Auswirkung des Ausweises volatiler Ergebnisse. Für die Anwendung der Zeitwertbewertung sind die Betrachtungen zur Verlässlichkeit von beizulegenden Zeitwerten ebenfalls relevant.

3.4.4 Kategorie der finanziellen Vermögenswerte, die erfolgswirksam mit dem beizulegenden Zeitwert bewertet werden

Unter diese Bezeichnung fallen Finanzinvestitionen des Handelsbestandes, freiwillig erfolgswirksam mit dem beizulegenden Zeitwert bewertete Finanzinvestitionen sowie Derivate. Im Zusammenhang mit Derivaten und der freiwilligen erfolgswirksamen Zeitwertbewertung sind auch Sicherungsbeziehungen an dieser Stelle relevant.

Die Kategorie der Finanzinstrumente, die erfolgswirksam mit dem beizulegenden Zeitwert bewertet werden, setzt sich aus den Unterkategorien Handelsbestand und freiwillig erfolgswirksam mit dem beizulegenden Zeitwert bewerteter Finanzinvestitionen zusammen. Die Unterkategorien sind hinreichend voneinander abgegrenzt, und der Ausweis in der Rechnungslegung erfolgt entsprechend der Behandlung in der Rechnungslegung gemeinsam und nach Art des Zustandekommens der Behandlung getrennt. Es besteht keine Unsicherheit über die Notwendigkeit der Erfüllung der Dokumentationsanforderungen der Unterkategorien. Darüber hinaus ist die Gesamtkategorie hinreichend von anderen Kategorien abgegrenzt. Das Kriterium der Kurzfristigkeit im Rahmen der Definition des Handelsbestandes dient eher der Bestätigung der Zugehörigkeit zu dieser Kategorie. Es dient nicht der Identifikation, wann Instrumente nicht dem Handelsbestand zugehörig sind.

Die Möglichkeit der Zuordnung von Finanzinstrumenten zu den freiwillig erfolgswirksam mit dem beizulegenden Zeitwert bewerteten Finanzinstrumenten vereinfacht die Begründung informeller Sicherungsbeziehungen. Darüber hinaus wird die Darstellung solcher Portfoliohedges und Makrohedges ermöglicht, die im Rahmen formeller Sicherungsbeziehungen nach IAS 39.71 bis IAS 39.102 nicht zulässig sind. Die Begründung einer informellen Sicherungsbeziehung weist gegenüber der formellen Absicherung folgende Nachteile auf: Der Beginn und die Beendigung der Sicherung werden durch die Transaktionen des Grundgeschäfts und des Sicherungsinstruments determiniert und können nicht vom Unternehmen frei bestimmt werden. Es besteht keine Möglichkeit der Absicherung von Teilrisiken des Grundgeschäfts. Ein Vorteil einer informellen Sicherungsbeziehung besteht in der Umgehung der für die formelle Sicherungsbeziehung vorgeschriebenen Dokumentationsanforderungen. Hieraus lässt sich ableiten, dass die freiwillige erfolgswirksame Zeitwertbewertung Möglichkeiten zur Darstellung von Portfoliozusammenhängen bietet, sofern entweder die Anforderungen einer formellen Sicherung nicht erfüllt werden können oder für das Unternehmen nicht die Notwendigkeit der präziseren Absicherung durch eine formelle Sicherungsbeziehung besteht. Die Relevanz der Informationsvermittlung als Voraussetzung für die Nutzung der Fair Value Option entspricht dem definierten Zweck der Rechnungslegung.

Durch die freiwillige erfolgswirksame Zeitwertbewertung wird der Umgang mit eingebetteten Derivaten erleichtert. Unter bestimmten Voraussetzungen kann die Trennung des Basisvertrags von dem eingebetteten Derivat oder den eingebetteten Derivaten unterbleiben, sofern die freiwillige erfolgswirksame Zeitwertbewertung auf das Gesamtinstrument angewendet wird.

Die Entscheidung für oder gegen die freiwillige erfolgswirksame Zeitwertbewertung kann unabhängig von dem tatsächlichen Erwerbszeitpunkt der Finanzinvestition bis spätestens zum Ende der Rechnungslegungsperiode erfolgen. Hierdurch ergibt sich ein begrenzter Gestaltungsspielraum des Abschlusserstellers. Aufgrund der kurzen Zeitspanne und der Voraussetzungen für die Zuordnung zu den freiwillig erfolgswirksam mit dem beizulegenden Zeitwert bewerteten Finanzinvestitionen wird der Gestaltungsspielraum als minimal angesehen.

Durch die Einführung der freiwilligen erfolgswirksamen Zeitwertbewertung wurde das in IAS 39 von 2000 letztmalig bestehende Wahlrecht zur erfolgswirksamen Erfassung von Zeitwertschwankungen von Instrumenten der Kategorie der zur Veräußerung verfügbaren Finanzinvestitionen obsolet. Die Streichung dieses Wahlrechts stellt eine Annäherung an die US GAAP dar. Diese Annäherung ist im Rahmen des hier definierten Zwecks der Rechnungslegung als neutral einzustufen.

Mit der Einführung der freiwilligen erfolgswirksamen Zeitwertbewertung wurde ein Wahlrecht von erheblicher Tragweite eingeführt. Die Einführung eines Wahlrechts führt zu einer Reduktion der Vergleichbarkeit. Die Tragweite des Wahlrechts wurde durch die Einschränkung der Fair Value Option reduziert. Die Vermittlung relevanterer Rechnungslegungsinformationen ist das zentrale Kriterium für die Anwendbarkeit der Fair Value Option. Die hierfür notwendige Abwägung zwischen Vergleichbarkeit und Relevanz entspricht dem definierten Zweck der Rechnungslegung.

Die Fair Value Option wurde mit der Anpassung des IAS 39 aus dem Jahr 2005 auch für Instrumente zur Verfügung gestellt, die die Anforderungen der Kategorie Kredite und Forderungen erfüllt. Für diese Instrumente besteht definitionsgemäß weder ein aktiver Markt noch ein tatsächlicher Handel durch das Unternehmen. Die Anwendung der Fair Value Option auf diese Instrumente wird durch die Anforderungen an die freiwillige erfolgswirksame Zeitwertbewertung mit der Vermittlung relevanterer Rechnungslegungsinformationen verknüpft. Die Verlässlichkeit der Zeitwertbewertung solcher Finanzinstrumente ist weiter zu untersuchen.

Die bisherigen Erkenntnisse zeigen zweckentsprechende Auswirkungen der Anwendung der erfolgswirksamen Zeitwertbewertung. Vor einer endgültigen Festlegung sind jedoch weitere Untersuchungen durchzuführen. Hierbei sind die Betrachtungen zur Verlässlichkeit von beizulegenden Zeitwerten, zur Darstellung von Ergebnisbeiträgen aus der Zeitwertbewertung und zur Auswirkung von Ergebnisvolatilität auf die Entscheidungen von Abschlussadressaten von zentraler Bedeutung.

3.4.5 Kategorien finanzieller Verbindlichkeiten

Die Bewertung finanzieller Verbindlichkeiten in IAS 39 ist von geringerer Komplexität als die Bewertung finanzieller Vermögenswerte. Nicht zuletzt ist dies auf das fehlende Äquivalent zur Kategorie der zur Veräußerung verfügbaren Finanzinvestitionen zurückzuführen. Generell ergibt sich für die Passivseite keine zur Aktivseite fundamental unterschiedliche Einschätzung. Wenige zusätzliche Aspekte sind zu betrachten:

Eine Bewertungsinkongruenz kann sich ergeben, wenn finanzielle Verbindlichkeiten, die zu fortgeführten Anschaffungskosten bewertet werden, und Aktiva, die mit dem beizulegenden Zeitwert bewertet werden, in einem Portfoliozusammenhang miteinander stehen. In diesen Fällen steht die Möglichkeit der freiwilligen Bewertung mit dem beizulegenden Zeitwert zur Verfügung. Hierdurch wird auch die Absicherung beizulegender Zeitwerte von Aktiva durch die Bildung einer informellen Sicherungsbeziehung mit freiwillig mit dem beizulegenden Zeitwert bewerteten Passiva ermöglicht. Die Anforderung an die Nutzung der freiwilligen erfolgswirksamen Zeitwertbewertung entspricht dem definierten Zweck der Rechnungslegung, da die Relevanz der Information die zentrale Voraussetzung ist.

Eine weitere Bewertungsinkongruenz kann sich ergeben, wenn finanzielle Verbindlichkeiten, die ergebniswirksam mit dem beizulegenden Zeitwert bewertet werden, und nicht-finanzielle Aktiva, die mit (fortgeführten) Anschaffungskosten bewertet werden, in einem Portfoliozusammenhang miteinander stehen. Die Bewertungsasymmetrie ist im gegenwärtigen Regelungsrahmen des IAS 39 nicht vermeidbar. Sie wäre vermeidbar, wenn beide Komponenten des Portfolios zu (fortgeführten) Anschaffungskosten oder mit dem beizulegenden Zeitwert bewertet würden. Die Verlässlichkeit wäre in beiden Fällen als eingeschränkt zu beurteilen. Darüber hinaus kommt diesem Fall, in dem keine Portfoliobildung möglich ist, eine geringe praktische Relevanz zu. Eine Anpassung des Regelungsrahmens des IAS 39 erscheint daher nicht sachgerecht.

Die Residualkategorie der finanziellen Verbindlichkeiten wird zu (fortgeführten) Anschaffungskosten bewertet. Im Gegensatz hierzu wird die Residualkategorie der finanziellen Vermögenswerte mit dem beizulegenden Zeitwert bewertet. Dieser Unterschied ist vor dem Hintergrund zu sehen, dass die Bewertung eigener Verbindlichkeiten auch die eigene Bonität beinhaltet, die Bewertung fremder Verbindlichkeiten in Abgrenzung dazu aber eine rein externe Sichtweise repräsentiert. Die Zeitwertbewertung eigener finanzieller Verbindlichkeiten kann zu Informationen für die Adressaten der Rechnungslegung führen, die eine eingeschränkte Verständlichkeit aufweisen. Die Möglichkeiten, die Bewertung der eigenen Bonität zu umgehen, besitzen ihrerseits Nachteile im Hinblick auf die Komplexität oder die Verlässlichkeit.

Zur Anwendung der Zeitwertbewertung steht für finanzielle Verbindlichkeiten der Handelsbestand zur Verfügung. Hierfür sind die Handelsabsicht oder die tatsächliche Handelstätigkeit Voraussetzungen. Weiterhin ist die freiwillige erfolgswirksame Zeitwertbewertung möglich. Diese steht nur zur Beseitigung von Ansatz- oder Bewertungsinkongruenzen, für Fair-Value-Portfolios und zur Vermeidung der Trennung bestimmter eingebetteter Derivate zur Verfügung. Diese Einschränkungen dienen dem erklärten Ziel der Vermittlung relevanterer Informationen für die Adressaten der Rechnungslegung. Im Hinblick auf die Diskussion der Bewertung der eigenen Bonität bei der Zeitwertbewertung finanzieller Verbindlichkeiten erscheint die Beschränkung auf diese Bereiche angemessen. Insofern erscheint es ebenfalls angemessen, die Residualkategorie finanzieller Verbindlichkeiten in Abgrenzung zur Residualkategorie finanzieller Vermögenswerte zu (fortgeführten) Anschaffungskosten zu bewerten. Es ergibt sich keine Notwendigkeit der Anpassung der gegenwärtig in IAS 39 umgesetzten Regelungen.

3.4.6 Bilanzierung von Transaktionskosten

Die Erkenntnisse zu Transaktionskosten ergeben sich aus mehreren Kategorien von Finanzinstrumenten. Insofern gelten die abzuleitenden Erkenntnisse unabhängig von den Kategorien von Finanzinstrumenten.

Die Behandlung von Transaktionskosten des Erwerbs ist in der gegenwärtigen Ausgestaltung des IAS 39 uneinheitlich geregelt. Weder werden sie bei der Zugangsbewertung konsequent aktiviert oder nicht aktiviert noch werden sie im

Rahmen der Folgebewertung konsequent in die Bewertung einbezogen oder nicht einbezogen. Dieser unterschiedliche Umgang mit Transaktionskosten reduziert die Verständlichkeit ebenso wie die Vergleichbarkeit.

Für die empfohlene Behandlung von Transaktionskosten des Erwerbs gilt die Ansicht, dass Transaktionskosten in den meisten Fällen keinen zukünftigen wirtschaftlichen Nutzen verkörpern und insofern nicht aktivierungsfähig sind. Diese Ansicht wird aus dem Verständnis des beizulegenden Zeitwerts als Exit Price abgeleitet. Danach ist der beizulegende Zeitwert als der Wert zu verstehen, der für die Aufgabe eines Vermögenswerts vom Markt vergütet würde oder für das Ablösen einer Verbindlichkeit am Markt aufzuwenden wäre. Von Ausnahmefällen abgesehen, kann nicht davon ausgegangen werden, dass Transaktionskosten des Erwerbs bei einer Weiterveräußerung vom Markt vergütet würden. Insofern erscheint eine Aktivierung von Transaktionskosten des Erwerbs nicht sachgerecht.

Transaktionskosten der Veräußerung sind in diesem Zusammenhang ebenfalls nicht zu berücksichtigen, da sie Verbindlichkeiten verkörpern, die bei einer nur unterstellten Veräußerung noch nicht rechtlich entstanden sind. Diese Erkenntnis entspricht dem gegenwärtig in IAS 39 umgesetzten Regelungsrahmen.

4 Kategorienübergreifende Darstellung und Diskussion des IAS 39 im Hinblick auf die Anwendung des beizulegenden Zeitwerts

4.1 Bestimmung des beizulegenden Zeitwerts

4.1.1 Bestimmung des beizulegenden Zeitwerts nach IAS 39

Eine Bilanzierung ist im Allgemeinen vergangenheits- (Periodenerfolg) oder gegenwartsbezogen (Bilanzstichtag). Der Blick auf die zukünftige Entwicklung erfolgt in geringerem Umfang, etwa um die Dauerhaftigkeit einer Wertminderung zu beurteilen oder den Ausgang eines Passivprozesses abzuschätzen.[696] Bei der Zeitwertbewertung stehen zukunftsbezogene Entscheidungen und Wertaussagen im Umfeld grundsätzlicher Unsicherheiten im Zentrum der Betrachtung. Es ist daher zu untersuchen, inwieweit sich die Form der Ermittlung beizulegender Zeitwerte in IAS 39 auf die Verlässlichkeit der Zeitwertbewertung auswirkt.

4.1.1.1 Aktualisierung der Bestimmungsmethodik für den beizulegenden Zeitwert durch IAS 39 in der Fassung von 2003

Nach IAS 39.46c sind Eigenkapitalinstrumente, die über keinen notierten Marktpreis in einem aktiven Markt verfügen und deren beizulegender Zeitwert nicht verlässlich ermittelt werden kann, mit ihren Anschaffungskosten zu bewerten. Gleiches gilt für derivative Finanzinstrumente, die auf einem solchen Eigenkapitalinstrument basieren. Dies beinhaltet eine wesentliche Änderung gegenüber IAS 39.69c in der alten Fassung, die im Exposure Draft von 2002 in ED IAS 39.69c eingeführt wurde. Nach IAS 39.69c in Verbindung mit IAS 39.73 bestand für alle Finanzanlagen, für die kein notierter Marktpreis auf einem aktiven Markt existiert und deren beizulegender Zeitwert nicht verlässlich bestimmbar ist, die Pflicht zur Bewertung zu Anschaffungskosten oder fortgeführten Anschaffungskosten. Die Änderung begründet eine Einschränkung der Gruppe der Finanzinstrumente, die über IAS 39.46c zu Anschaffungskosten bewertet werden. Diese Einschränkung repräsentiert die Fortentwicklung der ursprünglich in IAS 39.70 in der Fassung von 2000 aufgestellten Behauptung, dass die meisten

696 Vgl. Hoffmann, W.-D./ Lüdenbach, N. (2003), S. 5.

finanziellen Vermögenswerte, insbesondere diejenigen, die als zu Handelszwecken gehalten oder zur Veräußerung verfügbar klassifiziert sind, einen bestimmbaren Zeitwert haben sollten.

Die Erkenntnis, dass der beizulegende Zeitwert nicht immer ermittelbar oder nicht verlässlich ermittelbar sein kann, ist für die Diskussion der Bestimmung des beizulegenden Zeitwerts von zentraler Bedeutung.

4.1.1.2 Verfahrensablauf zur Bestimmung des beizulegenden Zeitwerts in IAS 39

Die Bestimmung des beizulegenden Zeitwerts erfolgt in einem abgestuften Verfahren.[697] Seit dem Exposure Draft des IAS 39 aus dem Jahr 2002 und der Verabschiedung als Standard im Jahr 2003 ist die Reihenfolge der alternativen Verfahren zur Ermittlung des beizulegenden Zeitwerts klar festgelegt.[698] Es stellt sich wie folgt dar:

Als verlässlichste Schätzung des beizulegenden Zeitwerts gilt ein notierter Marktpreis auf einem aktiven Markt. Solange solche Preise verfügbar sind, werden sie für die Bewertung finanzieller Vermögenswerte und finanzieller Verbindlichkeiten herangezogen.[699] Aus der Festlegung lässt sich das Verbot ableiten, Bewertungsmethoden anzuwenden, sofern ein notierter Marktpreis auf einem aktiven Markt vorhanden ist. Ein notierter Preis an einem aktiven Markt gilt als vorhanden, wenn veröffentlichte Preise, die normale Markttransaktionen widerspiegeln, schnell und regelmäßig von einer Börse, einem Broker, einer Industrieorganisation, einer

---

697 Vgl. Küting, K./ Hayn, M. (2006), S. 1211 f.; Wagenhofer, A. (2005), S. 161; Baumeister, A./ Troßmann, E. (2005), S. 633.

698 Vgl. Velthuis, L. J./ Wesner, P./ Schabel, M. M. (2006), S. 875; Lüdenbach, N. (2002), S. 2116; Bogajewskaja, J./ Borchmann, T./ Pape, J. (2002), S. 224. Die Reihenfolge der Verfahren zur Ermittlung des beizulegenden Zeitwerts in IAS 39 entspricht nicht konsistent dem Vorgehen zur Ermittlung des beizulegenden Zeitwerts in anderen IAS/IFRS. Die Inkonsistenz schränkt die Vergleichbarkeit ein. Vgl. IASB (Hrsg.) (2006a), Para. 47, zur Berücksichtigung dieser Inkonsistenz im Fair-Value-Measurement-Projekt des IASB.

699 Vgl. IAS 39.AG71.

Preisagentur oder einer Regulierungsbehörde verfügbar sind.[700] Mit dem Heranziehen eines notierten Preises an einem aktiven Markt wird das Ziel verfolgt, das Instrument zu bewerten, als würde am Bilanzstichtag eine tatsächliche Transaktion mit diesem Instrument erfolgen.[701] Sind mehrere Marktpreise vorhanden, die die Voraussetzungen erfüllen, wird der für das Unternehmen vorteilhafteste Preis verwendet.[702] Dies gilt nur, sofern dieser Preis auf einem Markt zustande kommt, zu dem das Unternehmen einen tatsächlichen Zugang hat.[703]

Sind keine Preise für das Instrument von einem aktiven Markt verfügbar, gelten die verfügbaren Preise in der Nähe des Stichtages als der beste Indikator für den aktuellen beizulegenden Zeitwert unter der Voraussetzung, dass sich die ökonomischen Rahmenbedingungen zwischen den beiden Terminen nicht wesentlich geändert haben.[704] Sollten sich die ökonomischen Bedingungen zwischen dem Zeitpunkt des verfügbaren Preises und dem Stichtag geändert haben oder sollte kein aktiver Markt für das Finanzinstrument vorliegen, so kann der beizulegende Zeitwert auf Basis eines vergleichbaren Finanzinstrumentes ermittelt werden, soweit die beiden Finanzinstrumente vergleichbar sind.[705] Sind keine Preise für das Instrument von einem aktiven Markt verfügbar, aber für die Komponenten des Instruments, wird der beizulegende Zeitwert auf der Basis der relevanten Komponenten ermittelt.[706]

Sofern der Markt für ein Finanzinstrument kein aktiver Markt ist, sind Bewertungsverfahren heranzuziehen, um den beizulegenden Zeitwert zu schätzen.[707] Aus der Betonung des aktiven Marktes in IAS 39.AG74, wie auch schon in

---

[700] Vgl. IAS 39.AG71. Der Begriff aktiver Markt wird in IAS 32, IAS 39 und IFRS 7 nicht definiert. In anderen Standards (z. B. IAS 36.6, IAS 38.8 und IAS 41.8) wird ein aktiver Markt definiert als ein Markt, der die folgenden Kriterien kumulativ erfüllt: Die auf dem Markt gehandelten Produkte sind homogen. In der Regel können vertragswillige Käufer und Verkäufer jederzeit gefunden werden. Die Preise stehen der Öffentlichkeit zur Verfügung. Für weitere Informationen für das Vorliegen eines aktiven Marktes sei auf IDW (Hrsg.) (2006c), RS HFA 9, Tz. 76-89, verwiesen.

[701] Vgl. IAS 39.AG71.

[702] Vgl. IASB (Hrsg.) (2006a), Para. 32-35 zur Diskussion des Verhältnisses zwischen dem Preis an dem normalerweise verwendeten Markt und dem vorteilhaftesten Preis.

[703] Vgl. IAS 39.AG71.

[704] Vgl. IAS 39.AG72. So auch schon im Exposure Draft zu IAS 39 aus dem Jahr 2002. Vgl. hierzu IASB (Hrsg.) (2002d), ED IAS 39.99.

[705] Vgl. IAS 39.AG72. So auch schon im Exposure Draft zu IAS 39 aus dem Jahr 2002. Vgl. hierzu IASB (Hrsg.) (2002d), ED IAS 39.100.

[706] Vgl. IAS 39.AG72.

[707] Vgl. IAS 39.AG74.

IAS 39.AG71, lässt sich ableiten, dass die zentrale Voraussetzung für die Verwendbarkeit von Marktpreisen ein aktiver Markt ist. Sind Marktpreise vorhanden, aber nicht auf einem Markt zustande gekommen, der die Voraussetzungen für einen aktiven Markt erfüllt, dürfen sie entsprechend nicht verwendet werden.[708]

Vergleichsmethoden, DCF-Methoden und Optionspreismodelle[709] werden als Bewertungsverfahren, die im Markt anerkannt sind, explizit erwähnt.[710] Sofern es eine Bewertungsmethode gibt, die für die Art von Finanzinstrumenten gewöhnlich verwendet wird und die zu verlässlichen Ergebnissen führt, ist diese Methode zu verwenden.[711] Die Bewertungsverfahren dienen dazu, den Marktpreis, der sich ergeben hätte, wenn es zu einer Transaktion im Sinne der Definition des beizulegenden Zeitwerts gekommen wäre, zu schätzen.[712] Es ist dasjenige Bewertungsverfahren anzuwenden, das am meisten auf marktgegebene Faktoren abstellt und am wenigsten auf vom Unternehmen vorgegebene Inputgrößen angewiesen ist.[713] Lüdenbach[714] weist in diesem Zusammenhang darauf hin, dass die im Markt zu beobachtenden Informationen vorzuziehen sind, auch wenn das Management eine andere Ansicht vertritt.[715]

Hier widerspricht die Regelung aus IAS 39 auch der deutschen Praxis. IDW S 1 sieht in den im Markt zu beobachtenden Preisen eine Plausibilisierungsmöglichkeit, die jedoch

---

708 Aus der Betonung einer Marktbezogenheit der Unternehmensbewertung kann ebenfalls abgeleitet werden, dass der Intention des Standardsetters die objektive Theorie der Unternehmensbewertung zugrunde lag. Vgl. hierzu im Detail Peemöller, V. H. (2005a), Tz. 8-17, oder als Übersicht Peemöller, V. H. (2005b), Tz. 222, Übersicht 4.

709 Für eine allgemeinverständliche Ableitung der Konzeption von Realoptionen aus Finanzoptionen vgl. Beckmann, C./ Peemöller, V. H. (2005). Für eine detaillierte Darstellung der Optionsbewertung mittels Entscheidungsbäumen vgl. Copeland, T./ Koller, T./ Murrin, J. (2000), S. 399-429. und Hull, J. C. (2005), S. 299-320. Für eine Einführung in die Optionspreisbewertung mit der Black-Scholes(-Merton)-Berechnungsmethodik vgl. Hull, J. C. (2005), S. 345-373; Kiesel, R./ Kleinow, T. (2005), S. 771-774.

710 Vgl. IAS 39.AG74.

711 Vgl. IAS 39.AG74.

712 Vgl. IAS 39.AG75.

713 Vgl. IAS 39.AG75.

714 Vgl. Lüdenbach, N. (2002), S. 2116.

715 Für eine Gegenüberstellung der Vor- und Nachteile der markorientierten gegenüber der unternehmensorientierten Zeitwertermittlung sei auf Schmidt, M. (2006c), S. 67 f. verwiesen.

nicht in der Lage ist, eine wirkliche Unternehmensbewertung zu ersetzen.[716] Die Bewertungsmethode wird dem Marktpreis also vorgezogen.

Das Bewertungsverfahren wird eine realistische Schätzung des beizulegenden Zeitwerts erreichen, wenn es

a) wiedergibt, wie auch der Markt den Preis des Instrumentes ableiten würde, und
b) Inputgrößen verwendet, die die Einschätzungen des Marktes bezüglich der Risiko-Ertrags-Relation des Instrumentes abbilden.[717]

Dazu muss das Bewertungsverfahren

a) alle Faktoren berücksichtigen, die auch Beteiligte einer tatsächlichen Transaktion berücksichtigt hätten, und
b) mit allen anerkannten Methoden zur Bewertung finanzieller Vermögenswerte vereinbar sein.[718]

Das Unternehmen, das Bewertungsverfahren anwendet, passt in regelmäßigen[719] Abständen das Bewertungsmodell an, indem es die Ergebnisse des Modells mit tatsächlichen Transaktionen vergleicht.[720] Die herrschenden Bedingungen zum Zeitpunkt des Entstehens der finanziellen Forderung oder Verbindlichkeit sind ein Indikator für die Ableitung des beizulegenden Zeitwerts, da sie in eine tatsächliche Transaktion eingeflossen sind.[721] Der beizulegende Zeitwert kann also auf Basis der ursprünglichen Einschätzung unter Berücksichtigung der neuen Bedingungen abgeleitet werden.

---

716 Vgl. IDW (Hrsg.) (2005b), S 1, Tz. 14 f. So auch schon IDW (Hrsg.) (2000), S 1, Tz. 13 f.; IDW (Hrsg.) (2005a) und IDW ES 1 n.F., Tz. 14 f. Für eine detaillierte Darstellung des IDW ES 1 (am 9.12.2004 verabschiedet) und den dort umgesetzten Neuerungen sei auf Großfeld, B./ Stöver, R./ Tönnes, W. A. (2005) verwiesen. Für eine detaillierte Darstellung des IDW S 1 (am 18.12.2005 verabschiedet) und den dort umgesetzten Neuerungen sei auf Wagner, W./ Jonas, M./ Ballwieser, W./ Tschöpel, A. (2006) oder Reuter, A./ Lenz, S. (2006) verwiesen.

717 Vgl. IAS 39.AG75.

718 Vgl. IAS 39.AG76.

719 Rechnungslegung ist als externes Rechnungswesen (synonym auch: externe Unternehmensrechnung) zu verstehen. Insofern ist unter der regelmäßigen Anpassung eine Aktualisierung auf den Zeitpunkt der externen Unternehmenskommunikation zu verstehen.

720 Vgl. IAS 39.AG77.

721 Vgl. IAS 39.AG77.

Aus der dargestellten Vorgehensweise bei der Ermittlung des beizulegenden Zeitwerts lässt sich folgendes Schema ableiten:

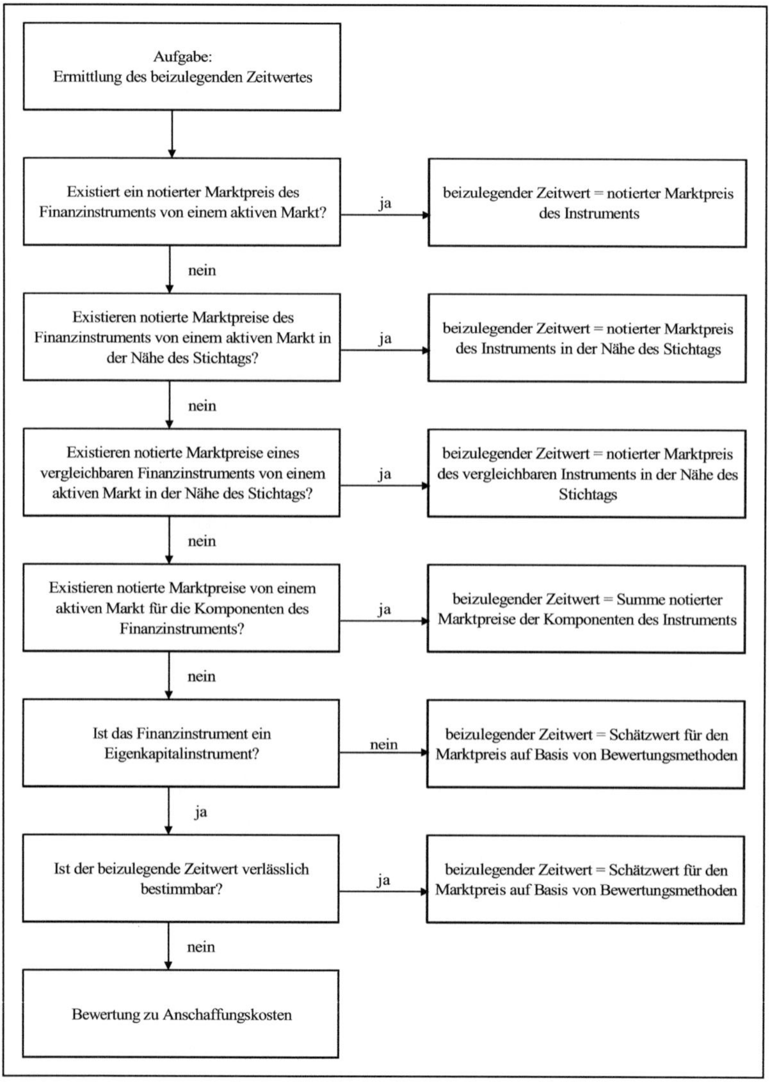

Abb. 11:Schematische Darstellung für die Ermittlung des beizulegenden Zeitwerts[722]

[722] Schematische Darstellung in Anlehnung an Niemeyer, K. (2003), S. 58.

Die Darstellung zeigt, inwieweit das IASB der Prämisse folgt, dass ein beizulegender Zeitwert, der die gestellten Anforderungen erfüllt, immer ermittelbar ist. Als Ausnahmen verbleiben:

a) Eigenkapitalinstrumente, die über keinen notierten Marktpreis in einem aktiven Markt verfügen und deren beizulegender Zeitwert nicht verlässlich ermittelt werden kann, und
b) Derivate, deren Basis solche Eigenkapitalinstrumente sind.

Der beizulegende Zeitwert eines Eigenkapitalinstruments gilt als verlässlich bestimmbar, wenn

a) die Schwankungsbreite der vernünftigen Schätzung der Zeitwerte nicht bedeutsam ist oder
b) die Eintrittswahrscheinlichkeiten der verschiedenen Schätzungen vernünftig geschätzt werden können. [723]

Es wird davon ausgegangen, dass in den meisten Fällen die Schwankungsbreite des geschätzten beizulegenden Zeitwerts nicht bedeutsam ist.[724] Sollten die erwähnten Bedingungen nicht zutreffen, darf ein Eigenkapitalinstrument nicht mit dem beizulegenden Zeitwert bewertet werden. Es erfolgt die Bewertung zu Anschaffungskosten.[725] In der deutschen Praxis betrifft diese Regelung vorrangig die Bewertung von Anteilen an GmbHs und Personenhandelsgesellschaften.[726]

4.1.2 Gängige Ermittlungsmethoden für den beizulegenden Zeitwert

Im Folgenden wird ein Überblick über die Bewertungsmethoden gegeben, die in IAS 39.AG74 explizit erwähnt werden und deshalb für die Bestimmung des beizulegenden Zeitwerts im Vordergrund stehen. Es werden diejenigen Bewertungsmethoden betrachtet, die herangezogen werden um Unternehmen als Ganzes

---

723 Vgl. IAS 39.AG80.
724 Vgl. IAS 39.AG81.
725 Vgl. IAS 39.46c.
726 Vgl. Kuhn, S./ Scharpf, P. (2005b), S. 211.

zu bewerten. Diese Darstellung bietet zwei Vorteile gegenüber weniger komplexen Bewertungsobjekten:

1. Die Ergebnisse lassen sich, sofern gewünscht, rückblickend auf diejenigen einschränken, die für die Bewertung weniger komplexer Bewertungsobjekte noch relevant sind. Damit ist die Beurteilung für eine möglichst große Zahl von Bewertungsobjekten grundsätzlich anwendbar.
2. Die Sonderstellung der nicht an einem aktiven Markt gehandelten Eigenkapitalinstrumente wird in die Betrachtung einbezogen.

Ballwieser[727] nennt drei grundsätzliche Methoden für die Ermittlung des Gesamtwerts eines Unternehmens: Die Ertragswertmethoden, die DCF-Methoden und die Vergleichs- bzw. Multiplikatormethoden. Im Folgenden stehen die Methoden, die auf abgezinsten Zahlungsströmen basieren, im Vordergrund, namentlich die DCF-Methoden und die Ertragswertmethode.[728] Im Grundsatz entspricht die Ertragswertmethode der Nettomethode der DCF-Verfahren. Bei konsistenter Anwendung beider Verfahren führen sie stets zu denselben Ergebnissen.[729] Aus diesem Grund wird das Ertragswertverfahren im Folgenden nicht separat dargestellt.[730]

Es erfolgt zunächst eine umfängliche Darstellung und Diskussion der DCF-Verfahren. Zur Vervollständigung und Abrundung werden im Anschluss daran die Vergleichs- und Multiplikatormethoden kurz dargestellt und im Hinblick auf zusätzliche Aspekte diskutiert.

---

[727] Vgl. Ballwieser, W. (1993), S. 152; siehe auch die Übersicht in Mandl, G./ Rabel, K. (2005), Tz. 403, Übersicht 1.

[728] Vgl. Breuer, W./ Schuhmacher, F. (2004), S. 119. Für eine gute Übersicht über die wesentlichen und gängigen Bewertungsverfahren sei auf Mandl, G./ Rabel, K. (2005) verwiesen.

[729] Vgl. Drukarczyk, J. (1995), S. 329; Ballwieser, W. (1998), S. 81. Für eine detaillierte Gegenüberstellung vgl. Ballwieser, W. (2005).

[730] Für eine Darstellung des Ertragswertverfahrens vgl. Peemöller, V. H./ Kunowski, S. (2005); Ballwieser, W. (1993), S. 153-163. Für eine Gegenüberstellung des Ertragswertverfahrens und der DCF-Verfahren vgl. Ballwieser, W. (1995), S. 124, Abb. 2; Ballwieser, W. (1993), S. 168, und Born, K. (1996) in Verbindung mit Drukarczyk, J. (1995).

4.1.2.1 Discounted-Cash-Flow-Verfahren

4.1.2.1.1 Grundsätzliche Einordnung der Discounted-Cash-Flow-Verfahren

Innerhalb der DCF-Verfahren kommen mehrere Ansätze zu Anwendung. Allen Ansätzen gemein ist die Tatsache, dass bei ihnen Zahlungsströme mit einem entsprechenden Zinssatz diskontiert werden und sich so der Barwert der Zahlungsströme ermitteln lässt.[731] Es wird zwischen den Netto- und Bruttoansätzen unterschieden:[732]

Bei dem Nettoansatz werden nur die den Eigenkapitalgebern zufließenden Zahlungsströme verwendet.

Bei den Bruttoansätzen werden zunächst die allen Kapitalgebern, also Eigen- und Fremdkapitalgebern, zufließenden Zahlungsströme in die Berechnung einbezogen. Hier sind insbesondere die Methode der gewichteten, durchschnittlichen Kapitalkosten[733] und der angepasste Barwert[734] zu unterscheiden.[735]

---

731 Vgl. Ballwieser, W. (1998), S. 81.

732 Vgl. Essler, W./ Kruschwitz, L./ Löffler, A. (2004), S. 134; Ballwieser, W. (1998), S. 81; Ballwieser, W. (1995), S. 121 f.

733 „Weighted Average Cost of Capital“, WACC-Ansatz. Bei dieser Berechnungsmethode werden die Zahlungsströme, die allen Kapitalgebern zufließen, mit den gewichteten Renditeerwartungen aller Kapitalgeber diskontiert. Vgl. Ballwieser, W. (1998), S. 82; Drukarczyk, J./ Schüler, A. (2007), S. 21.

734 „Adjusted Present Value“, APV-Ansatz. Bei dieser Bewertungsmethode werden die den Kapitalgebern zufließenden Zahlungsströme getrennt von den jeweiligen Wechselwirkungen durch Finanzierungs- und Steuerstruktur anhand diskontierter Zahlungsströme bewertet. Vgl. Drukarczyk, J. (1995), S. 331 f.

735 Vgl. Drukarczyk, J./ Schüler, A. (2007), S. 138-145, insbesondere S. 145, Tab. 5-17; Ballwieser, W. (1998), S. 81. Für die verschiedenen Ansätze ist festzuhalten, dass sie bei identischen Prämissen zu demselben Ergebnis führen (vgl. Ballwieser, W. (1998), S. 82). Basierend darauf wird in der folgenden Darstellung auf die Methode des angepassten Barwerts nicht weiter eingegangen, da von seiner Darstellung kein zusätzlicher Informationsnutzen für diese Arbeit ausgeht. Für eine gute Übersicht zu diesem Ansatz vgl. Drukarczyk, J. (1995), S. 331 f.

4.1.2.1.2 Der Nettoansatz (Equity Approach)

Bei der Anwendung des Nettoansatzes werden die Zahlungsströme ermittelt, die direkt den Eigenkapitalgebern zufließen. Diese werden mit der von den Eigenkapitalgebern erwarteten Rendite diskontiert.[736] Die Berechnung stellt sich wie folgt dar:[737]

$$UW = EK = \sum_{t=1}^{\infty} \frac{CF_t^{EK}}{(1 + r_{EK})^t}$$

4.1.2.1.3 Der Bruttoansatz (Entity Approach)

Bei der Anwendung des Bruttoansatzes werden die Zahlungsströme ermittelt, die allen Kapitalgebern, also Eigen- und Fremdkapitalgebern, zufließen. Diese werden mit der gewichteten Renditeerwartung der Eigen- und Fremdkapitalgeber diskontiert, und so wird der Wert des gesamten Unternehmens abgeleitet. Der Wert des Eigenkapitals wird ermittelt, indem der Wert des Fremdkapitals von dem Gesamtwert subtrahiert wird. Alternativ kann auch der Gesamtwert mit der Eigenkapitalquote multipliziert werden.[738] Die Berechnung stellt sich wie folgt dar:[739]

$$UW = EK = \sum_{t=1}^{\infty} \frac{CF_t}{(1 + r_{WACC})^t} - FK = GK - FK$$

Der wesentliche Unterschied zwischen der Brutto- und der Nettomethode liegt in der Behandlung von Beziehungen zu den Fremdkapitalgebern.[740] Bei der Bruttomethode werden die Auszahlungen an Fremdkapitalgeber Teil des bewertungsrelevanten Cash

---

736 Vgl. Peemöller, V. H. (2005b), Tz. 213; Von Weizsäcker, R. K./ Krempel, K. (2004), S. 809; Ballwieser, W. (1998), S. 82; Ballwieser, W. (1995), S. 122; Copeland, T./ Koller, T./ Murrin, J. (2000), S. 150-152.

737 Aus Ballwieser, W. (1998), S. 82. Hierbei ist UW der Unternehmenswert zum Zeitpunkt t0, EK der Wert des Eigenkapitals, CF_t^{EK} der Cash Flow, der in Periode t an die Eigenkapitalgeber fließt, r_{EK} ist die Renditeerwartung der Eigenkapitalgeber, und t ist der Zeitindex.

738 Vgl. Peemöller, V. H. (2005b), Tz. 212, Von Weizsäcker, R. K./ Krempel, K. (2004), S. 809; Ballwieser, W. (1998), S. 84; Ballwieser, W. (1995), S. 121 f.; Copeland, T./ Koller, T./ Murrin, J. (2000), S. 132-134.

739 Aus Ballwieser, W. (1998), S. 84. Hierbei ist UW der Unternehmenswert zum Zeitpunkt t0, GK der Wert des Gesamtkapitals (Eigen- und Fremdkapital), EK der Wert des Eigenkapitals, FK der Wert des Fremdkapitals, CF_t der Cash Flow der in Periode t an alle Kapitalgeber, also Eigen- und Fremdkapitalgeber, fließt, r_{WACC} ist die gewichtete Renditeerwartung der Eigenkapitalgeber und der Fremdkapitalgeber, und t ist der Zeitindex.

740 Vgl. Hachmeister, D. (2000), S. 60 f. in Verbindung mit S. 94.

Flows, bei der Nettomethode nicht. Als Folge der unterschiedlichen Cash-Flow-Abgrenzung ergeben sich weitere Auswirkungen, insbesondere auf die Bestimmung des Diskontierungsfaktors und die separate Wertbestimmung des Fremdkapitals.

Im Folgenden wird die Anwendung der Bruttomethode unterstellt.

4.1.2.1.4 Der bewertungsrelevante Cash Flow[741]

Der für die Bewertung relevante Cash Flow ist der Cash Flow vor Finanzierung und nach Investitionen und Steuern.[742] Er wird meist als Free Cash Flow (FCF) bezeichnet.[743]

Der FCF lässt sich sowohl auf direktem Weg als auch indirekt, d. h. retrograd, ermitteln.[744] Bei der direkten Ermittlung[745] des Cash Flow werden alle zahlungswirksamen Vorgänge des Unternehmens direkt ermittelt. Es wird also eine Art Gewinn- und Verlustrechnung erstellt, die nur zahlungswirksame Vorgänge enthält. Da auch die Steuerlast zu schätzen ist, ergibt sich in den meisten Fällen die Notwendigkeit, zusätzlich eine Plangewinn- und -verlustrechnung und eine Planbilanz aufzustellen.[746]

---

741 Der hier dargestellte Cash Flow ist inhaltlich mit den dargestellten gewichteten Kapitalkosten abgestimmt. Eine Anpassungsvariante des Cash Flow besteht darin, den Steuereffekt auf die Fremdkapitalzinsen im Cash Flow zu berücksichtigen. Für die Besonderheiten der Berechnungsmethode, bei der der FCF angepasst wird, vgl. Ballwieser, W. (1998), S. 91.

742 Vgl. Ballwieser, W. (1998), S. 84; Ballwieser, W. (1993), S. 164. Für eine detaillierte Auseinandersetzung mit der Berücksichtigung von Steuern entsprechend des deutschen Steuerrechts sei auf Hommel, M./ Dehmel, I./ Pauly, D. (2005) verwiesen.

743 Vgl. Copeland, T./ Koller, T./ Murrin, J. (2000), S. 134; Ballwieser, W. (1998), S. 82 f. Auch andere Bezeichnungen, wie Cash Flow für Eigen- und Fremdkapitalgeber oder Cash Flow eines fiktiv rein eigenkapitalfinanzierten Unternehmens, werden verwendet. Die ebenfalls verwendeten Bezeichnungen „Cash Flow des operativen Geschäfts" bzw. „betrieblicher Cash Flow" werden hier nicht verwendet, da sie als potenziell missverständlich angesehen werden. Sie könnten mit dem Betriebsergebnis der GuV verwechselt werden. Das Betriebsergebnis ist jedoch nicht an tatsächlichen Zahlungsströmen orientiert. Weiterhin ist das Betriebsergebnis eine Größe vor Steuern, während der bewertungsrelevante Cash Flow eine Größe nach Steuern ist. Außerdem ergeben sich Unterschiede zwischen den beiden Werten hinsichtlich des Finanzergebnisses und der Investitionen. Vgl. hierzu Rappaport, A. (1999), S. 20 und S. 40 f., in Verbindung mit Ballwieser, W. (1998), S. 84.

744 Vgl. Ballwieser, W. (1998), S. 85.

745 Vgl. Ballwieser, W. (1998), S. 85. Eine detaillierte schematische Darstellung für die direkte Ableitung des Free Cash Flow ist in Hachmeister, D. (2000), S. 64, Abb. Nr. 3, dargestellt. Für eine Beispielrechnung für die direkte Ermittlung des Cash Flow vgl. Rappaport, A. (1995), S. 25. Hier werden die einzelnen Posten der Gewinn- und Verlustrechnung durch die nicht zahlungsmittelwirksamen Vorgänge angepasst.

746 Hierbei ist zu berücksichtigen, dass die Steuerberechnung auf dem handelsrechtlichen Ergebnis basiert und nicht auf dem Ergebnis nach IAS/IFRS. Vgl. zu den Implikationen hieraus Knoll, L. (2006) und Hentzen, M. (2005).

Bei der indirekten Ermittlung[747] des Cash Flow wird mit dem Endergebnis der Gewinn- und Verlustrechnung, dem Jahresüberschuss bzw. -fehlbetrag begonnen. Auch diese Berechnung wird von Planbilanzen und Plangewinn- und -verlustrechnungen abgeleitet. Die jeweiligen nicht zahlungswirksamen Erträge/Aufwendung werden in der Cash-Flow-Bestimmung abgezogen bzw. hinzugerechnet. Zahlungen, die nicht zu Erträgen/Aufwendungen führen, werden ebenfalls hinzugerechnet bzw. abgezogen. In der Praxis wird die indirekte Methode der Ermittlung des FCF gegenüber der direkten Ermittlung eindeutig bevorzugt.[748]

---

[747] Vgl. Baetge, J./ Kümmel, J./ Niemayer, K. (2005), Tz. 356.
[748] Vgl. Bömelburg, P./ Denkmann, A./ Peemöller, V. H. (1994), S. 744.

Ein Schema, wie aus dem Jahresüberschuss indirekt der Cash Flow abgeleitet wird, ist in folgender Abbildung dargestellt:

1)		**Jahresüberschuss/-fehlbetrag**
2)	+	Zinsaufwendungen
3)	=	Gewinn vor Zinsen nach Steuern
4)	-	Steuerersparnis durch die Abzugsfähigkeit von Fremdkapitalzinsen
5)	+/-	Abschreibungen/Zuschreibungen
6)	+/-	Erhöhungen/Verringerungen der Rückstellungen
7)	-/+	Erhöhungen/Verringerungen des Working Capital (= Vorräte + Forderungen aus Lieferung und Leistung + geleistete Anzahlungen - Verbindlichkeiten aus Lieferung und Leistung - erhaltene Anzahlungen)
8)	+/-	Erhöhung/Verringerung der passiven Rechnungsabgrenzung
9)	-/+	Erhöhung/Verringerung der aktiven Rechnungsabgrenzung
10)	-	weitere nicht zahlungswirksame Erträge
11)	+	weitere nicht zahlungswirksame Aufwendungen
12)	-	Investitionen
13)	-/+	Erhöhung/Verringerung des Zahlungsmittelbestandes
14)	=	**Cash Flow**

Abb. 12:Schematische Darstellung für die indirekte Ableitung des Cash Flow[749]

In Zeile 2 werden die Fremdkapitalzinsen addiert. Diese Anpassung ist notwendig, um den Cash Flow abzuleiten, der allen Kapitalgebern, also auch den Fremdkapitalgebern zur Verfügung steht.

In Zeile 4 wird der Steuervorteil aus der ertragssteuerlichen Abzugsfähigkeit von Fremdkapitalzinsen abgezogen. Dadurch wird die steuerliche Ungleichbehandlung von Eigen- und Fremdkapitalerträgen neutralisiert. Die Anpassung aus Zeile 4 ist

749 Schematische Darstellung aus Ballwieser, W. (1998), S. 86.

notwendig, um der Fiktion gerecht zu werden, dass ein rein eigenkapitalfinanziertes Unternehmen vorliegt. Die Finanzierungsstruktur wird im Nenner der Bewertungsmethodik, also im Diskontierungsfaktor berücksichtigt.[750]

In Zeile 13 werden die Veränderungen des Kassenbestandes erfasst. Daraus wird deutlich, dass der Cash Flow nicht die Liquiditätsposition des Unternehmens ausdrücken soll, sondern nur die tatsächlich an die Kapitalgeber ausgeschütteten bzw. ausschüttungsfähigen Zahlungsmittel beinhalten soll. Die Ausschüttungsplanung ist mit dem Diskontierungsfaktor abzustimmen, da dadurch die Zielkapitalstruktur erreicht wird.[751] Für die Ausschüttungspolitik sind gesellschaftsrechtliche Beschränkungen zu beachten. Diese sind aber an Relationen aus Bilanz oder Gewinn- und Verlustrechnung geknüpft. Insofern ist die Aufstellung einer Planrechnung der Bilanz und der Gewinn- und Verlustrechnung auch im Fall der indirekten Ableitung des Cash Flow nötig.[752]

4.1.2.1.5 Die gewichteten Kapitalkosten (WACC-Formel)

Es bestehen grundsätzlich zwei Möglichkeiten, um den Unternehmenswert nach dem Bruttoansatz mit den gewichteten Kapitalkosten zu ermitteln.[753] Die beiden Möglichkeiten ergeben sich aus der Tatsache, dass die Aufwendungen für Zinsen auf Fremdkapital steuerlich abzugsfähig sind. Dieser Steuereffekt auf das Fremdkapital kann entweder im Zähler durch Addition der Steuerersparnis auf die Fremdkapitalzinsen oder durch Anpassung des Fremdkapitalzinssatzes auf einen Fremdkapitalzinssatz nach Steuern erfolgen. Hier wird die Berechnungsmethode dargestellt, bei der der Fremdkapitalzinssatz angepasst wird, weil diese in der Praxis häufiger zur Anwendung kommt. Die hier dargestellte Formel zur Berechnung der gewichteten Kapitalkosten ist somit inhaltlich mit der vorangegangenen Darstellung des bewertungsrelevanten Cash Flow abgestimmt.

---

[750] Vgl. Ballwieser, W. (1998), S. 86; Drukarczyki, J. (1995), S. 330. Für eine detaillierte Auseinandersetzung mit Steuereffekten in der Unternehmensbewertung sei auf Kunowski, S./ Popp, M. (2005) verwiesen.

[751] Vgl. Ballwieser, W. (1998), S. 84.

[752] Vgl. Maul, K.-H. (1992), S. 1256; Peemöller, V. H. (2005b), Tz. 215; Baetge, J./ Kümmel, J./ Niemayer, K. (2005), Tz. 346-349.

[753] Vgl. Ballwieser, W. (1998), S. 84 f. und 91. Für die Besonderheiten der Berechnungsmethode, bei der der FCF angepasst wird, vgl. Ballwieser, W. (1998), S. 91.

Die Berechnung der gewichteten Kapitalkosten stellt sich wie folgt dar:[754]

$$r_{WACC} = r_{EK} \times \frac{EK}{GK} + r_{FK} \times (1-s) \times \frac{FK}{GK}$$

Entsprechend der dargestellten Formel ergeben sich die gewichteten Kapitalkosten aus den Renditeforderungen der Eigenkapitalgeber und der Fremdkapitalgeber, die jeweils mit der Eigenkapitalquote bzw. der Fremdkapitalquote gewichtet werden. Hierbei wird die Renditeforderung der Fremdkapitalgeber noch um den unternehmensindividuellen Ertragsteuersatz reduziert.

Die Renditeforderung der Eigenkapitalgeber ist Gegenstand des folgenden Kapitels.

Die Renditeforderung der Fremdkapitalgeber ergibt sich aus den durchschnittlichen tatsächlichen Zinssätzen des Fremdkapitals.[755] Die Reduktion der Renditeforderung der Fremdkapitalgeber leitet sich direkt aus der Ermittlungsmethodik des Cash Flow ab. Der Cash Flow wird ohne Berücksichtigung der Kapitalstruktur ermittelt, also vor Finanzierungskosten. Aus diesem Grund wird der Steuervorteil durch die steuerliche Abzugsfähigkeit von Zinsen von dem bewertungsrelevanten Cash Flow abgezogen. Die Kapitalstruktur wird dann im Nenner durch die Anpassung des Fremdkapitalzinssatzes auf einen Zinssatz nach Steuern berücksichtigt. Dafür wird der Faktor (1-s) eingefügt. Der Faktor s hat ursprünglich auch die Ausschüttungspolitik berücksichtigt, da bei Ausschüttung bzw. Thesaurierung unterschiedliche Steuersätze anfielen. Diese Berücksichtigung ist seit der Abkehr vom Anrechnungsverfahren nicht mehr erforderlich.[756]

---

754 Aus: Von Weizsäcker, R. K./ Krempel, K. (2004), S. 809. Hierbei sind r_{WACC} die gewichteten Kapitalkosten des Unternehmens, r_{EK} ist die Renditeerwartung der Eigenkapitalgeber, r_{FK} die Renditeerwartung der Fremdkapitalgeber, EK der Wert des Eigenkapitals, FK der Wert des Fremdkapitals, GK der Wert des gesamten Kapitals, Eigen- und Fremdkapital, EK/GK die Eigenkapitalquote, FK/GK die Fremdkapitalquote und s der Unternehmenssteuersatz.

755 Vgl. Ballwieser, W. (1998), S. 85; Drukarczyk, J. (1995), S. 330.

756 Vgl. Ballwieser, W. (1998), S. 85; Drukarczyk, J. (1995), S. 330.

Bei der Eigen- und Fremdkapitalquote ist zu berücksichtigen, dass es sich hierbei um die Anteile an den Marktwerten handelt.[757] Die bilanziellen Größen sind insoweit nicht ausschlaggebend. Theoretisch führt diese Notwendigkeit zu einem iterativen Prozess, da der Marktwert des Eigenkapitals das Ergebnis der Unternehmensbewertung ist, sein Anteil am Gesamtkapital aber gleichzeitig in die eigene Berechnung eingeht (sog. Zirkularitätsproblem). In der Praxis wird das Problem umgangen, indem eine Zielkapitalstruktur unterstellt wird.[758] Die Vorgabe einer Zielkapitalstruktur muss nicht zwangsläufig eine Umgehung des iterativen Prozesses bedeuten. Es kann auch Teil einer expliziten Strategie sein, insbesondere wenn die Neuausrichtung der Kapitalisierung des Unternehmens im Zentrum des Interesses steht.[759] Bei der Annahme einer Zielkapitalstruktur ergibt sich allerdings die Schwierigkeit, dass die gewünschte Kapitalstruktur mit den Ausschüttungs- bzw. Thesaurierungsplänen des Cash Flow abgestimmt werden muss, da ansonsten Zähler und Nenner der Bewertungsrechnung auf unterschiedlichen Prämissen basieren.[760] Maul[761] weist in diesem Zusammenhang zu Recht darauf hin, dass für die Ausschüttungspolitik gesellschaftsrechtliche Beschränkungen zu beachten sind. Die Probleme im Umgang mit der Kapitalstruktur, insbesondere der Bestimmung und Erreichung der Zielkapitalstruktur, können mit der Anwendung des APV-Ansatzes umgangen werden.[762] Im Hinblick auf das Vorgeben einer Zielkapitalstruktur gaben bei einer empirischen Untersuchung von Bömelburg et al.[763] 19 % der befragten Unternehmen an, bei der Bewertung im Rahmen von Unternehmenstransaktionen die Kapitalstruktur des übernehmenden Unternehmens zu

---

757 Vgl. insbesondere Nippel, P. (1999); auch Gleißner, W. (2005), S. 219; Ballwieser, W. (1998), S. 85; Drukarczyki, J. (1995), S. 332, Fn. 12; Rappaport, A. (1999), S. 45; Ballwieser, W. (1993), S. 165; Copeland, T./ Koller, T./ Murrin, J. (2000), S. 202; Hachmeister, D. (2000), S. 95.

758 Vgl. insbesondere Essler, W./ Kruschwitz, L./ Löffler, A. (2004); auch Hachmeister, D. (2000), S. 95; Ballwieser, W. (1998), S. 85.

759 Vgl. Copeland, T./ Koller, T./ Murrin, J. (2000), S. 203 f.

760 Vgl. Essler, W./ Kruschwitz, L./ Löffler, A. (2004), S. 136-148; Ballwieser, W. (1998), S. 85; Drukarczyki, J. (1995), S. 332, Fn. 12; Ballwieser, W. (1993), S. 165.

761 Vgl. Maul, K.-H. (1992), S. 1256; so auch Peemöller, V. H. (2005b), Tz. 215; Baetge, J./ Kümmel, J./ Niemayer, K. (2005); Tz. 346-349.

762 „Adjusted Present Value", Methode des angepassten Barwerts. Vgl. hierzu Drukarczyk, J. (1995), S. 332, Fn. 12. Für eine überblicksweise Darstellung des Ansatzes vgl. Drukarczyk, J. (1995), S. 331 f.

763 Vgl. Bömelburg, P./ Denkmann, A./ Peemöller, V. H. (1994), S. 745. Die Verwendung einer Zielkapitalstruktur in der praktischen Anwendung der gewichteten Kaptialkosten wird durch aktuellere Beiträge bestätigt, jedoch ohne eine empirische Untersuchung zur relativen Häufigkeit eines solchen Vorgehens. Vgl. Essler, W./ Kruschwitz, L./ Löffler, A. (2004); Hachmeister, D. (2000), S. 95; Ballwieser, W. (1998), S. 85; Copeland, T./ Koller, T./ Murrin, J. (2000), S. 203 f.

verwenden. Hierdurch kann ein wesentlicher Fehler im Umgang mit der Zielkapitalstruktur entstehen, wenn davon ausgegangen wird, dass sich bei dem übernommenen Unternehmen die Kapitalstruktur des übernehmenden Unternehmens einstellen wird. Die Zielkapitalstruktur muss jedoch, wie angesprochen, mit der Ausschüttungspolitik abgestimmt sein, da ansonsten Zähler und Nenner der Bewertungsberechnung inkonsistent werden.

Die dargestellte Formel kann um weitere Komponenten erweitert werden. Existiert z. B. unverzinsliches oder wesentlich höher oder niedriger verzinstes Fremdkapital, kann die Fremdkapitalkomponente der Formel entsprechend der Anteile am Gesamtkapital in weitere Teile gespalten werden. Im Fall von unverzinslichem Fremdkapital wird diese Teilkomponente null werden. Bei der Anwendung der gewichteten Kapitalkosten besteht grundsätzlich die Schwierigkeit, alle Bilanzposten korrekt in der Formel umzusetzen.[764] Die Umsetzung wird insbesondere durch nicht explizit verzinste Posten erschwert. Beispielsweise stellen Finanzierungsleasingverträge in diesem Zusammenhang ein Problemfeld dar.[765] Auch der Umgang mit Rückstellungen ist in diesem Zusammenhang problematisch.[766] Sie gelten nicht grundsätzlich als Fremdkapital. Abhängig von dem konkreten Einzelfall sind verschiedene Ansätze möglich.

4.1.2.1.6 Die Eigenkapitalrendite (CAPM)

Die Eigenkapitalrendite ist als Messgröße in zweierlei Hinsicht von Bedeutung: Einerseits ist sie der relevante Diskontierungsfaktor für die den Eigenkapitalgebern zufließenden Cash Flows im Rahmen der Nettomethode. Andererseits ist sie eine Komponente für die Bestimmung der gewichteten Kapitalkosten für die Diskontierung der Cash Flows an alle Kapitalgeber bei der Anwendung der Bruttomethode.

---

764 Vgl. Ballwieser, W. (1998), S. 87.

765 Für detaillierte Informationen zur Umsetzung von Finanzierungsleasingverträgen in der Unternehmensbewertung sei auf Drukarczyk, J./ Schüler, A. (2007), S. 305-342, verwiesen.

766 Für eine Auseinandersetzung mit Rückstellungen im Zusammenhang mit der Unternehmensbewertung vgl. Drukarczyk, J./ Schüler, A. (2007), S. 343-386; Drukarczyk, J. (1990), S. 333-353; Haegert, L./ Schwab, H. (1990), S. 85-102.

Die Eigenkapitalrendite wird nach dem Kapitalmarktgleichgewichtspreisbildungsmodell (CAPM)[767] bestimmt.[768] Der Kern des CAPM stellt sich wie folgt dar:

Investitionen haben bezüglich ihrer Ausschüttungen einen Erwartungswert und eine Standardabweichung. Die risikolose Anlage hat definitionsgemäß keine Ergebnisschwankungen, also auch keine Standardabweichung.[769] Der hierfür geforderte Zinssatz stellt den Zeitwert des Geldes dar.

Alle Unternehmen eines Marktes, das Marktportfolio, haben einen Erwartungswert ihrer Ausschüttungen und eine Standardabweichung.[770] Die durch die Standardabweichung ausgedrückte Unsicherheit der Ausschüttungen führt zu einer höheren Renditeerwartung. Weiterhin bestehen zwischen einzelnen Aktien und dem Marktportfolio ebenfalls Ergebnisschwankungen, gemessen durch die Kovarianz. Diese führen dazu, dass die Ergebnisschwankung des Marktportfolios durch die zusätzliche Aktie erhöht wird, unverändert bleibt oder reduziert wird. Entsprechend des Einflusses auf die Ergebnisschwankungen des Marktportfolios steigert die Aktie die Renditeforderung der Investoren, belässt sie unverändert oder reduziert sie. Im Effekt wird die Renditeforderung durch dieses Vorgehen in drei Teile zerlegt: den Zeitwert des Geldes, das Marktrisiko und das unternehmensspezifische Risiko.[771] Hieraus ergibt sich über den Zwischenschritt der Kapitalmarktlinie[772] die sog. Wertpapierlinie[773], die in Abhängigkeit des aus der Kovarianz abgeleiteten Betafaktors ausdrückt, wie hoch die geforderte Rendite der Investoren ist.

---

767 „Capital Asset Pricing Model" – CAPM. Auf eine detaillierte Herleitung des CAPM wird hier verzichtet, da auch ohne eine solche Herleitung die wesentlichen Einflussfaktoren auf die Verlässlichkeit der Bewertung anhand dieses Modells dargestellt werden können. Für die Herleitung sei auf Brealey, R. A./ Myers, S. C./ Allen, F. (2005), S. 180-197, und Schiereck, D./ Weber, M. (1993), S. 132-139, verwiesen. Für die Annahmen dieses Modells sei auf Hachmeister, D. (2000), S. 160, verwiesen. Die Annahmen, die für die Beurteilung der Verlässlichkeit der Bewertung von Bedeutung sind, werden im Rahmen der kritischen Analyse dargestellt.

768 Vgl. Ballwieser, W. (1998), S. 82; Ballwieser, W. (1995), S. 122 f.

769 Vgl. Schiereck, D./ Weber, M. (1993), S. 141.

770 Theoretisch korrekt wird das Marktportfolio abgeleitet, indem graphisch oder rechnerisch eine Tangente durch den risikolosen Zinssatz an die Kurve der effizienten Portfolios gelegt wird.

771 Vgl. Göppl, H. (1980), S. 238-240; Coenenberg, A. G./ Sautter, M. T. (1988), S. 703 f.

772 „Capital market line" – CML; vgl. Schiereck, D./ Weber, M. (1993), S. 136.

773 „Security market line" – SML (auch: Wertpapiermarktlinie); vgl. Ballwieser, W. (1993), S. 165; Coenenberg, A. G./ Sautter, M. T. (1988), S. 705.

Es existieren zwei markante Punkte. Ist der Betafaktor null, besteht also keine Interdependenz zwischen der Aktie und dem Markt, entspricht die geforderte Rendite dem risikolosen Zins. Ist der Betafaktor eins, herrscht also perfekte Übereinstimmung zwischen der Ertragsentwicklung der Aktie und des Marktportfolios, entspricht die geforderte Rendite der des Marktportfolios.[774]

Die Berechnung der geforderten Eigenkapitalrendite stellt sich wie folgt dar:[775]

$$r_{EK} = i + \beta \times (r_M - i)$$

Das Modell besteht aus einem Basiszinssatz und einem Risikozuschlag. Der Risikozuschlag errechnet sich aus der Überrendite des Marktportfolios über den risikolosen Zinssatz, multipliziert mit dem unternehmensindividuellen Risikobeitrag, dem Betafaktor. Der Risikozuschlag enthält mit (r_M – i) eine marktbezogene und mit dem Betafaktor eine unternehmensbezogene Komponente.[776]

a) Der Basiszinssatz

Der Basiszinssatz ist der risikolose Zins.[777] Dieser risikolose Zins existiert nur theoretisch. Seine Varianz und die Korrelation mit den Erträgen anderer Anlagen, insbesondere des Marktportfolios, sind definitionsgemäß null.[778] In der Praxis wird dieser Zinssatz durch sehr risikoarme Zinssätze angenähert.[779] Die zu verwendende Fristigkeit für Papiere, die als Näherungslösung für den risikolosen Zins dienen, ist nicht eindeutig bestimmt.[780] Am amerikanischen Markt werden als Annäherungslösung

774 Vgl. Göppl, H. (1980), S. 240; Coenenberg, A. G./ Sautter, M. T. (1988), S. 705; Schiereck, D./ Weber, M. (1993), S. 136-139.

775 Aus Von Weizsäcker, R. K./ Krempel, K. (2004), S. 809. Vgl. auch Ballwieser, W. (1998), S. 82; Ballwieser, W. (1995), S. 122 f. Hierbei ist r_{EK} die Renditeerwartung der Eigenkapitalgeber, i der risikolose Zinssatz, β die Risikoklasse des Unternehmens und r_M die erwartete Rendite des Marktportfolios.

776 Vgl. Ballwieser, W. (1998), S. 82; Von Weizsäcker, R. K./ Krempel, K. (2004), S. 810; Ballwieser, W. (1995), S. 123; Wilts, R./ Schaldt, K./ Nottmeier, A./ Klasen, B. (2004), S. 510; Hachmeister, D. (2000), S. 162.

777 Vgl. Hachmeister, D. (2000), S. 178 und S. 178, Fn. 972.

778 Vgl. Hachmeister, D. (2000), S. 178 und S. 178, Fn. 972.

779 Vgl. Wilts, R./ Schaldt, K./ Nottmeier, A./ Klasen, B. (2004), S. 508; Ballwieser, W. (1998), S. 82.

780 Vgl. Hachmeister, D. (2000), S. 178 f. Für detaillierte Überlegungen zur Laufzeit des Investitionsobjektes, das für die Annäherung des risikolosen Zinssatzes verwendet wird, vgl. Schiereck, D./ Weber, M. (1993), S. 141 f.; auch Drukarczyk, J./ Schüler, A. (2007), S. 246 f., in Verbindung mit Moxter, A. (1983), S. 146-202.

für den risikolosen Zinssatz Treasury Bills verwendet. Sie entsprechen dem theoretischen Anspruch am ehesten, da sie die geringste Renditevarianz aufweisen.[781] In Deutschland können Schatz- bzw. Bundesanleihen als Annäherungslösung für den risikolosen Zins verwendet werden.[782]

b) Das Marktportfolio (Überrendite)

Werden alle Kombinationsmöglichkeiten aus allen Aktien ermittelt, ergibt sich eine Kurve, die die jeweils höchste Rendite bei gegebenem Risiko ausdrückt. Wird eine Gerade durch den risikolosen Zins an diese Kurve gelegt, stellt der Tangentialpunkt das Marktportfolio dar.[783] Insofern entsteht das Marktportfolio in der praktischen Anwendung aus einer Kombination aller Aktien.

Jede Aktie besitzt zwei Risikokomponenten, das allgemeine Marktrisiko, das für alle Aktien gleich ist, und das unternehmensspezifische Risiko. Wird aus zwei Aktien ein Portfolio gebildet, bleibt das Marktrisiko unberührt, aber die spezifischen Risiken kompensieren einander teilweise. Je nach Ähnlichkeit der zugrunde liegenden Firmen ist die Kompensation stärker oder schwächer. Werden immer weitere Aktien in das Portfolio aufgenommen, kompensieren sich die spezifischen Risiken zunehmend. Im Extremfall des Portfolios aus allen Aktien tendiert das spezifische Risiko gegen null.[784]

In der Praxis wird das Marktportfolio durch einen breit diversifizierten Index angenähert.[785] In der oben dargestellten Formel für die Berechnung der Renditeforderung der Eigenkapitalgeber steht der Term $(r_M - i)$ für die Überrendite des Marktportfolios über dem risikolosen Zinssatz.[786]

Aus statistischen Untersuchungen wurde für Deutschland eine Überrendite von 5 - 6 % festgestellt.[787] Es existieren auch statistische Untersuchungen, die zu höheren oder

781 Vgl. Coenenberg, A. G./ Sautter, M. T. (1988), S. 705.
782 Vgl. Coenenberg, A. G./ Sautter, M. T. (1988), S. 705 f.; Rappaport, A. (1999), S. 47; Hachmeister, D. (2000), S. 180.
783 Vgl. Brealey, R. A./ Myers, S. C./ Allen, F. (2005), S. 182-188.
784 Vgl. Coenenberg, A. G./ Sautter, M. T. (1988), S. 703 f. und S. 704, Abb. 8.
785 Vgl. Schiereck, D./ Weber, M. (1993), S. 142.
786 Vgl. Ballwieser, W. (1998), S. 82.
787 Vgl. Bimberg, L. H. (1993), S. 131 und S. 8; Wilts, R./ Schaldt, K./ Nottmeier, A./ Klasen, B. (2004), S. 511.

niedrigeren Werten führen.[788] Aus den verschiedenen Untersuchungen wird deutlich, dass die ermittelten Werte in Abhängigkeit von Faktoren wie den Wiederanlageprämissen, der Methodik der Mittelwertberechnung, dem Zeitrahmen und dem zugrunde liegenden Marktportfolio beträchtlich schwanken können.

c) Der Betafaktor (β)

Der Betafaktor ist die Kovarianz der Rendite des zur Diskussion stehenden Eigenkapitalinstruments mit der Rendite des Marktportfolios.[789] Der Hintergrund des Betafaktors liegt in folgender Überlegung:[790] Die erwartete Rendite eines Portfolios lässt sich durch die gewichtete Durchschnittsbildung der einzelnen Renditen ableiten. Die Standardabweichung des Portfolios lässt sich in Abgrenzung dazu nicht durch eine Durchschnittsbildung der einzelnen Standardabweichungen errechnen. Grund hierfür ist der Diversifikationseffekt, nach dem sich die Standardabweichungen gegenseitig beeinflussen. Indikator hierfür sind die Kovarianzen. Der Betafaktor kennzeichnet also die Volatilität der Aktie im Verhältnis zur Volatilität des Marktportfolios bzw. den marginalen Beitrag des Wertpapiers zur Varianz des Portfolios.[791] Aus diesem Grund ergibt sich der Betafaktor entsprechend der folgenden Formel:[792]

$$\beta = \frac{\operatorname{cov}(r_i; r_M)}{\sigma_M^2}$$

Der Betafaktor ist grundsätzlich eine zukunftsbezogene Größe. In der Praxis wird er vergangenheitsbezogen aus Regressionsanalysen der Rendite des zur Diskussion stehenden Eigenkapitalinstruments mit der Rendite eines als Vergleichsgröße herangezogenen Index angenähert.[793] Außerdem werden Betafaktoren unter anderem von Investmentbanken veröffentlicht, so dass nicht zwangsläufig eine eigene

---

788 Vgl. hierzu Conen, R./ Väth, H. (1993). Für eine Übersicht über verschiedene Untersuchungen zu Risikoprämien in Deutschland und den USA vgl. Drukarczyk, J./ Schüler, A. (2007), S. 253, Tab. 6-52, und S. 254, Tab. 6-53; Ballwieser, W. (1995), S. 125, Abb. 3.

789 Vgl. Ballwieser, W. (1998), S. 82.

790 Vgl. Coenenberg, A. G./ Sautter, M. T. (1988), S. 703.

791 Vgl. Rappaport, A. (1999), S. 48.

792 Aus Coenenberg, A. G./ Sautter, M. T. (1988), S. 705. Hierbei ist $\operatorname{cov}(r_i;r_M)$ die Kovarianz des Wertpapiers i und des Marktportfolios M und σ_M^2 die Varianz des Marktportfolios.

793 Aus Kratz, N./ Wangler, C. (2005), S. 171; auch Laas, T. (2006), S. 292; Ballwieser, W. (1998), S. 82; Ballwieser, W. (1995), S. 123.

Regressionsanalyse nötig ist.[794] Ein aus einer Regressionsanalyse abgeleiteter Betafaktor lässt sich grundsätzlich nur für börsennotierte Unternehmen ermitteln.[795] Für nicht börsennotierte Unternehmen kann ein Betafaktor aus den Betafaktoren von Vergleichsunternehmen abgeleitet werden. Es wird ein Branchenbetafaktor abgeleitet. Das Vorgehen unterstellt, dass ein zu bewertendes Unternehmen in etwa dem Durchschnitt der Eigenschaften der Vergleichsunternehmen entspricht.[796]

Der Betafaktor symbolisiert das Risiko des Eigenkapitals. Dieses Risiko ist maßgeblich vom Verschuldungsgrad des Unternehmens abhängig. Aus diesem Grund kann es bei abweichender Kapitalstruktur des Vergleichsunternehmens nötig sein, den Betafaktor anzupassen. Die Umrechnung der Betafaktoren erfolgt über die Bestimmung von Betafaktoren für Unternehmen mit einer fiktiven Eigenkapitalquote von 100 %, den sog. Asset Betas.[797] Die Berechnung erfolgt entsprechend der folgenden Formel:[798]

$$\beta_E = \left[1 + (1 - s)\frac{FK}{EK}\right] \times \beta_A$$

4.1.2.1.7 Der Residualwert

Bei der Unternehmensbewertung werden zwei Perioden unterschieden:[799] Die erste Periode, die Prognoseperiode, ist der Zeitraum für den konkrete, detaillierte Prognoserechnungen erstellt werden. Der Zeitraum nach der Prognoseperiode ist derjenige, in dem der sog. Residualwert anfällt. Für die Schätzung des Residualwerts kommen in Abhängigkeit von der wirtschaftlichen Situation, die für das Unternehmen

---

794 Vgl. Coenenberg, A. G./ Sautter, M. T. (1988), S. 706.

795 Vgl. Ballwieser, W. (1998), S. 82 f.; Ballwieser, W. (1995), S. 124; Coenenberg, A. G./ Sautter, M. T. (1988), S. 706.

796 Vgl. Ballwieser, W. (1998), S. 82 f.; Ballwieser, W. (1995), S. 124; Coenenberg, A. G./ Sautter, M. T. (1988), S. 706.

797 Vgl. Schiereck, D./ Weber, M. (1993), S. 143-146; Copeland, T./ Koller, T./ Murrin, J. (2000), S. 308 f.; Ballwieser, W. (1998), S. 91 f.; Hachmeister, D. (2000), S. 205 f.; Böcking, H.-J./ Nowak, K. (2000), S. 23.

798 Aus: Copeland, T./ Koller, T./ Murrin, J. (2000), S. 309; vgl. auch Schiereck, D./ Weber, M. (1993), S. 143-146; Copeland, T./ Koller, T./ Murrin, J. (2000), S. 308 f.; Ballwieser, W. (1998), S. 91 f.; Hachmeister, D. (2000), S. 205 f.; Böcking, H.-J./ Nowak, K. (2000), S. 23. Hierbei ist s der marginale Steuersatz, FK der Marktwert des Fremdkapitals, EK der Marktwert des Eigenkapitals, β_E der Betafaktor des verschuldeten Unternehmens und β_A, das Asset Beta, also der Betafaktor des fiktiv unverschuldeten Unternehmens.

799 Vgl. Rappaport, A. (1999), S. 48; Copeland, T./ Koller, T./ Murrin, J. (2000), S. 136; Hachmeister, D. (2000), S. 85

am Ende der Prognoseperiode erwartet wird, verschiedene Methoden in Betracht:[800] Beispielhaft seien hier Liquidationswerte oder der Wert der ewigen Rente mit und ohne Wachstumsfaktor genannt. Der Residualwert kann auch unter Verwendung von Multiplikatoren geschätzt werden. Bei Aktien wird hierfür beispielsweise das Kurs-Gewinn-Verhältnis verwendet. Sofern keine gehandelten Werte bewertet werden, werden Vergleichsmultiplikatoren verwendet. Dieses Vorgehen wird hier abgelehnt. Da sich ein fundierter Multiplikator nur aus einer vollumfänglichen Unternehmensbewertung ableiten lässt, ergibt sich ein Zirkularitätsproblem.[801] In Einzelfällen kann es auch zutreffend sein, den Residualwert schlicht mit null anzunehmen.

Im Folgenden sei angenommen, dass die Bestimmung des Residualwerts als ewige Rente ohne Wachstumsfaktor zutreffend ist.[802] Der Residualwert wird nach folgender Formel ermittelt:[803]

$$PV_t = \frac{CF_{t+1;\infty}}{r_{WACC}}$$

Dem Residualwert kommt im Rahmen der Bewertung ein besonders hohes Gewicht zu. Copeland et al.[804] präsentieren Berechnungen aus vier unterschiedlichen Industrien, nach denen der Residualwert zwischen 56 % und 125 % des Gesamtwerts ausmacht. Der Residualwert ist damit häufig die größte Komponente des Unternehmenswerts. Entsprechend ist nur der kleinere Anteil des Gesamtwerts auf die Entwicklung

---

800 Vgl. Rappaport, A. (1999), S. 49; Wilts, R./ Schaldt, K./ Nottmeier, A./ Klasen, B. (2004), S. 511; Copeland, T./ Koller, T./ Murrin, J. (2000), S. 267-272 und 281-286; Hachmeister, D. (2000), S. 88 f.

801 Vgl. hierzu auch Hachmeister, D. (2000), S. 88.

802 Zur Vollständigkeit wird hier auch die Formel zur Barwertberechnung einer ewigen Rente mit Wachstum dargestellt (in Anlehnung an Copeland, T./ Koller, T./ Murrin, J. (2000), S. 269):

$$PV_t = \frac{CF_{t+1;\infty}}{r_{WACC} - g}$$

Hierbei ist g der konstante Wachstumsfaktor der Cash Flows. Die Formel gilt nur für die Fälle, in denen der Wachstumsfaktor kleiner ist als die gewichteten Kapitalkosten.

803 In Anlehnung an Rappaport, A. (1999), S. 50. Hierbei ist $CF_{t+1;\infty}$ der Cash Flow, der in der Periode t+1 und in jeder folgenden Periode zu erwarten ist. r_{WACC} sind die gewichteten Kapitalkosten, die nach der WACC-Formel bestimmt werden. Die Verschiebung um eine Periode zwischen dem Zeitpunkt t, für den der Barwert gilt, und dem Zeitpunkt t-1, an dem der Cash Flow anfällt, entsteht durch die nachschüssige Verzinsung. Wenn ein Investor in t_0 1.000 EUR zu 10 % per annum investiert, erhält er den ersten Zinsertrag in t_1.

804 Vgl. Copeland, T./ Koller, T./ Murrin, J. (2000), S. 267 f.

zurückzuführen, die innerhalb der Planungsperiode konkret geplant wird.[805] Die Prognoseperiode besitzt gewöhnlich eine Dauer von fünf bis zehn Jahren.[806] Unter bestimmten Voraussetzungen werden auch kürzere oder längere Planungsperioden propagiert.[807] Wie lang die Prognoseperiode tatsächlich gewählt wird, ist eine Einzelfallentscheidung. Die Länge bestimmt nur über die relative Verteilung zwischen dem Wert in der Planungsperiode und dem Residualwert, da sich bei konsistenter Anwendung der ermittelte Gesamtwert nicht in Abhängigkeit der Länge der Prognoseperiode ändert:[808] Ab einer Planungsperiode von circa 75 Jahren wird der Residualwert bedeutungslos. Bei einer Planungsperiode von fünf Jahren macht der Residualwert circa 79 % des Gesamtwerts aus. Bei zehn Jahren sind es circa 60 %, bei 15 Jahren sind es circa 46 %, bei 20 Jahren sind es circa 35 %, und bei 25 Jahren sind es circa 26 %. Aus diesem hohen Wertbeitrag des Residualwerts lässt sich ableiten, dass der Planungshorizont so lang gewählt werden sollte, dass die Vereinfachung durch die Anwendung der Berechnungsmethodik des Residualwerts zu keiner Verzerrung des Werts führt.[809]

An dieser Stelle soll die gängige Fehlannahme beseitigt werden, dass ein konstanter Cash Flow in der ewigen Rente bedeutet, dass ein Unternehmen immer denselben Cash Flow erwirtschaftet.[810] Dies ist nicht der Fall. Selbst wenn das Unternehmen weitere Investitionen durchführt und damit höhere Cash Flows erwirtschaftet, ist dies noch mit der Annahme eines in der ewigen Rente konstanten Cash Flow vereinbar, sofern die Neuinvestitionen keine von den Kapitalkosten abweichende Rendite erwirtschaften.

---

805 Vgl. Copeland, T./ Koller, T./ Murrin, J. (2000), S. 267 f.; vgl. auch Frühling, V. (2004), S. 742 f.; Rappaport, A. (1999), S. 48 f.; Albrecht, T. (2004), S. 732.

806 Vgl. Rappaport, A. (1999), S. 49; Hachmeister, D. (2000), S. 86 f.

807 Vgl. Hachmeister, D. (2000), S. 86 f. So wohl auch Rappaport, A. (1999), S. 49.

808 Vgl. Copeland, T./ Koller, T./ Murrin, J. (2000), S. 273 f. An die Berechnung sind spezielle Annahmen über Wachstumsraten und Renditen geknüpft. In dem dargestellten Beispiel wurden die Annahmen jeweils so getroffen, dass der Wert als Ergebnis der Berechnung für alle Kombinationen identisch ist. Es sei darauf hingewiesen, dass die Höhe des Diskontierungsfaktors wesentlich die Anzahl der Jahre determiniert, die notwendig sind, um einen vorgegebenen Prozentsatz des Gesamtwerts innerhalb der expliziten Planungsperiode zu bestimmen. Für eine Darstellung der Auswirkungen von Veränderungen einzelner Variablen, wie des Diskontierungsfaktors, sei auf Frühling, V. (2004), S. 742 f., bzw. Albrecht, T. (2004), S. 733, Tab. 2 und Tab. 3, verwiesen.

809 Für eine detaillierte Auseinandersetzung mit der Bestimmung des optimalen Planungshorizontes sei auf Teichmann, H. (1975) verwiesen.

810 Vgl. Albrecht, T. (2004), S. 732; Rappaport, A. (1999), S. 51; sinngemäß auch Hachmeister, D. (2000), S. 87; Knoll, L. (2005), S. 1121 in Verbindung mit Schwetzler, B. (2005), S. 603 und Wiese, J. (2005), S. 622 f.

4.1.2.1.8 Kritische Analyse zu den Discounted-Cash-Flow-Verfahren

Die DCF-Verfahren werden als die theoretisch fundiertesten Bewertungsverfahren angesehen.[811] Ihre direkte Ableitung aus der Investitionsrechnung, verbunden mit der Zukunftsorientierung, sind wesentliche Stärken dieser Bewertungskonzeption. Außerdem wird die Notwendigkeit der intensiven Auseinandersetzung mit der Entwicklungsprognose als wertvoll angesehen. Ein weiterer Vorteil der Anwendung von DCF-Verfahren liegt in der hohen Transparenz der in das Modell einfließenden wesentlichen Faktoren.[812]

Die DCF-Verfahren sind im Hinblick auf Relevanz und Verlässlichkeit ihrer Ergebnisse zu beurteilen. Hierbei steht nicht das theoretische Fundament der Bewertungsmethodik sondern die praktische Anwendbarkeit im Mittelpunkt der Betrachtung.

a) Zur Abgrenzung von Brutto- und Nettomethode

Bei der Anwendung der Bruttomethode werden die Bewertung des Geschäftsbetriebs und die Kapitalstruktur getrennt voneinander betrachtet.[813] Hierdurch wird bei komplexen, stark diversifizierten Unternehmen die getrennte Betrachtung einzelner Geschäftsbereiche unabhängig von ihrer jeweiligen Finanzierung ermöglicht. Weiterhin wird auch eine von dem Geschäftsbetrieb völlig losgelöste Betrachtung der Finanzierung möglich. So kann die Finanzierungsstruktur optimal gestaltet werden.

Bei der Anwendung der Nettomethode wird die Verwendung der gewichteten Kapitalkosten unnötig, da nur die Renditeerwartung der Eigenkapitalgeber ausschlaggebend ist.[814] Der Nenner der Berechnung ergibt sich damit direkt aus dem CAPM. Die Notwendigkeit zur Ermittlung des Marktwerts des Fremdkapitals entfällt.

Diese Unterschiede zwischen Brutto- und Nettomethode finden ihren Niederschlag in der Anwendbarkeit der bei folgender Diskussion zu den Komponenten der Bewertungsmethodik zugrunde liegenden Argumente.

---

811 Vgl. Bömelburg, P./ Denkmann, A./ Peemöller, V. H. (1994), S. 746.

812 Vgl. Bömelburg, P./ Denkmann, A./ Peemöller, V. H. (1994), S. 746.

813 Vgl. Ballwieser, W. (1998), S. 85; Ballwieser, W. (1993), S. 166; Hachmeister, D. (2000), S. 96.

814 Vgl. Ballwieser, W. (1995), S. 126; Ballwieser, W. (1993), S. 166; Hachmeister, D. (2000), S. 96.

b) Zur Verwendung von Cash Flows

Cash Flows stellen eine weit verbreitete, anerkannte und relativ objektive Messgröße dar.[815] Der Einfluss von Bilanzpolitik und -manipulation auf den Cash Flow ist eher gering. Hachmeister[816] weist jedoch darauf hin, dass keine einheitliche Definition des relevanten Cash Flow existiert. Diese Tatsache schränkt den Aussagegehalt einer auf Cash Flows beruhenden Berechnung ein.

Die notwendige Prognose von Cash Flows, also der Zukunftsbezug, stellt eine wesentliche Unsicherheit der DCF-Verfahren dar.[817] Die Prognosen sind nur eingeschränkt anhand der Vergangenheit plausibilisierbar. Sowohl für die direkte Ableitung des Cash Flow als auch für die indirekte, also retrograde Ableitung sollten für die Vergangenheit wie auch für die Planung Kennzahlen ermittelt und Planbilanzen und Plangewinn- und -verlustrechnungen aufgestellt werden.[818] Dadurch können handwerkliche Fehler und unplausible Cash-Flow-Projektionen vermieden werden. Die Forderung nach Planzahlen aus der Rechnungslegung verursacht einen hohen Informationsbedarf.[819] Die Bestimmung des korrekten Cash Flow wird dadurch aufwändig.

Aufgrund der Unsicherheit des Zukunftsbezugs ist der Cash Flow im Rahmen einer Bewertung als Erwartungswert zu interpretieren.[820] Entsprechend erfolgt das Diskontieren mit der erwarteten Kapitalverzinsung. Alternativ könnte der Cash Flow als Sicherheitsäquivalent bestimmt und dann mit dem risikolosen Zins diskontiert werden.[821] Die Interpretation als Erwartungswert macht deutlich, dass der Cash Flow auf Schätzungen basiert, hinter denen eventuell nochmals Schätzungen stehen. Dies schafft Bandbreiten, die für die Bewertung durchaus erheblich sein können.[822] Aufgrund des Verständnisses des Cash Flow als Erwartungswert dürfen Risiken in der

---

815 Vgl. Bömelburg, P./ Denkmann, A./ Peemöller, V. H. (1994), S. 746.
816 Vgl. Hachmeister, D. (2000), S. 59.
817 Vgl. Bömelburg, P./ Denkmann, A./ Peemöller, V. H. (1994), S. 746.
818 Vgl. Hachmeister, D. (2000), S. 71.
819 Vgl. Bömelburg, P./ Denkmann, A./ Peemöller, V. H. (1994), S. 747.
820 Vgl. Kratz, N./ Wangler, C. (2005), S. 169; Von Weizsäcker, R. K./ Krempel, K. (2004), S. 808 f.; Ballwieser, W. (1993), S. 166.
821 Vgl. Küting, K./ Hayn, M. (2006), S. 1214; Baetge, J./ Lienau, A. (2005b), S. 806.
822 Vgl. Kratz, N./ Wangler, C. (2005), S. 169; Von Weizsäcker, R. K./ Krempel, K. (2004), S. 808 f.; Ballwieser, W. (1993), S. 166.

Entwicklung in keinem Fall durch pauschale Ab- oder Zuschläge in der Cash-Flow-Ermittlung berücksichtigt werden. Dies würde eine faktische Annäherung an den Cash Flow als Sicherheitsäquivalent bedeuten und dazu führen, dass der ermittelte Diskontierungsfaktor das Risiko der Cash Flows nicht mehr korrekt darstellt.[823]

Eine fundierte Prognose von Cash Flows sowie die damit verbundene Verknüpfung mit der Unternehmensplanung stellt in jedem Fall eine komplexe Aufgabe dar.[824] Die zentralen Problemfelder lassen sich wie folgt zusammenfassen:

1. Die korrekte Ableitung des Cash Flow ist eine theoretisch anspruchsvolle Aufgabe.
2. Der Aufwand und der Informationsbedarf zu Ableitung der Cash-Flow-Prognosen aus der Rechnungslegung sind hoch.
3. Die Prognose ist nur eingeschränkt durch die Vergangenheit plausibilisierbar.

Durch den Zukunftsbezug besteht die Notwendigkeit der Schätzung von Erwartungswerten. Teilweise basieren Schätzungen in einer Art Kaskade wiederum auf Schätzungen. Aus diesen Zwischenergebnissen ergibt sich sowohl eine Bandbreite für unbeabsichtigte Fehler als auch Gestaltungsspielraum für den Abschlussersteller. Zum Teil lassen sich die dargestellten Risiken beispielsweise durch Kennzahlenanalysen reduzieren. Das Fundament einer soliden Cash-Flow-Projektion sind immer eine detaillierte Analyse der Lage des Unternehmens und seiner Vergangenheit sowie eine belastbare Geschäftsplanung.[825]

c) Zur Anwendung des WACC

Die relevanten Einflussgrößen für das Ableiten des Diskontierungsfaktors anhand der WACC-Formel sind das Kapitalmarktrisiko, das unternehmensspezifische Risiko und die Kapitalstruktur. Trotz des soliden theoretischen Fundaments sind mit diesen Größen auch Risiken verbunden, die im Wesentlichen auf ihrer Ermittlung beruhen.[826] Insbesondere die Ermittlung der zu verwendenden Kapitalstruktur kann zu Schwierigkeiten führen.

---

[823] So sinngemäß auch Hachmeister, D. (2000), S. 84; Baetge, J./ Lienau, A. (2005b), S. 806.
[824] Für weitere Betrachtungen im Zusammenhang mit dem Problem der Planung von zukünftigen Cash Flows vgl. auch Hachmeister, D. (2000), S. 72-89.
[825] Vgl. Popp, M. (2005) zur Vergangenheits- und Gegenwartsbetrachtung sowie Ernst, H.-J./ Hanikaz, M. (2005) zur Zukunftsplanung.
[826] Vgl. Bömelburg, P./ Denkmann, A./ Peemöller, V. H. (1994), S. 746.

Die in der Praxis häufig verwendete Zielkapitalstruktur wird als für die gesamte Bewertung konstant angesehen.[827] Tatsächlich muss sie erst durch die Cash Flows eingestellt werden. Das Ableiten der sich im Zeitverlauf verändernden Kapitalstruktur stellt sich kompliziert dar, da hierfür der Unternehmenswert notwendig ist, der erst am Ende der Berechnung feststeht. Die Kapitalstrukturen der Perioden können bestimmt werden, indem vom Ergebnis rückwärts gerechnet wird. Dennoch ist diese Berechnung entsprechend komplex und aufwändig.

Die separate Betrachtung des Geschäftsbetriebs und der Finanzierung des Geschäftsbetriebs ermöglicht eine getrennte Beurteilung und Strategieausrichtung.[828] Die Komplexität des theoretischen Modells erschwert hierbei die konsistente Umsetzung der einzelnen Komponenten in der Unternehmensbewertung. Entsprechend ergeben sich Risiken hinsichtlich der Verlässlichkeit der Ergebnisse, die aus der WACC-Formel abgeleitet werden. Die Risiken beinhalten insbesondere die Fehleranfälligkeit der Bewertung und der Möglichkeit absichtlicher Gestaltungen.

d) Zur Anwendung des CAPM

In der Anwendung des CAPM wird der große Vorteil darin gesehen, dass objektive Marktdaten verwendet werden.[829] Die Marktdaten sind jedoch von geringerer Objektivität, als gemeinhin behauptet bzw. angenommen wird. Sie können in Abhängigkeit der Auswertungsmethode und des Auswertungszeitraums sehr unterschiedlich ausfallen.[830] Für die Ermittlung von Betafaktoren ist die Feststellung der

---

827 Vgl. Ballwieser, W. (1993), S. 166 f.; Ballwieser, W. (1998), S. 88; Krotter, S./ Schüler, A. (2004), S. 435. Ein weiteres Problem hinsichtlich der Zielkapitalstruktur besteht darin, dass die Zielkapitalstruktur als quotaler Anteil am Unternehmensbruttowert festgemacht wird. Eine Veränderung des Unternehmenswerts bedingt aber ebenfalls eine notwendige Anpassung der Fremdkapitalausstattung („atmende Finanzierungsstrategie"). Wird diese Tatsache nicht berücksichtigt, führt das zu einer verzerrten Wertermittlung. Für die hier geführte Diskussion soll es ausreichen, festzustellen, dass dieser Effekt existiert und bei Nichtberücksichtigung die angesprochene Wertverzerrung auslöst. Für detaillierte Informationen zu dem Effekt, der Darstellung der Argumentation von Miles und Ezzel und praktische Empfehlungen zur Umsetzung des Effekts in der Bewertung sei auf Streitferdt, F. (2004) bzw. Drukarczyk, J./ Schüler, A. (2007), S. 154-165, verwiesen. Eine Möglichkeit, die Problematik dadurch zu umgehen, dass die Berechnung auf Buchwerten basiert, wird von Essler, W./ Kruschwitz, L./ Löffler, A. (2005) diskutiert.

828 Vgl. Copeland, T./ Koller, T./ Murrin, J. (2000), S. 203 f.

829 Vgl. Drukarczyk, J./ Schüler, A. (2007), S. 69 und S. 72, Abb. 4-13, in Abgrenzung zu dem individualistischen Ansatz; Hachmeister, D. (2000), S. 162 und 192.

830 Vgl. Ballwieser, W. (1995), S. 126; Copeland, T./ Koller, T./ Murrin, J. (2000), S. 217-221; Hachmeister, D. (2000), S. 192.

durchschnittlichen Rendite des Einzelwerts und des Marktportfolios von zentraler Bedeutung:[831] Hier entstehen wesentliche Unterschiede in Abhängigkeit der verwendeten Methode zur Durchschnittsbildung, arithmetisch oder geometrisch. Die arithmetisch ermittelte durchschnittliche Rendite ist immer höher. Der Unterschied wächst mit zunehmender Länge des Intervalls, zunehmender Abstufung des Intervalls und höherer Volatilität der Renditen.

Hinsichtlich des Zukunftsbezugs ist es schwer nachvollziehbar, wieso bei der Bewertung mittels DCF-Verfahren die Cash Flows aufwändig für die Zukunft geschätzt werden, aber die Betafaktoren aus einer Regressionsanalyse der Vergangenheit übernommen werden.[832] Die Übertragbarkeit solcher, aus der Vergangenheit gewonnener Daten in die Zukunft ist zweifelhaft.[833] In diesem Zusammenhang ist die Stabilität von Betafaktoren im Zeitverlauf zu berücksichtigen. Ihre Datengrundlage bleibt im Zeitverlauf nicht stabil.[834] Sowohl die ermittelten Überrenditen als auch die Betafaktoren unterliegen Schwankungen. Entsprechend der zugrunde liegenden Theorie sind diese Schwankungen nicht überraschend. Dennoch erschweren sie es wesentlich, eine einzelne Größe als die Richtige in einer Unternehmensbewertung zu verwenden.[835] Um die mangelnde Stabilität der Betafaktoren im Zeitverlauf zu überwinden, werden von Beratungsgesellschaften sog. Fundamentalbetas angeboten, die auf

---

831 Vgl. Copeland, T./ Koller, T./ Murrin, J. (2000), S. 218-221; Ballwieser, W. (1995), S. 125; auch Ballwieser, W. (1993), S. 167. Für eine kurze, abgrenzende Darstellung der beiden angesprochenen Methoden zur Durchschnittsbildung vgl. Hachmeister, D. (2000), S. 180 f. Für eine Übersicht über Studien zur Marktrisikoprämie in Abhängigkeit der Art der Durchschnittsbildung sei auf Wagner, W./ Jonas, M./ Ballwieser, W./ Tschöpel, A. (2006), S. 1017 f., und Übersicht 18, S. 1027 f., verwiesen

832 Vgl. Ballwieser, W. (1998), S. 83.

833 Vgl. Ballwieser, W. (1995), S. 124.

834 Vgl. Ballwieser, W. (1998), S. 83; Frühling, V. (2004), S. 740; Hachmeister, D. (2000), S. 164 und 190. Bei Untersuchungen am amerikanischen Aktienmarkt erwiesen sich Betafaktoren als im Zeitverlauf relativ stabil. Für einzelne deutsche Unternehmen wird die Forderung nach im Zeitverlauf stabilen Betafaktoren nicht erfüllt. Vgl. hierzu Coenenberg, A. G./ Sautter, M. T. (1988), S. 705; auch Bauer, C./ Steiner, M. (1992) speziell für deutsche Aktien. Hinsichtlich des praktischen Vorliegens wesentlicher Voraussetzungen für die zugrundeliegende Theorie wurden keine weiteren Einschränkungen festgestellt. Vgl. hierzu Coenenberg, A. G./ Sautter, M. T. (1988), S. 705. Die Feststellungen sind insbesondere folgende: Zwischen Rendite und systematischem Risiko besteht ein signifikanter Zusammenhang. Die Annahme der linearen Verknüpfung zwischen Rendite und systematischem Risiko erscheint haltbar.

835 So auch Ballwieser, W./ Küting, K./ Schildbach, T. (2004), S. 539-541.

Zukunftsprognosen beruhen.[836] Die Bestimmung dieser Zukunftsbetas ist von nicht überprüfbarer Qualität.[837]

Sofern für das Bewertungsobjekt selbst keine regelmäßige Kursnotierung vorliegt, aus der sich durchschnittliche Renditen und Betafaktoren ableiten lassen, ist auf Vergleichsunternehmen zurückzugreifen.[838] Es werden sog. Branchenbetas abgeleitet. Diese Möglichkeit ist in der Praxis als eingeschränkt zu beurteilen:[839] Es existieren in Deutschland nur rund 800 börsennotierte Unternehmen. Außerdem setzt die Verwendung von Vergleichsunternehmen hinreichend liquide Werte voraus. Die Zahl solcher Aktien wird auf ca. 70 geschätzt. In einigen Branchen ist die Anzahl der Unternehmen, die die Anforderungen erfüllen, so gering, dass die Qualität von solchen Branchenbetas zu bezweifeln ist.[840] Darüber hinaus ist der Betafaktor unternehmensindividuell und beinhaltet damit konkrete Risiken der operativen Tätigkeit und der Kapitalstruktur eines Unternehmens. Damit ist die Übertragung von Betawerten von Vergleichsunternehmen grundsätzlich zweifelhaft.[841]

Es muss sichergestellt sein, dass die relevanten Risiken hinreichend ähnlich sind, oder der Betafaktor ist entsprechend anzupassen. Die Abschätzung zur Ähnlichkeit ist im Kern eine Abschätzung von Kovarianzen.[842] Die Verlässlichkeit einer Schätzung über die Ähnlichkeit von Kovarianzen ist zu bezweifeln. Sofern eine Umrechnung der Betafaktoren vorgenommen wird, erfolgt dies hinsichtlich der Kapitalstruktur über die Bestimmung von Betafaktoren mit einer fiktiven Eigenkapitalquote von 100 %, den sog. Asset Betas. Diese Berechnung ist aber an die Annahmen einer Modigliani-Miller-Welt

---

836 Für einen Überblick über die Ableitung von Fundamentalbetas vgl. Hachmeister, D. (2000), S. 202-205.

837 Vgl. Ballwieser, W. (1998), S. 83, Fn. 14; Rappaport, A. (1995), S. 62.

838 Vgl. Ballwieser, W. (1998), S. 83; Ballwieser, W. (1995), S. 124; Bömelburg, P./ Denkmann, A./ Peemöller, V. H. (1994), S. 746.

839 Vgl. Zimmermann, P. (1997), S. 52.

840 Vgl. Ballwieser, W. (1998), S. 83; Ballwieser, W. (1995), S. 124; Bömelburg, P./ Denkmann, A./ Peemöller, V. H. (1994), S. 746. Der Mangel an Vergleichsunternehmen stellt ein besonderes Problem bei der Bewertung kleiner und mittlerer Unternehmen dar. Vgl. hierzu Peemöller, V. H. (2005c), insbesondere S. 33.

841 So wohl auch Ballwieser, W. (1998), S. 83; Von Weizsäcker, R. K./ Krempel, K. (2004), S. 810. Für eine systematische Auseinandersetzung mit dem Problem der Vergleichbarkeit von Kapitalkosten sei auf Kratz, N./ Wangler, C. (2005) verwiesen.

842 Vgl. Schiereck, D./ Weber, M. (1993), S. 146. Bei der Abschätzung von Risiken ist auch die persönliche Risikoneigung zu berücksichtigen. Hierauf wird an dieser Stelle nicht näher eingegangen. Zur expliziten Auseinandersetzung mit der Komponente des Kapitalisierungszinssatzes, die die spezifische Risikoneigung darstellt, vgl. Moxter, A. (1983), S. 146-149 und 155-158.

geknüpft.[843] Als wesentliche Annahmen in diesem Zusammenhang sind insbesondere das fehlende Konkursrisiko, das Fehlen von Transaktionskosten und die gleichen Fremdkapitalkosten für Investoren und Unternehmen zu nennen. Diese Annahmen sind in der Realität nicht gegeben. Es gibt keine Sicherheit dafür, dass das Nichtzutreffen der Annahmen trotzdem zu verwendbaren Ergebnissen führt.[844]

Schiereck und Weber[845] weisen darauf hin, dass eine Schätzung von unternehmensindividuellen Risikoprämien auch über den Zwischenschritt von geschätzten Betafaktoren in der Praxis relativ häufig vorkommt, aber auf jeden Fall zu vermeiden ist. Für den Risikobeitrag ist nur die Kovarianz ausschlaggebend. Diese kann nicht korrekt geschätzt werden. Tendenziell erfolgt eine Überbewertung denkbarer negativer Resultate. Ballwieser[846] weist in diesem Zusammenhang darauf hin, dass die Probleme mit der Schätzung der Eigenkapitalrendite hinsichtlich des Betafaktors und der Marktrisikoprämie und die Probleme mit der Gewichtung der geforderten Eigen- und Fremdkapitalverzinsung durch die WACC-Formel vermieden werden könnten, wenn anstatt der erwarteten Cash Flows die Sicherheitsäquivalente der Cash Flows verwendet würden. Dieser Argumentation wird hier nicht gefolgt, da dadurch der Kern der Argumentation innerhalb der Berechnung nur vom Nenner in den Zähler verschoben würde.

Hinsichtlich der praktischen Umsetzung ist festzuhalten, dass das dort verwendete CAPM einperiodig ist und homogene Erwartungen der Marktteilnehmer unterstellt.[847] Es existieren zwar Varianten des CAPM, bei denen diese Voraussetzungen fallengelassen werden. Jedoch sind diese Modelle wesentlich komplexer. In der Logik des verwendeten CAPM als Gleichgewichtspreisbildungsmodell besteht keine Veranlassung, ein Unternehmen zu bewerten. In der Praxis wird aber die Bewertung gerade deshalb durchgeführt, um inhomogene Situationen zu identifizieren.

---

843 Vgl. Drukarczyk, J. (1995), S. 329, Fn. 4; Von Weizsäcker, R. K./ Krempel, K. (2004), S. 810; Ballwieser, W. (1998), S. 91 f.

844 Vgl. Ballwieser, W. (1998), S. 91 f.

845 Vgl. Schiereck, D./ Weber, M. (1993), S. 147. Dieser Ansicht sind auch Bömelburg, P./ Denkmann, A./ Peemöller, V. H. (1994), S. 745 f.

846 Vgl. Ballwieser, W. (1993), S. 167.

847 Vgl. Ballwieser, W. (1998), S. 83; Drukarczyk, J. (1995), S. 329; Ballwieser, W. (1993), S. 165; Hachmeister, D. (2000), S. 174. Mehrjährige Modelle bieten den grundsätzlichen Vorteil, die gegenseitige Abhängigkeit von Cash Flows im Zeitverlauf einbeziehen zu können. Vgl. hierzu Bamberg, G./ Dorfleitner, G./ Krapp, M. (2004).

Aus der Analyse der praktischen Umsetzung des CAPM sind zusammenfassend drei wesentliche Punkte festzuhalten:

1. Der Komplexität der Methode wird in der Praxis durch Vereinfachungen begegnet, die sowohl Gestaltungsspielraum eröffnen als auch unbeabsichtigte Ergebnisschwankungen verursachen.
2. Die trotz Vereinfachung verbleibende Komplexität eröffnet ebenfalls Gestaltungsspielraum und begünstigt Fehler in der Anwendung.
3. Die Notwendigkeit der Schätzung ermöglicht gezielte Einflussnahme und unbeabsichtigte Fehleinschätzungen.

e) Zum Residualwert

Bei der Anwendung der Formel für die ewige Rente ohne Wachstum ist zu berücksichtigen, dass sie letztendlich nur eine verkürzte Form einer expliziten Fortsetzung der Berechnung aus der Planungsperiode ist:[848] Durch die Annahme eines ausschüttungsfähigen Cash Flow werden implizite Aussagen über das Investitionsverhalten und ähnliche Bereiche getroffen. Wird für die ewige Rente beispielsweise implizit eine jährlich positive Nettoinvestition angenommen, folgt daraus ein Kapitalstockaufbau, der zu keinerlei Erhöhung des Cash Flow führt. Die Rendite auf Neuinvestitionen sinkt kontinuierlich bis auf null. Diese Annahme ist nicht vereinbar mit dem ökonomischen Verhalten, dass das Unternehmen keine Investitionen durchführen würde, die nicht mindestens die gewichteten Kapitalkosten als Rendite erwirtschaften.

Im Fall der Anwendung der Formel für eine ewige Rente mit Wachstum ergibt sich die zusätzliche Problematik der Abstimmung des Wachstumsfaktors mit der Ableitung des Cash Flow:[849] Wird der Cash Flow unter der impliziten Annahme ermittelt, dass der Kapitalstock konstant gehalten wird, ist dies mit der Annahme eines über den Wachstumsfaktor ständig steigenden Cash Flow unvereinbar. Es wird nötig sein, einen Investitionsüberhang einzustellen, der zu einem Aufbau des Kapitalstocks führt. Der Investitionsüberhang ist so zu wählen, dass die Neuinvestitionen eine realistische

---

848 Abgeleitet aus: Copeland, T./ Koller, T./ Murrin, J. (2000), S. 268 und 279-281.

849 Vgl. Rappaport, A. (1995), S. 65 f.; Albrecht, T. (2004), S. 732.

Rendite erwirtschaften. Als realistisch ist es meist anzusehen, wenn sich die Rendite auf Neuinvestitionen langfristig auf dem Niveau der Kapitalkosten einstellt.[850] In der Verwendung des Wachstumsfaktors in der Berechnung kann nicht generell davon ausgegangen werden, dass ein Nettowachstum vorliegt. Für die meisten Unternehmen wird es angemessen sein, ein Wachstum in Höhe der Inflation zuzüglich der langfristigen Wachstumserwartung des Industriesegments zu unterstellen.[851] Höhere Wachstumsraten unterstellen eine Steigerung des Marktanteils.

Auch bei der Wahl der Länge des Planungshorizontes bestehen Fehlerrisiken für die praktische Anwendung. Beispielsweise wird für die Dauer der Planungsperiode häufig angenommen, dass das Unternehmen bei Neuinvestitionen eine höhere Rendite als die Kapitalkosten erwirtschaftet. Für den Residualwert wird eher angenommen, dass die Rendite den Kapitalkosten entspricht. Wird der Planungshorizont ausgedehnt, wird dadurch entsprechend der Zeitraum, in dem eine Überrendite erwirtschaftet wird, verlängert, und der Unternehmenswert steigt. Dadurch lässt sich der anzutreffende Fall erklären, dass bei einer Verlängerung der Planungsperiode der Unternehmenswert steigt.[852] Als grundsätzliche Richtlinie sollte die Planungsperiode eher länger als kürzer gewählt werden. Bei korrekter Anwendung der Bewertungsmethode hat das zunächst keine Auswirkung auf den Wert.[853] Ein längerer Planungshorizont zwingt aber zu expliziten und konkreten Annahmen über einen längeren Zeitraum. In Abgrenzung dazu sind bei der Berechnung des Residualwerts die meisten Annahmen implizit.[854] Über die Wertverteilung zwischen der expliziten Planungsperiode und dem Zeitraum, in dem die ewige Rente anfällt, wird implizit auch der gesamte bewertungsrelevante Zeitraum determiniert:[855] Hier gilt der Zusammenhang, je niedriger der Diskontierungszins, desto länger ist der Zeitraum, der für die Bewertung relevant ist. Dieser Faktor beeinflusst die Verlässlichkeit der Bewertung.

---

850 Vgl. Albrecht, T. (2004), S. 732; Copeland, T./ Koller, T./ Murrin, J. (2000), S. 278.

851 Vgl. Copeland, T./ Koller, T./ Murrin, J. (2000), S. 279. Für eine detaillierte Auseinandersetzung mit den impliziten Annahmen im Zusammenhang mit unterstellten Wachstumsfaktoren sei auf Albrecht, T. (2004) verwiesen.

852 Vgl. Copeland, T./ Koller, T./ Murrin, J. (2000), S. 273.

853 Vgl. Copeland, T./ Koller, T./ Murrin, J. (2000), S. 272-275. Für eine detaillierte Auseinandersetzung mit der Bestimmung des optimalen Planungshorizontes sei auf Teichmann, H. (1975) verwiesen.

854 Vgl. Copeland, T./ Koller, T./ Murrin, J. (2000), S. 277-279.

855 Vgl. Frühling, V. (2004), S. 743 f.

Welche konkreten Auswirkungen die getroffenen Bewertungsannahmen haben, ist aufgrund der Komplexität der Bewertungsmethode schwer abzuschätzen. Durch die implizite Fortführung der Berechnung für alle nach der konkreten Planungsperiode liegenden Perioden ist die Auswirkung der getroffenen Bewertungsannahmen durchaus wesentlich.[856] Zur Vermeidung von Fehlern sollte der Planungshorizont deshalb so lang gewählt werden, bis das Unternehmen in die Phase einer stabilen Entwicklung (sog. Steady State) eintritt.[857] Insbesondere Konjunktur- und Produktzyklen sind hierbei zu berücksichtigen, um zu vermeiden, dass das Ende der Planungsperiode am oberen oder unteren Umkehrpunkt des Zyklus liegt und von dieser Basis aus in die Zukunft fortgeschrieben wird.[858] Hachmeister[859] sieht die mit der Fortschreibung der Annahmen verbundene Problematik ebenfalls, stellt aber fest, dass die Auswirkungen der geschilderten Strategien durchaus korrekt in den DCF-Verfahren umgesetzt werden können.

Hier wird den Bedenken von Rappaport[860] gefolgt. Die Umsetzung der Strategien in der Bewertung ist komplex, und relativ geringe Veränderungen der Prämissen können, gerade im Residualwert, wesentliche Wertschwankungen verursachen. Entsprechend können Fehler in der Prognose oder bewusst unrealistische Prognosen den ausgewiesenen Wert wesentlich verzerren.

Der Umgang mit der komplexen Methode und den zu treffenden Annahmen und Schätzungen sind für den Residualwert nicht grundsätzlich anders zu bewerten als bei den vorgenannten anderen Komponenten des Bewertungsverfahrens. Im Fall des Residualwerts sind jedoch wesentlich mehr Annahmen implizit in der Methodik enthalten. Dadurch verstärkt sich die Möglichkeit unbeabsichtigter Fehler und beabsichtigter Gestaltung.

---

856 Vgl. Rappaport, A. (1999), S. 55 f.

857 Vgl. Copeland, T./ Koller, T./ Murrin, J. (2000), S. 273. Für ein Beispiel siehe Copeland, T./ Koller, T./ Murrin, J. (2000), S. 275-277.

858 Vgl. Hachmeister, D. (2000), S. 87; Copeland, T./ Koller, T./ Murrin, J. (2000), S. 327-334.

859 Vgl. Hachmeister, D. (2000), S. 90. So auch Köster, A. (2006) anhand des konkreten Problems der Abweichung zwischen der Preis- und der Mengenentwicklung.

860 Vgl. Rappaport, A. (1999), S. 55 f.; so auch Labhart, P./ Schön, E./ Volkart, R. (2005), S. 524 f.

f) Zusammenfassung der kritischen Analyse zu den Discounted-Cash-Flow-Verfahren

Born[861] weist anhand einer konkreten Vergleichsrechnung nach, dass das Bewertungsergebnis vollkommen unabhängig von dem verwendeten DCF-Verfahren bzw. Ertragswertverfahren ist, solange alle Prämissen, auch die impliziten, in Übereinstimmung gebracht werden. Das Ergebnis der Bewertung, insbesondere dessen Qualität, wird somit nicht durch die verwendete Methode bestimmt, sondern allein durch die Prognosequalität und die korrekte Herleitung des Diskontierungsfaktors. Insofern dient auch eine Kontrollrechnung mit einer zweiten Methode primär der Feststellung handwerklicher Fehler, aber nicht der Plausibilisierung.[862]

Die Theorien, auf denen die DCF-Verfahren aufbauen, insbesondere die gewichteten Kapitalkosten nach der WACC-Formel und die Eigenkapitalrendite entsprechend dem CAPM, besitzen Annahmen, die die Realität nur unvollständig abbilden. Auf die wesentlichsten Risiken für die Bewertung, die sich aus den Annahmen ableiten, wurde in der kritischen Analyse eingegangen. Der Schwerpunkt der Argumentation soll nicht darauf liegen, Schwächen in den Grundkonzepten aufzudecken, sondern Schwächen in der praktischen Anwendung der Konzepte.[863]

Es wurde deutlich, dass die Schwierigkeiten mit der DCF-Bewertung in der Praxis zwei Gruppen zugeordnet werden können:[864]

1. den unbewussten handwerklichen Fehlern im Umgang mit der Methode oder in der Abschätzung von zukünftigen Ereignissen oder
2. den bewussten Fehlern in der Anwendung der Methode, eventuell unter Ausnutzung der Komplexität, und der bewusst unrealistischen Schätzung zukünftiger Ereignisse.

---

861 Vgl. Born, K. (1996), S. 1889.

862 Vgl. Born, K. (1996), S. 1889.

863 Für eine Auseinandersetzung mit den konzeptionellen Schwächen sei auf Hachmeister, D. (2000), Kapitel 3.1 bis 3.4, insbesondere S. 171-176 verwiesen.

864 Diese Erkenntnis liegt auch dem Beitrag zu Prüfung von Finanzinstrumenten von Schmidt, M. (2004) zugrunde, der auf ISA 545 „Auditing Fair Value Measurements and Disclosures“ (IFAC (Hrsg.) (2005a)) sowie IAPS 1012 Auditing Derivative Instruments“ (IFAC (Hrsg.) (2005b)) beruht. Zu ISA 545 liegt seit dem 8.12.2005 der IDW-Prüfungsstandard 315 (IDW PS 315: Die Prüfung von Zeitwerten) (IDW (Hrsg.) (2006a)) vor, der auf den Entwurf (IDW (Hrsg.) (2004a)) vom 29.09.2003 folgte.

Im Kern sind beide Gruppen identisch. Lediglich Kompetenz und Motivation des Bewerters legen fest, welcher Gruppe ein Fehler zuzuordnen ist. Die Komplexität der Methode und die Prämissen bzw. Schätzungen, die in der Bewertung verwendet werden, sind damit die Kernprobleme für die Verlässlichkeit der Bestimmung des beizulegenden Zeitwerts durch DCF-Verfahren in der praktischen Anwendung.

4.1.2.2 Vergleichs- bzw. Multiplikatormethoden

Als zulässige Bewertungsmethoden werden in IAS 39 neben den DCF-Methoden auch die Vergleichs- bzw. Multiplikatormethoden angegeben.[865]

4.1.2.2.1 Darstellung der Vergleichs- bzw. Multiplikatormethoden

Hinsichtlich der Vergleichs- bzw. Multiplikatormethoden bezieht sich IAS 39.AG74 auf zeitnahe Transaktionen, die den Anforderungen der Definition des beizulegenden Zeitwerts genügen müssen. IAS 39.AG74 nimmt prinzipiell den Inhalt der ED IAS 39.99 und ED IAS 39.100 des Exposure Draft von 2002 wieder auf: Sollten aktuell notierte Preise nicht verfügbar sein, gelten die verfügbaren Preise in der Nähe des Stichtages als der beste Indikator für den aktuellen beizulegenden Zeitwert unter der Voraussetzung, dass sich die ökonomischen Rahmenbedingungen zwischen den beiden Terminen nicht wesentlich geändert haben.[866] Sollten sich die ökonomischen Bedingungen zwischen dem Zeitpunkt des verfügbaren Preises und dem Stichtag geändert haben oder sollte kein aktiver Markt für das Finanzinstrument vorliegen, so kann der beizulegende Zeitwert auf Basis eines vergleichbaren Finanzinstrumentes ermittelt werden, soweit die beiden Finanzinstrumente vergleichbar sind.[867]

Neben der großen Beliebtheit bei Investmentbanken und ähnlichen Institutionen, insbesondere im internationalen Kontext, wird die Multiplikatormethode bei der Bewertung „geschichtsloser" Unternehmen häufig angewendet.[868]

---

865 Vgl. IAS 39.AG74.
866 Vgl. IASB (Hrsg.) (2002d), ED IAS 39.99.
867 Vgl. IASB (Hrsg.) (2002d), ED IAS 39.100.
868 Vgl. Ballwieser, W. (2001), S. 17; Bömelburg, P./ Denkmann, A./ Peemöller, V. H. (1994), S. 743, Abb. 3.

Die Vergleichszahlen basieren auf dem folgenden, rechnerisch ausgedrückten Grundkonzept:[869]

$$\frac{UW_B}{X_B} = \frac{UW_V}{X_V} \text{ oder umgestellt: } UW_B = X_B \frac{UW_V}{X_V}$$

Entsprechend der Formel wird der Unternehmenswert des Bewertungsobjektes durch Multiplikation einer Verhältniszahl mit der entsprechenden Verhältniszahl des Vergleichsobjektes abgeleitet. Diese Verhältniszahl wird auch als Multiplikator (englisch: multiple) bezeichnet. Der Kern der Vergleichs- bzw. Multiplikatormethoden besteht darin, festzustellen, wie viel für eine Einheit einer Bezugsgröße am Markt gezahlt wird.[870]

Folgende Anwendungen der Multiplikatorbewertung sind zu unterscheiden:[871]

- Initial Public Offering Method
- Recent Acquisition Method
- Similar Public Company Method

Die jeweiligen Methoden unterscheiden sich in dem Kontext, aus dem die Multiplikatoren abgeleitet wurden.[872] Die Initial Public Offering Method stellt in diesem Zusammenhang den Bezug zu der erwähnten Anwendung der Multiplikatormethode bei „geschichtslosen" Unternehmen dar. Die Recent Acquisition Method steht in direktem Bezug zu der in IAS 39.AG74 geforderten Anlehnung der Bewertung an aktuelle Transaktionen. Gleiches gilt für die Similar Public Company Method, da aktuelle Börsenkurse ebenfalls Ausdruck aktueller Transaktionen sind.[873]

---

869 Vgl. Küting, K./ Hayn, M. (2006), S. 1212; Böcking, H.-J./ Nowak, K. (1999), S. 170; Bruski, J. (2005), S. 23. Hierbei kennzeichnet B das Bewertungsobjekt und V das Vergleichsobjekt, UW steht für Unternehmenswert und X für eine in der Bewertung zu bestimmende Verhältniszahl.

870 Vgl. Ballwieser, W. (1993), S. 167.

871 Vgl. Küting, K./ Hayn, M. (2006), S. 1213; Böcking, H.-J./ Nowak, K. (1999), S. 170.

872 Vgl. Böcking, H.-J./ Nowak, K. (1999), S. 170; sinngemäß auch Bausch, A. (2000), S. 450.

873 Vgl. Mandl, G./ Rabel, K. (2005), Tz. 486-491.

Im Folgenden wird davon ausgegangen, dass die Bewertungsmethodik mittels Vergleichszahlen bekannt ist. Als Gedankenstütze wird das Vorgehen bei der Similar Public Company Method beispielhaft und kondensiert dargestellt:[874]

1. Analyse des zu bewertenden Unternehmens

1.1 Qualitative Analyse:
Absatzmärkte, Vertriebswege, Marktanteil, Management etc.

1.2 Quantitative Analyse:
Rentabilitäts-, Liquiditäts- und Kapitalstrukturkennzahlen

2. Auswahl von börsennotierten Vergleichsunternehmen

2.1 Suche nach Unternehmen der gleichen Branche

2.2 Eingrenzung der Unternehmen anhand der geforderten quantitativen und qualitativen Merkmale

2.3 Unternehmen mit übereinstimmenden Merkmalen sind Vergleichsunternehmen

3. Unternehmenswertermittlung

3.1 Ermittlung des Marktpreises der Vergleichsunternehmen

3.2 Ermittlung von Performanceindikatoren der Vergleichsunternehmen

3.2 Berechnung des Unternehmenswertes anhand der Performanceindikatoren

4. Berücksichtigung von Bewertungszu- und -abschlägen

Abb. 13:Überblicksweise Darstellung der Multiplikatorbewertung nach der Similar Public Company Method[875]

4.1.2.2.2 Kritische Analyse der Vergleichs- bzw. Multiplikatormethoden

Für die Beurteilung der Verlässlichkeit der Vergleichsmethoden, hier im Speziellen der Methode mit Vergleichszahlen, ist es von zentraler Bedeutung, welche Kennzahlen als Vergleichsgrößen herangezogen werden. Die Entscheidung für oder wider eine Kennzahl liegt grundsätzlich bei demjenigen der die Bewertung durchführt. Da absolut vergleichbare Unternehmen nicht existieren, ist weiterhin festzulegen, ob die Vergleichsunternehmen eine hinreichende Ähnlichkeit besitzen. Schwierigkeiten mit der Vergleichbarkeit ergeben sich unter anderem deshalb, weil nur sehr wenige Unternehmen ausschließlich in einer Branche tätig sind.[876] Im Hinblick auf die

---

[874] Für eine detaillierte Beschreibung des Vorgehens bei dieser Methode sei auf Böcking, H.-J./ Nowak, K. (1999), S. 171-174, bzw. Böckmann, U. J./ Löhnert, P. G. (2005), Tz. 1018-1044, verwiesen.

[875] Schematische Darstellung aus Böcking, H.-J./ Nowak, K. (1999), S. 170.

[876] Vgl. Böcking, H.-J./ Nowak, K. (1999), S. 171 f.

Ähnlichkeit wird bei der Anwendung der Vergleichs- bzw. Multiplikatormethoden davon ausgegangen, dass alle wesentlichen Faktoren des Vergleichsunternehmens, insbesondere Risiko, Ausschüttungspolitik und Wachstum, auf das zu bewertende Unternehmen übertragbar sind.[877] Diese Annahme wird nur in den seltensten Fällen in der Realität zutreffen.[878]

Eine Bewertung anhand eines Multiplikators basiert definitionsgemäß nur auf einer Bezugsgröße. Die Abhängigkeit von einer einzigen Bezugsgröße ist eine Vereinfachung, die die Aussagefähigkeit eines punktuellen Ergebnisses wesentlich einschränkt.[879] Diese Problematik lässt sich reduzieren, indem mehrere Bezugsgrößen ausgewählt und die Ergebnisse entsprechend aggregiert werden. Bei der Aggregation der Berechnungsergebnisse, insbesondere hinsichtlich mehrerer Vergleichsunternehmen und/oder mehrerer Kennzahlen, können wesentliche Bandbreiten für das Ergebnis entstehen. Die Verlässlichkeit einer punktuellen Schätzung ist damit nicht gegeben.[880]

Basierend auf den dargestellten Eigenschaften der Vergleichsmethoden schlussfolgert Born[881], dass Vergleichsmethoden keine Methoden der Unternehmensbewertung sind. Ihnen liege keine detaillierte Unternehmensanalyse und Unternehmensprognose zugrunde. Sie stellen auf vergleichbare Relationen zwischen Unternehmen ab. Sie stehen nicht in Konkurrenz zu der Unternehmensbewertung, sondern sollten zusätzlich angewendet werden. Sie dienen damit nur der Plausibilisierung. Ballwieser[882] sieht in Abgrenzung dazu zumindest die Multiplikatormethoden als Methoden zur Unternehmensbewertung. Aus ihnen lässt sich jedoch nur ein sinnvolles Ergebnis ableiten, sofern davon auszugehen ist, dass die Bezugsgröße ein aussagekräftiger Indikator für zukünftige Ausschüttungen ist. Laut Böckmann und Löhnert[883] erfüllen

---

877 Vgl. Aders, C./ Galli, A./ Wiedemann, F. (2000), S. 197.

878 Vgl. Böcking, H.-J./ Nowak, K. (1999), S. 174-176. Böcking und Nowak verweisen in diesem Zusammenhang auch auf andere grundlegende Anforderungen an den Kapitalmarkt, wie etwa die Notwendigkeit, zu jedem Zeitpunkt alle Informationen in den Preisen widerzuspiegeln.

879 Vgl. Ballwieser, W. (1993), S. 168.

880 Vgl. Böcking, H.-J./ Nowak, K. (1999), S. 173; Ballwieser, W. (1993), S. 167 f.

881 Vgl. Born, K. (1996), S. 1885; auch Peemöller, V. H. (2005b), Tz. 258; Bömelburg, P. (2005), Tz. 36. Zu Bedeutung und Durchführung von Vergangenheits- und Lageanalyse als Fundament einer Unternehmensbewertung vgl. insbesondere Popp, M. (2005).

882 Vgl. Ballwieser, W. (1993), S. 152 und 167 f.

883 Vgl. Böckmann, U. J./ Löhnert, P. G. (2005), Tz. 1010-1017.

Multiplikatormethoden Testfunktionen, Indikationsfunktionen und Unterstützungsfunktionen. Die Eigenschaft als originäre Bewertungsmethode wird ihnen also nicht zugestanden. Darüber hinaus ist zu berücksichtigen, dass sich eine ausschließliche Bewertung anhand von Multiplikatoren selbst ad absurdum führen würde, da jedes Unternehmen im Vergleich zu anderen Unternehmen bewertet würde, ohne dass ein einziges Unternehmen tatsächlich fundamental bewertet würde.[884]

Aus der Analyse der Vergleichs- bzw. Multiplikatormethoden lassen sich zwei Punkte zusammenfassen:

1. Die Reduktion der Komplexität der Methode, gemessen an den DCF-Verfahren[885], führt zu einer entsprechenden Erhöhung der Anzahl impliziter Annahmen. Dadurch erhöht sich ebenfalls entsprechend die Fehleranfälligkeit bzw. die Anfälligkeit für Gestaltungsmaßnahmen.
2. Die, gemessen an den DCF-Verfahren, geringere Notwendigkeit zur intensiven Auseinandersetzung mit der Unternehmensplanung birgt ein erhöhtes Risiko zur reflexionslosen Anwendung von Kennzahlen vermeintlich ähnlicher Unternehmen. Die Objektivität durch den Bezug auf marktgegebene Größen besteht insofern nur scheinbar.[886]

4.1.3 Kritische Analyse der Bestimmung des beizulegenden Zeitwerts

Die Diskussion zur Bestimmung des beizulegenden Zeitwerts durch Bewertungsmethoden hat gezeigt, dass die konkreten Problemfelder, unabhängig von der verwendeten Methode, zwei Bereichen zuzuordnen sind:[887]

1. die Komplexität der Methode, die die Fehleranfälligkeit erhöht und die Gestaltung durch den Bewerter begünstigt, und
2. die Abhängigkeit von Prämissen und Schätzungen, die ebenfalls die Fehleranfälligkeit und die Gestaltungsempfindlichkeit erhöhen.

---

884 Dieser Ansicht sind auch Aders, C./ Galli, A./ Wiedemann, F. (2000), S. 204.

885 Zur Kritik an der Multiplikatormethode durch direkte Gegenüberstellung der DCF-Methode vgl. Aders, C./ Galli, A./ Wiedemann, F. (2000). Hier wird insbesondere auf das Problem der systematischen Überbewertung durch unzutreffende implizite Wachstumserwartungen eingegangen.

886 So sinngemäß auch Böcking, H.-J./ Nowak, K. (1999), S. 173.

887 In der Literatur wird im Rahmen der Bilanzpolitik hauptsächlich auf die bewusste Gestaltung eingegangen. Die unbewusste Gestaltung durch Fehler wird kaum thematisiert. Vgl. Fischer, T. M./ Klöpfer, E. (2006); Pfaff, D./ Kukule, W. (2006); Velthuis, L. J./ Wesner, P./ Schabel, M. M. (2006a), S. 466.

Hoffmann und Lüdenbach[888] greifen diesen Sachverhalt auf. Sie klassifizieren die Bestimmung von unsicheren Werten bei singulären Ereignissen durch zwei Kriterien: die Komplexität der Methode und den Individualitätsgrad der Prämissen. Die folgende Darstellung verdeutlicht durch die Zuordnung verschiedener bilanzierungsrelevanter Wertermittlungen den Zusammenhang beider Kriterien:

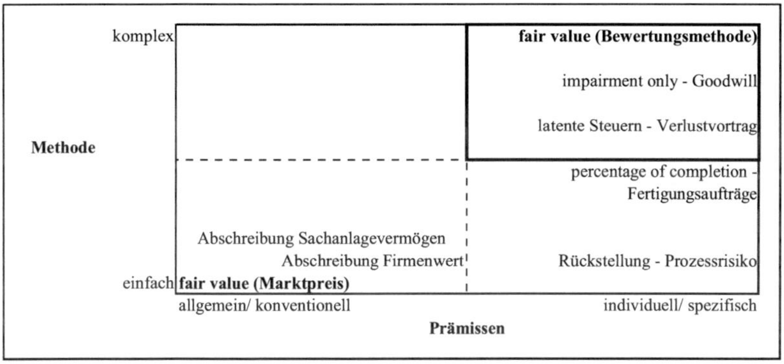

Abb. 14:Schematische Darstellung der Kriterien Komplexität der Methode und Individualitätsgrad der Prämissen bei der Bestimmung unsicherer Werte[889]

In der schematischen Darstellung wird der Unterschied zwischen dem Fair Value als Marktwert und dem Fair Value, der durch anerkannte Methoden ermittelt wurde, besonders deutlich. Hoffmann und Lüdenbach[890] fragen, ob ein Mehr an Komplexität der Methode oder Individualität der Prämissen der Qualität zuträglich ist. Im Fall des Komplexitätsgrades der Methode ist diese Frage nicht eindeutig zu beantworten. Bedeutsam hierbei ist die Qualität der Daten, die in die Methode einfließen (garbage in, garbage out). Das Risiko hinsichtlich der Qualität der Prämissen steigt eindeutig mit dem Individualitätsgrad der Prämissen. Hieraus leitet sich die Frage ab, inwieweit individuelle Prämissen zugelassen werden sollen, da sie nicht frei von bewusster oder unbewusster Manipulation durch Verzerrung, Willkür, Irrtum oder subjektiven Ansichten durch den Abschlussersteller sind.[891]

888 Vgl. Hoffmann, W.-D./ Lüdenbach, N. (2003), S. 11 f.
889 Schematische Darstellung aus: Hoffmann, W.-D./ Lüdenbach, N. (2003), S. 12.
890 Vgl. Hoffmann, W.-D./ Lüdenbach, N. (2003), S. 11 f.
891 So auch FASB (Hrsg.) (1999), Tz. 4.

Die geringste Möglichkeit der marktbezogenen Überprüfung individueller Prämissen ist in der Prognose der zukünftigen Cash Flows zu sehen, die an die Kapitalgeber ausgeschüttet werden können.[892] Hier besteht die Versuchung, vergangenheitsbezogene Informationen aus der Rechnungslegung in die Zukunft fortzuschreiben bzw. zu extrapolieren. Moxter spricht in diesem Zusammenhang vom „Extrapolationsmythos“[893] der internationalen Rechnungslegung. Er stellt darüber hinaus fest, dass die Bewertung mit beizulegenden Zeitwerten ein neues Problemfeld eröffnet. Ursprünglich war die Bestimmung des Periodenanfangsvermögens, als ex post bestimmt, sicher, und die Bestimmung des Periodenendvermögens als ex ante Prognose war unsicher. Mit der Einführung von nicht direkt durch den Markt objektivierten Werten enthält auch das Periodenanfangsvermögen einen „unsicherheitsbedingten Unbestimmtheitsbereich“[894]. Die Verlässlichkeit ermittelter beizulegender Zeitwerte, also die punktuelle Schätzung, kann damit im Einzelfall sehr unterschiedlich ausfallen.[895] Je höher die Abhängigkeit von individuellen Prämissen ausfällt, desto geringer ist die Möglichkeit der objektiven Überprüfbarkeit.[896]

4.1.4 Beurteilung der Bestimmung des beizulegenden Zeitwerts

Bei der Bestimmung des beizulegenden Zeitwerts durch Bewertungsmethoden werden Schätzungen immer die zentralen Elemente sein.[897] Diese Notwendigkeit ergibt sich aus der Definition des beizulegenden Zeitwerts. Es soll der Wert eines Finanzinstruments ermittelt werden, ohne dass genau dieses Finanzinstrument Teil einer Transaktion gewesen ist. Der Grad der Verlässlichkeit ermittelter beizulegender Zeitwerte kann in

---

892 Vgl. Wilts, R./ Schaldt, K./ Nottmeier, A./ Klasen, B. (2004), S. 508; Kahle, H. (2002), S. 101.

893 Moxter, A. (2000), S. 2147.

894 Moxter, A. (1982), S. 52.

895 So auch FASB (Hrsg.) (1999), Tz. 50; Kessler, H. (2005), S. 63, Abb. 1; Ballwieser, W./ Küting, K./ Schildbach, T. (2004), S. 536 f.; Böcking, H.-J./ Lopatta, K./ Rausch, B. (2005), S. 101; Küting, K. (2005a), S. 510-512; Ruhnke, K./ Schmidt, M. (2005), S. 577; Pape, J. (2001b), S. 1464. Zur besonderen Problematik der verlässlichen Ermittlung von Unternehmenswerten von kleinen und mittleren Unternehmen sei auf Helbling, C. (2005) verwiesen.

896 So auch Pellens, B./ Fülbier, R. U./ Gassen, J. (2006), S. 905 f.

897 Bialkowska, E./ Martin, C. (2005), S. 68, stellen fest, dass die Anwendung von Schätzungen innerhalb der IFRS 45-mal erwähnt wird. Die Notwendigkeit von Schätzungen besteht schwerpunktmäßig bei der Bestimmung des beizulegenden Zeitwerts.

einer wesentlichen Bandbreite schwanken. Beizulegende Zeitwerte, die in Abwesenheit eines aussagekräftigen Marktwerts ermittelt wurden, sind von geringerer Verlässlichkeit als Marktwerte.

Es kann nicht das Ziel sein, einen präzisen Katalog zu erarbeiten, wann Zeitwertschätzungen verlässlich sind und wann nicht. Ein solcher Versuch wäre zum Scheitern verurteilt, da eine solche Entscheidung nur im Einzelfall getroffen werden kann. Im Ergebnis sollte das Spektrum der Verlässlichkeit der Zeitwertschätzung mit dem Spektrum der freiwilligen und verpflichtenden Zeitwertbewertung in Übereinstimmung gebracht werden.[898] Diese Übereinstimmung ist gegenwärtig in den Regelungen des IAS 39 nicht konsequent umgesetzt.

Entsprechend ist die Möglichkeit der freiwilligen erfolgswirksamen Zeitwertbewertung für Instrumente der Kategorie der Kredite und Forderungen abzulehnen. Die dahingehende Einschränkung der Fair Value Option durch den IAS 39 in der Fassung von 2005 erscheint sachgerecht, da sie die freiwillige erfolgswirksame Zeitwertbewertung an die zusätzliche Bedingung der Vermittlung relevanter Informationen knüpft. Insofern wird durch die Fair Value Option die geforderte Abwägung von Relevanz und Verlässlichkeit umgesetzt.

In Abgrenzung hierzu liegt der Zuordnung von Instrumenten der Kategorie Kredite und Forderungen zu der Kategorie der zur Veräußerung verfügbaren Finanzinstrumente keine solche Abwägung zugrunde. Die freiwillige erfolgsneutrale Zeitwertbewertung für Instrumente der Kategorie Kredite und Forderungen ist damit abzulehnen. Dem Mangel an Verlässlichkeit steht kein adäquater Vorteil aus der Vermittlung relevanter Informationen gegenüber.

---

[898] Zu diesem Schluss kommen auch Pfaff, Kukule und Baetge. Vgl. hierzu Pfaff, D./ Kukule, W. (2006), insbesondere S. 548 f., sowie Baetge, J. (2005), S. 1.

4.2 Darstellung der Ergebnisbeiträge aus Finanzinstrumenten

4.2.1 Einteilung der zu berücksichtigenden Ergebniskomponenten in Abhängigkeit ihres Ausweises in der Rechnungslegung

Es werden drei grundsätzliche Fälle unterschieden:

1. Finanzinstrumente, die mit fortgeführten Anschaffungskosten bewertet werden,
2. Finanzinstrumente, die erfolgsneutral mit dem beizulegenden Zeitwert bewertet werden, und
3. Finanzinstrumente, die erfolgswirksam mit dem beizulegenden Zeitwert bewertet werden.

Unter die erstgenannte Gruppe fallen bis zur Endfälligkeit zu haltende Finanzinvestitionen, Kredite und Forderungen und sonstige finanzielle Verbindlichkeiten. Zeitwertveränderungen während der Laufzeit werden nicht erfasst. Sofern verzinsliche Instrumente in diese Gruppen fallen, erfolgt die Bestimmung des Zinsaufwands oder Zinsertrags durch Anwendung der Effektivzinsmethode. Zinsen werden ergebniswirksam in der Gewinn- und Verlustrechnung erfasst.[899]

Unter die zweitgenannte Gruppe fallen zur Veräußerung verfügbare Finanzinvestitionen. Deren Zeitwertschwankungen werden erfolgsneutral im Eigenkapital erfasst. Sofern das Instrument verzinslich ist, erfolgt die Ermittlung des Zinsertrags durch die Effektivzinsmethode. Der Zinsertrag wird erfolgswirksam in der Gewinn- und Verlustrechnung der Periode erfasst.[900]

Unter die drittgenannte Gruppe fallen zu Handelszwecken gehaltene Forderungen oder Verbindlichkeiten oder solche, die freiwillig erfolgswirksam mit dem beizulegenden Zeitwert bewertet werden. Derivative Finanzinstrumente, die Forderungen oder Verbindlichkeiten darstellen, fallen ebenfalls unter diese Gruppe. Hier werden sowohl

---

[899] Vgl. IAS 39.9 in Verbindung mit IAS 39.46 (finanzielle Vermögenswerte) bzw. IAS 39.47 (finanzielle Verbindlichkeiten).

[900] Vgl. IAS 39.9 in Verbindung mit IAS 39.46 und IAS 39.55b.

Zeitwertschwankungen als auch Zinserträge und -aufwendungen in der Gewinn- und Verlustrechnung der Periode erfasst.[901]

Diese drei Gruppen sind im Hinblick auf die Darstellung der Ergebnisbeiträge zu untersuchen. Die Ergebnisse sind mit den identifizierten Zwecken der Rechnungslegung zu vergleichen. Der Schwerpunkt der Betrachtung liegt auf der Trennung der Darstellung von Zinsergebnis und Bewertungsergebnis. Naturgemäß ist die Betrachtung zur Trennung von Zinsergebnis und Bewertungsergebnis nur für zinstragende Finanzinstrumente anwendbar.

4.2.2 Ergebnisbeiträge aus Finanzinstrumenten, die mit fortgeführten Anschaffungskosten bewertet werden

Da Schwankungen des beizulegenden Zeitwerts in dieser Gruppe nicht erfasst werden, sind ausschließlich die Ergebnisbeiträge aus Zinsen zu berücksichtigen. Zur Verdeutlichung der Darstellung der Zinserträge wird folgendes Beispiel[902] eingeführt, das auch in den sich anschließenden Gruppen von Finanzinstrumenten beibehalten und entsprechend weiterentwickelt wird:

Es wird eine Investition in einen Bond getätigt. Die Laufzeit beträgt zehn Jahre, t0 bis t10. Der Nominalbetrag ist 1.000 EUR. Die Nominalverzinsung ist 10 %. Es existiert ein Ausgabeaufschlag in Höhe von 5 % bzw. 50 EUR. Bei Erwerb fallen Transaktionskosten in Höhe von 14 EUR an.

---

[901] Vgl. IAS 39.9 in Verbindung mit IAS 39.46 und IAS 39.55a.

[902] Beispiel in Anlehnung an Kuhn, S./ Scharpf, P. (2005a), S. 156 f.; vgl. auch Bsp. aus Wagenhofer, A. (2005), S. 238.

A	Investition (nominal) B	Investition (effektiv) C	Zinssatz (nominal) D	Zins (nominal) E	Zinssatz (effektiv) F	Zins (effektiv) G
t0	1.000	1.064				
t1	1.000	1.060	10,00%	100	9,00%	96
t2	1.000	1.055	10,00%	100	9,00%	95
t3	1.000	1.050	10,00%	100	9,00%	95
t4	1.000	1.045	10,00%	100	9,00%	95
t5	1.000	1.039	10,00%	100	9,00%	94
t6	1.000	1.032	10,00%	100	9,00%	94
t7	1.000	1.025	10,00%	100	9,00%	93
t8	1.000	1.018	10,00%	100	9,00%	92
t9	1.000	1.009	10,00%	100	9,00%	91
t10	1.000	1.000	10,00%	100	9,00%	91
Summe				1.000		936

Abb. 15:Beispiel zur Behandlung des Zinsertrags bei einer Investition, die mit fortgeführten Anschaffungskosten bewertet wird[903]

Wie in Abbildung 15 dargestellt, ist die Anfangsinvestition zum Zeitpunkt t0 der Nominalbetrag der Investition (1.000 EUR), zuzüglich des Agios (50 EUR) und der Transaktionskosten (14 EUR).[904] Der effektive Investitionsbetrag ist damit 1.064 EUR. Der effektive Zinssatz muss unter dem nominalen Zinssatz liegen, da die Anfangsinvestition in t0 höher ist als die Rückzahlung in t10. In diesem Beispiel ergibt sich ein effektiver Zinssatz in Höhe von 9 %.

Wird der effektive Zinssatz auf den effektiven Investitionsbetrag angewendet, ergibt sich z. B. zum Zeitpunkt t1 ein Zinsertrag in Höhe von 96 EUR. Dieser wird innerhalb des Finanzergebnisses in der Gewinn und Verlustrechnung dargestellt.[905] Dem Unternehmen fließen zu diesem Zeitpunkt 100 EUR zahlungsmittelwirksam zu. Die Differenz der beiden Beträge reduziert den effektiven Investitionsbetrag, so dass zum

---

[903] Beispiel in Anlehnung an Kuhn, S./ Scharpf, P. (2005a), S. 156 f.; vgl. auch Bsp. aus Wagenhofer, A. (2005), S. 238.

[904] Über die Anwendung der Effektivzinsmethode in IAS 39.46b ist das Einbeziehen der Transaktionskosten in der Definition der Effektivzinsmethode in IAS 39.9 verankert.

[905] Vgl. Cairns, D. (1999), S. 183 f.; Adler, H./ Düring, W./ Schmaltz, K. (2003), Abschnitt 7, Tz. 178.

Zeitpunkt t10 der effektive Investitionsbetrag dem Rückzahlungsbetrag der Investition entspricht. Der Buchungssatz für t1 stellt sich wie folgt dar:

Bank		EUR 100	
an	Zinsertrag		EUR 96
an	Finanzinvestition		EUR 4

Durch die dargestellte Ermittlung des effektiven Investitionsbetrags werden die Transaktionskosten faktisch über die Laufzeit verteilt. Würden die Transaktionskosten direkt dem Aufwand zugeführt, wäre die Anfangsinvestition in t0 um 14 EUR geringer und der effektive Zinssatz geringfügig höher.

4.2.3 Ergebnisbeiträge aus Finanzinstrumenten, die erfolgsneutral mit dem beizulegenden Zeitwert bewertet werden

In Abgrenzung zu der vorangegangenen Gruppe von Finanzinstrumenten ergibt sich hier die Notwendigkeit, zwischen Ergebnisbeiträgen aus Zinsen und Ergebnisbeiträgen aus Wertschwankungen zu differenzieren. Zur Verdeutlichung wird das Beispiel aus Kapitel 4.2.2 wieder aufgenommen. Es wird dahingehend erweitert, dass in t3 eine Veränderung des effektiven Marktzinssatzes für gleichwertige Anlagen von 9 % auf 12 % angenommen wird. Dieser neue Marktzinssatz bleibt dann bis zur Endfälligkeit unverändert.

	Investition (nominal)	Investition (effektiv)	Zinssatz (nominal)	Zins (nominal)	Zinssatz (effektiv)	Zins (effektiv)	Marktzinssatz (effektiv)	Beizulegender Zeitwert	Notierung der AFS-Rücklage	Veränderung der AFS-Rücklage
A	B	C	D	E	F	G	H	I	J	K
t0	1.000	1.064								
t1	1.000	1.060	10,00%	100	9,00%	96	9,00%	1.060	0	
t2	1.000	1.055	10,00%	100	9,00%	95	9,00%	1.055	0	0
t3	1.000	1.050	10,00%	100	9,00%	95	12,00%	909	-142	-142
t4	1.000	1.045	10,00%	100	9,00%	95	12,00%	918	-127	15
t5	1.000	1.039	10,00%	100	9,00%	94	12,00%	928	-111	16
t6	1.000	1.032	10,00%	100	9,00%	94	12,00%	939	-93	18
t7	1.000	1.025	10,00%	100	9,00%	93	12,00%	952	-73	20
t8	1.000	1.018	10,00%	100	9,00%	92	12,00%	966	-51	22
t9	1.000	1.009	10,00%	100	9,00%	91	12,00%	982	-27	24
t10	1.000	1.000	10,00%	100	9,00%	91	12,00%	1.000	0	27
Summe				1.000		936				0

Abb. 16:Beispiel zur Behandlung von Zinsen und Zeitwertänderungen bei einer Investition in zur Veräußerung verfügbare Finanzanlagen[906]

[906] Beispiel in Anlehnung an Kuhn, S./ Scharpf, P. (2005a), S. 156 f.

Durch die Marktzinsänderung in t3 wird die gehaltene Finanzinvestition unterverzinslich und verliert an Wert. Der Verlust beträgt 142 EUR. Bei zur Veräußerung verfügbaren Finanzinvestitionen wird dieser Betrag im Eigenkapital erfasst. Dort wird ein Posten, die AFS-Rücklage (Spalte J), für zur Veräußerung verfügbare Finanzinvestitionen gebildet, der diese Beträge aufnimmt.[907] Der effektive Zins, der wie im vorangegangenen Kapitel errechnet wurde, bleibt von der Marktzinsänderung unberührt. Über die gesamte Laufzeit werden Zinserträge zwischen 96 EUR in t1 und 91 EUR in t10 vereinnahmt (Spalte G). Die jeweilige Differenz zum Zahlungsmittelzufluss in Höhe von 100 EUR (Spalte E) reduziert den aktivierten effektiven Investitionsbetrag über die Laufzeit auf die Höhe der Rückzahlung in t10. In den Folgejahren nach t3 tritt der Effekt ein, nach dem sich die Zeitwertänderung in den verbleibenden Jahren bis zur Endfälligkeit des Instruments wieder abbaut. Dadurch wird die negative AFS-Rücklage in jedem weiteren Jahr entlastet und erreicht im Jahr der Endfälligkeit wieder den Wert null (Spalten J und K).

In diesem Beispiel sind sowohl Zinsen als auch Wertänderungen zu analysieren. Nur in dem Fall, dass der Vermögenswert feste oder bestimmbare Zahlungen hat, werden die Transaktionskosten über den Zwischenschritt der Effektivzinsmethode auf die Laufzeit verteilt. Sollten keine solchen Zahlungen vorliegen, wie beispielsweise bei einer Aktie, werden die Transaktionskosten bei der ersten Folgebewertung in die AFS-Rücklage eingestellt und dort mit den anderen Wertänderungen desselben Vermögenswerts verrechnet. In dem theoretischen Extremfall, dass bis zur Veräußerung keine Wertänderung des Vermögenswerts eintritt, werden die Transaktionskosten des Erwerbs erst bei der Veräußerung in die Gewinn- und Verlustrechnung der Periode übernommen.[908]

---

[907] Vgl. Kuhn, S./ Scharpf, P. (2005a), S. 157. Es sind auch andere Bezeichnungen denkbar: Fair-Value-Rücklage, IAS-39-Rücklage, Zeitwertrücklage, Accumulated Other Comprehensive Income (in Anlehnung an US GAAP). Vgl. hierzu Wagenhofer, A. (2005), S. 239. Die Bezeichnung Neubewertungsrücklage birgt die Gefahr der Verwechslung mit der Neubewertungsrücklage aus IAS 16.29 f. in Verbindung mit IAS 16.39 und sollte deshalb vermieden werden. Vgl hierzu Wagenhofer, A. (2005), S. 239; Clemens, R./Hebestreit, G. (2006). Tz. 75; Grünberger, D. (2006b), S. 115, verwenden diese Bezeichnung. Zur Darstellung der Neubewertungsrücklage im Zusammenhang mit IAS 16 vgl. Kraft, S./ Littkemann, J./ Schulte, K. (2005), S. 335-338; Scheinpflug, P. (2006), Tz. 122-138 in Verbindung mit Clemens, R./Hebestreit, G. (2006). Tz. 75.

[908] Vgl. hierzu IAS 39.AG67.

4.2.4 Ergebnisbeiträge aus Finanzinstrumenten, die erfolgswirksam mit dem beizulegenden Zeitwert bewertet werden

Zur Verdeutlichung wird das Beispiel aus Kapitel 4.2.2 wieder aufgenommen. Hierbei wird zunächst angenommen, dass der Marktzinssatz einer vergleichbaren Investition über die gesamte Laufzeit konstant bleibt.

	Investition (nominal)	Investition (effektiv)	Zinssatz (nominal)	Zins (nominal)	Zinssatz (effektiv)	Ertrag (gesamt)
A	B	C	D	E	F	G
t0	1.000	1.050				
t1	1.000	1.047	10,00%	100	9,21%	97
t2	1.000	1.043	10,00%	100	9,21%	96
t3	1.000	1.039	10,00%	100	9,21%	96
t4	1.000	1.035	10,00%	100	9,21%	96
t5	1.000	1.030	10,00%	100	9,21%	95
t6	1.000	1.025	10,00%	100	9,21%	95
t7	1.000	1.020	10,00%	100	9,21%	95
t8	1.000	1.014	10,00%	100	9,21%	94
t9	1.000	1.007	10,00%	100	9,21%	93
t10	1.000	1.000	10,00%	100	9,21%	93
Summe				1.000		950

Abb. 17:Beispiel zur Behandlung von Zinsen bei einer Investition in Finanzanlagen, die erfolgswirksam mit dem beizulegenden Zeitwert bewertet werden[909]

Zu der Darstellung aus Abbildung 15 bestehen in Abbildung 17 zwei Unterschiede:

1. In Abgrenzung zu den zu fortgeführten Anschaffungskosten bewerteten Finanzinvestitionen und den zur Veräußerung verfügbaren Finanzinvestitionen werden hier die Transaktionskosten nicht den Anschaffungskosten der Investition zugerechnet.[910] Der geringere effektive Investitionsbetrag findet bei der Anwendung der Effektivzinsmethode seinen Niederschlag in einem höheren effektiven Zinssatz. Insofern wird deutlich, dass die Anwendung der Effektivzinsmethode in den

[909] Beispiel in Anlehnung an Kuhn, S./ Scharpf, P. (2005a), S. 156 f.

[910] Vgl. IAS 39.43.

unterschiedlichen Kategorien von Finanzinstrumenten unterschiedlich ausfallen kann.

2. Die letzte Spalte (Spalte G) ist nicht mehr mit „Zinsertrag (effektiv)“ überschrieben, sondern nur noch mit „Ertrag“. Durch die Anwendung der Effektivzinsmethode enthält der in dieser Spalte ausgewiesene Ertrag sowohl eine Zinskomponente als auch eine Komponente, die die Veränderung des beizulegenden Zeitwerts ausdrückt.

Im Folgenden wird das Beispiel erweitert. Es wird angenommen, dass der Marktzinssatz am Ende von Periode t3 von 9,21 % auf 12 % steigt. Der Effekt wird in der folgenden Abbildung verdeutlicht.

A	Investition (nominal)	Investition (effektiv)	Zinssatz (nominal)	Zins (nominal)	Zinssatz (effektiv)	Zins (effektiv)	Marktzinssatz (effektiv)	Beizulegender Zeitwert	Ertrag/Aufwand (gesamt)
	B	C	D	E	F	G	H	I	J
t0	1,000	1,050						1,050	
t1	1,000	1,047	10.00%	100	9.21%	97	9.21%	1,047	97
t2	1,000	1,043	10.00%	100	9.21%	96	9.21%	1,043	96
t3	1,000	1,039	10.00%	100	9.21%	96	12.00%	909	-34
t4	1,000	1,035	10.00%	100	9.21%	96	12.00%	918	109
t5	1,000	1,030	10.00%	100	9.21%	95	12.00%	928	110
t6	1,000	1,025	10.00%	100	9.21%	95	12.00%	939	111
t7	1,000	1,020	10.00%	100	9.21%	95	12.00%	952	113
t8	1,000	1,014	10.00%	100	9.21%	94	12.00%	966	114
t9	1,000	1,007	10.00%	100	9.21%	93	12.00%	982	116
t10	1,000	1,000	10.00%	100	9.21%	93	12.00%	1,000	118
Summe				1,000		950			950

Abb. 18:Beispiel zur Behandlung von Zinsen und Zeitwertänderungen bei einer Investition in Finanzanlagen, die erfolgswirksam mit dem beizulegenden Zeitwert bewertet werden[911]

[911] Beispiel in Anlehnung an Kuhn, S./ Scharpf, P. (2005a), S. 156 f.

Auch hier enthalten die Erträge bzw. Aufwendungen in der letzten Spalte (Spalte J) Komponenten aus Zinsen und Zeitwertänderung. Die Änderungen der Erträge bzw. Aufwendungen sind entsprechend deutlicher als in dem Beispiel ohne Erweiterung um die Änderung des Marktzinssatzes.

Zinsen und Anpassungen von Zeitwerten fallen unter den Posten Finanzergebnis (Finance Costs).[912] Dieser Posten sollte, eventuell auch nur im Anhang, weiter untergliedert werden. Der getrennte Ausweis sollte die folgenden Komponenten beinhalten: Zinsaufwand (Interest Expense) und andere Fremdkapitalkosten (Other Borrowing Costs), Zinserträge (Interest Income) und andere Erträge aus Finanzanlagen (other investment income) und Währungsumrechnungsdifferenzen (Foreign Exchange Differences). Die erfolgswirksamen Zeitwertanpassungen werden netto innerhalb des Other Investment Income ausgewiesen.[913] In Abhängigkeit des Nettobetrags kann auch die Bezeichnung Other Investment Expense sachgerecht sein. Zur Verdeutlichung der praktischen Umsetzung der Regelungen sei beispielhaft der Geschäftsbericht der Volkswagen AG für 2006[914] genannt. Hier werden Erträge und Aufwendungen aus Zeitwertanpassungen zusammen mit Erträgen aus Zinsen zum übrigen Finanzergebnis zusammengefasst. Das übrige Finanzergebnis geht als eine Komponente neben dem Ergebnis aus der At-Equity-Bewertung und den Finanzierungsaufwendungen in das Finanzergebnis ein.

Entsprechend der obigen Auflistung und dem Beispiel der Volkswagen AG werden Zeitwertänderungen mit Zinsen gemeinsam ausgewiesen. Insofern unterbleibt eine Unterscheidung dieser beiden Komponenten.[915] Es existiert keine verpflichtende Regelung innerhalb des IAS/IFRS-Regelwerkes, inwieweit diese Beträge in der

---

912 Vgl. Cairns, D. (1999), S. 183 f.; Adler, H./ Düring, W./ Schmaltz, K. (2003), Abschnitt 7, Tz. 173-175; Schlüter, J. (2006), Tz. 64-67.

913 Vgl. Cairns, D. (1999), S. 184; Adler, H./ Düring, W./ Schmaltz, K. (2003), Abschnitt 7, Tz. 178; Schlüter, J. (2006), Tz. 64-67.

914 Vgl. Volkswagen AG (Hrsg.) (2007), Gewinn- und Verlustrechnung in Verbindung mit Anhangangaben Nr. 5-7.

915 Vgl. Adler, H./ Düring, W./ Schmaltz, K. (2003), Abschnitt 7, Tz. 178.

Gewinn- und Verlustrechnung getrennt dargestellt werden müssen.[916] In diesem Zusammenhang ist auch die Anwendung der Effektivzinsmethode zu sehen. Ihre Anwendung hat nur dann eine Auswirkung auf die Darstellung, wenn Zinsen und Wertänderungen separat ausgewiesen werden.

4.2.5 Kritische Analyse der Darstellung der Ergebnisbeiträge aus Finanzinstrumenten

a) Darstellung von Ergebnisbeiträgen aus der Berücksichtigung von Transaktionskosten

Im Rahmen der Diskussion zur Darstellung von Ergebnisbeiträgen aus Finanzinstrumenten ist unter anderem zu untersuchen, wie die Darstellung von Ergebnisbeiträgen aus der Berücksichtigung von Transaktionskosten umgesetzt ist.

Bei den Finanzinstrumenten, die zu historischen Anschaffungskosten bewertet werden, werden die Transaktionskosten den Anschaffungskosten zugerechnet und verbleiben bis zum Abgang unverändert in dem jeweiligen Bilanzansatz.[917] Sofern das Instrument zinstragend ist, werden die Transaktionskosten im Rahmen der Effektivzinsmethode über die Laufzeit dem Aufwand zugeführt.[918]

Bei zur Veräußerung verfügbaren Finanzinvestitionen werden die Transaktionskosten aktiviert, aber bei der ersten Folgebewertung erfolgsneutral ins Eigenkapital übernommen.[919] Sofern keine weiteren Wertänderungen bei diesem Instrument vorliegen, werden die Transaktionskosten des Erwerbs somit erst bei der Veräußerung erfolgswirksam in die Gewinn- und Verlustrechnung der Periode übernommen. Sofern das Instrument zinstragend ist, werden die Transaktionskosten im Rahmen der Effektivzinsmethode über die Laufzeit dem Aufwand zugeführt.[920]

---

916 Vgl. für Banken und Nicht-Banken: Kuhn, S./ Scharpf, P. (2005a), S. 161; vgl. für Banken: Krumnow, J./ Sprißler, W. et al. (2004), Kommentar, § 28 RechKredV, Tz. 17.

917 Vgl. IAS 39.43.

918 Vgl. IAS 39.46a) und b) zur Anwendbarkeit der Effektivzinsmethode in Verbindung mit IAS 39.9 zur Definition der Effektivzinsmethode.

919 Vgl. IAS 39.43 in Verbindung mit IAS 39.AG67.

920 Vgl. IAS 39.55b) zur Anwendbarkeit der Effektivzinsmethode in Verbindung mit IAS 39.9 zur Definition der Effektivzinsmethode.

Bei erfolgswirksam mit dem beizulegenden Zeitwert bewerteten Finanzinstrumenten werden die Transaktionskosten in Abgrenzung zu den vorgenannten Fällen nicht den Anschaffungskosten zugerechnet, sondern in der Periode des Erwerbs dem Aufwand zugeführt.[921]

Es wird deutlich, dass Transaktionskosten in Abhängigkeit der Kategorien von Finanzinstrumenten auf bis zu vier unterschiedliche Arten behandelt werden. Aufgrund der im Augenblick vorherrschenden Anzahl der Behandlungsalternativen ist die Vergleichbarkeit als eingeschränkt zu beurteilen.

b) Getrennte Darstellung der Ergebnisbeiträge aus Zinsen und aus Zeitwertänderungen

Die Darstellung der Ergebniseffekte aus Zinsen und Wertschwankungen von Zeitwerten nimmt Einfluss auf die Verständlichkeit der vermittelten Rechnungslegungsinformation. Hierbei sind insbesondere auch die Prognostizierbarkeit der Ergebnisse und die Cash-Flow-Wirksamkeit der Ergebnisbeiträge von Bedeutung. Es ist zu untersuchen, welche Form der Darstellung im Hinblick auf den definierten Zweck der Rechnungslegung zu zweckentsprechenden Ergebnissen führt.

---

[921] Vgl. IAS 39.43.

In diesem Zusammenhang wird das Beispiel aus Kapitel 4.2.4 wieder aufgenommen:

A	Investition (nominal) B	Investition (effektiv) C	Zinssatz (nominal) D	Zins (nominal) E	Zinssatz (effektiv) F	Zins (effektiv) G	Beizulegender Zeitwert H	Gewinn/ Verlust aus Wertänderung I
t0	1,000	1,050					1,050	
t1	1,000	1,047	10.00%	100	9.21%	97	1,047	-3
t2	1,000	1,043	10.00%	100	9.21%	96	1,043	-4
t3	1,000	1,039	10.00%	100	9.21%	96	1,039	-4
t4	1,000	1,035	10.00%	100	9.21%	96	1,035	-4
t5	1,000	1,030	10.00%	100	9.21%	95	1,030	-5
t6	1,000	1,025	10.00%	100	9.21%	95	1,025	-5
t7	1,000	1,020	10.00%	100	9.21%	95	1,020	-5
t8	1,000	1,014	10.00%	100	9.21%	94	1,014	-6
t9	1,000	1,007	10.00%	100	9.21%	93	1,007	-7
t10	1,000	1,000	10.00%	100	9.21%	93	1,000	-7
Summe				1,000		950		-50

Abb. 19:Beispiel zur Differenzierung von Zinsen und Zeitwertänderungen bei einer Investition in Finanzanlagen, die erfolgswirksam mit dem beizulegenden Zeitwert bewertet werden (ohne Schwankung des Marktzinssatzes)[922]

[922] Beispiel in Anlehnung an Kuhn, S./ Scharpf, P. (2005a), S. 156 f.

Der kumulative Ergebnisbeitrag aus dem Finanzinstrument ist ein Ertrag in Höhe von 950 EUR. Wie Abbildung 19 zeigt, setzt sich der Ertrag aus mehreren Komponenten zusammen, die einander teilweise kompensieren. Der kumulative Ertrag enthält 1.000 EUR zahlungsmittelwirksame Zinserträge und 50 EUR zahlungsmittelunwirksame Zeitwertverluste. Bei Anwendung der Effektivzinsmethode entspricht der kumulative Ertrag exakt den kumulierten effektiven Zinsen. Dieser Betrag ist weder komplett zahlungsmittelwirksam noch ist er komplett zahlungsmittelunwirksam. In Abgrenzung dazu ist dieser Betrag unter der Annahme sonst gleich bleibender Bedingungen vollständig in seinem Ergebnisbeitrag für jede einzelne Periode prognostizierbar. Dieses Beispiel ist hinreichend übersichtlich, um die einzelnen Effekte isolieren zu können, da der kumulative effektive Zinsertrag exakt den pro Periode oder in Summe verrechneten nominalen Zinserträgen und Zeitwertverlusten entspricht.

Im Folgenden wird angenommen, dass der Effektivzinssatz in t3 auf 12 % steigt und dann bis zum Ende der Laufzeit des Instruments unverändert bleibt.

A	Investition (nominal)	Investition (effektiv)	Zinssatz (nominal)	Zins (nominal)	Zinssatz (effektiv)	Zins (effektiv)	Marktzinssatz (effektiv)	Beizulegender Zeitwert	Gewinn aus Nominalzinsen	Gewinn/Verlust aus Wertänderung	Gewinn/Verlust gesamt
	B	C	D	E	F	G	H	I	J	K	L
t0	1.000	1.050						1.050			
t1	1.000	1.047	10,00%	100	9,21%	97	9,21%	1.047	100	-3	97
t2	1.000	1.043	10,00%	100	9,21%	96	9,21%	1.043	100	-4	96
t3	1.000	1.039	10,00%	100	9,21%	96	12,00%	909	100	-134	-34
t4	1.000	1.035	10,00%	100	9,21%	96	12,00%	918	100	9	109
t5	1.000	1.030	10,00%	100	9,21%	95	12,00%	928	100	10	110
t6	1.000	1.025	10,00%	100	9,21%	95	12,00%	939	100	11	111
t7	1.000	1.020	10,00%	100	9,21%	95	12,00%	952	100	13	113
t8	1.000	1.014	10,00%	100	9,21%	94	12,00%	966	100	14	114
t9	1.000	1.007	10,00%	100	9,21%	93	12,00%	982	100	16	116
t10	1.000	1.000	10,00%	100	9,21%	93	12,00%	1.000	100	18	118
Summe				1.000		950			1.000	-50	950

Abb. 20:Beispiel 1 zur Differenzierung von Zinsen und Zeitwertänderungen bei einer Investition in Finanzanlagen, die erfolgswirksam mit dem beizulegenden Zeitwert bewertet werden (mit Schwankung des Marktzinssatzes)[923]

[923] Beispiel in Anlehnung an Kuhn, S./ Scharpf, P. (2005a), S. 156 f.

In Abbildung 20 wird zwischen dem Gewinn aus (Nominal-)Zinsen und dem Gewinn bzw. Verlust aus der (Zeit-)Wertänderung differenziert. Die Zeitwertanpassung enthält mehrere Einzeleffekte:

1. Wertanpassungen, die im Laufe aller zehn Perioden die Höhe der Anfangsinvestition (1.050 EUR) auf das Niveau der Rückzahlung (1.000 EUR) reduzieren,
2. eine Wertanpassung aus der Erhöhung des Marktzinssatzes in t3 und
3. Wertanpassungen, die zwischen t4 und t10 die Zeitwertänderung aus t3 kompensieren.

In Abbildung 20 wird zwischen Zahlungsmittelwirksamkeit und Zahlungsmittelunwirksamkeit unterschieden, da nur die Nominalzinsen zu einem Zahlungsmittelzufluss führen. In der folgenden Abbildung 21 wird diese Unterscheidung aufgegeben:

	Investition (nominal)	Investition (effektiv)	Zinssatz (nominal)	Zins (nominal)	Zinssatz (effektiv)	Zins (effektiv)	Marktzinssatz (effektiv)	Beizulegender Zeitwert	Gewinn aus Effektivzinsen	Gewinn/Verlust aus Wertänderung	Gewinn/Verlust gesamt
A	B	C	D	E	F	G	H	I	J	K	L
t0	1,000	1,050						1,050			
t1	1,000	1,047	10.00%	100	9.21%	97	9.21%	1,047	97	0	97
t2	1,000	1,043	10.00%	100	9.21%	96	9.21%	1,043	96	0	96
t3	1,000	1,039	10.00%	100	9.21%	96	12.00%	909	96	-130	-34
t4	1,000	1,035	10.00%	100	9.21%	96	12.00%	918	96	13	109
t5	1,000	1,030	10.00%	100	9.21%	95	12.00%	928	95	15	110
t6	1,000	1,025	10.00%	100	9.21%	95	12.00%	939	95	16	111
t7	1,000	1,020	10.00%	100	9.21%	95	12.00%	952	95	18	113
t8	1,000	1,014	10.00%	100	9.21%	94	12.00%	966	94	20	114
t9	1,000	1,007	10.00%	100	9.21%	93	12.00%	982	93	23	116
t10	1,000	1,000	10.00%	100	9.21%	93	12.00%	1,000	93	25	118
Summe				1,000		950			950	0	950

Abb. 21:Beispiel 2 zur Differenzierung von Zinsen und Zeitwertänderungen bei einer Investition in Finanzanlagen, die erfolgswirksam mit dem beizulegenden Zeitwert bewertet werden (mit Schwankung des Marktzinssatzes)[924]

[924] Beispiel in Anlehnung an Kuhn, S./ Scharpf, P. (2005a), S. 156 f.

In Abbildung 21 werden die Ergebnisbeiträge in Anwendung der Effektivzinsmethode dargestellt. Die Darstellung entspricht inhaltlich der Unterscheidung zwischen Zinsen und Zeitwertanpassung, wie sie bei zur Veräußerung verfügbaren Finanzanlagen zur Anwendung kommt. Es wird keine Anpassung des effektiven Zinssatzes während der Laufzeit vorgenommen. In Spalte K erscheint die Summe der Spalte null, da sich die Zeitwertänderungen über die Laufzeit kompensieren. Ein Rückschluss auf tatsächliche Cash Flows lässt sich aus dieser Darstellung nicht mehr direkt ziehen. Die Darstellung unterscheidet ebenfalls nicht trennscharf zwischen erwarteten und unerwarteten Ergebnisbeiträgen. Nachdem der Marktwert in t3 unerwartet sinkt, ist die Wertanpassung der Perioden t4 bis t10 erwartet. In der folgenden Abbildung 22 wird die Darstellung dahingehend angepasst:

	Investition (nominal)	Investition (effektiv)	Zinssatz (nominal)	Zins (nominal)	Zinssatz (effektiv)	Zins (effektiv)	Marktzinssatz (effektiv)	Beizulegender Zeitwert	Gewinn aus Effektivzinsen	Gewinn/Verlust aus Wertänderung	Gewinn/Verlust gesamt
A	B	C	D	E	F	G	H	I	J	K	L
t0	1,000	1,050						1,050			
t1	1,000	1,047	10.00%	100	9.21%	97	9.21%	1,047	97	0	97
t2	1,000	1,043	10.00%	100	9.21%	96	9.21%	1,043	96	0	96
t3	1,000	1,039	10.00%	100	9.21%	96	12.00%	909	96	-130	-34
t4	1,000	1,035	10.00%	100	9.21%	96	12.00%	918	109	0	109
t5	1,000	1,030	10.00%	100	9.21%	95	12.00%	928	110	0	110
t6	1,000	1,025	10.00%	100	9.21%	96	12.00%	939	111	0	111
t7	1,000	1,020	10.00%	100	9.21%	94	12.00%	952	113	0	113
t8	1,000	1,014	10.00%	100	9.21%	94	12.00%	966	114	0	114
t9	1,000	1,007	10.00%	100	9.21%	93	12.00%	982	116	0	116
t10	1,000	1,000	10.00%	100	9.21%	93	12.00%	1,000	118	0	118
Summe				1,000		950			1,080	-130	950

Abb. 22:Beispiel 3 zur Differenzierung von Zinsen und Zeitwertänderungen bei einer Investition in Finanzanlagen, die erfolgswirksam mit dem beizulegenden Zeitwert bewertet werden (mit Schwankung des Marktzinssatzes)[925]

[925] Beispiel in Anlehnung an Kuhn, S./ Scharpf, P. (2005a), S. 156 f.

Abbildung 22 unterscheidet zwischen erwarteten und unerwarteten Ergebnisbeiträgen. Bei Zugang erfolgt die Ermittlung der Zinserträge durch Anwendung der Effektivzinsmethode. Danach treten keine Zeitwertänderungen ein, bis in t3 der Marktzinssatz[926] auf 12 % steigt. Als Resultat fällt der Zeitwert des Instruments um 130 EUR. Es treten bis zur Endfälligkeit keine weiteren unerwarteten Zeitwertschwankungen auf, wenn die Effektivzinsmethode auf die neue Informationsbasis angewendet wird. Das Instrument wird zu jedem Zeitpunkt mit seinem beizulegenden Zeitwert bewertet. Entsprechend würden auch bei einer vorzeitigen Veräußerung keine bisher unberücksichtigten Ergebniseffekte in die Gewinn- und Verlustrechnung der Periode aufgenommen.

Nach geltenden Regelungen erfolgt ein gemeinsamer Ausweis von Zeitwertänderungen und Zinsen.[927] Insofern wird keine der in den Abbildungen 19 bis 22 dargestellten Unterscheidungen der beiden Ergebniskomponenten vorgenommen.[928] Es existiert keine verpflichtende Regelung innerhalb des IAS/IFRS-Regelwerkes, nach der diese Beträge in der Gewinn- und Verlustrechnung getrennt dargestellt werden müssen.[929] Vor diesem Hintergrund ist auch die Anwendung der Effektivzinsmethode zu diskutieren.

Entsprechend IAS 18.30 sind Zinsen unter Verwendung der Effektivzinsmethode zu ermitteln. Ihre Anwendung hat nur dann eine Auswirkung auf die Darstellung, wenn Zinsen und Wertänderungen separat ausgewiesen werden. Vor dem Hintergrund des IAS 39 ist diese Regelung zu diskutieren. Die bisherige Darstellung hat gezeigt, dass die getrennte Darstellung von Zinsen und Zeitwertänderungen gemeinsam mit der Anwendung der Effektivzinsmethode mit Blick auf den formulierten Zweck der Rechnungslegung vorteilhaft scheint. Es handelt sich um relevante Informationen, insbesondere für die Abschätzung zukünftiger Ergebnisbeiträge. Unverständlich ist daher, dass in IFRS 7 keine entsprechende Regelung verankert ist. Entsprechend IFRS 7.20b) besteht nicht die Notwendigkeit, die Zinsen, die mit Finanzinstrumenten

---

926 Ausgedrückt als Effektivzinssatz.

927 Vgl. Cairns, D. (1999), S. 183 f.; Adler, H./ Düring, W./ Schmaltz, K. (2003), Abschnitt 7, Tz. 173-175 und 178; Schlüter, J. (2006), Tz. 64-67.

928 Vgl. Adler, H./ Düring, W./ Schmaltz, K. (2003), Abschnitt 7, Tz. 178.

929 Vgl. für Banken und Nicht-Banken: Kuhn, S./ Scharpf, P. (2005a), S. 161; vgl. für Banken: Krumnow, J./ Sprißler, W. et al. (2004), Kommentar, § 28 RechKredV, Tz. 17.

der Kategorie „at fair value through profit or loss“ in Zusammenhang stehen, im Anhang darzustellen. Insofern wird die Unterscheidung zwischen Zinsen und Wertänderung in dieser Kategorie als entbehrlich angesehen.[930]

In der Kategorie der zur Veräußerung verfügbaren Finanzinvestitionen entsprechen die Darstellung des Zinsergebnisses in der Gewinn- und Verlustrechnung und die Darstellung der Zeitwertänderung in der Eigenkapitalveränderungsrechnung teilweise der Forderung nach der getrennten Darstellung von Zinsen und Zeitwertänderung. Auch hier erfolgt jedoch keine Anpassung des ursprünglich errechneten effektiven Zinssatzes.

Die Joint Working Group[931] argumentierte 1997, dass der historische effektive Zinssatz in Zusammenhang mit der Bilanzierung des Instruments zu historischen Kosten eine sinnvolle Darstellung erzeugt. Der Ausweis der Zinsen basierend auf historischen Anschaffungskosten erzeugt ein verzerrtes Bild, wenn Instrumente mit dem beizulegenden Zeitwert bilanziert werden. Die hier geführte Diskussion bestätigt diese Einschätzung. Entsprechend stellt sich die Frage, ob eine Anpassung des effektiven Zinssatzes während der Laufzeit zulässig ist. IAS39.AG7 erwähnt die Anpassung im Zusammenhang mit variabel verzinsten Instrumenten. Die Anwendbarkeit auf festverzinste Instrumente ist damit ungeklärt.

Zusammenfassend ist festzuhalten, dass die gegenwärtigen Regelungen des IFRS 7 zwei wesentliche Schwächen beinhalten:

1. Die getrennte Darstellung von Zinsen und Zeitwertänderungen unter Anwendung der Effektivzinsmethode wird für Finanzinstrumente, die erfolgswirksam mit dem beizulegenden Zeitwert bewertet werden, nicht als verpflichtende Anhangangabe gefordert. Eine Anpassung der Regelung erscheint erforderlich.
2. Die Aktualisierung des effektiven Zinssatzes für Finanzinstrumente, die erfolgswirksam mit dem beizulegenden Zeitwert bewertet werden, zur Unterscheidung der Ergebnisbeiträge hinsichtlich ihrer Prognostizierbarkeit wird nicht festgelegt. Eine Anpassung der Regelung erscheint erforderlich.

---

930 So wohl auch Kuhn, S./ Scharpf, P. (2004), S. 386.

931 Vgl. IASC (Hrsg.) (1997), Para. 6.59. Für ein eigenes Beispiel der Joint Working Group zu diesem Sachverhalt vgl. IASC (Hrsg.) (1997), Para. 6.59-6.62.

c) Notwendigkeit der Berücksichtigung von Agien und Disagien bei der Ermittlung der effektiven Zinsen von Finanzinstrumenten, die erfolgswirksam mit dem beizulegenden Zeitwert bewertet werden

Bei Finanzinstrumenten, die erfolgswirksam mit dem beizulegenden Zeitwert bewertet werden, besteht die Vermutung einer kurzen durchschnittlichen Haltedauer. Insofern halten Kuhn und Scharpf[932] die Verteilung eines Agios oder Disagios über die Laufzeit des Instruments für entbehrlich. Der durch die Verteilung vermittelte Informationswert sei als gering anzusehen. Dieser Argumentation wird hier nicht gefolgt. In Anwendung des IAS 39.9 sind Agien und Disagien in die Berechnung des effektiven Zinssatzes einzubeziehen. Diese Forderung wird in IAS 18.31 wiederholt. Weiterhin stellen Kuhn und Scharpf[933] selbst fest, dass Agien und Disagien keine Transaktionskosten sind. Vielmehr sind Agien und Disagien maßgeblich für das Auseinanderfallen von Nominal- und Effektivverzinsung und entsprechend für die Effektivrendite von zentraler Bedeutung.[934] Abschließend sei festgehalten, dass es nur zu unterschiedlichen Abbildungen in der Rechnungslegung kommt, wenn das Instrument über den nächsten Abschlussstichtag hinweg gehalten wird. Damit würde fraglich, ob die von Kuhn und Scharpf unterstellte kurze Haltedauer tatsächlich auf dieses Instrument zutrifft.

d) Bedeutung des Auseinanderfallens von Wertbetrachtung und Zahlungsstrombetrachtung

Die Diskussion zur getrennten Darstellung der Ergebnisbeiträge aus Zinsen und aus Zeitwertänderungen hat unter anderem das besondere Spannungsfeld zwischen Wertbetrachtungen und Cash-Flow-Betrachtungen verdeutlicht. Das Spannungsfeld wird durch die teilweise Widersprüchlichkeit beider Sichtweisen begründet. Während z. B. in der Zeitwertbetrachtung ein Risiko besteht, wenn ein Finanzinstrument eine fixe Verzinsung hat, weil der Wert des Instruments mit der Schwankung des Zinssatzes schwankt, stellt sich das bei einer Zahlungsstrombetrachtung genau gegenteilig dar. Das Risiko besteht hier bei einem Finanzinstrument mit variabler Verzinsung, weil die Cash Flows schwanken können. Eine zunehmende Hinwendung zur Zeitwertbewertung in der

---

932 Vgl. Kuhn, S./ Scharpf, P. (2005a), S. 161.
933 Vgl. Kuhn, S./ Scharpf, P. (2005a), S. 158; Kuhn, S./ Scharpf, P. (2006), Tz. 601.
934 Vgl. Ballwieser, W. (2007), Tz. 10; Kuhn, S./ Scharpf, P. (2005a), S. 159.

Rechnungslegung bedeutet also gleichermaßen eine weitere Abkehr von Zahlungsstrombetrachtungen.[935]

Angewendet auf die Argumentation zur Anpassung des effektiven Zinssatzes während der Laufzeit ist festzustellen, dass die ausgewiesenen Zinserträge und Zinsaufwendungen nicht mehr den Zahlungsströmen, die tatsächlich zu- oder abfließen, und auch nicht den vertraglich vereinbarten (Nominal-)Zinsen entsprechen.[936] Darüber hinaus stimmen die Zinserträge und Zinsaufwendungen bereits durch die Anwendung der Effektivzinsmethode, also unabhängig von einer Marktzinsänderung, nicht mit den tatsächlichen Zahlungsströmen überein.

Schildbach[937] erwähnt dahingehend zutreffend, dass Gewinne auf Basis von Zeitwerten nicht geeignet sind, den Kapitalgebern zufließende Zahlungsströme hinsichtlich ihrer Größe, Sicherheit und zeitlichen Anfalls zu prognostizieren. Pape[938] warnt unabhängig von der speziellen Ausgestaltung oder Aufteilung der Effekte aus der Zeitwertbewertung davor, operative Ergebnisbeiträge mit der Wertänderung von Zeitwerten zu mischen. In diesem Fall käme es zu einer Verzerrung der Ertragslage. Schildbach[939] weist darauf hin, dass sich im Periodenerfolg mittlerweile eine Vielzahl unterschiedlicher Werte mischen: ordentliche und außerordentliche, betriebsbezogene und betriebsfremde, realisierte und nicht realisierte Gewinne oder auf Basis von Marktpreisen oder eben modellgestützt errechnete Preise. Er sieht darin die Gefahr, dass eine allzu schnelle Einigung auf Zeitwerte die Entwicklung von

---

935 Vgl. hierzu auch IASC (Hrsg.) (1997), Para. 1.22-1.26.
936 Vgl. IASC (Hrsg.) (1997), Para. 6.73.
937 Vgl. Schildbach, T. (1999), S. 184. Darauf basiert auch die Überlegung, nicht realisierte Erträge, also auch nicht zahlungswirksame Erträge, mit einer Ausschüttungssperre zu belegen. Vgl. hierzu Steiner, M./ Wallmeier, M. (1998), S. 327, in Verbindung mit Gebhardt, G. (1996), S. 581-583. Vgl. ebenfalls Sittmann-Haury, C. (2003), S. 214, sowie zu einer grundsätzlichen Auseinandersetzung mit der Wechselwirkung des beizulegenden Zeitwerts mit der Ausschüttung Hossfeld, C. (2005).
938 Vgl. Pape, J. (2001a), S. 214.
939 Vgl. Schildbach, T. (1999), S. 181.

Rechnungslegungsansätzen verhindert, die geeigneter wären, der Unterschiedlichkeit Rechnung zu tragen. Allgemein lässt sich feststellen, dass das Voranschreiten der erfolgswirksamen Zeitwertbewertung höhere Anforderungen an die differenzierte Darstellung von Ergebniseffekten stellt.[940]

Die Bedenken von Schildbach hinsichtlich der Darstellung verschiedener Ergebnisbeiträge in der Gewinn- und Verlustrechnung erscheinen gerechtfertigt. An dieser Stelle wird der Unterscheidung zwischen erwarteten und unerwarteten Ergebniseffekten eine größere Relevanz zugesprochen als der Unterscheidung in zahlungsstromwirksame und zahlungsstromunwirksame Ergebniskomponenten. Die originäre Aufgabe der Gewinn- und Verlustrechnung liegt eher in der Vermittlung von Informationen, die die Adressaten in die Lage versetzen, zukünftige Ereignisse abzuschätzen.[941] Die Vermittlung tatsächlicher Zahlungsströme entspricht eher der Aufgabe der Cash-Flow-Rechnung.[942]

4.2.6 Beurteilung der Darstellung der Ergebnisbeiträge aus Finanzinstrumenten

Innerhalb der Kategorien von Finanzinstrumenten bestehen bis zu vier Möglichkeiten der Behandlung von Transaktionskosten in der Darstellung ihrer Ergebnisbeiträge. Hierdurch wird die geforderte Vergleichbarkeit von Rechnungslegungsinformationen verletzt.

Die getrennte Darstellung der Ergebniseffekte aus effektiven Zinsen und der Zeitwertänderungen fördert die Vermittlung relevanter Informationen. Dies gilt auch für Finanzinstrumente, die erfolgswirksam mit dem beizulegenden Zeitwert bewertet werden. Mit Blick auf IFRS 7.20b) erscheint eine dahingehende Anpassung der Regelung notwendig.

---

940 Vgl. Pape, J. (2001b), S. 1464 f., der in diesem Zusammenhang zu Recht ein schlüssiges Konzept zur „Reporting Financial Performance“ verlangt. Vorschläge hierzu werden von Baetge, J./ Heumann, R. (2006) und Heumann, R. (2006) unterbreitet. Zur Überprüfung der Grundlagen der Ertragsvereinnahmung vgl. Willms, J./ Zülch, H. (2004), S. 2001; Kierzek, S./ Wüstemann, J. (2005), S. 427; Pape, J. (2001b), S. 1464 f. Zur Entwicklung der Reinvermögensmehrung als relevante Größe und der damit verbundenen Abkehr vom Realisationsprinzip vgl. Kierzek, S./ Wüstemann, J. (2005), S. 430; Willms, J./ Zülch, H. (2004), S. 2006.

941 Diese Aufgabe ergibt sich als Resultat der Anforderung an nützliche Informationen (Decision Usefulness) im Sinne des IAS F.15 aus dem Rahmenkonzept (Framework).

942 Vgl. IAS 7.3 bis 5. Vgl. auch Pawelzik, K. U. (2006), S.344.

Die Anpassung der errechneten effektiven Zinsen bei erfolgswirksam mit dem beizulegenden Zeitwert bewerteten Finanzanlagen als Reaktion auf Schwankungen der Marktzinssätze ist nicht geregelt. Eine dahingehende Anpassung der Regelungen scheint notwendig.

Agien und Disagien repräsentieren zinsrelevante Komponenten von Finanzinstrumenten. Entsprechend sollten sie unverändert bei der Berechnung der Effektivzinsen berücksichtigt werden.

Es besteht ein grundsätzlicher Konflikt zwischen Zeitwertbetrachtungen und Zahlungsstrombetrachtungen. Mit der fortschreitenden Anwendung der Zeitwertbewertung innerhalb des IAS 39 wächst die Notwendigkeit der Differenzierung der Darstellung von Ergebnisbeiträgen. Der Unterscheidung zwischen erwarteten und unerwarteten Ergebniseffekten in der Gewinn- und Verlustrechnung wird eine größere Relevanz zugesprochen als der Unterscheidung in zahlungsstromwirksame und zahlungsstromunwirksame Ergebniskomponenten.

4.3 Einfluss der Zeitwertbilanzierung auf die Volatilität des Ergebnisausweises

4.3.1 Erhöhung der Ergebnisvolatilität durch die Zeitwertbilanzierung

Kahle[943] weist darauf hin, dass die Zeitwertbilanzierung grundsätzlich die Volatilität der Bilanzwerte und des Periodenerfolgs erhöht. Auch Buchhart und Burger[944] sehen gerade im Anwendungsgebiet von IAS 39 Regelungen, die zu steigender Ergebnisvolatilität führen. Die Möglichkeit der Bewertung über die historischen Anschaffungskosten hinaus trägt für sie wesentlich zu einer Erhöhung der Ergebnisvolatilität bei.

---

943 Vgl. Kahle, H. (2002), S. 100; so auch Baetge, J./ Lienau, A. (2005a), S. 324; Brütting, C./ Paul, S. (2005), S. 565 f.; Gramlich, D. (2005), S. 688; IDW (Hrsg.) (2001), S. 1000; Pape, J. (2001b), S. 1464.

944 Vgl. Buchhart, A./ Burger, A. (2000), S. 2198.

In Anlehnung an diese Aussagen sind verschiedene Punkte zu untersuchen:

1. Welcher Zusammenhang besteht zwischen der Zeitwertbewertung und der ausgewiesenen Ergebnisvolatilität?
2. Welche Bedeutung hat eine höhere oder geringere Ergebnisvolatilität für das Unternehmen und die Abschlussadressaten?
3. Welche Auswirkung haben die Regelungen aus IAS 39 auf den Ausweis von Ergebnisvolatilität, und sind diese Auswirkungen zweckkonform? Hier sind insbesondere zwei Fälle zu unterscheiden. Einerseits: Wird bestehende Volatilität durch Regelungen des IAS 39 nicht ausgewiesen? Andererseits: Wird durch die Regelungen des IAS 39 wirtschaftlich nicht bestehende Volatilität ausgewiesen?

Die erste Frage kann direkt beantwortet werden. Zeitwertbewertung wird aufgrund ihrer Aktualität immer eine höhere Ergebnisvolatilität verursachen als eine Bewertung auf Basis fortgeführter Anschaffungskosten.[945] Als Beispiel sei hier die lineare Abschreibung eines Vermögenswerts genannt. Hier existiert definitionsgemäß keine Schwankung im Wertverzehr des Anlagegutes. Eine Volatilität des Ergebnisausweises auf Basis fortgeführter Anschaffungskosten ist in diesem Beispiel nicht vorhanden und damit auch nicht zu unterbieten.

4.3.2 Bedeutung des Ausweises von Ergebnisvolatilität für die Adressaten der Rechnungslegung

Im Folgenden wird der zweiten Frage nachgegangen, welche Bedeutung die Ergebnisvolatilität für das Unternehmen und die Abschlussadressaten hat. Hierzu wird auf die Bewertungsverfahren mit diskontierten Zahlungsströmen zurückgegriffen.

Ausgangspunkt der Unternehmensbewertung sind die durch das Unternehmen erwirtschafteten Zahlungsströme bzw. die entziehbaren Cash Flows.[946] Der Cash Flow ist im Rahmen einer Bewertung als Erwartungswert zu interpretieren.[947] Das Risiko, dem der Cash Flow ausgesetzt ist, darf bei seiner Bestimmung nicht berücksichtigt

---

945 Vgl. IASC (Hrsg.) (1997), Para. 1.8 in Verbindung mit Para. 1.13. Vgl. auch Kessler, H. (2005), S. 66, Abb. 1.

946 Vgl. Ballwieser, W. (1998), S. 84; Ballwieser, W. (1993), S. 164.

947 Vgl. Ballwieser, W. (1993), S. 166. Die in Kapitel 4.1.2.1.8 erwähnte Möglichkeit, den Cash Flow als Sicherheitsäquivalent zu ermitteln, wird hier nicht einbezogen. Die Abbildung des Risikos würde sich bei der Verwendung von Sicherheitsäquivalenten nur aus dem Nenner in den Zähler verlagern.

werden – insbesondere nicht durch pauschale Zu- oder Abschläge.[948] Das Risiko wird ausschließlich durch den Diskontierungsfaktor abgedeckt. Das Maß für Risiko ist die Varianz bzw. die Standardabweichung.[949] Vereinfacht formuliert und auf Cash Flows bezogen ist das Risiko das Ausmaß der Streuung der tatsächlichen Cash Flows um die erwarteten Cash Flows. Zur Verdeutlichung wird folgendes Beispiel[950] angeführt: Zwei Münzen werden geworfen. Für jede Münze, die „Kopf" zeigt, wird der Einsatz zuzüglich 20 % erstattet. Für jede Münze, die „Zahl" zeigt, wird der Einsatz abzüglich 10 % erstattet. Folgende Abbildung zeigt die Berechnung der Varianz und der Standardabweichung:

Ergebnis-kombinationen	Eintritts-wahrscheinlichkeit	Rendite (in %)	Abweichung von der durchschnittlichen Rendite	Quadrierte Abweichung	
A	B	C	D	$E = D^2$	$F = B * E$
"Kopf";"Kopf"	25%	40	30	900	225
"Kopf";"Zahl"	25%	10	0	0	0
"Zahl";"Kopf"	25%	10	0	0	0
"Zahl";"Zahl"	25%	-20	-30	900	225
				Varianz:	450
	durchschnittliche Rendite:	10		Standardabweichung (in %):	21

Abb. 23: Beispiel zur Berechnung von Varianz und Standardabweichung[951]

Die Standardabweichung in diesem Beispiel beträgt 21 %. Entsprechend werden die tatsächlichen Renditen im Durchschnitt 21 Prozentpunkte von der durchschnittlich erwarteten Rendite (10 %) entfernt liegen. Angewendet auf die Unternehmensbewertung werden die tatsächlichen Cash Flows mit einer gewissen Standardabweichung um die erwarteten Cash Flows streuen.

Die zweite wesentliche Komponente der Unternehmensbewertung ist der Diskontierungsfaktor für die Cash Flows. Bei der Feststellung des Diskontierungsfaktors bei Unternehmenswerten ist nicht wie in dem Beispiel mit den Münzen allein die Varianz oder die Standardabweichung als Maß für das Risiko entscheidend, sondern wie sich die Varianz im Verhältnis zum Marktportfolio

---

948 So sinngemäß auch Hachmeister, D. (2000), S. 84.

949 Vgl. Brealey, R. A./ Myers, S. C./ Allen, F. (2005), S. 154-157. Varianz und Standardabweichung sind nur unter der Annahme normalverteilter Renditen das korrekte Maß für Risiko.

950 Beispiel aus Brealey, R. A./ Myers, S. C./ Allen, F. (2005), S. 156 f.

951 Abbildung in Anlehnung an Brealey, R. A./ Myers, S. C./ Allen, F. (2005), S. 157, Table 7.2.

darstellt.[952] Dieses Verhältnis wird durch die Kovarianz ausgedrückt. Entsprechend der Kovarianz kann die Renditeschwankung des einzelnen Unternehmens, wenn es in das Marktportfolio aufgenommen wird, dessen Schwankung kompensieren, verstärken oder unbeeinflusst lassen. Der Betafaktor drückt diesen Einfluss des einzelnen Unternehmens auf das Marktportfolio aus. Er wird wie in Kapitel 4.1.2.1.6 dargestellt nach folgender Formel bestimmt:[953]

$$\beta = \frac{\text{cov}(r_i; r_M)}{\sigma_M^2}$$

Zur Verdeutlichung der Berechnung wird in Appendix A beispielhaft für die Volkswagen AG der Betafaktor bestimmt. Der Betafaktor geht als wesentliche und als einzige individuell unternehmensbezogene Größe in die folgende Formel zur Berechnung der geforderten Eigenkapitalrendite ein:[954]

$$r_{EK} = i + \beta \times (r_M - i)$$

Im Folgenden wird der Einfluss von Finanzinstrumenten auf die Risikoposition des haltenden Unternehmens analysiert. Kern dieser Analyse ist die Unterscheidung, dass sich das Risiko der einzelnen Investition durch ihre Volatilität ausdrückt, die Renditeerwartung der Investoren aber durch die Volatilität der Einzelinvestition im Verhältnis zur Volatilität des Marktportfolios.[955] Anders formuliert werden am Markt nur die Risikokomponenten vergütet, die sich nicht durch Diversifikation vermeiden lassen.[956] Die Argumentation über die Diversifikation lässt sich auch auf einzelne Unternehmen übertragen. Hält ein operatives Unternehmen zusätzlich ein Finanzinstrument, tritt auch auf Unternehmensebene ein Diversifikationseffekt ein.

---

952 Auf diesen Zusammenhang wurde in Kapitel 4.1.2.1.6 eingegangen. Vgl. hierzu Ballwieser, W. (1998), S. 82; Ballwieser, W. (1995), S. 122 f.; Schiereck, D./ Weber, M. (1993), S. 141; Göppl, H. (1980), S. 238-240; Coenenberg, A. G./ Sautter, M. T. (1988), S. 703 f.

953 Aus Coenenberg, A. G./ Sautter, M. T. (1988), S. 705. Hierbei ist $\text{cov}(r_i;r_M)$ die Kovarianz der Renditen des Wertpapiers i und des Marktportfolios M und σ_M^2 die Varianz der Rendite des Marktportfolios.

954 Aus: Ballwieser, W. (1998), S. 82; Ballwieser, W. (1995), S. 122 f. Hierbei ist r_{EK} die Renditeerwartung der Eigenkapitalgeber, i der risikolose Zinssatz, β die Risikoklasse des Unternehmens und r_M die Rendite des Marktportfolios.

955 Vgl. Brealey, R. A./ Myers, S. C./ Allen, F. (2005), S. 172 f.

956 Vgl. Baetge, J./ Lienau, A. (2005b), S. 809.

Prinzipiell ist diese Situation identisch mit der Investition in zwei Unternehmen: ein Unternehmen, das in einer beliebigen Branche operativ tätig ist, und ein Unternehmen, das in Finanzinstrumente investiert. Die erwartete Rendite einer solchen Investition ergibt sich durch die Bildung des gewichteten Durchschnitts entsprechend folgender Formel:[957]

$$\widetilde{r}_{1,2} = (x_1 * \widetilde{r}_1) + (x_2 * \widetilde{r}_2)$$

Die Varianz des Portfolios ergibt sich nach der folgenden Formel:[958]

$$Varianz = x_1^2\sigma_1^2 + x_2^2\sigma_2^2 + 2x_1x_2\sigma_{12} = x_1^2\sigma_1^2 + x_2^2\sigma_2^2 + 2x_1x_2\rho_{12}\sigma_1\sigma_2$$

Die Standardabweichung ergibt sich als die Wurzel der Varianz. Aus dieser Darstellung wird deutlich, dass die Standardabweichung des Portfolios wesentlich von dem jeweiligen Korrelationskoeffizienten ρ_{12} zwischen 1 und 2 abhängt. Dieser kann sich zwischen -1 und 1 bewegen. Würden sich die Renditen von 1 und 2 absolut deckungsgleich verhalten, wäre der Korrelationskoeffizient 1. Würden sich die Renditen absolut gegenteilig verhalten, wäre der Korrelationskoeffizient -1. Gäbe es keinerlei Zusammenhang zwischen den Renditen von 1 und 2, wäre der Korrelationskoeffizient null. Das Portfolio aus dem Unternehmen und dem Finanzinstrument repräsentiert entsprechend obiger Darstellung eine durchschnittliche Rendite, aber eine potenziell wesentlich veränderte Risikoposition. Am Markt wird dieses Portfolio dem Marktportfolio gegenübergestellt, und auf Basis der Kovarianzen wird die erwartete Rendite ermittelt. Die Ermittlung erfolgt über den Betafaktor. Wird in der Rendite des Unternehmens die Komponente ausgeblendet, die aus dem Finanzinstrument resultiert, entfällt der beschriebene Zwischenschritt der Portfoliobildung von Unternehmen und

---

957 In Anlehnung an Brealey, R. A./ Myers, S. C./ Allen, F. (2005), S. 163. Hierbei ist $\widetilde{r}_{1,2}$ die erwartete Rendite aus der Investition in ein Portfolio aus 1 und 2, x_1 und x_2 sind die quotalen Anteile von 1 und 2 an dem Portfolio und $\widetilde{r}_1$ bzw. $\widetilde{r}_2$ die erwarteten einzelnen Renditen von 1 bzw. 2.

958 Aus Brealey, R. A./ Myers, S. C./ Allen, F. (2005), S. 164 f. Hierbei stehen x_1 bzw. x_2 für die quotalen Anteile von 1 und 2 an dem Portfolio, σ_1 bzw. σ_2 für die Standardabweichung von 1 bzw. 2, und σ_{12} steht für die Kovarianz zwischen 1 und 2. Die Kovarianz wird alternativ durch Multiplikation des Korrelationskoeffizienten zwischen 1 und 2 ρ_{12} mit den einzelnen Standardabweichungen von 1 und 2 ausgedrückt.

Finanzinstrument. Die Risikoeinschätzung am Kapitalmarkt erfolgt damit auf Basis einer unvollständigen Information.

Für die Beurteilung ist auf die Zahlungsmittelwirksamkeit der Ergebnisbeiträge aus Finanzinstrumenten einzugehen. Die obige Argumentation basiert auf DCF-Verfahren zur Wertermittlung von Unternehmen. Insofern sind bei der Ermittlung alle reinen Zeitwertschwankungen des Ergebnisses zu neutralisieren. Damit würde die erhöhte Ergebnisvolatilität, die als Antwort auf die erste gestellte Frage festgestellt wurde, vollständig neutralisiert.[959] Als Konsequenz ergäbe sich kein Unterschied für den Wert des Unternehmens in Abhängigkeit davon, ob eine ergebniswirksame Zeitwertbewertung angewendet wird oder eine Bewertung zu fortgeführten Anschaffungskosten.[960] Entsprechend dieser Argumentation dürfte zeitwertinduzierte Ergebnisvolatilität sowohl für die Entscheidungsträger in Unternehmen als auch für die Adressaten außerhalb des Unternehmens keine Bedeutung haben. Diese Aussage ist nur zutreffend, sofern die Adressaten der Rechnungslegung Informationen zur Verfügung gestellt bekommen, die es ihnen ermöglichen, zahlungsstromwirksame und zahlungsstromunwirksame Ergebniseffekte aus der Zeitwertbewertung zu trennen. Eine solche Angabe ist entsprechend IFRS 7 nicht gefordert. Im Hinblick auf die hier durchgeführte Betrachtung erscheint die Verankerung einer solchen Anhangangabe in IFRS 7 notwendig.

4.3.3 Auswirkungen der Regelungen des IAS 39 auf den Ausweis von Ergebnisvolatilität

In der Kategorie der bis zur Endfälligkeit zu haltenden Finanzinvestitionen unterbleibt der ergebniswirksame Ausweis der Ergebnisbeiträge aus Finanzinstrumenten. Die Begründung hierfür liegt in der erklärten und nachgewiesenen Absicht, solche Finanzinstrumente bis zu ihrer Endfälligkeit zu halten.[961] Die Schwankungen des beizulegenden Zeitwerts solcher Instrumente sind Resultat von veränderten Marktbedingungen. Die Stärke der Ergebnisauswirkung ist ein Maß für die Anfälligkeit

---

[959] Gleicher Ansicht ist auch Rappaport, A. (1999), S. 16, mit Bezug auf den Ergebniseinfluss der Änderung von Bewertungsverfahren.

[960] Voraussetzung hierfür ist die Möglichkeit der trennscharfen Abgrenzung von zahlungsmittelwirksamen und zahlungsmittelunwirksamen Ergebniskomponenten. Diese Annahme ist bereits durch die Ausführungen in Kapitel 4.2 widerlegt worden.

[961] Vgl. IAS 39.9 in Verbindung mit IAS 39.AG16-AG25.

der Vermögensposition des Unternehmens für die Veränderung der Marktbedingungen. Insofern stellt der Ergebnisbeitrag aus der Zeitwertänderung eine relevante Information für die Einschätzung der Risikoposition des Unternehmens aus Sicht der Abschlussadressaten dar. Weiterhin ist es relevant, inwieweit das Unternehmen als Ganzes auf die Veränderung der Marktbedingungen reagiert. In diesem Zusammenhang ist es zwingend erforderlich, dass alle Komponenten in der Gewinn- und Verlustrechnung des Unternehmens dargestellt werden. Dadurch wird auch die periodengerechte Zuordnung erreicht.

Für die Kategorie der Kredite und Forderungen ist grundsätzlich dieselbe Argumentation anwendbar wie bei den bis zur Endfälligkeit zu haltenden Finanzinvestitionen. Zusätzlich ist zu berücksichtigen, dass für die Zuordnung zu dieser Kategorie grundsätzlich kein aktiver Markt bestehen darf und auch nicht die Absicht zur kurzfristigen Veräußerung.[962] Insofern sind wesentliche Voraussetzungen für eine verlässliche Zeitwertbewertung definitionsgemäß nicht gegeben. Die höhere Relevanz der Zeitwertbewertung würde in dieser Kategorie auf Kosten der Verlässlichkeit erreicht.

Für beide Kategorien ist jedoch festgestellt worden, dass Ergebnisbeiträge, sofern sie nicht zahlungsmittelwirksam realisiert wurden, nicht für eine Cash-Flow-basierte Unternehmensbewertung herangezogen werden.

In der Kategorie der zur Veräußerung verfügbaren Finanzanlagen werden entsprechend den geltenden Regelungen Zeitwertschwankungen unter einer eigenen Bezeichnung im Eigenkapital erfasst und erst mit tatsächlicher Realisierung des Geschäftsvorfalls in die Gewinn- und Verlustrechnung der Periode übernommen. Die Tatsache, dass Ergebniskomponenten nicht in der Gewinn- und Verlustrechnung der Periode ausgewiesen werden, könnte in zwei Fällen als für den Abschlussadressaten irrelevant angesehen werden:

1. Die Risiken der Finanzinstrumente in dieser Kategorie sind so aufeinander abgestimmt, dass sich kein Residualrisiko ergibt, über das der Abschlussadressat informiert werden müsste. Im Hinblick auf die Tatsache, dass in der Studie von

---

[962] Vgl. IAS 39.9.

Amann und Leibfried[963] festgestellt wurde, dass im Eigenkapital von DAX-Unternehmen wesentliche negative Beträge ausgewiesen werden, kann nicht von einem zu vernachlässigenden Residualrisiko ausgegangen werden.

2. Die Erfassung wesentlicher Beträge im Eigenkapital wäre unschädlich, wenn davon ausgegangen werden kann, dass die im Eigenkapital ausgewiesenen Beträge dieselbe Aufmerksamkeit der Abschlussadressaten genießen, als würden sie jeweils über die Gewinn- und Verlustrechnungen der Perioden in das Eigenkapital eingestellt worden sein. Diese Vermutung wurde durch die Studie von Amann und Leibfried[964] ebenfalls nicht bestätigt.

Diese Fälle betreffen die eingangs gestellte Frage, ob die Regelungen des IAS 39 dazu führen oder führen können, dass bestehende Volatilität nicht ausgewiesen wird. In der Tat wird tatsächlich vorliegendes Risiko, ausgedrückt durch die Schwankungen des Zeitwerts, von der Erfassung in der Gewinn- und Verlustrechnung ausgeschlossen. Dies geschieht in Abhängigkeit der verschiedenen Kategorien in unterschiedlichem Maß.

Die weitere eingangs gestellte Frage betrifft den durch Regelungen des IAS 39 bedingten Ausweis von volatilen Ergebnissen, die nicht Ausdruck eines tatsächlich vorliegenden Risikos sind. Diese Möglichkeit besteht im Zusammenhang mit der Darstellung von Bewertungszusammenhängen. Innerhalb der Finanzinstrumente wurde die Möglichkeit der Bewertungsinkongruenz mit der Einführung der Fair Value Option effektiv beseitigt.[965] Insofern besteht die Möglichkeit der Bewertungsungsinkongruenz im Wesentlichen für die Anwendung unterschiedlicher Bewertungskonzeptionen für Finanzinstrumente und Nicht-Finanzinstrumente. Der fortschreitenden Zeitwertbewertung von Finanzinstrumenten auf der Aktiv- und der Passivseite steht weiterhin eine anschaffungskostenorientierte Bilanzierung außerhalb der Finanzinstrumente gegenüber. Dadurch kann im Einzelfall verhindert werden, dass die notwendige Bewertungskongruenz von in wirtschaftlichem Zusammenhang stehenden Aktiva und Passiva erreicht wird. Diese kann zum Ausweis nicht wirtschaftlich begründeter Ergebnisvolatilität führen. Die gemeinsame Zeitwertbewertung würde in

963 Vgl. Amann, T./ Leibfried, P. (2002), S. 195 f.

964 Vgl. Amann, T./ Leibfried, P. (2002), S. 197.

965 Vgl. IAS 39.9, Definition der erfolgswirksam mit dem beizulegenden Zeitwert bewerteten Finanzinstrumente, insbesondere Kriterium b) i).

diesem Fall eine Ausstrahlungswirkung des IAS 39 in Bereiche begründen, die nicht in dessen Anwendungsbereich fallen.[966] Die gemeinsame Bewertung zu Anschaffungskosten würde für finanzielle Verbindlichkeiten mit tatsächlich vorliegender Handelsabsicht oder Handelstätigkeit eine Bewertung zu Anschaffungskosten ermöglichen. Hiermit würde ein Weg zur Bewertung zu Anschaffungskosten eröffnet, der durch die Freizügigkeit der Bestimmung von Portfoliozusammenhängen willkürlich wäre.

4.3.4 Beurteilung des Einflusses der Zeitwertbilanzierung auf die Volatilität des Ergebnisausweises

Analysen der Ergebnisvolatilität basieren auf Werten aus der Gewinn- und Verlustrechnung. In der Bilanz führt die Angabe von beizulegenden Zeitwerten zu einer Aktualisierung der gegebenen Information und verbessert somit die Versorgung der Adressaten mit relevanten Analysegrundlagen. Entsprechend wird auch die Basis für Vorhersagen verbessert. In der Gewinn- und Verlustrechnung führen Zeitwerte aber zu volatilen, sich nicht wiederholenden Ergebniseffekten, die unerwartete und häufig vorübergehende Marktgegebenheiten widerspiegeln. Daraus könnte abgeleitet werden, dass die Vorhersagbarkeit der Ergebnisse dadurch eingeschränkt wird. Eine solche Sichtweise würde implizieren, dass es möglich sein soll, durch simple Extrapolierung von vergangenheitsbezogenen Daten Aussagen über die zukünftige Ergebnisentwicklung zu machen. Dies wird der Aufgabe der Rechnungslegung nicht gerecht und wäre als Ziel weder möglich noch wünschenswert. Stattdessen sollen die Adressaten mit Informationen versorgt werden, die es ihnen ermöglichen, die vergangenen Ergebnisse zu evaluieren und daraus Rückschlüsse auf die zukünftigen Ergebnisse zu ziehen. Die Informationen beziehen sich dann sowohl auf die erwarteten Ergebnisse als auch auf deren mögliche Variabilität.

Es ist nicht zu bezweifeln, dass es einfacher ist, die zukünftigen Ergebnisbeiträge aus einem zu fortgeführten Anschaffungskosten angesetzten Finanzinstrument abzuschätzen. Diese vermeintlich einfache Vorhersagbarkeit wird nur dadurch erreicht, dass nicht die tatsächliche, ökonomisch begründete Wertentwicklung abgeschätzt wird,

[966] Die unterstellte Ausstrahlungswirkung ergibt sich als Notwendigkeit aus der Beeinflussung der Bewertung nicht-finanzieller Aktiva durch die Bewertung finanzieller Passiva.

sondern lediglich eine vereinfachend angenommene Wertentwicklung fortgeschrieben wird.[967]

Es wurde gezeigt, dass die Zeitwertbewertung keinen Einfluss auf die Bewertung des Unternehmens durch die Adressaten der Rechnungslegung hat, sofern die unrealisierten Effekte aus der Zeitwertschwankung in der Unternehmensbewertung korrekt eliminiert werden können. Die Analyse zur Darstellung der Ergebniseffekte aus Finanzinstrumenten hat jedoch gezeigt, dass eine getrennte Darstellung nach realisierten und unrealisierten Ergebnisbeiträgen nicht erfolgt. Eine dahingehende Anpassung des IFRS 7 erscheint notwendig.

Weiterhin wurde gezeigt, dass durch die Regelungen des IAS 39 tatsächlich vorliegende Ergebnisschwankungen über die Bewertung zu Anschaffungskosten nicht ausgewiesen werden müssen. Darüber hinaus sind im Zusammenhang mit der Abbildung von Bewertungszusammenhängen Fälle vorstellbar, in denen Ergebnisschwankungen ausgewiesen werden, die kein Ausdruck eines tatsächlich vorliegenden Risikos sind. Auch in diesem Zusammenhang ergibt sich kein Einfluss auf die Bewertung des Unternehmens durch die Adressaten der Rechnungslegung, sofern die unrealisierten Effekte aus der Zeitwertschwankung in der Unternehmensbewertung korrekt eliminiert werden können.

4.4 Zwischenergebnis: Kategorienübergreifende Darstellung und Diskussion des IAS 39 im Hinblick auf die Anwendung des beizulegenden Zeitwerts

Beizulegende Zeitwerte sind unter Verwendung aussagekräftiger Marktwerte zu bestimmen. Sofern solche Marktwerte nicht zur Verfügung stehen und der beizulegende Zeitwert nicht unter Verwendung von eventuell anzupassenden oder zu aggregierenden Marktwerten ermittelt werden kann, ist auf anerkannte Bewertungsmethoden zurückzugreifen. Bewertungsmethoden zeichnen sich durch eine hohe Komplexität und durch die Notwendigkeit für individuelle Prämissen aus. Die Komplexität kann expliziter Teil der Bewertungsmethode oder implizit in den Annahmen enthalten sein. Die Komplexität und die Individualität der Prämissen begünstigen die Fehleranfälligkeit der durch Bewertungsmethoden abgeleiteten Zeitwerte. Die Fehleranfälligkeit betrifft

[967] Dieser Ansicht auch IASC (Hrsg.) (1997), Para. 6.12.

sowohl unbeabsichtigte Fehler in der Anwendung der Methode als auch bewusste Einflussnahme unter Ausnutzung der Komplexität. Als Resultat ist festzustellen, dass sowohl die Zeitwerte selbst wie auch ihre Verlässlichkeit in einer wesentlichen Bandbreite schwanken können. Zeitwerte, die mit größerer Marktnähe ermittelt werden, sind verlässlicher. Ein präziser Katalog, unter welchen Voraussetzungen durch Bewertungsmethoden ermittelte Zeitwerte hinreichend verlässlich sind, kann nicht abgeleitet werden. Das Bewusstsein der eingeschränkten Verlässlichkeit von nicht auf Marktwerten basierenden Zeitwerten ist jedoch nicht hinreichend in den Regelungen von IAS 39 umgesetzt.

Entsprechend diesem Ergebnis ist die Möglichkeit der freiwilligen erfolgswirksamen Zeitwertbewertung für Instrumente der Kategorie der Kredite und Forderungen abzulehnen. Die dahingehende Einschränkung der Fair Value Option durch den IAS 39 in der Fassung von 2005 erscheint sachgerecht, da sie die freiwillige erfolgswirksame Zeitwertbewertung an die zusätzliche Bedingung der Vermittlung relevanter Information knüpft. Insofern wird durch die Fair Value Option die geforderte Abwägung von Relevanz und Verlässlichkeit umgesetzt.

In Abgrenzung hierzu liegt der Zuordnung von Instrumenten der Kategorie der Kredite und Forderungen zu der Kategorie der zur Veräußerung verfügbaren Finanzinstrumente keine solche Abwägung zugrunde. Die freiwillige erfolgsneutrale Zeitwertbewertung für Instrumente der Kategorie Kredite und Forderungen ist damit abzulehnen. Dem Mangel an Verlässlichkeit steht kein adäquater Vorteil aus der Vermittlung relevanter Informationen gegenüber.

Aus der Diskussion zur Darstellung der Ergebnisbeiträge aus Finanzinstrumenten lassen sich drei Ergebnisse ableiten:

1. Eine getrennte Darstellung der Ergebniseffekte aus Zinsen und Zeitwertänderungen unterbleibt. Eine solche Trennung wird entsprechend IFRS 7.20b nicht gefordert. Ebenso unterbleibt eine Anpassung der errechneten effektiven Zinsen von erfolgswirksam mit dem beizulegenden Zeitwert bewerteten Finanzinstrumenten während der Laufzeit. Im Hinblick auf die Unterscheidung in erwartete und unerwartete Ergebniseffekte aus der Zeitwertbewertung erscheint eine Anpassung

der Regelung angemessen. Die Unterscheidung in erwartete und unerwartete Ergebniskomponenten von Finanzinstrumenten eines Unternehmens ist für die Adressaten der Rechnungslegung relevant.

2. In der Kategorie der zur Veräußerung verfügbaren Finanzinvestitionen entsprechen die Darstellung des Zinsergebnisses in der Gewinn- und Verlustrechnung und die Darstellung der Zeitwertänderung in der Eigenkapitalveränderungsrechnung teilweise der Forderung nach der getrennten Darstellung. Unterschiede entstehen durch die Anwendung der Effektivzinsmethode. Auch in der Kategorie der zur Veräußerung verfügbaren Finanzinvestitionen erfolgt keine Anpassung des ursprünglich errechneten effektiven Zinssatzes. Damit unterbleibt auch hier die geforderte Trennung in erwartete und unerwartete Ergebniskomponenten.

3. Die Behandlung der Ergebnisbeiträge aus Transaktionskosten des Erwerbs erscheint inkonsistent. In drei Kategorien von Finanzinstrumenten bestehen bis zu vier Möglichkeiten der Behandlung der Transaktionskosten. Transaktionskosten werden aktiviert und bleiben dann bis zur Veräußerung unangetastet, werden aktiviert und über die Laufzeit des Instruments amortisiert, werden aktiviert und im Anschluss erfolgsneutral ins Eigenkapital übernommen oder sie werden direkt beim Zugang als Aufwand erfasst. Dieser unterschiedliche Umgang mit Transaktionskosten reduziert die Verständlichkeit ebenso wie die Vergleichbarkeit.

Im Hinblick auf die Ergebnisvolatilität führt die Zeitwertbewertung immer zu einem volatileren Ergebnisausweis als die Bewertung auf der Basis von Anschaffungskosten. Diese Erhöhung der Ergebnisvolatilität ist Ausdruck des durch den Zeitwert ausgedrückten tatsächlichen Wertverlaufs. Die anschaffungskostenbasierte Sichtweise repräsentiert dahingehend einen vereinfachend angenommenen Wertverlauf. Die Aktualität und die Relevanz des Zeitwerts sind daher als höher einzustufen. Führen die Adressaten der Rechnungslegung Unternehmensbewertungen durch, werden sie die Zeitwertanpassungen eliminieren, da sie nicht zahlungsmittelwirksam sind. Insofern ist die höhere Ergebnisvolatilität aus Sicht der Adressaten unerheblich. Dies gilt, sofern davon ausgegangen werden kann, dass die nicht zahlungsmittelwirksamen

Zeitwertanpassungen für die Eliminierung identifiziert werden können. Die Analyse zur Darstellung der Ergebniseffekte aus Finanzinstrumenten hat jedoch gezeigt, dass eine getrennte Darstellung nach realisierten und unrealisierten Ergebnisbeiträgen nicht erfolgt.

5 Normative Schlussfolgerungen zum Fair Value Accounting von Finanzinstrumenten in der internationalen Rechnungslegung

Aus der Darstellung und Diskussion des IAS 39, sowohl auf der Ebene der einzelnen Kategorien als auch im Hinblick auf kategorienübergreifende Themenkomplexe, lassen sich folgende Ergebnisse und konkreten Empfehlungen ableiten.

5.1 Kategorie der bis zur Endfälligkeit zu haltenden Finanzinvestitionen

Das IASC[968] hat bereits 1997 festgestellt, dass die Zeitwertbewertung der Bewertung zu (fortgeführten) Anschaffungskosten konzeptionell überlegen ist.[969] Vor diesem Hintergrund haben sowohl das IASB[970] als auch das FASB[971] Überlegungen angestoßen, ob die anschaffungskostenorientierte Bewertung in dieser Kategorie beibehalten werden sollte.

Im Zusammenhang mit der herausgearbeiteten konzeptionellen Überlegenheit der Zeitwertbewertung ist Folgendes zu berücksichtigen: Um die Designation zu dieser Kategorie zu erreichen, ist es notwendig zu bestätigen, dass ökonomische Gründe für die Neubeurteilung der Halteentscheidung nicht berücksichtigt werden. Hierdurch vermeidet das Unternehmen den Ausweis von Ergebnisbeiträgen aus der Zeitwertbewertung im Eigenkapital oder in der Gewinn- und Verlustrechnung. Im Zusammenhang mit der Diskussion zu Auswirkungen des Ausweises von volatilen Ergebnissen wurde festgestellt, dass unrealisierte Ergebnisbeiträge aus der Zeitwertbewertung für die Adressaten der Rechnungslegung irrelevant sind. Diese Aussage galt unter der Voraussetzung, dass diese Ergebnisbeiträge im Rahmen einer Unternehmenswertbetrachtung, die auf Zahlungsströmen basiert, eliminiert werden können. Eine solche Trennung ist den Adressaten im gegenwärtigen Regelungsrahmen nach IAS 39 nicht möglich. Es ergibt sich in dieser Kategorie keine Notwendigkeit, Ergebnisbeiträge aus der Zeitwertbewertung zu separieren.

---

968 Vgl. IASC (Hrsg.) (1997), Para. 1.6.
969 Gleicher Ansicht sind auch Lüdenbach, N./ Freiberg, J. (2006), S. 437 mit Verweis auf weitere gleichlautende Meinungen.
970 Vgl. IASB (Hrsg.) (2002d), IAS 39.C63.
971 Vgl. FASB (Hrsg.) (1999), Tz. 85.

Weiterhin wurde in der Analyse zu dieser Kategorie festgestellt, dass der Ausweis von Ergebnisbeiträgen von zu (fortgeführten) Anschaffungskosten bewerteten Instrumenten dieser Kategorie näher an den tatsächlich auftretenden Zahlungsströmen liegt als der Ergebnisausweis aus der Zeitwertbewertung. In der Diskussion zur Darstellung der Ergebnisbeiträge aus Finanzinstrumenten wurde festgestellt, dass es auch bei der Bewertung zu (fortgeführten) Anschaffungskosten zu einem Unterschied zwischen dem Ergebnisausweis und dem tatsächlichen Zahlungsstrom kommt, sofern die Effektivzinsmethode angewendet wird. Insofern verbessert die Bewertung zu (fortgeführten) Anschaffungskosten die Möglichkeiten der zahlungsstrombasierten Bewertung des Unternehmens durch die Adressaten der Rechnungslegung.

Darüber hinaus wurden Zeitwertänderungen von Finanzinstrumenten der Kategorie der bis zur Endfälligkeit zu haltenden Finanzinstrumente als Opportunitätserlöse bzw. Opportunitätskosten identifiziert.

Im Hinblick auf die Verlässlichkeit wurde festgestellt, dass beizulegende Zeitwerte, die mit größerer Nähe zu einem an einem aktiven Markt entstandenen Marktwert bestimmt wurden, eine größere Verlässlichkeit aufweisen. Je geringer die Marktnähe der Ermittlung ausfällt, desto mehr können die Prämissen und die Komplexität der alternativen Verfahren die Fehleranfälligkeit erhöhen. Fehleranfälligkeit umfasst in diesem Fall sowohl unbewusste Fehler als auch bewusste Einflussnahme. Für Instrumente der Kategorie der bis zur Endfälligkeit zu haltenden Finanzinstrumente wird im Rahmen der Definition nicht das Vorliegen eines aktiven Marktes als Designationsvoraussetzung gefordert. Darüber hinaus ist eine tatsächliche Handelstätigkeit im Rahmen der Definition ausgeschlossen. Insofern liegen weder zwangsläufig auf einem aktiven Markt entstandene, und damit hinreichend verlässliche, beizulegende Zeitwerte vor noch können Vorteile aus Zeitwertschwankungen durch das Unternehmen realisiert werden.

Als Ergebnis dieser Untersuchung wird die Beibehaltung der anschaffungskostenbasierten Bewertung der Finanzinvestitionen der Kategorie der bis zur Endfälligkeit zu haltenden Finanzinstrumente empfohlen.

Eine Zeitwertbewertung ist abzulehnen, da eventuell nicht auf einem aktiven Markt entstandene und damit nur eingeschränkt verlässliche Zeitwerte angesetzt würden. Der Nutzen der Zeitwertanpassung ist als begrenzt anzusehen, da im Rahmen der Definition aktives Handeln mit diesen Instrumenten ausgeschlossen ist. Darüber hinaus ergäbe sich die Problematik der weiteren Abkehr von Zahlungsströmen, deren Kenntnis für die Adressaten relevant ist. Ebenfalls damit verbunden ist die Notwendigkeit der Trennung der Ergebniskomponenten Zins und Zeitwertänderung, die nur im Rahmen der Zeitwertbewertung besteht.

5.2 Kategorie Kredite und Forderungen

Auch Kredite und Forderungen werden zu (fortgeführten) Anschaffungskosten bewertet. Es wurde in Anlehnung an das IASC[972] festgestellt, dass eine Änderung dieser Bilanzierung eine wesentliche Änderung der gegenwärtigen Praxis bedeuten würde.

Die Anforderung, dass Kredite und Forderungen für die Zuordnung zu dieser Kategorie vom Unternehmen direkt ausgereicht werden müssen, wurde im Rahmen des IAS 39 in der Fassung von 2003 gestrichen. Diese Änderung beseitigt die Problematik der Abgrenzung direkt ausgereichter und erworbener Kredite und Forderungen und stellt insofern eine Vereinfachung dar.

Mit der Anpassung des IAS 39 im Jahr 2003 wurde das Wahlrecht eingeführt, dass Instrumente, die die Voraussetzungen dieser Kategorie erfüllen, auch der Kategorie der zur Veräußerung verfügbaren Finanzinvestitionen zugeordnet werden dürfen. Ein Zweck dieses Wahlrechts war nicht zu erkennen. Es ist zu berücksichtigen, dass für die Instrumente der Kategorie Kredite und Forderungen definitionsgemäß weder ein aktiver Markt zur Verfügung steht noch aktiver Handel betrieben wird. Vor dem Hintergrund der Untersuchung zur Verlässlichkeit beizulegender Zeitwerte in Abwesenheit aussagekräftiger Marktwerte erscheint dieses Wahlrecht nicht zweckkonform.

---

972 Vgl. IASC (Hrsg.) (1997), Para. 1.31.

Mit der Fair Value Option besteht ein Wahlrecht zur freiwilligen erfolgswirksamen Zeitwertbewertung von Finanzinvestitionen. Diese Option ist auch für Kredite und Forderungen anwendbar. Durch die Einschränkung der Fair Value Option in IAS 39 der aktuellen Fassung wurde dieses Wahlrecht in seiner Tragweite wesentlich reduziert. Die Einschränkung der Fair Value Option erscheint angemessen, um die freiwillige erfolgswirksame Zeitwertbewertung auf die Fälle zu reduzieren, in denen dadurch relevante Informationen vermittelt werden. Vor dem Hintergrund einer Einschränkung der Verlässlichkeit von beizulegenden Zeitwerten, die in Abwesenheit aussagekräftiger Marktwerte bestimmt wurden, ist die Beschränkung der Fair Value Option für Kredite und Forderungen von zentraler Bedeutung und erscheint angemessen.

Im Übrigen besteht für Instrumente dieser Kategorie definitionsgemäß weder ein aktiver Markt noch liegt tatsächliche Handelstätigkeit durch das Unternehmen vor. Beizulegende Zeitwerte wären anhand von Bewertungsmethoden zu ermitteln. Basierend auf den Untersuchungen zur Ermittlung beizulegender Zeitwerte in Abwesenheit aussagekräftiger Marktwerte wird die Zeitwertbewertung für diese Kategorie von Finanzinstrumenten abgelehnt.

Als Anpassung der Regelungen im Zusammenhang mit der Kategorie der Kredite und Forderungen wird die Streichung des Wahlrechtes zur Kennzeichnung als zur Veräußerung verfügbare Finanzinvestitionen empfohlen.

5.3 Kategorie der zur Veräußerung verfügbaren Finanzinvestitionen

Die Erfassung von Erträgen und Aufwendungen außerhalb der Gewinn- und Verlustrechnung der Periode ermöglicht das sog. Gain Trading oder Recycling. Dadurch entstehen ein nicht periodengerechter Ausweis von Ergebnisbeiträgen und eine erhebliche Möglichkeit der Ergebnisbeeinflussung durch die Abschlussersteller. Die Vergleichbarkeit wird eingeschränkt, da der Ergebnisausweis in zeitlicher Hinsicht durch das Management gesteuert werden kann. In diesem Zusammenhang ist festzustellen, dass die Darstellung von Ergebnisbeiträgen im Eigenkapital nicht ebenso von den Adressaten der Rechnungslegung wahrgenommen wird wie die Darstellung in der Gewinn- und Verlustrechnung. Insofern erzielt das Gain Trading tatsächlich eine

Wirkung bei dem Abschlussadressaten, da relevante Informationen nicht die notwendige Aufmerksamkeit erhalten.

Es besteht keine trennscharfe Abgrenzung zwischen Ergebnisbeiträgen, die im Eigenkapital erfasst werden, und solchen, die in der Gewinn- und Verlustrechnung dargestellt werden. Insbesondere besteht keine solche Abgrenzung hinsichtlich der Realisation. Ergebnisbeiträge im Eigenkapital werden meist durch Realisation in die Gewinn- und Verlustrechnung übernommen. Im Fall einer Wertminderung ist dies aber keine zwingende Voraussetzung. Auf der anderen Seite sind auch nicht alle Ergebnisbeiträge in der Gewinn- und Verlustrechnung realisiert. Sogar innerhalb der Finanzinstrumente ist die Realisation keine zwingende Voraussetzung, da auch unrealisierte Ergebnisbeiträge des Handelsbestandes dort erfasst werden. Die Realisation ist insofern von Bedeutung, als mit der Realisation die Verlässlichkeit des beizulegenden Zeitwerts unzweifelhaft wird.

Der Ausweis von Ergebnisbeiträgen im Eigenkapital führt zu einer zahlungsstromnäheren Darstellung in der Gewinn- und Verlustrechnung. Als ein Resultat werden hierdurch beispielsweise hohe liquiditätswirksame Steuerzahlungen auf nicht liquiditätswirksame Zeitwertgewinne verhindert. Im Zusammenhang mit dem zahlungsstromgerechten Ausweis ist auch die Darstellung in der Kapitalflussrechnung zu berücksichtigen. Für eine korrekte Darstellung der zur Veräußerung verfügbaren Finanzanlagen in der Cash-Flow-Rechnung besteht ein erheblicher Informationsbedarf. Faktisch ist eine Art Anlagespiegel für die einzelnen Investitionen dieser Kategorie notwendig. Die in der Praxis verwendete Möglichkeit, zu jedem Stichtag die Differenz zwischen Marktwert und Buchwert in das Eigenkapital einzustellen, greift hier zu kurz. Es entsteht das paradoxe Ergebnis, dass durch die Kategorie der zur Veräußerung verfügbaren Finanzinstrumente die Darstellung in der Gewinn- und Verlustrechnung zahlungsstromgerechter wird, aber die Darstellung in der Cash-Flow-Rechnung an Qualität verliert.

In IAS 39 in der Fassung von 2000 bestand das Wahlrecht, die zur Veräußerung verfügbaren Finanzinvestitionen erfolgswirksam oder erfolgsunwirksam mit dem beizulegenden Zeitwert zu bewerten. Hierdurch wurde die kongruente Darstellung von Aktiva und Passiva vereinfacht. Im Rahmen des Exposure Draft zu IAS 39 von 2002 wurde dieses Wahlrecht gestrichen und durch die wesentlich vielseitigere Möglichkeit der freiwilligen erfolgswirksamen Zeitwertbewertung ersetzt. Das Wahlrecht ist als wesentlich vielseitiger anzusehen, da die Entscheidung zur Zeitwertbewertung für jedes Instrument neu getroffen werden kann. Vormals war diese Entscheidung nur einmalig für die gesamte Kategorie der zur Veräußerung verfügbaren Finanzinvestitionen zu treffen. Als Resultat des neu eingeführten Wahlrechts entfällt somit eine wesentliche Begründung für die Existenz der Kategorie der zur Veräußerung verfügbaren Finanzinvestitionen.

Es wurde abgeleitet, dass die Kategorie der zur Veräußerung verfügbaren Finanzinvestitionen die Kategorie darstellt, in der Unternehmen mit längerfristig frei verfügbarem Kapital Investitionsobjekte ausweisen. Es ist wohl davon auszugehen, dass diese Investitionen unter dem Aspekt des Anlagerisikos nur getätigt werden, sofern das Unternehmen den Wert des Investitionsobjektes hinreichend verlässlich bestimmen kann. Im Hinblick auf die Diskussion der Ermittlung des beizulegenden Zeitwerts ist insbesondere dann von einer verlässlichen Zeitwertbestimmung auszugehen, wenn aussagekräftige Marktwerte von aktiven Märkten vorliegen oder der beizulegende Zeitwert mit hinreichender Marktnähe ermittelt wird.

Basierend auf den hier zusammengeführten Ergebnissen wird empfohlen, die Kategorie der zur Veräußerung verfügbaren Finanzinvestitionen abzuschaffen.[973] Es erscheint unverständlich, diese Instrumente nicht dem Handelsbestand zuzuordnen, da hier ohne Zweifel von einer Gewinnerzielungsabsicht auszugehen ist. Sofern die Verlässlichkeit des beizulegenden Zeitwerts bezweifelt wird, ist zwischen Eigen- und Fremdkapitalinstrumenten zu unterscheiden. Für erworbene Eigenkapitalinstrumente besteht in Anwendung des IAS 39.46c in Verbindung mit IAS 39.AG80 und AG81 die Möglichkeit, die Bewertung zu fortgeführten Anschaffungskosten zu erreichen. Für erworbene Fremdkapitalinstrumente stehen die Kategorien Kredite und Forderungen und bis zur Endfälligkeit zu haltende Finanzinvestitionen zur Verfügung, um eine Bewertung mit fortgeführten Anschaffungskosten zu erreichen.

---

[973] Vgl. hierzu auch die Aussage von Sir David Tweedie, dem Vorsitzenden des IASB im Frühjahr 2003: „And then the one I never quiet understood: 'available for sale', so you mark to market but don't bring them into the income statement." aus Wagenhofer, A. (2005), S. 225, zitiert nach einem Video von PricewaterhouseCoopers, "Insights into IFRS".

Das Schließen der Kategorie der zur Veräußerung verfügbaren Finanzinvestitionen führt im Effekt ebenfalls zu der im Zusammenhang mit Krediten und Forderungen ausgesprochenen Empfehlung, das Wahlrecht zur Designation solcher Instrumente als zur Veräußerung verfügbar zu streichen.

Die Bilanzierung des effektiven Teils von Cash Flow Hedges im Sinne des IAS 39.95 bleibt hiervon unberührt.

5.4 Kategorie der finanziellen Vermögenswerte, die erfolgswirksam mit dem beizulegenden Zeitwert bewertet werden

Die Kategorie der finanziellen Vermögenswerte, die erfolgswirksam mit dem beizulegenden Zeitwert bewertet werden, beinhaltet die Unterkategorien Handelsbestand und freiwillig erfolgswirksam mit dem beizulegenden Zeitwert bewertete Finanzinvestitionen. Derivate sind dem Handelsbestand zuzurechnen und somit ebenfalls dieser Kategorie zugehörig.

Es wurde festgestellt, dass diese Kategorie hinreichend von anderen Kategorien finanzieller Vermögenswerte abgegrenzt ist. Die Unterkategorien sind ebenfalls hinreichend voneinander abgegrenzt. Es besteht keine Unsicherheit über die Notwendigkeit zur Erfüllung der Dokumentationsanforderungen der Unterkategorien. Das Kriterium der Kurzfristigkeit zur Abgrenzung des Handelsbestandes dient vornehmlich zur Identifikation von Finanzinstrumenten, die dem Handelsbestand zuzurechnen sind. Das Kriterium der Kurzfristigkeit dient nicht der Feststellung, wann Finanzinstrumente dem Handelsbestand nicht zuzurechnen sind.

Die Einführung der Unterkategorie der freiwillig mit dem beizulegenden Zeitwert bewerteten Finanzinstrumente in ihrer gegenwärtigen Form hat insbesondere folgende Auswirkungen: Es wird die Bildung informeller Sicherungsbeziehungen ermöglicht. Dies ermöglicht auch die Darstellung solcher Portfoliohedges oder Makrohedges, die im Rahmen formeller Sicherungsbeziehungen nicht zulässig sind. Weiterhin wird unter bestimmten Voraussetzungen die Abspaltung eingebetteter Derivate vermieden. Das Wahlrecht selbst ermöglicht kaum Gestaltungsspielraum für den Abschlussersteller. Seine Existenz vermindert, in dem durch die Einschränkungen der Fair Value Option gesteckten engen Rahmen, einerseits die Vergleichbarkeit mit anderen Unternehmen. Andererseits ermöglicht die Fair Value Option die Vermittlung relevanter Abschlussinformation.

Die aktuellste Änderung der Fair Value Option betrifft die Möglichkeit, Instrumente, die die Anforderungen der Kategorie Kredite und Forderungen erfüllen, freiwillig erfolgswirksam mit dem beizulegenden Zeitwert zu bewerten. Hierdurch wird die Vermeidung von Ansatz- oder Bewertungsinkongruenzen auch für diese Gruppe ermöglicht. Dennoch wird eine erfolgswirksame Zeitwertbewertung für eine Gruppe von Finanzinstrumenten eingeführt, für die definitionsgemäß weder ein aktiver Markt noch tatsächliche Handelsaktivitäten durch das Unternehmen vorliegen. Hier im Speziellen, und innerhalb der Kategorie der finanziellen Vermögenswerte, die erfolgswirksam mit dem beizulegenden Zeitwert bewertet werden, im Allgemeinen, ist die Betrachtung der Verlässlichkeit beizulegender Zeitwerte von Bedeutung.

Im Hinblick auf die Verlässlichkeit wurde festgestellt, dass beizulegende Zeitwerte, die mit größerer Nähe zu einem an einem aktiven Markt entstandenen Marktwert bestimmt wurden, eine größere Verlässlichkeit aufweisen. Je geringer die Marktnähe der Ermittlung ausfällt, desto mehr können die Prämissen und die Komplexität der alternativen Verfahren die Fehleranfälligkeit erhöhen. Fehleranfälligkeit umfasst in diesem Fall sowohl unbewusste Fehler als auch bewusste Einflussnahme.

In diesem Zusammenhang ist auch die vorgeschlagene Schließung der Kategorie der zur Veräußerung verfügbaren Finanzinvestitionen zu sehen. Die Kategorie der finanziellen Vermögenswerte, die erfolgswirksam mit dem beizulegenden Zeitwert bewertet werden, stellt hier die Auffangkategorie dar. Als Grund hierfür gilt, dass die Investition in zur Veräußerung verfügbare Finanzinstrumente eine, wenn auch nicht unbedingt kurzfristige, Handelsabsicht bedingt. Dahingehend ist auch die Diskussion zur Kurzfristigkeit der Handelsabsicht in der Unterkategorie Handelsbestand zu verstehen. Im Zentrum der Betrachtung steht die Absicht, durch die Wertentwicklung und/oder Verzinsung der Investitionen Profite zu erwirtschaften. Für welchen Zeitraum die Gewinnerzielungsabsicht ausgelegt sein soll, ist insofern nicht ausschlaggebend.

Der Ausweis der Finanzinvestitionen, die vormals als zur Veräußerung verfügbar kategorisiert wurden, kann entweder innerhalb des Handelsbestandes oder innerhalb der freiwillig erfolgswirksam mit dem beizulegenden Zeitwert bewerteten Finanzinvestitionen erfolgen. In beiden Fällen sind die in den Definitionen geforderten Dokumentationen zu erstellen.

Soll die erfolgswirksame Bewertung mit dem beizulegenden Zeitwert unterbleiben, ist zwischen erworbenen Eigen- und Fremdkapitalinstrumenten zu unterscheiden. Für erworbene Eigenkapitalinstrumente besteht in Anwendung des IAS 39.46c in Verbindung mit IAS 39.AG80 und AG81 die Möglichkeit, die Bewertung zu fortgeführten Anschaffungskosten zu erreichen. Der direkte Bezug zwischen der Vermeidung der erfolgswirksamen Zeitwertbewertung und der mangelnden Verlässlichkeit als Begründung hierfür wird hergestellt. Für erworbene Fremdkapitalinstrumente stehen die Kategorien Kredite und Forderungen und bis zur Endfälligkeit zu haltende Finanzinvestitionen mit ihren definierten Zulassungsvoraussetzungen zur Verfügung.

Im Rahmen der Diskussion zu der Darstellung von Ergebnisbeiträgen aus Finanzinstrumenten wurde festgestellt, dass nach den gegenwärtigen Regelungen sowohl der getrennte Ausweis von Zinsen und Zeitwertschwankungen als auch die Neuberechnung der effektiven Zinsen nach Schwankungen des beizulegenden Zeitwerts unterbleiben. Die geforderten dahingehenden Anpassungen des IAS 39 sind naturgemäß nur für zinstragende Instrumente von Bedeutung. Insofern verursacht die Schließung der Kategorie der zur Veräußerung verfügbaren Finanzinvestitionen und die damit verbundene Ausweitung der erfolgswirksamen Zeitwertbewertung hier eine Erweiterung der Gruppe, für die der geforderte getrennte Ausweis und die Neuberechnung der effektiven Zinsen relevant ist. Die Begründung ist darin zu sehen, dass das Unternehmen zwar die grundsätzliche Möglichkeit hat, zinstragende Instrumente, die vormals der Kategorie der zur Veräußerung verfügbaren Finanzinvestitionen zugeordnet wurden, als Kredite und Forderungen oder als bis zur Endfälligkeit zu haltende Finanzinvestitionen zu designieren. Aufgrund der zu erfüllenden Voraussetzungen werden tendenziell nicht alle Instrumente dort zuzuordnen sein.

In dem Maße, in dem die Instrumente der vormaligen Kategorie der zur Veräußerung verfügbaren Finanzinvestitionen in die Kategorie der erfolgswirksam mit dem beizulegenden Zeitwert bewerteten Finanzinvestitionen aufgenommen werden, wird auch die Betrachtung zum Ausweis von Ergebnisvolatilität aus der Zeitwertbewertung relevant. Im Rahmen der Diskussion hierzu wurde festgestellt, dass der Ausweis nicht zahlungsmittelwirksamer Ergebnisbeiträge aus der Zeitwertbewertung grundsätzlich keine Relevanz für die Adressaten der Rechnungslegung hat. Dies gilt insofern angenommen werden kann, als die Adressaten über die notwendigen Informationen verfügen, um zahlungsstromunwirksame Ergebniskomponenten zu eliminieren. Die dahingehende Analyse hat gezeigt, dass die Trennung zahlungsstromwirksamer und zahlungsstromunwirksamer Ergebnisbeiträge nicht möglich ist. Entsprechend wird die Verankerung einer dahingehenden Anhangangabe in IFRS 7 als notwendig angesehen.

5.5 Kategorien finanzieller Verbindlichkeiten

Die Bewertung finanzieller Verbindlichkeiten in IAS 39 ist von geringerer Komplexität als die Bewertung finanzieller Vermögenswerte. Nicht zuletzt ist dies auf das fehlende Äquivalent zur Kategorie der zur Veräußerung verfügbaren Finanzinvestitionen zurückzuführen. Generell ergibt sich für die Passivseite keine fundamental unterschiedliche Einschätzung als für die Aktivseite. Wenige zusätzliche Aspekte sind zu betrachten:

Im Rahmen der Regelungen des IAS 39 kann ein Portfoliozusammenhang zwischen mit dem beizulegenden Zeitwert bewerteten finanziellen Verbindlichkeiten und zu (fortgeführten) Anschaffungskosten bewerteten nicht-finanziellen Aktiva nicht dargestellt werden. Im Hinblick auf die mit einer solchen Darstellung verbundene Einschränkung der Verlässlichkeit und die geringe praktische Relevanz eines solchen Portfoliozusammenhangs erscheint die gegenwärtig in IAS 39 umgesetzte Regelung angemessen. Ein Portfoliozusammenhang zwischen mit dem beizulegenden Zeitwert bewerteten Aktiva und zu (fortgeführten) Anschaffungskosten bewerteten finanziellen Verbindlichkeiten ist in Anwendung der Fair Value Option darstellbar.

Die Bewertung der Residualkategorie finanzieller Vermögenswerte erfolgt mit dem beizulegenden Zeitwert. Die Bewertung der Residualkategorie finanzieller

Verbindlichkeiten erfolgt zu (fortgeführten) Anschaffungskosten. Als zentraler Unterschied zwischen Aktiva und Passiva im Hinblick auf die Zeitwertbewertung wurde die implizite Bewertung der eigenen Bonität bei finanziellen Verbindlichkeiten identifiziert. Die Bewertung der eigenen Bonität in Zusammenhang mit der Zeitwertbewertung finanzieller Verbindlichkeiten kann zur Vermittlung von Informationen an die Adressaten der Rechnungslegung führen, die nur eingeschränkt verständlich sind. Die Konzepte, die eine Umgehung der Problematik der Bewertung der eigenen Bonität ermöglichen, weisen ihrerseits Nachteile auf. Diese sind insbesondere in gesteigerter Komplexität und dadurch verminderter Verständlichkeit und in reduzierter Verlässlichkeit zu sehen. Vor diesem Hintergrund erscheint es angemessen, die Residualkategorie finanzieller Verbindlichkeiten im Gegensatz zu der Residualkategorie finanzieller Vermögenswerte zu (fortgeführten) Anschaffungskosten zu bewerten.

Zur Anwendung der Zeitwertbewertung steht für finanzielle Verbindlichkeiten der Handelsbestand zur Verfügung. Hierfür sind die Handelsabsicht oder die tatsächliche Handelstätigkeit Voraussetzungen. Weiterhin ist die freiwillige erfolgswirksame Zeitwertbewertung möglich. Diese steht nur zur Beseitigung von Ansatz- oder Bewertungsinkongruenzen, für Fair-Value-Portfolios und zur Vermeidung der Trennung bestimmter eingebetteter Derivate zur Verfügung. Vor dem Hintergrund der Diskussion der Bewertung der eigenen Bonität bei der Zeitwertbewertung finanzieller Verbindlichkeiten erscheint die Beschränkung auf diese Bereiche angemessen. Im Hinblick auf die Diskussion der Verlässlichkeit der Ermittlung des beizulegenden Zeitwerts wurde festgestellt, dass die Verlässlichkeit höher ist, je größer die Nähe der Ermittlung des beizulegenden Zeitwerts zu einem auf einem aktiven Markt entstandenen Marktwert erfolgt. Im Zusammenhang mit dem Handelsbestand kann aufgrund der Definition von marktnahen Werten ausgegangen werden. Im Zusammenhang mit der freiwillig erfolgswirksamen Zeitwertbewertung kann dies nicht unterstellt werden. Andererseits ist die Nutzung der Fair Value Option nur möglich, sofern hierdurch relevantere Informationen für die Adressaten der Rechnungslegung vermittelt werden. Hieraus lässt sich ableiten, dass für die Nutzung der Zeitwertbewertung innerhalb der finanziellen Verbindlichkeiten die Anforderungen Relevanz und Verlässlichkeit eine zentrale Stellung einnehmen.

Die Diskussionen zur Darstellung von Ergebnisbeiträgen aus der Zeitwertbewertung von Finanzinstrumenten und zur Auswirkung des Ausweises von Ergebnisvolatilität durch die Zeitwertbewertung sind für finanzielle Verbindlichkeiten ebenfalls relevant. Im Hinblick auf die Tatsache, dass die Zeitwertbewertung bei finanziellen Verbindlichkeiten weniger ausgeprägt zur Anwendung kommt als bei finanziellen Vermögenswerten, ist die Tragweite dieser Diskussionen geringer. Unabhängig von der geringeren Tragweite, ist auch hier die vorgeschlagene Trennung der Komponenten Zinsen und Zeitwertänderung anwendbar. Gleiches gilt für die Neuberechnung der effektiven Zinsen nach marktzinsinduzierten Zeitwertschwankungen und für die getrennte Angabe zahlungsstromwirksamer und zahlungsstromunwirksamer Ergebnisbeiträge im Anhang.

5.6 Bilanzierung von Transaktionskosten

Transaktionskosten des Erwerbs verkörpern regelmäßig keinen wirtschaftlichen Nutzen und erfüllen somit die Voraussetzung für eine Aktivierung nicht. Darüber hinaus ist die Bilanzierung von Transaktionskosten innerhalb des IAS 39 uneinheitlich geregelt. Weder werden sie bei der Zugangsbewertung konsequent aktiviert oder nicht aktiviert noch werden sie im Rahmen der Folgebewertung konsequent in die Bewertung einbezogen oder nicht einbezogen.

Über diese bilanzbezogene Sichtweise hinaus ist festzustellen, dass für ihre Verrechnung im Jahresergebnis bis zu vier Möglichkeiten existieren: Transaktionskosten

1. werden aktiviert und bleiben dann bis zur Veräußerung unangetastet,
2. werden aktiviert und über die Laufzeit des Instruments amortisiert,
3. werden aktiviert und im Anschluss erfolgsneutral ins Eigenkapital übernommen oder
4. werden direkt beim Zugang als Aufwand erfasst.

Die Bilanzierung von Transaktionskosten scheint insofern nicht dem Zweck der Rechnungslegung zu entsprechen. Es wird empfohlen Transaktionskosten des Zugangs in allen Kategorien unmittelbar aufwandswirksam zu erfassen.

6 Anpassungsmöglichkeiten der Regelungen zum Fair Value Accounting von Finanzinstrumenten in der internationalen Rechnungslegung – Thesenartige Zusammenfassung der Ergebnisse

Die Anwendung des beizulegenden Zeitwerts orientiert sich nicht konsequent an dem Zweck der Rechnungslegung. Dies gilt insbesondere hinsichtlich der Anforderungen Relevanz und Verlässlichkeit.[974] Die in dieser Arbeit vorgeschlagenen Änderungen führen im Effekt dazu, dass sich die Regelungen zur Zeitwertbewertung von finanziellen Aktiva den Regelungen zur Zeitwertbewertung finanzieller Passiva annähern. Damit wird Komplexität reduziert. Als wesentlicher Unterschied verbleibt die Empfehlung, die Residualgruppe auf der Seite der finanziellen Passiva zu fortgeführten Anschaffungskosten und die Residualgruppe auf der Seite der finanziellen Aktiva mit dem beizulegenden Zeitwert zu bewerten.

(1) Die Kategorie der zur Veräußerung verfügbaren Finanzinvestitionen sollte abgeschafft werden.

Die Kategorie der zur Veräußerung verfügbaren Finanzinvestitionen repräsentiert Handelsaktivitäten die nich kurzfristig ausgerichtet sind. Insbesondere Unternehmen mit längerfristig frei verfügbarem Kapital nutzen diese Kategorie. Der beizulegende Zeitwert in dieser Kategorie stellt eine relevante Information für die Adressaten der Rechnungslegung dar. Als Ausweis im Eigenkapital wird die Veränderung des beizulegenden Zeitwerts nicht hinreichend wahrgenommen. Sofern der beizulegende Zeitwert verlässlich ermittelt werden kann, erfolgt ein Ausweis unter den Finanzinvestitionen, die erfolgswirksam mit dem beizulegenden Zeitwert bewertet werden. Sofern der beizulegende Zeitwert nicht verlässlich ermittelt werden kann, ist zwischen Eigen- und Fremdkapitalinstrumenten zu unterscheiden. Für Eigenkapitalinstrumente besteht in Anwendung des IAS 39.46c in Verbindung mit IAS 39.AG80 und AG81 die Möglichkeit, die Bewertung zu fortgeführten Anschaffungskosten zu erreichen. Für Fremdkapitalinstrumente stehen die Kategorien Kredite und Forderungen und bis zur Endfälligkeit zu haltende Finanzinvestitionen zur Verfügung, um eine Bewertung mit fortgeführten Anschaffungskosten zu erreichen.

---

[974] Zu dieser Schlussfolgerung kommt auch Baetge, J. (2005), S. 1.

Mit dem Wegfall der Kategorie der zur Veräußerung verfügbaren Finanzinvestitionen werden über die Darstellung des tatsächlichen wirtschaftlichen Gehalt der Investition und die Abwägung von Relevanz und Verlässlichkeit hinaus weitere konzeptionelle Schwächen der Kategorie überwunden. Im Vordergrund steht hier die gezielte Übernahme von Ergebnisbeiträgen aus dem Eigenkapital in die Gewinn- und Verlustrechnung der Periode.

(2) Das Wahlrecht zur Designation von Finanzinstrumenten, die die Kriterien der Kategorie Kredite und Forderungen erfüllen, als zur Veräußerung verfügbare Finanzinstrumente sollte gestrichen werden.

Unabhängig von der empfohlenen Abschaffung der Kategorie der zur Veräußerung verfügbaren Finanzinstrumente widerspricht dieses erst 2003 eingeführte Wahlrecht der Anforderung der Verlässlichkeit.

Für Kredite und Forderungen liegt definitionsgemäß kein aktiver Markt vor. Die Abwesenheit eines aktiven Marktes für diese Instrumente ist ein Indikator für eine eingeschränkte Verlässlichkeit der Ermittlung eines beizulegenden Zeitwerts. Entsprechend erfolgt in dieser Kategorie eine Bewertung zu (fortgeführten) Anschaffungskosten. Die Zeitwertbewertung ist auch nach der Abschaffung des Wahlrechts auf zwei Wegen zu erreichen:

Erstens führt eine tatsächliche Handelstätigkeit durch das haltende Unternehmen zu einer Zuordnung zum Handelsbestand und damit zur erfolgswirksamen Zeitwertbewertung. Die tatsächliche Handelstätigkeit legt sowohl die Vermutung nahe, dass das Unternehmen den beizulegenden Zeitwert hinreichend verlässlich ermitteln kann, als auch die Vermutung, dass der beizulegende Zeitwert kurzfristig realisiert wird oder realisiert werden kann.

Zweitens kann der Weg der freiwilligen erfolgswirksamen Zeitwertbewertung gewählt werden, sofern die Anforderungen der Fair Value Option erfüllt werden. Die Begründung zur Nutzung dieser Option wird in den meisten Fällen die Vermeidung einer Bewertungsinkongruenz sein. Über diese Darstellung werden den Adressaten der

Rechnungslegung relevante Informationen vermittelt. Hieraus lässt sich ableiten, dass den Möglichkeiten der Zeitwertbewertung bei diesen Instrumenten die geforderte Abwägung der Kriterien Relevanz und Verlässlichkeit zugrunde liegt.

Im Gegensatz zu diesen beiden Möglichkeiten der Zeitwertbewertung von Krediten und Forderungen ist das Wahlrecht zur Zuordnung eines finanziellen Vermögenswerts zur Kategorie der zur Veräußerung verfügbaren Finanzinstrumente an keine Anforderungen an Relevanz und Verlässlichkeit geknüpft und aus diesem Grund abzulehnen.

(3) Transaktionskosten des Erwerbs, die keinen zukünftigen wirtschaftlichen Nutzen verkörpern, sollten in der Periode des Erwerbs aufwandswirksam erfasst werden.

Transaktionskosten des Erwerbs, die keinen wirtschaftlichen Nutzen verkörpern, erfüllen nicht die Voraussetzung für eine Aktivierung. Dies leitet sich aus dem Verständnis des beizulegenden Zeitwerts als Exit Price ab: Er ist als derjenige Wert zu verstehen, der für die Aufgabe eines Vermögenswerts vom Markt vergütet würde oder für das Ablösen einer Verbindlichkeit am Markt aufzuwenden wäre. Sofern Transaktionskosten keinen eigenen wirtschaftlichen Nutzen verkörpern, werden sie auch nicht bei einer Weiterveräußerung vom Markt vergütet. Insofern wird durch eine Aktivierung der wirtschaftliche Gehalt unzutreffend dargestellt. Die Verlässlichkeit wird eingeschränkt.

Darüber hinaus ist der Umgang mit Transaktionskosten des Erwerbs im Regelungsrahmen des IAS 39 uneinheitlich umgesetzt. Weder werden sie bei der Zugangsbewertung konsequent aktiviert oder nicht aktiviert noch werden sie im Rahmen der Folgebewertung konsequent in die Bewertung einbezogen oder nicht einbezogen. Für die Verrechnung von Transaktionskosten im Jahresergebnis bestehen bis zu vier Möglichkeiten. Hierdurch werden die Verständlichkeit und die Vergleichbarkeit eingeschränkt.

Entsprechend sollten Transaktionskosten des Erwerbs, die keinen zukünftigen wirtschaftlichen Nutzen verkörpern, in der Periode des Erwerbs aufwandswirksam erfasst werden.

(4) *Die Ergebnisbeiträge aus Zinsen und Zeitwertänderungen bei Instrumenten, die erfolgswirksam mit dem beizulegenden Zeitwert bewertet werden, sollten getrennt voneinander dargestellt werden.*

Für zinstragende Instrumente ist davon auszugehen, dass die Investition durch die Anwendung der effektiven Zinsen zum Ende der Laufzeit des Instruments gegen den Rückzahlungsbetrag konvergiert. Aus einer getrennten Darstellung der Ergebnisbeiträge aus Zinsen lässt sich ableiten, welche Ergebniseffekte in der Zukunft erwartet werden. Die Ergebnisbeiträge aus Zinsen stellen somit, unabhängig von den Ergebnisbeiträgen aus der Zeitwertänderung, relevante Informationen für die Adressaten der Rechnungslegung dar. Zusätzlich tritt durch die Veränderung des Marktzinsniveaus oder anderer Einflussgrößen eine Streuung ein. Die folgende These betrifft die Prognostizierbarkeit dieser Streuung.

(5) *Die Berechnung der effektiven Zinsen in Anwendung der Effektivzinsmethode sollte im Anschluss an Änderungen des beizulegenden Zeitwerts aktualisiert werden.*

Die Änderungen von Marktfaktoren beeinflussen den beizulegenden Zeitwert zinstragender Instrumente. Dennoch konvergiert der Zeitwert zum Ende der Laufzeit des Instruments gegen den Rückzahlungsbetrag. Insofern kann eine Neuberechnung der effektiven Zinsen zum Ende einer Rechnungslegungsperiode Aufschluss darüber geben, welche Wertanpassungen für zukünftige Rechnungslegungsperioden erwartet werden. Die aktualisierte Berechnung der effektiven Zinsen vermittelt den Adressaten der Rechnungslegung relevante Informationen.

(6) *Die zahlungsstromwirksamen und zahlungsstromunwirksamen Komponenten der Ergebniseffekte aus Finanzinstrumenten sollten den Adressaten der Rechnungslegung zur Verfügung gestellt werden.*

Ein Unternehmen, das Finanzinstrumente hält, repräsentiert aus Sicht der Adressaten eine Investition in ein Portfolio aus einem operativen Unternehmen und einer Finanzinvestition. Über die Portfoliobildung wird eine Risikoposition begründet, deren

Vergütung von dem Einfluss dieses Portfolios auf das Marktportfolio abhängig ist. Diese Aussage gilt, sofern die Ergebnisbeiträge aus Finanzinvestitionen realisiert sind. Unrealisierte Ergebnisbeiträge werden im Rahmen der Ableitung des Cash Flow neutralisiert. In diesem Zusammenhang ist es für die Adressaten der Rechnungslegung relevant, zwischen zahlungsstromwirksamen und zahlungsstromunwirksamen Ergebniskomponenten zu unterscheiden. Diese Unterscheidung ist im gegenwärtigen Regelungsrahmen des IAS 39 nicht möglich.

Anhang

Anlage 1: Beispielhafte Berechnung des Betafaktors für die Volkswagen AG

A	B	C	D	E	F	G	H	I	J	K
Datum	Kurs VW AG	Rendite VW AG	durchschnittliche Rendite VW AG	E = C - D	Kurs DAX30	Rendite DAX30	durchschnittliche Rendite DAX30	I = G - H	J = I²	K = E * I
04.01.2000	51,79				6.586,95					
05.01.2000	52,05	0,502027%	-0,009151%	0,511179%	6.502,07	-1,288609%	-0,016751%	-1,271858%	0,016176%	-0,006501%
06.01.2000	52,00	-0,096061%	-0,009151%	-0,086910%	6.474,92	-0,417559%	-0,016751%	-0,400809%	0,001606%	0,000348%
07.01.2000	53,19	2,288462%	-0,009151%	2,297613%	6.780,96	4,726545%	-0,016751%	4,743295%	0,224989%	0,108983%
10.01.2000	53,64	0,846024%	-0,009151%	0,855175%	6.925,52	2,131852%	-0,016751%	2,148602%	0,046165%	0,018374%
11.01.2000	54,30	1,230425%	-0,009151%	1,239576%	6.891,25	-0,494836%	-0,016751%	-0,478086%	0,002286%	-0,005926%
12.01.2000	53,75	-1,012891%	-0,009151%	-1,003740%	6.912,81	0,312861%	-0,016751%	0,329611%	0,001086%	-0,003308%
13.01.2000	52,65	-2,046512%	-0,009151%	-2,037360%	6.955,98	0,624493%	-0,016751%	0,641243%	0,004112%	-0,013064%
14.01.2000	52,70	0,094967%	-0,009151%	0,104118%	7.173,22	3,123068%	-0,016751%	3,139819%	0,098585%	0,003269%
17.01.2000	53,09	0,740038%	-0,009151%	0,749189%	7.258,90	1,194443%	-0,016751%	1,211193%	0,014670%	0,009074%
18.01.2000	52,25	-1,582219%	-0,009151%	-1,573067%	7.072,12	-2,573117%	-0,016751%	-2,556367%	0,065350%	0,040213%
19.01.2000	50,85	-2,679426%	-0,009151%	-2,670274%	7.091,04	0,267529%	-0,016751%	0,284280%	0,000808%	-0,007591%
20.01.2000	49,70	-2,261554%	-0,009151%	-2,252402%	7.112,66	0,304892%	-0,016751%	0,321642%	0,001035%	-0,007245%

An dieser Stelle wurden Zeilen ausgeblendet

A	B	C	D	E	F	G	H	I	J	K
13.04.2005	35,13	-0,396938%	-0,009151%	-0,387787%	4.405,69	0,767820%	-0,016751%	0,784570%	0,006156%	-0,003042%
14.04.2005	35,17	0,113863%	-0,009151%	0,123014%	4.402,05	-0,082620%	-0,016751%	-0,065870%	0,000043%	-0,000081%
15.04.2005	34,21	-2,729599%	-0,009151%	-2,720448%	4.312,25	-2,039959%	-0,016751%	-2,023208%	0,040934%	0,055040%
18.04.2005	33,35	-2,513885%	-0,009151%	-2,504733%	4.202,20	-2,552032%	-0,016751%	-2,535281%	0,064277%	0,063502%
19.04.2005	33,14	-0,629685%	-0,009151%	-0,620534%	4.204,61	0,057351%	-0,016751%	0,074101%	0,000055%	-0,000460%
20.04.2005	33,10	-0,120700%	-0,009151%	-0,111549%	4.178,62	-0,618131%	-0,016751%	-0,601380%	0,003617%	0,000671%
21.04.2005	33,57	1,419940%	-0,009151%	1,429091%	4.193,70	0,360885%	-0,016751%	0,377635%	0,001426%	0,005397%
22.04.2005	32,43	-3,395889%	-0,009151%	-3,386738%	4.223,04	0,699621%	-0,016751%	0,716371%	0,005132%	-0,024262%
25.04.2005	32,87	1,356768%	-0,009151%	1,365920%	4.246,96	0,566417%	-0,016751%	0,583167%	0,003401%	0,007966%
26.04.2005	32,45	-1,277761%	-0,009151%	-1,268609%	4.233,76	-0,310811%	-0,016751%	-0,294060%	0,000865%	0,003730%
27.04.2005	32,23	-0,677966%	-0,009151%	-0,668815%	4.189,02	-1,056744%	-0,016751%	-1,039993%	0,010816%	0,006956%
28.04.2005	31,83	-1,241080%	-0,009151%	-1,231928%	4.178,10	-0,260681%	-0,016751%	-0,243931%	0,000595%	0,003005%
29.04.2005	32,22	1,225259%	-0,009151%	1,234411%	4.184,84	0,161317%	-0,016751%	0,178068%	0,000317%	0,002198%
02.05.2005	32,50	0,869025%	-0,009151%	0,878177%	4.224,02	0,936237%	-0,016751%	0,952987%	0,009082%	0,008369%
03.05.2005	32,48	-0,061538%	-0,009151%	-0,052387%	4.232,34	0,196969%	-0,016751%	0,213719%	0,000457%	-0,000112%
Summe		-12,390993%				-22,680276%			43,097183%	38,309560%
	Anzahl Datenpunkte:	1.354				1.354			**Betafaktor:**	**0,89**
	Durchschnittliche Rendite:	-0,009151%				-0,016751%				

Quelle: Bloomberg

Literaturverzeichnis

ACHLEITNER, A.-K./ BEHR, G. (2003): International Accounting Standards – Ein Lehrbuch zur internationalen Rechnungslegung, 3., überarbeitete Auflage, München 2003.

ACHLEITNER, A.-K./ WOLLMERT, P./ VAN HULLE, K./ HEY, J./ BISCHOF, S. (2003): Teil A, Kapitel III, Grundlagen der Bilanzierung, der Bewertung und des Ausweises, in: Baetge, J./ Wollmert, P./ Kirsch, H.-J./ Oser, P./ Bischof, S. (Hrsg.) (2003): Rechnungslegung nach IFRS, 2. Auflage, Stuttgart 2003 (Loseblattsammlung, Stand: 4. Ergänzungslieferung, Juni 2007).

ADERS, C./ GALLI, A./ WIEDEMANN, F. (2000): Unternehmenswerte auf Basis der Multiplikatormethode? – Eine Überprüfung mit dem Nettoansatz der DCF-Methode, in: FB 2000, S. 197-204.

ADLER, H./ DÜRING, W./ SCHMALTZ, K. (2003): Rechnungslegung nach internationalen Standards, Stuttgart 2003 (Loseblattsammlung, Stand: 5. Ergänzungslieferung, Dezember 2006).

ALBRECHT, T. (2004): Überlegungen zu Endwertermittlung und Wachstumsabschlag, in: FB 2004, S. 732-740.

AMANN, T./ LEIBFRIED, P. (2002): Ein Schatten über den Gewinn- und Verlustrechnungen des DAX 100? – Die praktische Bedeutung des Other Comprehensive Income nach IAS und US-GAAP, in: KoR 2002, S. 191-197.

ARNOLDI, R./ LEOPOLD, T. (2005): Portfolio Fair Value Hedge Accounting: Entwicklung IAS-konformer und praxistauglicher Buchungsregeln, in: KoR 2005, S. 22-38.

ARROW, K. J. (1984): The Economics of Agency, in: Pratt, J. W./ Zeckhauser, R. J. (Hrsg.) (1984): Principals and Agents: The Structure of Business, Boston 1984, S. 37-51.

BAETGE, J./ (2005): Januskopf: DCF-Verfahren in der Unternehmensbewertung und in der Bilanzierung, in: BB 2007, BB-special 7, Die erste Seite, S. 1.

BAETGE, J./ HEUMANN, R. (2006): Wertorientierte Berichterstattung – Anforderungen des Kapitalmarkts und Umsetzung in der Konzernberichterstattung, in: DB 2006, S. 345-350.

BAETGE, J./ KIRSCH, H.-J./ THIELE, S. (2005): Bilanzen, 8., wesentlich überarbeitete Auflage, Düsseldorf 2005.

BAETGE, J./ KÜMMEL, J./ NIEMAYER, K. (2005): Darstellung der Discounted-Cashflow-Verfahren (DCF-Verfahren) mit Beispiel, in: Peemöller, V. H. (Hrsg.) (2005): Praxishandbuch der Unternehmensbewertung, S. 265-362, 3. aktualisierte und erweiterte Auflage, Berlin 2005.

BAETGE, J./ LIENAU, A. (2005a): Fair Value auf der Passivseite der Bilanz?, in: Bieg, H./ Heyd, R. (Hrsg.) (2005): Fair Value – Bewertung in Rechnungswesen, Controlling und Finanzwirtschaft, München 2005, S. 309-331.

BAETGE, J./ LIENAU, A. (2005b): Die Berücksichtigung von Steuern bei der Unternehmensbewertung von Personenhandelsgesellschaften mit Discounted-Cashflow-Verfahren nach IDW ES 1 n.F., in: WPg 2005, S. 805-816.

BAETGE, J./ ZÜLCH, H. (2001): Fair Value-Accounting, in: BFuP 2001, S. 543-562.

BALLWIESER, W. (1982): Zur Begründbarkeit informationsorientierter Jahresabschlussverbesserungen, in: zfbf 1982, S. 772-793.

BALLWIESER, W. (1985): Ergebnisse der Informationsökonomie zur Informationsfunktion der Rechnungslegung, in: Stöppler, S. (1985): Information und Produktion – Beiträge zur Unternehmenstheorie und Unternehmensplanung, Festschrift zum 60. Geburtstag von Waldemar Wittmann, Stuttgart 1985, S. 21-40.

BALLWIESER, W. (1993): Kapitel 8 – Methoden der Unternehmensbewertung, in: Gebhardt, G./ Gerke, W./ Steiner, M. (Hrsg.) (1993): Handbuch des Finanzmanagements: Instrumente und Märkte der Unternehmensfinanzierung, München 1993, S. 151-176.

BALLWIESER, W. (1995): Aktuelle Aspekte der Unternehmensbewertung, in: WPg 1995, S. 119-129.

BALLWIESER, W. (1998): Unternehmensbewertung mit Discounted Cash Flow – Verfahren, in: WPg 1998, S. 81-92.

BALLWIESER, W. (2001): Unternehmensbewertung aus Sicht der Betriebswirtschaftslehre, in: Baetge, J. (Hrsg.) (2001): Unternehmensbewertung im Wandel, Vorträge und Diskussionen zum 16. Münsterischen Tagesgespräch des Münsteraner Gesprächskreises Rechnungslegung und Prüfung e. V. am 11. Mai 2000, Düsseldorf 2001, S. 1-24.

BALLWIESER, W. (2002): Informations-GoB – auch im Lichte von IAS und US-GAAP, in: KoR 2002, S. 115-121.

BALLWIESER, W. (2005): Verbindungen von Ertragswert- und Discounted-Cashflow-Verfahren, in: Peemöller, V. H. (Hrsg.) (2005): Praxishandbuch der Unternehmensbewertung, 3. aktualisierte und erweiterte Auflage, Berlin 2005, S. 101-133.

BALLWIESER, W. (2007): Abschnitt 13: Finanzinstrumente – Langfristige Finanzschulden, in: Ballwieser, W./ Beine, F./ Hayn, S./ Peemöller, V. H./ Schruff, L./ Weber, C.-P. (Hrsg.) (2007): WILEY-Kommentar zur internationalen Rechnungslegung nach IFRS 2007, 3. Auflage, Weinheim 2007, S. 637-665.

BALLWIESER, W./ KÜTING, K./ SCHILDBACH, T. (2004): Fair Value – erstrebenswerter Wertansatz im Rahmen einer Reform der handelsrechtlichen Rechnungslegung, in: BFuP 2004, S. 529-549.

BAMBERG, G./ DORFLEITNER, G./ KRAPP, M. (2004): Zur Bewertung risikobehafteter Zahlungsströme mit intertemporaler Abhängigkeit, in: BFuP 2004, S. 101-118.

BARCKOW, A. (2004): ED Fair Value Option – Der Entwurf des IASB zur Einschränkung der Fair-Value-Option in IAS 39 (rev. 2003), in: WPg 2004, S. 793-798.

BARTH, M. E./ LANDSMANN, W. R. (1995): Fundamental Issues Related to Using Fair Value Accounting for Financial Reporting, in: Accounting Horizons 1995, S. 97-107.

BAUER, C./ STEINER, M. (1992): Die fundamentale Analyse und Prognose des Marktrisikos deutscher Aktien, in: zfbf 1992, S. 347-368.

BAUMEISTER, A./ TROßMANN, E. (2005): Harmonisierung von internem und externem Rechnungswesen durch die Fair Value-Bewertung, in: Bieg, H./ Heyd, R. (Hrsg.) (2005): Fair Value – Bewertung in Rechnungswesen, Controlling und Finanzwirtschaft, München 2005, S. 629-648.

BAY, W./ BRUNS, H.-G. (2000): Internationalisierung der Unternehmenspublizität als Folge globaler Unternehmenstätigkeit, in: Haller, A./ Raffournier, B./ Walton, P. (Hrsg.) (2000): Unternehmenspublizität im internationalen Wettbewerb, Stuttgart 2000, S. 709-754.

BECKMANN, C./ PEEMÖLLER, V. H. (2005): Der Realoptionsansatz, in: Peemöller, V. H. (Hrsg.) (2005): Praxishandbuch der Unternehmensbewertung, 3., aktualisierte und erweiterte Auflage, Berlin 2005, S. 797-811.

BEIERSDORF, K./ DAVIDS, A. (2006): IASB-Standard for Small and Medium-sized Entities: keine unmittelbare Rechtswirkung in Europa, in: BB 2006, S. 987-990.

BEINE, F./ MEYER, C. H. (2007): Abschnitt 5: Zahlungsmittel, Forderungen und andere Finanzinstrumente, in: Ballwieser, W./ Beine, F./ Hayn, S./ Peemöller, V. H./ Schruff, L./ Weber, C.-P. (Hrsg.) (2007): WILEY-Kommentar zur internationalen Rechnungslegung nach IFRS 2007, 3. Auflage, Weinheim 2007, S. 145-240.

BELLAVITE-HÖVERMANN, Y./ BARCKOW, A. (2003): Kommentierung IAS 39 – Finanzinstrumente: Ansatz und Bewertung, in: Baetge, J./ Wollmert, P./ Kirsch, H.-J./ Oser, P./ Bischof, S. (Hrsg.) (2003): Rechnungslegung nach IFRS, 2. Auflage, Stuttgart 2003 (Loseblattsammlung, Stand: 4. Ergänzungslieferung, Juni 2007).

BERNDT, T./ JENNY, G. (2006): Gewinn oder nicht Gewinn? – Bedeutung des Other Comprehensive Income bei der Bestimmung der Eigenkapitalrentabilität, in: BB 2006, S. 2179-2185.

BIALKOWSKA, E./ MARTIN, C. (2005): A matter of judgment, in: accountancy February 2005, S. 68 f.

BIEG, H./ HOSSFELD, C./ KUßMAUL, H./ WASCHBUSCH, G. (2006): Handbuch der Rechnungslegung nach IFRS – Grundlagen und praktische Anwendung, Düsseldorf 2006.

BIEKER, M./ HACKENBERGER, J. (2004): Finanzinstrumente im IFRS-Abschluss – Der steinige Weg zum Full Fair Value Accounting – Aktuelle Entwicklungen bei IAS 39, in: DB 2004, S. 1625-1631.

BIENER, H. (1993): Die Rechnungslegungsempfehlungen des IASC und deren Auswirkungen auf die Rechnungslegung in Deutschland, in: BFuP 1993, S. 345-356.

BIMBERG, L.-H. (1993): Langfristige Renditebewertung zur Ermittlung von Risikoprämien – Empirische Untersuchung der Renditen von Aktien, festverzinslichen Wertpapieren und Tagesgeld in der Bundesrepublik Deutschland für den Zeitraum von 1954 bis 1988, 2., unveränderte Auflage, Frankfurt am Main 1993.

BINDSEIL, U./ RICHTER, R. (1995): Institutionenökonomik, in: Berthold, N. (Hrsg.) (1995): Allgemeine Wirtschaftstheorie, Neuere Entwicklungen, München 1995, S. 317-341.

BÖCKING, H.-J. (2001): IAS für Konzern- und Einzelabschluss?, in: WPg 2001, S. 1433-1440.

BÖCKING, H.-J./ LOPATTA, K./ RAUSCH, B. (2005): Fair Value-Bewertung versus Anschaffungskostenprinzip – ein Paradigmenwechsel in der Rechnungslegung?, in: Bieg, H./ Heyd, R. (Hrsg.) (2005): Fair Value – Bewertung in Rechnungswesen, Controlling und Finanzwirtschaft, München 2005, S. 82-105.

BÖCKING, H.-J./ NOWAK, K. (1999): Marktorientierte Unternehmensbewertung – Darstellung und Würdigung der marktorientierten Vergleichsverfahren vor dem Hintergrund der deutschen Kapitalmarktverhältnisse, in: FB 1999, S. 169-176.

BÖCKING, H.-J./ NOWAK, K. (2000): Die Bedeutung des Börsenkurses bei Unternehmensbewertungen, in: FB 2000, S. 17-24.

BÖCKING, H.-J./ SITTMANN-HAURY, C. (2003): Forderungsbewertung – Anschaffungskosten versus Fair Value, in: BB 2003, S. 195-200.

BÖCKMANN, U. J./ LÖHNERT, P. G. (2005): Multiplikatorverfahren in der Unternehmensbewertung, in: Peemöller, V. H. (Hrsg.) (2005): Praxishandbuch der Unternehmensbewertung, 3., aktualisierte und erweiterte Auflage, Berlin 2005, S. 403-428.

BOGAJEWSKAJA, J./ BORCHMANN, T./ PAPE, J. (2002): Der Standardentwurf des IASB zur Änderung von IAS 32 und IAS 39 – Darstellung und kritische Würdigung, in: KoR 2002, S. 219-234.

BOHL, W. (2006): §1 Rechtlicher und organisatorischer Rahmen der Rechnungslegung nach IFRS, in: Bohl, W./ Riese, J./ Schlüter, J. (Hrsg.) (2006): Beck'sches IFRS-Handbuch – Kommentierung der IAS/IFRS, 2., vollständig überarbeitete und erweiterte Auflage, München 2006, S. 1-15.

BÖMELBURG, P. (2005): Vorbereitung der Unternehmensbewertung, in: Peemöller, V. H. (Hrsg.) (2005): Praxishandbuch der Unternehmensbewertung, 3., aktualisierte und erweiterte Auflage, Berlin 2005, S. 89-99.

BÖMELBURG, P./ DENKMANN, A./ PEEMÖLLER, V. H. (1994): Unternehmensbewertung in Deutschland – eine empirische Erhebung, in: WPg 1994, S. 741-749.

BONIN, C. (2004): Finanzinstrumente im IFRS-Abschluss – Planung grundlegender Neuerungen der Angabepflichten durch ED 7 Financial Instruments: Disclosures, in: DB 2004, S. 1569-1573.

BORN, K. (1996): Überleitung von der Discounted-Cash-Flow-Methode (DCF-Methode) zur Ertragswertmethode bei der Unternehmensbewertung, in: DB 1996, S. 1885-1889.

BORN, K. (2007): Rechnungslegung international – Rechnungslegung nach IAS/IFRS im Vergleich mit HGB und US-GAAP, 5., aktualisierte und erweiterte Auflage, Stuttgart 2007.

BREALEY, R. A./ MYERS S. C./ ALLEN, F. (2005): Corporate Finance, 8. Auflage, New York 2005.

BREKER, N./ GEBHARDT, G./ PAPE, J. (2000): Das Fair-Value-Projekt für Finanzinstrumente – Stand der Erörterungen der Joint Working Group of Standard Setters im Juli 2000, in: WPg 2000, S. 729-744.

BREUER, W./ SCHUHMACHER, F. (2004): Discounted-Cash-Flow-Verfahren und Kapitalmarktspekulationen, in: BFuP 2004, S. 119-133.

BRÜCKS, M. (2002): EU-Verordnung zur Anwendung der IAS/IFRS und Improvements Project des IASB, in: KoR 2002, S. 165-168.

BRUNS, H.-G. (1998): Aktienplatzierung an ausländischen Kapitalmärkten – Überlegungen, Erfahrungen, Folgerungen, in: DBW 1998, S. 382-400.

BRUSKI, J. (2005): Kaufpreisbemessung und Kaufpreisanpassung im Unternehmenskaufvertrag, in: BB 2005, BB-special 7, S. 19-29.

BRÜTTING, C./ PAUL, S. (2005): Entspricht die Fair Value-Bewertung den Anforderungen und Zielen eines Ratings nach Basel II?, in: Bieg, H./ Heyd, R. (Hrsg.) (2005): Fair Value – Bewertung in Rechnungswesen, Controlling und Finanzwirtschaft, München 2005, S. 543-573.

BUCHHART, A./ BURGER, A. (2000): Bietet eine investororientierte Rechnungslegung den besseren Gläubigerschutz?, in: BB 2000, S. 2197-2200.

BUCHHEIM, R. (2002): IAS Improvements Project – Weiterentwicklung der IAS/IFRS erfordert aktive Mitarbeit auch in Deutschland, in: BB 2002, S. 1475-1479.

BUCHHEIM, R./ GRÖNER, S./ KÜHNE, M. (2004): Übernahme von IAS/IFRS in Europa: Ablauf und Wirkung des Komitologieverfahrens auf die Rechnungslegung, in: BB 2004, S. 1783-1788.

BUCHHOLZ, R. (2007): Internationale Rechnungslegung, 6., völlig neu berarbeitete Auflage, Berlin 2007.

BURGER, A./ FRÖHLICH, J./ ULBRICH, P. (2006): Kapitalmarktorientierung in Deutschland – Aktualisierung der Studien aus den Jahren 2003 und 2004 vor dem Hintergrund der Änderungen der Rechnungslegung von Emittenten, in: KoR 2006, S. 113-122.

BURGER, A./ ULBRICH, P. (2004): Kapitalmarktorientierung in Deutschland – eine Studie vor dem Hintergrund der Änderung der Rechnungslegung, in: KoR 2004, S. 235-246.

CAIRNS, D. (1999): Applying International Accounting Standards, second edition, London 1999.

CLEMENS, R./ HEBESTREIT, G. (2006): §12 Eigenkapital, in: Bohl, W./ Riese, J./ Schlüter, J. (Hrsg.) (2006): Beck'sches IFRS-Handbuch – Kommentierung der IAS/IFRS, 2., vollständig überarbeitete und erweiterte Auflage, München 2006, S. 315-348.

COENENBERG, A. G./ SAUTTER, M. T. (1988): Strategische und finanzielle Bewertung von Unternehmensakquisitionen, in: DBW 1988, S. 691-710.

CONEN, R./ VÄTH, H. (1993): Risikoprämien am deutschen Kapitalmarkt, in: Die Bank 1993, S. 642-647.

COPELAND, T./ KOLLER, T./ MURRIN, J. (2000): Valuation: Measuring and Managing the Value of Companies, 3. Auflage, New York 2000.

CRAMPTON, A./ KÖHLER, A. G./ MARTEN, K.-U./ SCHLERETH, D. (2002): Rechnungslegung nach IAS – Nutzeneffekte aus Sicht von Eigenkapitalgebern, in: BB 2002, S. 2007-2012.

D'ARCY, A. (1999): Gibt es eine anglo-amerikanische und eine kontinentaleuropäische Rechnungslegung? Klassen nationaler Rechnungslegungssysteme zwischen Politik und statistischer Überprüfbarkeit, Frankfurt am Main 1999.

DIEDRICH, R./ ROHDE, C. (2005): Unternehmensführung und –kontrolle auf Basis von Fair Value im Rechnungswesen, in: Bieg, H./ Heyd, R. (Hrsg.) (2005): Fair Value – Bewertung in Rechnungswesen, Controlling und Finanzwirtschaft, München 2005, S. 701-717.

DOHRN, M. (2004): Entscheidungsrelevanz des Fair-Value-Accounting am Beispiel von IAS 39 und IAS 40, Hannover 2004.

DOHRN, M./ KIRSCH, H.-J. (2005): Umsetzung der Fair Value Richtlinie in Deutschland, in: Bieg, H./ Heyd, R. (Hrsg.) (2005): Fair Value – Bewertung in Rechnungswesen, Controlling und Finanzwirtschaft, München 2005, S. 129-154.

DRSC e. V. (Hrsg.) (2001): Aufforderung zur Stellungnahme durch den Deutschen Standardisierungsrat (DSR) zum Vorschlag der Umsetzung der EU-Fair-Value-Richtlinie in deutsches Recht, Veröffentlichung vom 20. Novenber 2001, www.standardsetter.de/drsc/docs/drafts/eu/fair_value_hgb.pdf (Download vom 14.04.2004).

DRSC e. V. (Hrsg.) (2002): Entwurf – Grundsätze ordnungsmäßiger Rechnungslegung, Stand: 16.10.2002, www.standardsetter.de/drsc/docs/drafts/framework.pdf (Download vom 12.08.2003).

DRSC e. V. (Hrsg.) (2003a): Standardsetter der deutschen Rechnungslegung in neuer Struktur – Internationalisierung wesentlicher Fokus bei der Neuorganisation des DRSC, Pressemitteilung vom 27.3.2003, www.standardsetter.de/drsc/docs/press_releases/board_elections_2003-03-28.html (Download vom 12.08.2003).

DRSC e. V. (Hrsg.) (2003b): Deutscher Standardisierungsrat beschließt Neuausrichtung – Internationale Facharbeit verstärkt im Fokus, Pressemitteilung vom 22.7.2003, http://www.standardsetter.de/drsc/docs/press_releases/gasb_restructuring.html (Download vom 12.08.2003).

DRUKARCZYK, J. (1990): Was kosten betriebliche Altersversorgungszusagen?, in: DBW 1990, S. 333-353.

DRUKARCZYK, J. (1995): DCF-Methoden und Ertragswertmethode – einige klärende Anmerkungen, in: WPg 1995, S. 329-335.

DRUKARCZYK, J./ SCHÜLER, A. (2005): Finanzwirtschaftliche Modelle zur Bestimmung des Fair Value, in: Bieg, H./ Heyd, R. (Hrsg.) (2005): Fair Value – Bewertung in Rechnungswesen, Controlling und Finanzwirtschaft, München 2005, S. 721-740.

DRUKARCZYK, J./ SCHÜLER, A. (2007): Unternehmensbewertung, 5., überarbeitete und erweiterte Auflage, München 2007.

DUHR, A./ WÜSTEMANN, J. (2005): Entspricht die Full Fair Value-Bewertung nach den Vorschlägen der Joint Working Group of Standard Setters den Informationsbedürfnissen der Bilanzadressaten?, in: Bieg, H./ Heyd, R. (Hrsg.)

(2005): Fair Value – Bewertung in Rechnungswesen, Controlling und Finanzwirtschaft, München 2005, S. 106-127.

DUTZI, A./ PFITZER, N. (2002): Fair Value, in: Ballwieser, W./ Coenenberg, A./ v. Wysocki, K. (Hrsg.) (2002): Handwörterbuch der Rechnungslegung und Prüfung, 3. überarbeitete und erweiterte Auflage, Sp. 735-748.

ECKES, B./ SITTMANN-HAURY, C. (2006): Die neuen Offenlegungsvorschriften zu Finanzinstrumenten nach IFRS 7 und zum Kapital nach IAS 1 – Aussagekraft und Implikationen für die Praxis, in: WPg 2006, S. 425-436.

ECKES, B./ WEIGEL, W. (2006): Die Fair Value-Option – Auslegungsfragen und Anwendungsmöglichkeiten in der Kreditwirtschaft, in: KoR 2006, S. 415-423.

EG (1993), Amtsblatt der Europäischen Gemeinschaften L141 vom 11.06.1993: Richtlinie 93/22/EWG, S. 27-46.

EG (2001), Amtsblatt der Europäischen Gemeinschaften L283 vom 27.10.2001: Richtlinie 2001/65/EG, S. 28-32.

EG (2002), Amtsblatt der Europäischen Gemeinschaften L243 vom 11.09.2002: Verordnung (EG) Nr. 1606/2002, S. 1-4.

EG (2004a), Amtsblatt der Europäischen Gemeinschaften L363 vom 9.12.2004: Verordnung (EG) Nr. 2086/2004, S. 1-3.

EG (2004b), Amtsblatt der Europäischen Gemeinschaften L390 vom 31.12.2004: Richtlinie 2004/109/EG, S. 38-37.

EG (2006), Amtsblatt der Europäischen Gemeinschaften L224 vom 16.08.2006: Richtlinie 2006/46/EG, S. 1-7.

ERDMANN, M.-K./ WÜNSCH, M./ GOMMLICH, Y. (2007): IFRS 7 Financial Instruments: Disclosures – Ausgewählte Regelungsinhalte und Umsetzungsmöglichkeiten, in: KoR 2007, S. 293-298.

ERLEI, M./ JOST, P.-J. (2001): Theoretische Grundlagen des Transaktionskostenansatzes, in Jost, P.-J. (Hrsg.) (2001): Der Transaktionskostenansatz in der Betriebswirtschaftslehre, Stuttgart 2001, S. 35-75.

ERNST, C. (2001a): Bilanzrecht: quo vadis? – Die kommende Reform des europäischen Bilanzrechts und mögliche Auswirkungen auf die deutsche Rechnungslegung, in: WPg 2001, S. 1440-1445.

ERNST, C. (2001b): EU-Verordnungsentwurf zur Anwendung von IAS: Europäisches Bilanzrecht vor weitreichenden Änderungen, in: BB 2001, S. 823-825.

ERNST, C./ HOLZER, H. P. (1999): (Other) Comprehensive Income und Non-Ownership Movements in Equity – Erfassung und Ausweis des Jahresergebnisses und des Eigenkapitals nach US-GAAP und IAS, in: WPg 1999, S. 353-370.

ERNST, C./ SEIBERT, U./ STUCKERT, F. (1998): KonTraG KapAEG StückAG EuroEG, Düsseldorf 1998.

ERNST, H.-J./ HANIKAZ, M. (2005): Modulgesteuerte Businessplanung als Instrument der Unternehmensbewertung, in: Peemöller, V. H. (Hrsg.) (2005): Praxishandbuch der Unternehmensbewertung, 3., aktualisierte und erweiterte Auflage, Berlin 2005, S. 135-157.

ERNST & YOUNG AG (Hrsg.) (2006): International GAAP 2007, London 2007.

ESSLER, W./ KRUSCHWITZ, L./ LÖFFLER, A. (2004): Zur Anwendung des WACC-Verfahrens bei vorgegebener bilanzieller Verschuldung, in: BFuP 2004, S. 134-147.

ESSLER, W./ KRUSCHWITZ, L./ LÖFFLER, A. (2005): Wie sind Unternehmen zu bewerten, wenn ihr Verschuldungsgrad nicht in Markt-, sondern in Buchwerten gemessen wird?, in: BB 2005, S. 595-600.

FAHRION, H.-J./ WINTERHOFF, H. (2002): Fair Presentation, in: Ballwieser, W./ Coenenberg, A./ v. Wysocki, K. (Hrsg.) (2002): Handwörterbuch der Rechnungslegung und Prüfung, 3., überarbeitete und erweiterte Auflage, Sp. 735-748.

FASB (Hrsg.) (1976): Financial Accounting Standards – Original Pronouncements as of July 1, 1976, Chicago 1976.

FASB (Hrsg.) (1999): Preliminary Views on major issues related to Reporting Financial Instruments and Certain Related Assets and Liabilities at Fair Value, Norwalk 1999.

FASB (Hrsg.) (2007): 2007 Original Pronouncements, Volumes I-III, New York 2007.

FISCHER, T. M./ KLÖPFER, E. (2006): Bilanzpolitik nach IFRS: Sind die IFRS objektiver als das HGB?, in: KoR 2006, S. 709-719.

FLINTROP, B. (2004): §23 Derivate, in: Bohl, W./ Riese, J./ Schlüter, J. (Hrsg.) (2006): Beck'sches IFRS-Handbuch – Kommentierung der IAS/IFRS, 2., vollständig überarbeitete und erweiterte Auflage, München 2006, S. 591-619.

FRÜHLING, V. (2004): Sensitivitätsanalyse zum Barwertmodell der Unternehmensbewertung, in: FB 2004, S. 741-746.

GABER, C./ GORNY, J. (2007): Bilanzierung strukturierter Zinsprodukte mit multiplen eingebetteten Derivaten nach IAS 39, in: KoR 2007, S. 323-331.

GASSEN, J. (2001): Rechnungslegung, in: Jost, P.-J. (Hrsg.) (2001): Der Transaktionskostenansatz in der Betriebswirtschaftslehre, Stuttgart 2001, S. 395-413.

GEBHARDT, G. (1996): Probleme der bilanziellen Abbildung von Finanzinstrumenten, in: BFuP 1996, S. 557-584.

GERDES, A./ LANTZIUS-BENINGA, B. (2005): Abbildung von Mikro Fair Value Hedges gemäß IAS 39 – Bewertung, Ergebnisermittlung und Effektivitätstest, in: KoR 2005, S. 105-115.

GLEICH, R./ KÄMMLER, A./ KIENINGER, M. (2005): Auswirkung der Fair Value Bewertung nach IAS/IFRS auf das Performance Measurement, in: Bieg, H./ Heyd, R. (Hrsg.) (2005): Fair Value – Bewertung in Rechnungswesen, Controlling und Finanzwirtschaft, München 2005, S. 649-676.

GLEIßNER, W. (2005): Kapitalkosten: Der Schwachpunkt bei der Unternehmensbewertung und im wertorientierten Management, in: FB 2005, S. 217-229.

GÖPPL, H. (1980): Unternehmensbewertung und Capital-Asset-Pricing-Theorie, in: WPg 1980, S. 237-245.

GRAMLICH, D. (2005): Die Auswirkungen des Fair Value-Accounting auf die Geschäftspolitik der Banken, in: Bieg, H./ Heyd, R. (Hrsg.) (2005): Fair Value – Bewertung in Rechnungswesen, Controlling und Finanzwirtschaft, München 2005, S. 677-699.

GROßFELD, B./ STÖVER, R./ TÖNNES, W. A. (2005): Neue Unternehmensbewertung, in: BB 2005, BB-special 7, S. 2-13.

GRÜNBERGER, D. (2006a): Bilanzierung von Finanzgarantien nach der Neufassung von IAS 39, in: KoR 2006, S. 81-92.

GRÜNBERGER, D. (2006b): IAS/IFRS 2007 – Praxisleitfaden mit Fallbeispielen, 5., neu bearbeitete und erweiterte Auflage, Wien 2007.

GRÜNBERGER, D./ GRÜNBERGER, H. (2002a): Internationale Rechnungslegung – EU-Verordnung zur IAS-Rechnungslegung, in: StuB 2002, S. 605 f.

GRÜNBERGER, D./ GRÜNBERGER, H. (2002b): Financial Instruments: Neue Bilanzierungsvorschriften nach IAS 32 und 39, in: StuB 2002, S. 710-711.

GÜNTHER, T./ SCHIEMANN, F. (2005): Entscheidungsorientierung von Fair Value-Ansätzen im internen und externen Rechnungswesen, in: Bieg, H./ Heyd, R. (Hrsg.) (2005): Fair Value – Bewertung in Rechnungswesen, Controlling und Finanzwirtschaft, München 2005, S. 601-628.

HACHMEISTER, D. (2000): Der Discounted Cash Flow als Maß der Unternehmenswertsteigerung, 4. durchgesehene Auflage, Frankfurt am Main 2000.

HAEGERT, L./ SCHWAB, H. (1990): Die Subventionierung direkter Pensionszusagen nach geltendem Recht im Vergleich zu einer neutralen Besteuerung, in: DBW 1990, S. 85-102.

HAHN, K. (2003): IAS: Der Countdown läuft – Neue Bilanzvorschriften werden Basis für die neue Vermögenssicht, in: Vermögen & Steuern 2003, S. 10-11.

HALLER, A./ RAFFOURNIER, B./ WALTON, P. (Hrsg.) (2000): Unternehmenspublizität im internationalen Wettbewerb, Stuttgart 2000.

HALLER, A./ WALTON, P. (2000): Unternehmenspublizität im Spannungsfeld nationaler Prägung und internationaler Harmonisierung, in: Haller, A./ Raffournier, B./ Walton, P. (Hrsg.) (2000): Unternehmenspublizität im internationalen Wettbewerb, Stuttgart 2000, S. 3-72.

HAYN, S. (2007a): Abschnitt 2: Bilanz, in: Ballwieser, W./ Beine, F./ Hayn, S./ Peemöller, V. H./ Schruff, L./ Weber, C.-P. (Hrsg.) (2007): WILEY-Kommentar zur internationalen Rechnungslegung nach IFRS 2007, 3. Auflage, Weinheim 2007, S. 43-83.

HAYN, S. (2007b): Abschnitt 7: Ertragsrealisierung, in: Ballwieser, W./ Beine, F./ Hayn, S./ Peemöller, V. H./ Schruff, L./ Weber, C.-P. (Hrsg.) (2007): WILEY-Kommentar zur internationalen Rechnungslegung nach IFRS 2007, 3. Auflage, Weinheim 2007, S. 271-314.

HEINTGES, S. (2005): Bilanzkultur und Bilanzpolitik in den USA und in Deutschland, 3., überarbeitete Auflage, Sternenfels 2005.

HEINTGES, S. (2006): Entwicklung der Rechnungslegung nach internationalen Vorschriften – Konsequenzen für deutsche Unternehmen, in: DB 2005, S. 1569-1576.

HELBLING, C. (2005): Besonderheiten bei der Bewertung von kleinen und mittleren Unternehmen (KMU), in: Peemöller, V. H. (Hrsg.) (2005): Praxishandbuch der

Unternehmensbewertung, 3., aktualisierte und erweiterte Auflage, Berlin 2005, S. 189-199.

HENNRICHS, J. (2006): Kündbare Gesellsschaftereinlagen nach IAS 32 – Ein Beispiel zur Auslegung und Rechtskontrolle von in Gemeinschaftsrecht übernommenen IFRS, in: WPg 2006, S. 1253-1262.

HENTZEN, M. (2005): IFRS-Werte als Grundlage der Unternehmensbewertung aus Anlass von Umstrukturierungsmaßnahmen, in: DB 2005, S. 1891-1893.

HETTICH, S. (2007): Mängel und Inkonsitenzen in den derzeitigen Rechnungslegungsregeln nach IFRS – Beseitigung durch Neuregelungen?, in: KoR 2007, S. 6-14.

HEUMANN, R. (2006): Möglichkeiten zur praktischen Umsetzung eines Value Reporting in Geschäftsberichten, in: KoR 2006, S. 259-266.

HEUSER, P. J./ THEILE, C. (2003): IAS Handbuch – Einzel- und Konzernabschluss, Köln 2003.

HEUSER, P. J./ THEILE, C. (2007): IAS Handbuch – Einzel- und Konzernabschluss, 3., neu bearbeitete Auflage, Köln 2007.

HILLMER, H.-J. (2006): Internationale Rechnungslegung: Standortbestimmung und Zukunftsperspektiven, in: KoR 2006, S. 48-52.

HITZ, J.-M. (2005): Fair Value in der IFRS-Rechnungslegung – Konzeption, Inhalt und Zweckmäßigkeit, in: WPg 2005, S. 1013-1027.

HITZ, J.-M. (2006): SFAS 15X, Fair Value Measurements – Zur Fortentwicklung der Fair Value-Konzeption in der kapitalmarktorientierten Rechnungslegung, in: KoR 2006, S. 357-369.

HITZ, J.-M. (2007): Das Diskussionspapier „Fair Value Measurements" des IASB – Inhalt und Bedeutung, in: WPg 2007, S. 361-367.

HITZ, J.-M./ KUHNER, C. (2000): Erweiterung des US-amerikanischen conceptual framework um Grundsätze der Barwertermittlung – Inhalt und Bedeutung des Statement of Financial Accounting Concepts No.7, in: WPg 2000, S. 889-902.

HOFFJAN, A./ NEVRIES, P. (2006): Marketingwirkungen von Börsengängen, in: BFuP 2006, S. 429-441.

HOFFMANN, W.-D. (2007): §8 Anschaffungs- und Herstellungskosten, Neubewertung, in: Lüdenbach, N./ Hoffmann, W.-D. (Hrsg.) (2007): Haufe IAS/IFRS-Kommentar, 5. Auflage, Freiburg i. Br. 2007, S. 321-363.

HOFFMANN, W.-D./ LÜDENBACH, N. (2003): Imparitätische Wahrscheinlichkeiten – Zukunftswerte im IAS-Regelwerk, in: KoR 2003, S. 5-14.

HOFFMANN, W.-D./ LÜDENBACH, N. (2006): Die Neuregelung des IASB zum Eigenkapital bei Personenhandelsgesellschaften, in: DB 2006, S. 1797-1800.

HOITSCH, H.-J. (2003): Opportunitätskosten, in: Horváth, P./ Reichmann, T. (Hrsg.) (2003): Vahlens Großes Controllinglexikon, München 2003, S. 522.

HOLZER, H. P. (1998): Fair Value, in: Lück, W. (Hrsg.) (1998): Lexikon der Rechnungslegung und Abschlussprüfung, 4., völlig neu bearbeitete Auflage, München 1998, S. 258.

HOMMEL, M./ DEHMEL, I./ PAULY, D. (2005): Unternehmensbewertung unter dem Postulat der Steueräquivalenz, Adjustierung der Discounted-Cashflow-Verfahren an das deutsche Steuerrecht, in: BB 2005, BB-special 7, S. 13-18.

HOSSFELD, C. (2005): Fair Value-Bewertung und Ausschüttung, in: Bieg, H./ Heyd, R. (Hrsg.) (2005): Fair Value – Bewertung in Rechnungswesen, Controlling und Finanzwirtschaft, München 2005, S. 155-177.

HOUSE, J. (2005): Model Solutions – Resolving IAS 39 problems will depend on developing a framework that is not rooted in old industrial era economic models, in: accountancy April 2005, S. 96 f.

HULL, J. C. (2005): Optionen, Futures und andere Derivate, 6. Auflage, München 2005.

HÜTTEMANN, R. (2004): BB-Gesetzgebungsreport: Internationalisierung des deutschen Handelsbilanzrechts im Entwurf des Bilanzrechtsreformgesetzes, in: BB 2004, S. 203-209.

IASB (Hrsg.) (2001): International Accounting Standards 2001, London 2001.

IASB (Hrsg.) (2002a): International Accounting Standards 2002, London 2002.

IASB (Hrsg.) (2002b): International Accounting Standards 2002, IAS 39 Implementation Guidance Question & Answer, London 2002.

IASB (Hrsg.) (2002d): Exposure Draft of Proposed Amendments to IAS 32, Financial Instruments: Disclosure and Presentation, and IAS 39, Financial Instruments: Recognition and Measurement, London 2002.

IASB (Hrsg.) (2004a): Exposure Draft of Proposed Amendments to IAS 39 Financial Instruments: Recognition and Measurement – The Fair Value Option, http://www.iasb.org/uploaded_files/documents/8_38_ed-ias39fv.pdf, (Abrufdatum 24.05.2005).

IASB (Hrsg.) (2004b): Exposure Draft ED 7 Financial Instruments: Disclosures, London 2004.

IASB (Hrsg.) (2004c): International Accounting Standards 2004, London 2004.

IASB (Hrsg.) (2005): Discussion Paper, Measurement Bases for Financial Accounting – Measurement on Initial Recognition, London 2005.

IASB (Hrsg.) (2006a): Discussion Paper, Fair Value Measurements, Part 1: Invitation to Comment and relevant IFRS guidance, London 2006.

IASB (Hrsg.) (2006b): Discussion Paper, Fair Value Measurements, Part 2: SFAS 157 Fair Value Measurements, London 2006.

IASB (Hrsg.) (2006c): A Roadmap for Convergence between IFRSs and US GAAP – 2006-2008, Memorandum of Understanding between the FASB and the IASB, 27 February 2006, http://www.iasb.org/NR/rdonlyres/874B63FB-56DB-4B78-B7AF-49BBA18C98D9/0/MoU.pdf, (Abrufdatum 13.07.2007).

IASB (Hrsg.) (2007): International Financial Reporting Standards 2007, London 2007.

IASC (Hrsg.) (1997): Joint Working Group – Financial Instruments and Similar Items, Basis for Conclusions, www.iasb.org.uk/docs/fijwg/fijwg-3.pdf (Abrufdatum 20.06.2006).

IDW (Hrsg.) (1983): HFA 2/1983, in: WPg 1983, S. 468-480.

IDW (Hrsg.) (2000): IDW S 1, in: WPg 2000, S. 825-842.

IDW (Hrsg.) (2001): Stellungnahme zum Draft Standard der Financial Instruments Joint Working Group, in: WPg 2001, S. 1000-1013.

IDW (Hrsg.) (2003): IDW Prüfungsstandard: Die Beurteilung der Fortführung der Unternehmenstätigkeit im Rahmen der Abschlussprüfung (IDW PS 270), Stand: 8.05.2003, in: WPg 2003, S. 775-780.

IDW (Hrsg.) (2004a): IDW EPS 315, in: WPg 2005, S. 80-85.

IDW (Hrsg.) (2004b): IDW Stellungnahme: Exposure Draft of Proposed Amendments to IAS 39 Financial Instruments: Recognition and Measurement – The Fair Value Option, in: WPg 2004, S. 882.

IDW (Hrsg.) (2005a): IDW ES 1 n. F., in: WPg 2005, S. 28-50.

IDW (Hrsg.) (2005b): IDW S 1, in: WPg 2005, S. 1303-1321.

IDW (Hrsg.) (2005c): Bilanzrechtsreformgesetz (BilReG) Bilanzkontrollgesetz (BilKoG), Düsseldorf 2005.

IDW (Hrsg.) (2005d): IDW Stellungnahme zur Rechnungslegung: Bewertungen bei der Abbildung von Unternehmenserwerben und bei der Werthaltigkeitsprüfung nach IFRS (IDW RS HFA 16), Stand: 18.10.2005, in: WPg 2005, S. 1415-1426.

IDW (Hrsg.) (2006a): IDW PS 315, in: WPg 2006, S. 309-314.

IDW (Hrsg.) (2006b): International Financial Reporting Standards IFRS, einschließlich International Accounting Standards IAS und Interpretationen, Die amtlichen EU-Texte, Englisch-Deutsch, 3., aktualisierte und erweiterte Auflage, Düsseldorf 2006.

IDW (Hrsg.) (2006c): IDW Stellungnahme zur Rechnungslegung: Einzelfragen zur Bilanzierung von Finanzinstrumenten nach IFRS (IDW RS HFA 9), Stand: 21.03.2006, in: WPg 2006, S. 537-574.

IFAC (Hrsg.) (2005a): ISA 545 Auditing Fair Value Measurements and Disclosures, in: IFAC (Hrsg.) (2005): Handbook of International Auditing, Assurance and Ethics Pronouncements, 2005 Edition, New York 2005, S. 497-518.

IFAC (Hrsg.) (2005b): IAPS Auditing Derivative Financial Instruments, in: IFAC (Hrsg.) (2005): Handbook of International Auditing, Assurance and Ethics Pronouncements, 2005 Edition, New York 2005, S. 827-868.

JONAS, M. (1999): Die Bewertung beschränkt haftender Unternehmen unter Unsicherheit – ein optionstheoretischer Ansatz, in: BFuP 1999, S. 348-368.

JOST, P.-J. (2001): Der Transaktionskostenansatz im Unternehmenskontext, in Jost, P.-J. (Hrsg.) (2001): Der Transaktionskostenansatz in der Betriebswirtschaftslehre, Stuttgart 2001, S. 9-34.

KAHLE, H. (2000): Zur Frage der Notwendigkeit einer Börseneinführung in den USA, in: FB 2000, S. 493-499.

KAHLE, H. (2002): Informationsversorgung des Kapitalmarkts über internationale Rechnungslegungsstandards, in: KoR 2002, S. 95-107.

KAHLE, H. (2003): Die Zukunft der Rechnungslegung in Deutschland: IAS im Einzel- und Konzernabschluss?, in: WPg 2003, S. 262-275.

KAMPMANN, H./ SCHWEDLER (2006): Zum Entwurf eines gemeinsamen Rahmenkonzepts von FASB und IASB – Rechnungslegungsziele und qualitative Anforderungen, in: KoR 2006, S. 521-530.

KESSLER, H. (2005): Ist der Fair Value fair?, in: Bieg, H./ Heyd, R. (Hrsg.) (2005): Fair Value – Bewertung in Rechnungswesen, Controlling und Finanzwirtschaft, München 2005, S. 57-81.

KEHM, P./ LÜDENBACH, N. (2007): §28 Finanzinstrumente, in: Lüdenbach, N./ Hoffmann, W.-D./ (Hrsg.) (2007): Haufe IAS/IFRS-Kommentar, 5. Auflage, Freiburg i. Br. 2007, S. 1317-1484.

KIERZEK, S./ WÜSTEMANN, J. (2005): Ertragsvereinnahmung im neuen Referenzrahmen von IASB und FASB – internationaler Abschied vom Realisationsprinzip?, in: BB 2005, S. 427-434.

KIESEL, R./ KLEINOW, T. (2005): Fair Value-basierte Optionspreisbewertung, in: Bieg, H./ Heyd, R. (Hrsg.) (2005): Fair Value – Bewertung in Rechnungswesen, Controlling und Finanzwirtschaft, München 2005, S. 763-778.

KIRCHNER, C./ SCHMIDT, M. (2006): Hybride Regelsetzung im Recht der Unternehmensrechnungslegung – Fehlentwicklungen im europäischen Gemeinschaftsrecht, in: BFuP 2006, S. 387-407.

KIRSCH, H.-J. (2003): Zur Frage der Umsetzung der Mitgliedstaatenwahlrechte der EU-Verordnung zur Anwendung der IAS/IFRS, in: WPg 2003, S. 275-278.

KIRSCH, H.-J./ METH, D. (2007): Adressaten einer IFRS-Rechnungslegung für mittelständische Unternehmen, in: BB 2007, BB-special 6/2007, S. 7-12.

KLEY, K.-L. (2001): Die Fair Value-Bilanzierung in der Rechnungslegung nach den International Accounting Standards (IAS), in: DB 2001, S. 2257-2262.

KLOTZBACH, D./ KROPP, M. (2002): Der Exposure Draft zu IAS 39 "Financial Instruments" – Darstellung und kritische Würdigung der geplanten Änderungen des IAS 39, in: WPg 2002, S. 1010-1031.

KNOLL, L./ (2005): Wachstum und ausschüttungsverhalten in der ewigen Rente: Probleme des IDW ES 1 n.F., in: WPg 2005, S. 1120-1125.

KNOLL, L./ (2006): Unternehmensbewertung auf der Basis von IFRS Zahlen: ein Problem für die Abfindung von Minderheitsaktionären?, in: BB 2006, S. 369-372.

KNORR, L./ WENDLAND, K. (2005): Das Bilanzrechtsreformgesetz – Zeitliche Anwendung der wesentlichen bilanzrechtlichen Änderungen des HGB und Folgen für die IFRS-Anwendung in Deutschland, in: KoR 2005, S. 53-57.

KÖHLER, A. G. (2007): IFRS-Standardentwurf für den Mittelstand – Ausgangssituation in Europa und Entwicklungsperspektiven, in: BB 2007, BB-Special 6/2006, S. 2-7.

KÖNIG-SCHICHTEL, S. (2005): Die Fair Value-Bewertung von Termingeschäften, in: Bieg, H./ Heyd, R. (Hrsg.) (2005): Fair Value – Bewertung in Rechnungswesen, Controlling und Finanzwirtschaft, München 2005, S. 741-762.

KÖSTER, A. (2006): Nachhaltige Preis- und Mengendifferenzierung in der Unternehmensbewertung, in: WPg 2006, S. 830-835.

KPMG (Hrsg.) (1999): International Accounting Standards, Stuttgart 1999.

KRAFT, S./ LITTKEMANN, J./ SCHULTE, K. (2005): Internationale Rechnungslegung für Einzelabschlüsse am Beispiel ausgewählter Bilanzierungssachverhalte, in: StuB 2005, S. 333-340.

KRAPP, M. (2000): Kooperation und Konkurrenz in Prinzipal-Agent-Beziehungen, Wiesbaden 2000.

KRATZ, N./ WANGLER, C. (2004): Unternehmensbewertung bei nicht kapitalmarktorientierten Unternehmen: Das Problem der Ermittlung entscheidungsrelevanter Kapitalkosten, in: FB 2005, S. 169-176.

KRONNER, M./ HEROLD, C. (2007): Gestaltung der Rechnungslegungsnormen zur Vermeidung manipulativer Umsatzrealisierung, in: BFuP 2007, S. 148-167.

KROTTER, S./ SCHÜLER, A. (2004): Konzeption wertorientierter Steuerungsgrößen: Performance-Messung mit Discounted Cash-Flows und Residualgewinnen ex ante und ex post, in: FB 2004, S. 430-437.

KRUMNOW, J./ SPRIßLER, W./ BELLAVITE-HÖVERMANN, Y./ KEMMER, M./ ALVES, S./ BRÜTTING, C./ LAUINGER, R. H./ LÖW, E./ NAUMANN, T. K./ PAUL, S./ PFITZER, N./ SCHARPF, P./ (Hrsg.) (2004): Rechnungslegung der Kreditinstitute, 2., überarbeitete und erweiterte Auflage, Stuttgart 2004.

KRUMNOW, J./ GRAMLICH, L./ LANGE, T. A./ DEWNER, T. M. (Hrsg.) (2002): Banklexikon, 13., vollständig überarbeitete und erweiterte Auflage, Wiesbaden 2002.

KUHN, S. (2007): Die bilanzielle Abbildung von Finanzinstrumenten in der Rechnungslegung nach IFRS, Vergleich des Mixed-Model-Ansatzes (IASB) mit dem Fair-Value-Model-Ansatz (JWG), Düsseldorf 2007.

KUHN, S./ PAA, C. (2005): Neue Offenlegungsvorschriften nach IFRS 7 Financial Instruments: Disclosures sowie geänderte Angabepflichten zum Kapital nach IAS 1, in: DB 2005, S. 1977-1983.

KUHN, S./ SCHARPF, P. (2004): Finanzinstrumente: Neue (Teil-) Exposure Drafts zu IAS 39 und Vorstellung des Exposure Draft ED 7, in: KoR 2004, S. 381-389.

KUHN, S./ SCHARPF, P. (2005a): Erfassung von Aufwendungen und Erträgen in Zusammenhang mit Finanzinstrumenten nach IFRS, in: KoR 2005, S. 154-165.

KUHN, S./ SCHARPF, P. (2005b): Fair Value-Bewertung von Finanzinstrumenten nach IAS 39, in: Bieg, H./ Heyd, R. (Hrsg.) (2005): Fair Value – Bewertung in Rechnungswesen, Controlling und Finanzwirtschaft, München 2005, S. 205-238.

KUHN, S./ SCHARPF, P. (2006): Rechnungslegung von Financial Instruments nach IFRS, 3., überarbeitete und erweiterte Auflage, Stuttgart 2006.

KÜHNE, M. (2006): Ertragsvereinnahmung in der Diskussion des IASB: Hoffnung für das Realisationsprinzip?, Aktuelle Entwicklungen des IASB-Projekts „Revenue Recognition", in: WPg 2006, S. 1393-1399.

KUNOWSKI, S./ POPP, M. (2005): Besonderheiten der Bewertungsverfahren - Berücksichtigung von Steuern, in: Peemöller, V. H. (Hrsg.) (2005): Praxishandbuch der Unternehmensbewertung, S.725-762, 3. aktualisierte und erweiterte Auflage, Berlin 2005.

KUßMAUL, H. (2005): Fair Value-Bewertung und Maßgeblichkeit, in: Bieg, H./ Heyd, R. (Hrsg.) (2005): Fair Value – Bewertung in Rechnungswesen, Controlling und Finanzwirtschaft, München 2005, S. 179-202.

KUßMAUL, H./ HENKES, J. (2006): IFRS für den Mittelstand: Anwender- und Adressatenkreis im Kontext der neuesten Entwicklungen beim SME-Projekt des IASB, in: BB 2006, S. 2235-2240.

KÜTING, K. (1993): US-amerikanische und deutsche Bilanzierung im Vergleich – Unter besonderer Berücksichtigung der Konzernrechnungslegung und des Daimler-Benz-Listing in New York, in: BFuP 1993, S. 357-379.

KÜTING, K. (2005a): Der Geschäfts- oder Firmenwert als Schlüsselgröße der Analyse von Bilanzen deutscher Konzerne, in: DB 2005, S. 2757-2765.

KÜTING, K. (2005b): Die Bedeutung der Fair Value-Bewertung für Bilanzanalyse und Bilanzpolitik, in: Bieg, H./ Heyd, R. (Hrsg.) (2005), Fair Value – Bewertung in Rechnungswesen, Controlling und Finanzwirtschaft, München 2005, S. 495-516.

KÜTING, K. (2006): Der Stellenwert der Bilanzanalyse und Bilanzpolitik im HGB- und IFRS-Bilanzrecht, in: DB 2006, S. 2753-2762.

KÜTING, K./ HAYN, M. (2006): Anwendungsgrenzen des Gesamtbewertungskonzepts in der IFRS-Rechnungslegung, in: BB 2006, S. 1211-1217.

KÜTING, K./ REUTER, M. (2005): Werden stille Reserven in Zukunft (noch) stiller? – Machen die IFRS die Bilanzanalyse überflüssig oder weitgehend unmöglich?, in: BB 2005, S. 706-713.

KÜTING, K./ WIRTH, J./ DÜRR, U. (2006a): Personenhandelsgesellschaften durch IAS 32 (rev. 2003) im Kontext der konzernbilanziellen Rechnungslegung von Personenhandelsgesellschaften, in: WPg 2006, S. 345-354.

KÜTING, K./ WIRTH, J./ DÜRR, U. (2006b): Standardkonforme Anwendung von IAS 32 (rev. 2003) vor der Schuldenfalle?, in: WPg 2006, S. 69-79.

KÜTTER, G./ PRAHL, R. (2006): Die handelsrechtliche Bilanzierung der Eigenhandelsaktivitäten von Kreditinstituten – Reformstau des deutschen Handelsrechts, in: WPg 2006, S. 9-20.

LAAS, T. (2006): Einkommensteuerwirkung bei der Unternehmensbewertung, in: WPg 2006, S. 290-297.

LACHNIT, L./ MÜLLER, S. (2005): Other comprehensive income nach HGB, IFRS und US-GAAP – Konzeption und Nutzung im Rahmen der Jahresabschlussanalyse, in: DB 2005, S. 1637-1645.

LABHART, P./ SCHÖN, E./ VOLKART, R. (2005): Fair Value Bewertung und Value Reporting, in: Bieg, H./ Heyd, R. (Hrsg.) (2005): Fair Value – Bewertung in Rechnungswesen, Controlling und Finanzwirtschaft, München 2005, S. 517-542.

LANFERMANN, G./ MAUL, S. (2006): Änderung der EU-Rechnungslegungsrichtlinien, in: BB 2005, S. 2011-2015.

LEIBFRIED, P./ SOMMER, U. (2001): Die Praxis der Bilanzierung von available-for-sale Wertpapieren nach IAS und US-GAAP, in: KoR 2001, S. 254-260.

LIENAU, A./ ZÜLCH, H. (2006): Die ermittlung des value in use nach IFRS – Eine Betrachtung der Einflussfaktoren des value in use vor dem Hintergrund der Vermittlung entscheidungsnützlicher Abschlussinformationen, in: KoR 2006, S. 319-329.

LINDEMANN, J. (2006): Kapitalmarktrelevanz der Rechnungslegung – Konzept, Methodik und Ergebnisse empirischer Forschung, in: ZfB 2006, S. 967-1002.

LORSON, P. (2005): Der Fair Value im System der Wertbegriffe nach IAS/IFRS, in: Bieg, H./ Heyd, R. (Hrsg.) (2005): Fair Value – Bewertung in Rechnungswesen, Controlling und Finanzwirtschaft, München 2005, S. 3-36.

LÖCKE, J. (1999): Der Materiality-Grundsatz bei Jahres- und Konzernabschlüssen nach International Accounting Standards, in: BB 1999, S. 307-313.

LÖW, E. (1999): Verlustfreie Bewertung antizipativer Sicherungsgeschäfte nach HGB – Anlehnung an internationale Rechnungslegungsvorschriften, in: WPg 2004, S. 1109-1123.

LÖW, E. (2005a): IFRS 7 – Financial Instruments: Disclosures, in: WPg 2005, S. 1337-1352.

LÖW, E. (2005b): Neue Offenlegungsvorschriften zu Finanzinstrumenten und Risikoberichterstattung nach IFRS 7, in: BB 2005, S. 2175-2184.

LÖW, E. (2006): Ausweisfragen in Bilanz und Gewinn- und Verlustrechnung bei Financial Instruments, in: KoR 2006, Beilage 1 zu Heft 3 vom 1. März 2006.

LÖW, E./ BLASCHKE, S. (2005): Verabschiedung des Amendment zu IAS 39 Financial Instruments: Recognition and Measurement – The Fair Value Option, in: BB 2005, S. 1727-1736.

LÖW, E./ SCHILDBACH, S. (2004): Financial Instruments – Änderungen von IAS 39 aufgrund des Amendments Project des IASB, in: BB 2004, S. 875-882.

LÜDENBACH, N. (2002): Geplante Neuerungen bei Bilanzierung und Ausweis von Finanzinstrumenten nach IAS 32 und IAS 39, in: BB 2002, S. 2113-2120.

LÜDENBACH, N. (2005): IFRS: Der Ratgeber zur erfolgreichen Umstellung von HGB auf IFRS, 4., überarbeitete und erweiterte Auflage, Freiburg i. Br. 2005.

LÜDENBACH, N. (2007a): §18 Fertigungsaufträge, in: Lüdenbach, N./ Hoffmann, W.-D. (Hrsg.) (2007): Haufe IAS/IFRS-Kommentar, 5. Auflage, Freiburg i. Br. 2007, S. 765-810.

LÜDENBACH, N. (2007b): §20 Eigenkapital, Eigenkapitalspiegel, in: Lüdenbach, N./ Hoffmann, W.-D. (Hrsg.) (2007): Haufe IAS/IFRS-Kommentar, 5. Auflage, Freiburg i. Br. 2007, S. 815-884.

LÜDENBACH, N./ FREIBERG, J. (2007): Zweifelhafter Objektivierungsbeitrag des Fair Value Measurements-Projekts für die IFRS-Bilanz, in: KoR 2007, S. 437-445.

LÜDENBACH, N./ HOFFMANN, W.-D. (2007): §1 Rahmenkonzept (Framework), in: Lüdenbach, N./ Hoffmann, W.-D. (Hrsg.) (2007): Haufe IAS/IFRS-Kommentar, 5. Auflage, Freiburg i. Br. 2007, S. 27-84.

MANDL, G./ RABEL, K. (2005): Methoden der Unternehmensbewertung, in: Peemöller, V. H. (Hrsg.) (2005): Praxishandbuch der Unternehmensbewertung, 3. aktualisierte und erweiterte Auflage, Berlin 2005, S. 47-88.

MAUL, K.-H. (1992): Offene Probleme der Bewertung von Unternehmen durch Wirtschaftsprüfer, in: DB 1992, S. 1253-1259.

MEEK, G. K. (2000): Kapitel 3 - Vereinigte Staaten von Amerika, in: Haller, A./ Raffournier, B./ Walton, P. (Hrsg.) (2000): Unternehmenspublizität im internationalen Wettbewerb, Stuttgart 2000, S. 153-203.

MEINÖVEL, H. (1999): Defizite der Prinzipal-Agent-Theorie, Köln 1999.

MEYER, M. (2004): Prinzipale, Agenten und ökonomische Methode, Tübingen 2004.

MÖLLS, S. H./ STRAUß, M. (2007): Zur Informationswirkung der Rechnungslegung – Stand und Implikationen der empirischen Forschung, in: KoR 2007, S. 79-92.

MOXTER, A. (1982): Betriebswirtschaftliche Gewinnermittlung, Tübingen 1982.

MOXTER, A. (1983): Grundsätze ordnungsmäßiger Unternehmensbewertung, 2., vollständig überarbeitete Auflage, Wiesbaden 1983.

MOXTER, A. (2000): Rechnungslegungsmythen, in: BB 2000, S. 2143-2149.

NIEHUS, R. J. (2005): Die IFRS auf Deutsch – Fehler und Unzulänglichkeiten der Übersetzung, in: DB 2005, S. 2477-2483.

NIEHUS, R. J. (2006): IFRS für den Mittelstand? Warum eigentlich? – Gegenargumente und ein Lösungsvorschlag, in: DB 2006, S. 2529-2536.

NIEHUS, R. J./ THYLL, A. (2000): Konzernabschluss nach U.S. GAAP – Grundlagen und Gegenüberstellung mit den deutschen Vorschriften, 2., überarbeitete und erweiterte Auflage, Stuttgart 2000.

NIEMEYER, K. (2003): Bilanzierung von Finanzinstrumenten nach International Accounting Standards (IAS), Düsseldorf 2003.

NIPPEL, P. (1999): Zirkularitätsprobleme in der Unternehmensbewertung, in: BFuP 1999, S. 333-347.

OEHLER, R. (2006): Internationale Rechnungslegung bei KMU – Ergebnisse einer empirischen Befragung mittelständischer Unternehmen im Raum Mittelfranken, in: KoR 2006, S. 19-28.

PAPE, J. (2001): Chancen und Risiken einer Zeitwertbilanzierung (Podiumsdiskussion), in: IDW (Hrsg.) (2001): Kapitalmarktorientierte Unternehmensüberwachung – Chancen und Risiken – Bericht über die Fachtagung 2000 des Instituts der Wirtschaftsprüfer in Deutschland e. V., 26. Tagung vom 26. und 27. Oktober 2000 in München, Düsseldorf 2001, S. 209-226.

PAPE, J. (2001): Financial Instruments: Standard der Joint Working Group of Standard Setters – Entwurf eines Rechnungslegungsstandards zur Zeitwertbilanzierung von Finanzinstrumenten, in: WPg 2001, S. 1458-1467.

PATEK, G. (2007a): Rechnungslegung bei Absicherung von Zahlungsstromänderungsrisiken aus geplanten Transaktionen nach HGB und IAS/IFRS – Teil 1: Darstellung, in: WPg 2007, S. 423-428.

PATEK, G. (2007b): Rechnungslegung bei Absicherung von Zahlungsstromänderungsrisiken aus geplanten Transaktionen nach HGB und IAS/IFRS – Teil 2: kritische Analyse, in: WPg 2007, S. 459-467.

PAULITSCHEK, P./ WIESE, R. (2006): Abbildung der tatsächlichen wirtschaftlichen Lage – HGB oder IFRS?, in: KoR 2006, S. 634-638.

PAWELZIK, K. U. (2006): Die Erstellung einer Konzernkapitalflussrechnung – Grundsätze und Fallstudie, in: KoR 2006, S. 344-352.

PEEMÖLLER, V. H. (2005a): Wert und Werttheorien, in: Peemöller, V. H. (Hrsg.) (2005): Praxishandbuch der Unternehmensbewertung, 3., aktualisierte und erweiterte Auflage, Berlin 2005, S. 15-26.

PEEMÖLLER, V. H. (2005b): Grundsätze ordnungsmäßiger Unternehmensbewertung, in: Peemöller, V. H. (Hrsg.) (2005): Praxishandbuch der Unternehmensbewertung, 3., aktualisierte und erweiterte Auflage, Berlin 2005, S. 1-14.

PEEMÖLLER, V. H. (2005c): Bewertung von Klein- und Mittelbetrieben, in: BB 2005, BB-special 7, S. 30-35.

PEEMÖLLER, V. H./ KUNOWSKI, S. (2005): Ertragswertverfahren nach IDW, in: Peemöller, V. H. (Hrsg.) (2005): Praxishandbuch der Unternehmensbewertung, 3., aktualisierte und erweiterte Auflage, Berlin 2005, S. 201-263.

PELLENS, B./ FÜLBIER, R. U./ GASSEN, J. (2006): Internationale Rechnungslegung, 6., überarbeitete Auflage, Stuttgart 2006.

PFAFF, D./ KUKULE, W. (2006): Wie fair ist der fair value?. in: KoR 2006, S. 542-549.

PIES, I. (2000): Theoretische Grundlagen demokratischer Wirtschafts- und Gesellschaftspolitik, in: Leschke, M./ Pies, I. (Hrsg.) (2000): Ronald Coase's Transaktionskostenansatz, Tübingen 2000, S. 1-29.

POPP, M. (2005): Vergangenheits- und Lageanalyse, in: Peemöller, V. H. (Hrsg.) (2005): Praxishandbuch der Unternehmensbewertung, 3., aktualisierte und erweiterte Auflage, Berlin 2005, S. 101-133.

PRATT, J. W./ ZECKHAUSER, R. J. (1984): Principals and Agents: An Overview, in: Pratt, J. W./ Zeckhauser, R. J. (Hrsg.) (1984): Principals and Agents: The Structure of Business, Boston 1984, S. 1-35.

PROKOP, J. (2007): Die Einstufung von Warentermingeschäften als Finanzinstrumente nach IFRS, in: WPg 2007, S. 336-341.

RAMMERT, S. (2004): Lohnt die Erhaltung der Kapitalerhaltung?, in: BFuP 2004, S. 578-595.

RAO, P. K. (2002): The economics of transaction costs, London 2002.

RAPPAPORT, A. (1995): Shareholder Value – Wertsteigerung als Maßstab für die Unternehmensführung, Stuttgart 1995.

RAPPAPORT, A. (1999): Shareholder Value – Ein Handbuch für Manager und Investoren, 2., vollständig überarbeitete und erweiterte Auflage, Stuttgart 1999.

REUTER, A./ LENZ, S. (2006): Unternehmensbewertungen nach der Neufassung des IDW-Standards S 1 – Modifikation für aktienrechtliche Zwecke, in: DB 2006, S. 1689-1693.

ROESE, B./ TREPTE, F./ Vielmeyer, U. (2006): IFRIC Interpretation 9: Neubeurteilung der Abspaltungspflicht eingebetteter Derivate, in: WPg 2006, S. 1089-1095.

RUFFERT, M. (2002): Kommentierung zu Art. 249 EGV, in: Callies, C./ Ruffert, M. (Hrsg.) (2002): Kommentar des Vertrages über die Europäische Union und des Vertrages zur Gründung der Europäischen Gemeinschaft: EUV/EGV, 2., neubearbeitete und erweiterte Auflage, Neuwied 2002.

RUHNKE, K. (2005): Rechnungslegung nach IFRS und HGB – Lehrbuch zur Theorie und Praxis der Unternehmenspublizität mit Beispielen und Übungen, Stuttgart 2005.

RUHNKE, K./ SCHMIDT, M. (2005): Fair Value und Wirtschaftsprüfung, in: Bieg, H./ Heyd, R. (Hrsg.) (2005): Fair Value – Bewertung in Rechnungswesen, Controlling und Finanzwirtschaft, München 2005, S. 575-597.

SCHARPF, P. (2000a): Bilanzierung von Financial Instruments nach IAS 39 (I) - Anwendungsbereich und Definition des Begriffs Finanzinstrumente, in: FB 2000, S. 125-137.

SCHARPF, P. (2000b): Bilanzierung von Financial Instruments nach IAS 39 (II) – Bilanzierung dem Grunde nach (Bilanzausweis), in: FB 2000, S. 208-217.

SCHARPF, P. (2000c): Bilanzierung von Financial Instruments nach IAS 39 (III) – Bilanzierung der Höhe nach (Bewertung), in: FB 2000, S. 284-292.

SCHARPF, P. (2000d): Bilanzierung von Financial Instruments nach IAS 39 (IV) – Bilanzierung von Sicherungsgeschäften, in: FB 2000, S. 372-381.

SCHARPF, P. (2001): Rechnungslegung von Financial Instruments nach IAS 39, Stuttgart 2001.

SCHARPF, P. (2004): Hedge Accounting nach IAS 39: Ermittlung und bilanzielle Behandlung der Hedge (In)-Effektivität, in: KoR 2006, Beilage 1 zu Heft 11.

SCHARPF, P. (2006): IFRS 7 Financial Instruments: Disclosures, Eine erläuterung zu den neuen Angabepflichten für Finanzinstrumente, in: KoR 2006, Beilage 2 zu Heft 9.

SCHARPF, P./ LUZ, G. (2000): Risikomanagement, Bilanzierung und Aufsicht von Finanzderivaten, 2., überarbeitete und erweiterte Auflage, Stuttgart 2000.

SCHARPF, P./ WEIGEL, L./ LÖW, E. (2006): Die Bilanzierung von Finanzgarantien und Kreditzusagen nach IFRS, in: WPg 2006, S. 1492-1504.

SCHEINPFLUG, P. (2006): §5 Sachanlagen, in: Bohl, W./ Riese, J./ Schlüter, J. (Hrsg.) (2006): Beck'sches IFRS-Handbuch – Kommentierung der IAS/IFRS, 2., vollständig überarbeitete und erweiterte Auflage, München 2006, S. 129-191.

SCHIERECK, D. (1993): Zur Notierung deutscher Aktiengesellschaften an ausländischen Börsenplätzen – Ergebnisse einer Umfrage, in: AG 1993, S. 319-323.

SCHIERECK, D./ WEBER, M. (1993): Kapitel 7 – Marktbezogene Bestimmung der Kapitalkosten, in: Gebhardt, G./ Gerke, W./ Steiner, M. (Hrsg.) (1993): Handbuch des Finanzmanagements: Instrumente und Märkte der Unternehmensfinanzierung, München 1993, S. 131-150.

SCHILDBACH, T. (1999): Zeitwertbewertung, Gewinnkonzeption und Informationsgehalt – Stellungnahme zu „Financial Assets and Liabilities – Fair Value or Historical Cost?“, in: WPg 1999, S. 177-185.

SCHILDBACH, T. (2003): Die Zukunft des Jahresabschlusses nach HGB angesichts neuer Trends bei der Regulierung der Rechnungslegung und den IAS-Strategien der EU, in: StuB 2003, S. 1071-1078.

SCHLÜTER, J. (2006): §15 Gewinn- und Verlustrechnung, in: Bohl, W./ Riese, J./ Schlüter, J. (Hrsg.) (2006): Beck'sches IFRS-Handbuch – Kommentierung der IAS/IFRS, 2., vollständig überarbeitete und erweiterte Auflage, München 2006, S. 427-458.

SCHMIDT, M. (2004): Überlegungen zur Prüfung von Finanzinstrumenten nach internationalen Normen, in: WPg 2004, S. 12-29.

SCHMIDT, M. (2006a): „Cash-flow hedge accounting of forecast intragroup transactions“ und „Financial guarantee contracts“ – Änderungen vin IAS 39 im Überblick, in: WPg 2006, S. 773-778.

SCHMIDT, M. (2006b): Eigenkapital nach IAS 32 bei Personengesellschaften: Aktueller IASB-Vorschlag und Aktivitäten anderer Standardsetzer, in: BB 2006, S. 1563-1566.

SCHMIDT, M. (2006c): Der Bewertungsmaßstab bei erstmaliger Erfassung – Das IASB Diskussionspapier, in: KoR 2006, S. 65-75.

SCHMIDT, M. (2007): Interne Sicherungsgeschäfte in der IFRS-Rechnungslegung von Banken, in: KoR 2007, S. 262-274.

SCHMIDT, M./ SCHREIBER, S. M. (2006): IFRIC 9 „Neubeurteilung eingebetteter Derivate“ – Darstellung und kritische Würdigung, in: KoR 2006, S. 445-451.

SCHWARZ, C. (2005): Zur Notwendigkeit und Ausgestaltung von hedge accounting-Vorschriften unter besonderer Berücksichtigung des überarbeiteten IAS 39, in: Bieg, H./ Heyd, R. (Hrsg.) (2005): Fair Value – Bewertung in Rechnungswesen, Controlling und Finanzwirtschaft, München 2005, S. 469-494.

SCHWETZLER, B. (2005): Halbeinkünfteverfahren und Ausschüttungsäquivalenz – die „Übertypisierung“ der Ertragswertbestimmung, in: WPg 2005, S. 601-617.

SENGER, T./ BRUNE, J. W. (2006): §17 Eigenkapitalveränderungsrechnung, in: Bohl, W./ Riese, J./ Schlüter, J. (Hrsg.) (2006): Beck'sches IFRS-Handbuch – Kommentierung der IAS/IFRS, 2., vollständig überarbeitete und erweiterte Auflage, München 2006, S. 473-487.

SIEKMANN, T. (1999): Asymmetrische Information, Interessenkonflikte und Finanzierung: Investitions-, Kapitalstruktur- und Ausschüttungspolitik in Publikumsgesellschaften bei Shareholder Value-Orientierung, Berlin 1999.

SITTMANN-HAURY, C. (2003): Forderungsbilanzierung von Kreditinstituten – Kritische Analyse von HGB-, US-GAAP-, IAS-Vorschriften und fair value model, Wiesbaden 2003.

STEINER, M./ TEBROKE, H.-J./ WALLMAIER, M. (1995): Konzepte der Rechnungslegung für Finanzderivate, in: WPg 1995, S. 533-544.

STEINER, M./ WALLMAIER, M. (1998): Die Bilanzierung von Finanzinstrumenten in Deutschland und den USA unter Berücksichtigung von Absicherungszusammenhängen – Vom Hedge Accounting zur Marktwertbilanzierung?, in: Möller, H. P./ Schmidt, F. (Hrsg.) (1998): Rechnungswesen als Instrument für Führungsentscheidungen, Festschrift für Professor Dr. Dr. h. c. Adolf G. Coenenberg zum 60. Geburtstag, Stuttgart 1998, S. 305-335.

STREIM, H. (2000): Die Vermittlung von entscheidungsnützlichen Informationen durch Bilanz und GuV – Ein nicht einlösbares Versprechen der Standardsetter, in: BFuP 2000, S. 111-131.

STREITFERDT, F. (2004): Unternehmensbewertung mit dem WACC-Verfahren bei konstantem Verschuldungsgrad, in: FB 2004, S. 43-49.

STREMITZER, A. (2005): Agency Theory: Methodology, Analysis – A Structured Approach to Writing Contracts, Frankfurt am Main 2005.

SIEGEL, T. (1998): Zeitwertbilanzierung für das deutsche Bilanzrecht?, in: BFuP 1998, S. 593-603.

TANSKI, J. S. (2005): Internationale Rechnungslegungsstandards – IAS/IFRS Schritt für Schritt, 2., vollständig überarbeitete Auflage, München 2005.

TEICHMANN, H. (1975): Der optimale Planungshorizont, in: ZfB 1975, S. 295-312.

VELTHUIS, L. J./ WESNER, P./ SCHABEL, M. M. (2006a): Fair value und internes Rechnungswesen: Irrelevanz, Relevanz und Grenzen, in: KoR 2006, S. 458-466.

VELTHUIS, L. J./ WESNER, P./ SCHABEL, M. M. (2006b): Eignung des Fair-Value-Ansatzes für die Verhaltenssteuerung im Unternehmen, in: BB 2006, S. 875-878.

VOLKSWAGEN AG (Hrsg.) (2007): Geschäftsbericht 2006, http://www.volkswagenag.com/vwag/vwcorp/info_center/de/publications/2007/

03/GB_2006.-bin.acq/qual-BinaryStorageItem.Single.File/GB_2006_d.pdf, (Download vom 16.06.2007).

VON WEIZSÄCKER, R. K./ KREMPEL, K. (2004): Risikoadäquate Bewertung nicht-börsennotierter Unternehmen – ein alternatives Konzept, in: FB 2004, S. 808-814.

WAGENHOFER, A. (2001): Rechnungslegung, in: Jost, P.-J. (2001): Die Prinzipal-Agenten-Theorie in der Betriebswirtschaftslehre, Stuttgart 2001, S. 439-486.

WAGENHOFER, A. (2005): Internationale Rechnungslegungsstandards – IAS/IFRS, Grundkonzepte/Bilanzierung, Bewertung, Angaben/Umstellung und Analyse, 5., überarbeitete und erweiterte Auflage, Frankfurt am Main 2005.

WALTON, P. (2000): Kapitel 4 - Großbritannien, in: Haller, A./ Raffournier, B./ Walton, P. (Hrsg.) (2000): Unternehmenspublizität im internationalen Wettbewerb, Stuttgart 2000, S. 205-255.

WAGNER, W./ JONAS, M./ BALLWIESER, W./ TSCHÖPEL, A. (2006): Unternehmensbewertung in der Praxis – Empfehlungen und Hinweise zur Anwendung von IDW S 1, in: WPg 2006, S. 1005-1028.

WAWRZINEK, W. (2006): §3 Finanzinstrumente, in: Bohl, W./ Riese, J./ Schlüter, J. (Hrsg.) (2006): Beck'sches IFRS-Handbuch – Kommentierung der IAS/IFRS, 2., vollständig überarbeitete und erweiterte Auflage, München 2006, S. 57-96.

WEBER, C.-P. (2007a): Abschnitt 3: GuV, Eigenkapitalveränderungs- und Gesamterfolgsrechnung, in: Ballwieser, W./ Beine, F./ Hayn, S./ Peemöller, V. H./ Schruff, L./ Weber, C.-P. (Hrsg.) (2007): WILEY-Kommentar zur internationalen Rechnungslegung nach IFRS 2007, 3. Auflage, Weinheim 2007, S. 85-109.

WEBER, C.-P. (2007b): Abschnitt 10: Anlagen in Finanzinstrumenten, Beteiligungen an assoziierten Unternehmen und Joint Ventures und als Finanzinvestition gehaltene Immobilien, in: Ballwieser, W./ Beine, F./ Hayn, S./ Peemöller, V. H./ Schruff, L./ Weber, C.-P. (Hrsg.) (2007): WILEY-Kommentar zur internationalen Rechnungslegung nach IFRS 2007, 3. Auflage, Weinheim 2007, S. 407-525.

WEIßENBERGER, B. E./ ARBEITSKREIS „CONTROLLER UND IFRS" DER INTERNATIONAL GROUP OF CONTROLLING (2006): Controller und IFRS: Konsequenzen der IFRS-Finanzberichterstattung für die Controlleraufgaben, in: KoR 2006, S. 613-622.

WEIßENBERGER, B. E./ ARBEITSKREIS „CONTROLLER UND IFRS“ DER INTERNATIONAL GROUP OF CONTROLLING (2007): Controller und IFRS: Konsequenzen der IFRS-Finanzberichterstattung für die Aufgabenfelder von Controllern, in: BFuP 2007, S. 342-364.

WIESE, J. (2005): Wachstum und Ausschüttungsannahmen im Halbeinkünfteverfahren, in: WPg 2005, S. 617-623.

WIECHERS, K. (2002): Anwendung internationaler Rechnungslegungsstandards – Folgerungen aus der EU-Verordnung zur IAS Rechnungslegung, in: StuB 2002, S. 1137-1140.

WILLIAMSON, O. E. (1996): Transaktionskostenökonomik, 2. Auflage, Hamburg 1996.

WILLIS, D. (1998): Financial Assets and Liabilities – Fair Value or Historical Cost?, in: WPg 1998, S. 854-860.

WILLMS, J./ ZÜLCH, H. (2004): Revenue Recognition: Mögliche Änderungen bei der Ertragsrealisation nach IFRS, in: DB 2004, S. 2001-2006.

WILTS, R./ SCHALDT, K./ NOTTMEIER, A./ KLASEN, B. (2004): Rechtsprechung zur Unternehmensbewertung, in: FB 2004, S. 508-514.

WITT, P. (2001): Corporate Governance, in: Jost, P.-J. (2001): Die Prinzipal-Agenten-Theorie in der Betriebswirtschaftslehre, Stuttgart 2001, S. 85-115.

WITTMANN, W. (1959): Unternehmung und unvollkommene Information, Köln 1959.

WOLF, J. B. (1999): The effects of Agency Problems on the Financial Behavior, Performance and Efficiency of German Industrial Stock Cooperations, Frankfurt am Main 1999.

WOLLMERT, P. (2002): Eigenkapitalveränderungsrechnung, in: Ballwieser, W./ Coenenberg, A. G./ v. Wysocki, K. (Hrsg.) (2002): Handwörterbuch der Rechnungslegung und Prüfung, 3., überarbeitete und erweiterte Auflage, Stuttgart 2002, Sp. 605-610.

WOLLMERT, P./ ACHLEITNER, A.-K. (1997a): Konzeptionelle Grundlagen der IAS-Rechnungslegung (Teil I), in: WPg 2002, S. 209-222.

WOLLMERT, P./ ACHLEITNER, A.-K. (1997b): Konzeptionelle Grundlagen der IAS-Rechnungslegung (Teil II), in: WPg 2002, S. 245-256.

WOLLMERT, P./ OSER, P. (2000): Befreiender internationaler Konzernabschluss (§ 292a HGB), in: DB 2000, S. 729-735.

WÜRTELE, G. (1989): Die Operationalisierung des Grundsatzes der Materiality bei Abschlussprüfungen, Pfaffenweiler 1989.

WÜSTEMANN, J./ KIERZEK, S. (2005a): Ertragsvereinnahmung im neuen Referenzrahmen von IASB und FASB – internationaler Abschied vom Realisationsprinzip?, in: BB 2005, S. 427-434.

WÜSTEMANN, J./ KIERZEK, S. (2005b): Ertragsvereinnahmung im neuen Referenzrahmen von IASB und FASB – Update zu BB 2005, 427ff., in: BB 2005, S. 2799-2802.

ZIESEMER, S. (2002): Rechnungslegungspolitik in IAS-Abschlüssen und Möglichkeiten ihrer Neutralisierung, Düsseldorf 2002.

ZIMMERMANN, P. (1997): Schätzung und Prognose von Betawerten deutscher Aktien, Frankfurt am Main 1997.

ZÜLCH, H./ GEBHARDT, R. (2007): SFAS 157 und IASB Discussion Paper: aktuelle Entwicklungen auf dem Gebiet der Fair-Value-Bewertung, in: BB 2007, S. 147-151.

Verzeichnis der Gesetzesmaterialien

BilReG

Gesetz zur Einführung internationaler Rechnungslegungsstandards und zur Sicherung der Qualität der Abschlussprüfung (Bilanzrechtsreformgesetz – BilReG) vom 4.12.2004, in: BGBl. I 2004, S. 3166-3182.

BT-Drucksache 15/3419

Entwurf eines Gesetzes zur Einführung Internationaler Rechnungslegungsstandards und zur Sicherung der Qualität der Abschlussprüfung (Bilanzrechtsreformgesetz – BilReG), in: BT-Drucksache 15/3419 vom 24.06.2004.

KapAEG

Gesetz zur Verbesserung der Wettbewerbsfähigkeit deutscher Konzerne an Kapitalmärkten und zur Erleichterung der Aufnahme von Gesellschafterdarlehen (Kapitalaufnahmeerleichterungsgesetz – KapAEG) vom 20.04.1998, in: BGBl. I 1998, S. 707-709.

KonTraG

Gesetz zur Kontrolle und Transparenz im Unternehmensbereich (KonTraG) vom 27.04.1998, in: BGBl. I 1998, S. 786-794.

TransPuG

Gesetz zur weiteren Reform des Aktien- und Bilanzrechts, zu Transparenz und Publizität (Transparenz- und Publizitätsgesetz – TransPuG) vom 19.07.2002, in: BGBl. I 2002, S. 2681-2687.

TUG

Gesetz zur Umsetzung der Richtlinie 2004/109/EG des Europäischen Parlaments und des Rates vom 15. Dezember 2004 zur Harmonisierung der Transparenzanforderungen in Bezug auf Emittenten, deren Wertpapiere zum Handel auf einem geregelten Markt zugelassen sind, und zur Änderung der Richtlinie 2001/34/EG (Transparenzrichtlinie-Umsetzungsgesetz – TUG) vom 5.01.2007, in: BGBl. I 2007, S. 10-32.